Christoph Überhuber
und Peter Meditz

Software-Entwicklung
in Fortran 90

Springer-Verlag Wien New York

Univ.-Doz. Dipl.-Ing. Dr. Christoph Überhuber
Institut fur Angewandte und Numerische Mathematik
Technische Universität Wien
Wien, Österreich

Mag. Peter Meditz
Wien, Österreich

Printed in Austria by Caesar-Druck, Ing. Helga Böhm OHG, A-8430 Leitring
Gedruckt auf säurefreiem Papier

Mit 27 Abbildungen

ISBN 3-211-82450-2 Springer-Verlag Wien New York
ISBN 0-387-82450-2 Springer-Verlag New York Wien

Vorwort

Seit den Anfängen der elektronischen Datenverarbeitung ist die Lösung numerischer Probleme eines ihrer zentralen Anwendungsgebiete. Es gibt kaum einen Bereich in den Naturwissenschaften und in der Technik, wo nicht mathematische Modelle mit Computerunterstützung einer numerischen Bearbeitung unterzogen werden. Ob es sich um Festigkeitsberechnungen von Bauwerken, die Simulation von Strömungsvorgängen in Kraftfahrzeugmotoren, den VLSI-Entwurf oder um Wirtschaftsprognosen und Optimierungen handelt: Aus vielen Gebieten der Forschung und Technik ist die Numerische Datenverarbeitung nicht mehr wegzudenken.

In den letzten vierzig Jahren erfolgte die Formulierung von Algorithmen der Numerischen Datenverarbeitung vorwiegend in der Programmiersprache Fortran. Diese Sprache hat vor kurzem eine radikale Modernisierung erfahren. Unser Buch soll den Leser an Fortran 90, diese neue Variante einer der ältesten höheren Programmiersprachen, heranführen, von der wir überzeugt sind, daß sie in den nächsten Jahren eine wichtige Rolle bei der technisch-naturwissenschaftlichen Software-Entwicklung spielen wird.

Teil I des Buches ist den Grundlagen der Numerischen Datenverarbeitung gewidmet. Einen ersten Schwerpunkt stellt dabei eine ausführliche Diskussion numerischer Datenobjekte und Operationen dar. Eine kursorische Behandlung von Algorithmen und Programmiersprachen leitet über zu Fragen der Qualitätsbewertung numerischer Software. Auf der Basis dieser Bewertungskriterien kann im folgenden das günstige Verhältnis zwischen Aufwand und Nutzen bei der Verwendung fertiger hochqualitativer numerischer Software begründet werden. Bevor der Anwender eigene Software entwickelt, sollte er sorgfältig überprüfen, ob ihm nicht der Einsatz vorhandener Software zu einer erheblich rascheren und zuverlässigeren Problemlösung verhilft. Mit einer einführenden Darstellung von Methoden zur Software-Entwicklung schließt der erste Teil.

Teil II des Buches ist der Programmiersprache Fortran 90 gewidmet. Bei der Entwicklung dieser Sprache mußte auf die ungeheure Fülle bereits vorhandener, in Fortran 77 geschriebener Programme Rücksicht genommen werden. Dies wurde dadurch erreicht, daß Fortran 77 eine echte Teilmenge von Fortran 90 bildet. Bei der Gestaltung des Buchtextes hätten wir von dem älteren (und aus heutiger Sicht veraltet erscheinenden) Fortran 77 ausgehen und Fortran 90 dann als dessen Überbau darstellen können. Wir haben jedoch bewußt den anderen Weg beschritten: Im Zentrum der Darstellung stehen die modernen Sprachkonstrukte von Fortran 90. Erst am Schluß des Buches wird auf alte und veraltete Sprachelemente eingegangen, die teilweise noch Relikte aus der Frühzeit der elektronischen Datenverarbeitung sind. Damit werden Anfänger der Sprache Fortran 90 zur Verwendung eines modernen Programmierstils geleitet, und damit ist die Grundlage für die Entwicklung qualitativ hochstehender numerischer Software gelegt. Auch für den Leser, der bereits Software in Fortran 77 entwickelt hat, ist dieser Weg bestimmt der interessantere.

Das Buch wendet sich an zwei Leserkreise. Die erste Gruppe sind Studenten technischer und naturwissenschaftlicher Studienrichtungen, also die künftigen Entwickler numerischer Software und Anwender von Fortran 90. Der zweite Leserkreis sind in der

Praxis tätige Entwickler numerischer Software. Diese Praktiker sollen mit den neuen Ansätzen und den mächtigen Konstrukten von Fortran 90 vertraut gemacht werden.

Aus der heterogenen Zielgruppe ergibt sich der unterschiedliche Charakter mancher Teile des Buches. Es mußte sowohl auf Anfänger als auch auf erfahrene Praktiker Bedacht genommen werden. Dementsprechend haben wir versucht, eine Verbindung aus Lehrbuch und Nachschlagewerk zu schaffen, die sowohl den Einstieg in eine neue Programmiersprache ermöglicht als auch eine Arbeitsunterlage für numerische Software-Projekte darstellt. Für den Leser dürfte es jedoch nicht schwierig sein, eine persönliche Schwerpunktbildung vorzunehmen und beim Lesen die Auswahl und Reihenfolge der einzelnen Kapitel seinen Vorkenntnissen und Interessengebieten anzupassen.

Beim Schreiben eines Buches wie dem vorliegenden ist es unerläßlich, vorhandenes Material – Normdokumente, Fachbücher, Lehrbücher, Originalarbeiten – aufzuarbeiten und als Grundlage zu verwenden. Wir haben versucht, so weit wie möglich die von uns verwendeten Quellen zu kennzeichnen. Eine Ausnahme bildet jedoch die Fortran 90-Norm, auf die an dieser Stelle global verwiesen wird. Auch auf die von uns als Grundlage verwendeten Bücher von Hahn [27], Wehnes [95], Metcalf und Reid [102] sowie auf den Informatik-Duden (Engesser, Claus, Schwill [3]) sei hier global verwiesen, obwohl diese Werke an vielen Stellen des Buches zitiert werden.

Eine Reihe von Kollegen, vor allem Winfried Auzinger[1] und Gerhard Schmitt[2], haben uns wertvolle Kritik, Anregungen und Verbesserungsvorschläge geliefert.

Viele Studenten der TU Wien haben im letzten Jahr durch Mitarbeit, Anregungen und Korrekturen dabei mitgeholfen, aus einem Rohtext ein Buchmanuskript entstehen zu lassen. Vor allem durch die Beiträge von Sven Jörgen, Richard Mayer und Robert Matzinger konnte das Manuskript in vielen Punkten erweitert und verbessert werden.

Die mühevolle Erstellung der endgültigen LaTeX-Version des Buchtextes konnte von Thomas Wihan in unermüdlicher Arbeit (auch während vieler Nachtstunden) termingerecht abgeschlossen werden. Ihm gilt unser besonderer Dank.

Da zum Zeitpunkt der Entstehung des Manuskripts erst wenige Compiler für Fortran 90 verfügbar waren, konnten der Erstellung des Manuskripts nur eingeschränkte praktische Erfahrungen zugrundegelegt werden.

Die Autoren sind für alle Kommentare und Verbesserungsvorschläge dankbar.

Wien, im März 1993

CHRISTOPH ÜBERHUBER und PETER MEDITZ

---

[1] Institut für Angewandte und Numerische Mathematik der TU Wien
[2] EDV-Zentrum der TU Wien, Mitglied des ANSI-Fortran-Komitees X3J3

Inhaltsverzeichnis

Teil I

Numerische Datenverarbeitung

Kapitel 1

Einleitung

Eines der ältesten und größten Einsatzgebiete von elektronischen Datenverarbeitungs-anlagen ist die Verarbeitung von Zahlen: die Numerische Datenverarbeitung. Dies kann entweder so offensichtlich sein wie bei der Anwendung spezieller Software-Systeme zur Lösung mathematischer Probleme oder auch mehr oder weniger „versteckt" erfolgen.

Beispiel: [Autopilot] Der „Autopilot", d. h. ein Computer mit speziellen Programmen, übernimmt – auf der Basis einer Vielzahl von mathematisch-physikalischen Modellen für Flugdynamik, Triebwerks-verhalten etc. – die Steuerung eines Flugzeugs nach vorgegebenen Parametern (Kurs, Flughöhe etc.).

Beispiel: [Medizinische Bildverarbeitung] Die verschiedenen graphisch-mathematischen Verfahren der medizinischen Datenverarbeitung (Computer-Tomographie, Sonographie, Subtraktions-Angiographie, Positronen-Emissions-Tomographie etc.) liefern Bilder von bestimmten Abschnitten des menschlichen Körpers, die als Diagnosehilfsmittel eine wichtige Rolle in der modernen Medizin spielen. In den jeweiligen Geräten (Tomograph etc.) sind Computer eingebaut, von denen die erforderlichen numerischen Berechnungen (Inversion der Radon-Transformation etc.) durchgeführt werden, und die eine graphische Ausgabe der erhaltenen Rechenergebnisse vornehmen.

Beispiel: [CAD/CAM] (*Computer Aided Design, Computer Aided Manufacturing*) Durch numerische Daten (Koordinaten diskreter Punkte etc.), die der Benutzer eines CAD-Systems vorgibt, werden Kurven, Flächen (z. B. die Oberfläche einer Turbinenschaufel) oder Volumina definiert. Diese geometrische Information dient als Grundlage für eine Vielzahl numerischer Berechnungen, etwa Ermittlung hydrodynamischer Eigenschaften, Festigkeitsberechnungen, graphische Darstellungen (z. B. Erzeugung von Werkzeichnungen), aber auch für die Steuerung von Werkzeugmaschinen.

Im Bereich der Technik und der Naturwissenschaften gibt es kaum ein Gebiet, das sich nicht auf mathematische Modelle stützt. Diese mathematischen Modelle sind – von einfachen Sonderfällen abgesehen – nur mit Computerunterstützung auszuwerten. Auch die Simulation, das Experimentieren mit Modellen anstelle realer Phänomene, erfordert den Einsatz von Computern.

Die Computer-Verfahren, die bei der numerischen Lösung technisch-naturwissen-schaftlicher Modelle und bei der Simulation Verwendung finden, bilden den Bereich der Numerischen Datenverarbeitung (*Scientific Computing*).

Wie bei der Definition anderer Disziplinen ist eine genaue Abgrenzung des Bereichs der Numerischen Datenverarbeitung nur sehr schwer möglich. Fundamente der Numerischen Datenverarbeitung werden von der Mathematik (insbesondere von der Numerischen Mathematik) und der Informatik gebildet. Wo es um die konkrete Lösung von Aufgabenstellungen aus technisch-naturwissenschaftlichen Gebieten geht, sind auch noch Resultate und Methoden aus dem jeweiligen Anwendungsbereich von Bedeutung.

Seit Beginn der elektronischen Datenverarbeitung war es die Numerische Datenverarbeitung, die wesentliche Impulse zur Weiterentwicklung der Computertechnik geliefert hat. So wurden die derzeit modernsten Supercomputer, wie z. B. massiv parallele Systeme mit bis zu 64 000 Prozessoren, in erster Linie für Probleme der Numerischen Datenverarbeitung entwickelt. Auch das amerikanische Forschungsprogramm *Grand Challenges 1993: High Performance Computing and Communications* behandelt ausschließlich Anwendungsgebiete und Fragestellungen, die mit Methoden der Numerischen Datenverarbeitung zu lösen sind. Ob es sich um die Entwicklung kommerzieller Überschallflugzeuge, die Untersuchung molekularer Vorgänge bei Enzymreaktionen, die Modellierung der Ozon-Abnahme in der Stratosphäre oder um die sogenannte Digitale Anatomie handelt: überall spielt die Numerische Datenverarbeitung eine zentrale Rolle.

Seit ihren ersten Anfängen war es stets eine wichtige Aufgabe der Numerischen Datenverarbeitung, nach Wegen zu suchen, die jeweils verfügbaren Computersysteme möglichst effizient zu nutzen und den Bereich der numerisch lösbaren Probleme ständig zu erweitern. Diese Aufgabenstellung ist auch heute trotz extrem leistungsfähiger Computer (mit der Möglichkeit, in einer Sekunde bis zu 10^{12} arithmetische Operationen auszuführen) und ständig günstiger werdender Preis-Leistungsverhältnisse nicht trivial. Moderne Rechnerarchitekturen – Vektor- und Parallelrechner mit mehrfach geschichteten Speicherhierarchien – erfordern spezielle Techniken zur vollen Ausnutzung ihrer potentiell vorhandenen Leistung.

Die Praxis der Numerischen Datenverarbeitung ist untrennbar mit der Programmiersprache Fortran verbunden. Bereits in der Frühzeit der elektronischen Datenverarbeitung wurden Programme zur Lösung numerischer Probleme in dieser Programmiersprache geschrieben. Fortran kann heute auf eine vierzigjährige Geschichte zurückblicken, in der es oftmals totgesagt wurde. Aufgrund von Normungsmaßnahmen und einer überdurchschnittlichen Akzeptanz im technisch-naturwissenschaftlichen Bereich ist jedoch Fortran auch heute noch die wichtigste Programmiersprache der Numerischen Datenverarbeitung, obwohl in den letzten Jahren erstmals signifikante Anteile numerischer Programme in anderen Programmiersprachen – vor allem in C und C++ – entwickelt wurden. Über künftige Entwicklungen können nur Spekulationen angestellt werden. Es scheint jedoch keine sehr gewagte Prognose zu sein, auch für die kommenden Jahre (evtl. sogar Jahrzehnte) eine Fortsetzung der dominanten Rolle von Fortran vorauszusagen.

Kapitel 2

Numerische Daten und Operationen

Darin zeigt sich der Unterrichtete, daß er für jedes Gebiet nur so viel Genauigkeit fordert, wie die Natur des Gegenstandes es zuläßt.

Aristoteles

2.1 Numerische Daten

2.1.1 Elementare und strukturierte Daten

Die fundamentale Datengröße der Informationsverarbeitung ist das *Bit*[1] mit den möglichen Werten 0 (binär Null) = *false* und 1 (binär Eins) = *true* und den binären Operationen (Booleschen Funktionen), der Disjunktion ($\vee$, „oder") und der Konjunktion ($\wedge$, „und") sowie der unären Operation, der Negation ($\neg$, „nicht").

x	y	$x \vee y$	$x \wedge y$	$\neg x$
0	0	0	0	1
0	1	1	0	1
1	0	1	0	0
1	1	1	1	0

Die Interpretation eines Bits ergibt sich zur Gänze aus dem Zusammenhang, z. B. Vorliegen bzw. Nichtvorliegen einer bestimmten Eigenschaft und/oder Zutreffen einer Aussage.

Eine weitere elementare Datengröße ist das Zeichen (engl. *character*). Zeichen sind Elemente aus einer zur Darstellung von Information vereinbarten endlichen Menge, dem Zeichenvorrat (engl. *character set*). Ein Zeichenvorrat, in dem eine Ordnungsrelation (Reihenfolge) für die Zeichen definiert ist, heißt ein Alphabet. Die wichtigsten Alphabete der Informationsverarbeitung sind der ASCII-Code, der 128 Zeichen umfaßt, und der EBCDI-Code mit 256 Zeichen (Engesser, Claus, Schwill [3]). Zum Zeichenvorrat dieser Alphabete gehören große und kleine Buchstaben, Ziffern und Sonderzeichen; zur Codierung dient eine Folge von 8 Bits, ein *Byte*, was maximal $2^8 = 256$ verschiedene Werte gestattet.

---

[1] Abk. für engl. *binary digit* = Binärziffer.

Grundlegend für die nicht-numerische Datenverarbeitung ist der rekursive Aufbau von strukturierten Datenelementen aus Elementardaten, insbesondere aus Zeichen: Durch Aneinanderreihung von Zeichen gelangt man zu Zeichenfolgen bzw. Zeichenketten (engl. *strings*) und durch spezielle Strukturierung zu Listen und Dateien, deren Manipulation den wesentlichen Inhalt der nicht-numerischen Datenverarbeitung bildet.

In diesem Sinn bedeuten Folgen von Ziffern (als spezielle Zeichen) häufig die durch sie dargestellten natürlichen Zahlen, etwa Mengenangaben, Jahreszahlen, Bewertungen usw. Über die Zeichenmanipulation hinausgehende numerische Operationen an diesen „Zahlen", z. B. arithmetische, können aber i. a. erst nach einer semantischen Umdefinition vorgenommen werden, der auch eine rechnerinterne Umcodierung entspricht. Man vergleiche dazu etwa den BCD-Code[2] zur dualverschlüsselten Darstellung von Dezimalzahlen. Bei diesem Code wird jede Dezimalziffer in der Datenverarbeitungsanlage in vier Bits, einer Tetrade, codiert:

Dezimalziffer	0	1	2	3	4	$\cdots$	9
Binärcode	0000	0001	0010	0011	0100	$\cdots$	1001

Elementare Daten der Mathematik

Die elementaren Datengrößen der Mathematik sind *Zahlen*, und zwar (von Sonderfällen abgesehen) die Menge $\mathbb{R}$ der *reellen Zahlen* mit ihren überabzählbar vielen positiven und negativen Werten, die die „Zahlengerade" von $-\infty$ bis $+\infty$ bilden. Prinzipiell hat man also bereits für die elementaren Daten ein Kontinuum von Werten, auch wenn in der Numerischen Datenverarbeitung nur endlich viele davon in einem vorgegebenen Zusammenhang Verwendung finden können. Mögliche reelle Zahlenwerte sind z. B.

$$0, \quad 1993, \quad 10^{10^{24}}, \quad -273.15, \quad 1/3, \quad \sqrt{2}, \quad \pi, \quad e, \quad \ldots$$

Im Vordergrund steht hier, im Gegensatz zur nicht-numerischen Datenverarbeitung, der *Wert* der Zahl, während die dafür gewählte *Notation* eher zweitrangig ist und erst im Zusammenhang mit der maschinellen Verarbeitung eine wesentliche Bedeutung gewinnt.

Der abstrakte Begriff der reellen Zahl, wie er in der Mathematik im 19. Jahrhundert entwickelt wurde, muß hier als gegeben vorausgesetzt werden. Alle Naturwissenschaften benützen die reellen Zahlen heute als elementare Daten; sie werden auch sonst praktisch jeder quantitativen Beschreibung von Vorgängen zugrundegelegt, auch dort, wo man mit Teilmengen der reellen Zahlen das Auslangen finden würde. Außerdem lassen sich solche Teilmengen (z. B. die ganzen, die rationalen, die positiven reellen Zahlen) in einfachster Weise in die reellen Zahlen einbetten. Durch die Wahl (einer Teilmenge) der reellen Zahlen als elementare Datenmenge der Numerischen Datenverarbeitung erzielt man also in einfacher Weise eine wichtige Einheitlichkeit.

---

[2]BCD: Abk. für Binary Coded Decimal

Numerische Datenstrukturen

Aus den reellen Zahlen lassen sich durch Aggregation (Bildung von Tupeln), Rekursion und andere Konstruktionsmechanismen *Datenstrukturen* (komplexe Datenobjekte) aufbauen. Einige davon haben universelle Bedeutung und treten dementsprechend in Programmiersprachen der Numerischen Datenverarbeitung als eigene Datentypen auf, bei anderen ergibt sich die Bedeutung aus dem speziellen Zusammenhang. Beispiele numerischer Datenstrukturen sind (lateinische Buchstaben $x, y, z, \ldots$ stehen hier für reelle Zahlen):

Komplexe Zahlen: $(x_1, x_2) := x_1 + i \cdot x_2 \in \mathbb{C}$ ($i = \sqrt{-1}$ ist die „imaginäre Einheit");

Vektoren: eindimensionale Felder, d.h. n-Tupel reeller Zahlen $(x_1, \ldots, x_n) \in \mathbb{R}^n$;

Homogene Koordinaten: spezielle Vektoren $P = (x_1, x_2, x_3, w) \in \mathbb{R}^4$, die Punkte des $\mathbb{R}^3$ bezeichnen und z.B. in der graphischen Datenverarbeitung zum Einsatz kommen (vgl. Faux, Pratt [15]);

Matrizen: zweidimensionale rechteckige Felder von reellen Zahlen $A \in \mathbb{R}^{m \times n}$.

Dünnbesetzte Matrizen (*sparse matrices*): Hier werden nur wenigen Indexpaaren (i, j) aus einer großen $m \times n$-Matrix Werte $a_{ij} \neq 0$ zugewiesen, die anderen Elemente sind (implizit) mit dem Wert Null belegt. Es liegt nahe, bei der Speicherung von dünnbesetzten Matrizen in Datenverarbeitungsanlagen Elemente mit dem Wert Null unberücksichtigt zu lassen, also eine *verdichtete Speicherung* zu wählen.

Intervalle: $[\underline{x}, \overline{x}] := \{x \in \mathbb{R} : \underline{x} \leq x \leq \overline{x}\}$. Hier wird (im Fall $\underline{x} < \overline{x}$) eine unendliche Menge von reellen Zahlen durch ein Paar von reellen Zahlen dargestellt.

Natürlich kann man Vektoren und Matrizen von komplexen Zahlen, Vektoren und Matrizen von Intervallen, drei- und höher-dimensionale Felder usw. einführen, wenn dies sinnvoll ist.

Diese Datenstrukturen werden im folgenden als **algebraische Daten** bezeichnet.

Eine weitere wichtige Datenstruktur, nämlich die **Funktionen**, gestattet eine solche Zuordnung jedoch nicht. Eine reelle Funktion (einer Veränderlichen) ordnet jeder reellen Zahl aus einem Definitionsbereich $D \subseteq \mathbb{R}$ genau eine reelle Zahl zu; der Definitionsbereich ist üblicherweise ein Intervall oder aus Intervallen zusammengesetzt, also selbst eine unendliche Menge. Beispiele für Funktionen sind

$$
\begin{aligned}
f_1 : x &\mapsto 1 + 2x + 5x^3 & D &= \mathbb{R} \\
f_2 : x &\mapsto \sin x & D &= \mathbb{R} \\
f_3 : x &\mapsto \ln x & D &= \mathbb{R}_+ := \{x \in \mathbb{R} : x > 0\} \\
f_4 : x &\mapsto 2x/(x^2 - 1) & D &= \{x \in \mathbb{R} : x \neq \pm 1\}.
\end{aligned}
$$

Natürlich kann man als Definitionsbereich und/oder als Wertebereich an Stelle der reellen Zahlen einen algebraischen Datentyp zulassen und so kompliziertere Funktionen definieren. Diese Vorgangsweise läßt sich noch rekursiv fortsetzen (Funktionen von Funktionen usw.). Eine besondere Rolle spielen dabei die **Funktionale**, d. s. Abbildungen, die jeder reellen Funktion (aus einem gewissen Bereich von Funktionen) eine reelle Zahl zuordnen, etwa den Wert des bestimmten Integrals von 0 bis 1 über die jeweilige Funktion:

$$I \;:\; f \to \int_0^1 f(x)\,dx.$$

Die Implementierung und Verarbeitung von Funktionen erfordert i. a. andere Methoden als die der algebraischen Datenstrukturen. Zur Unterscheidung kann man sie als **analytische Daten** bezeichnen. Auch sie spielen in der Numerischen Datenverarbeitung eine ganz wesentliche Rolle bei der Modellierung von Systemen der realen Welt.

In der Informatik hat die Bildung von Funktionenräumen (Mengen von Abbildungen, z. B. die Menge $C^2[a, b]$ der zweimal stetig differenzierbaren Funktionen $f : [a, b] \to \mathbb{R}$) noch wenig Einfluß auf die Entwicklung von Programmiersprachen gehabt, da die Implementierung auf große Probleme stößt. (Ansätze gibt es bei den funktionalen Programmiersprachen, vgl. Abschnitt 3.2.2). Variablen des Datentyps „Funktionenraum" können Funktionen als Werte annehmen. Solche Funktionen werden in einer Programmiersprache so formuliert, daß die Variablen Programmstücke (Algorithmen) als Werte besitzen.

In Fortran 90 und anderen Programmiersprachen kann man nur Abbildungen (als FUNCTION- oder SUBROUTINE-Unterprogramme, vgl. Abschnitte 13.4 und 13.5) definieren, die „konstante Werte" liefern. Unterprogramme, die andere Unterprogramme als Werte liefern, gibt es in Fortran 90 nicht.

Numerische Datentypen

Der Begriff des *Datentyps* (engl. *data type*) ist für die gesamte Datenverarbeitung von fundamentaler Bedeutung. Man versteht darunter eine Zusammenfassung von Wertebereichen (Datenstrukturen) und dazugehörenden Operationen zu einer Einheit.

In allen für die Numerische Datenverarbeitung geeigneten Programmiersprachen sind die mathematisch orientierten Datentypen REAL (bzw. FLOAT etc.) und INTEGER (bzw. INT etc.) fester Bestandteil der Sprache. Der Wertebereich des Datentyps INTEGER ist eine Teilmenge der ganzen Zahlen, die ein lückenloses Intervall $[i_{min}, i_{max}]$ bildet. Der Wertebereich des Datentyps REAL ist eine spezielle Teilmenge der reellen Zahlen, die im Abschnitt 2.2 einer ausführlichen Diskussion unterzogen wird.

Die vordefinierten Operationen auf Objekten des Datentyps REAL und INTEGER sind die arithmetischen Operationen (vgl. Abschnitt 11.4.1). Die Effekte dieser Operationen werden im Abschnitt 2.3 besprochen.

In Fortran 90 gibt es auch den Datentyp COMPLEX zur Darstellung komplexer Zahlen. Sämtliche arithmetischen Operationen sind vordefinierter Bestandteil dieses Datentyps.

Vektoren und Matrizen können durch „Aggregation" aus einfachen Datenobjekten vom Typ INTEGER, REAL oder COMPLEX gebildet werden. In Fortran 90 sind alle arithmetischen Operationen auf derartige Datenverbunde anwendbar (vgl. Abschnitt 11.7). Die Definition dieser Operationen ist eine *elementweise*. So hat z. B. die Multiplikation von zwei Matrizen A∗B das elementweise Produkt ($a_{ij} \cdot b_{ij}$) zum Resultat und nicht das Matrixprodukt der Linearen Algebra (dafür gibt es die vordefinierte Funktion MATMUL; vgl. Abschnitt 16.8).

In Fortran 90 besteht für den Programmierer die Möglichkeit, neue Datentypen (*derived data types*) zu definieren. Auf diese Weise kann man z. B. für homogene Koordinaten oder Intervalle eigene Wertebereiche und dazugehörige Operationen definieren.

Analytische Daten (Funktionen) werden in Fortran 90 nicht durch Datentypen, sondern durch Funktionsprozeduren (spezielle Unterprogramme) realisiert.

2.1.2 Operationen mit numerischen Daten

Hier sollen vorerst nur die für die Numerische Datenverarbeitung wichtigsten Operationen mit numerischen Daten ohne Bezug auf deren Implementierung untersucht werden. Gemäß der vorgenommenen Einteilung der Daten werden arithmetische, algebraische und analytische Operationen unterschieden.

Arithmetische Operationen

Die Grundlage der gesamten Numerischen Datenverarbeitung bilden die *rationalen Operationen* Addition, Subtraktion, Multiplikation und Division. Bei den drei erstgenannten Operationen können die zwei Operanden beliebige reelle Zahlen sein, bei der Division muß der Divisor eine von Null verschiedene reelle Zahl sein.

Die Grundgesetze der rationalen Operationen (Kommutativität und Assoziativität von Addition und Multiplikation, Distributivität zwischen Addition und Multiplikation etc.) werden als bekannt vorausgesetzt. Daß man einige dieser elementaren Beziehungen bei der Implementierung der rationalen Funktionen auf einem Digitalrechner nicht aufrechterhalten kann, stellt eines der gravierendsten Probleme der Numerischen Datenverarbeitung dar (vgl. Abschnitt 2.3.2).

Neben den rationalen Operationen haben einige *Standardfunktionen* eine so grundlegende Bedeutung für die Numerische Datenverarbeitung, daß man sie i. a. zu den arithmetischen Operationen rechnet. Dazu gehören jedenfalls

- Vorzeichenumkehr (− als unärer Prefix-Operator)
- Betragsfunktion $|x|$
- Potenzen x^m
- Quadratwurzel $\sqrt{x}$
- Exponentialfunktion $\exp x$
- Natürlicher Logarithmus $\ln x$
- Trigonometrische Funktionen $\sin x, \cos x, \tan x$ etc.

Für diese Standardfunktionen gibt es in allen Programmiersprachen der Numerischen Datenverarbeitung feste Notationen (z. B. -, ABS, **, SQRT, EXP, LOG, SIN, COS, TAN in Fortran 90) und vordefinierte Funktionen (vgl. Abschnitt 11.4.1 und Kapitel 16). Dadurch sind sie in gewisser Weise den rationalen Operationen gleichgestellt. In Fortran 90 ist die Menge der obigen Standardfunktionen noch um einige erweitert (z. B. durch die hyperbolischen Funktionen SINH, COSH, TANH und die Umkehrfunktionen der trigonometrischen Funktionen ASIN, ACOS, ATAN). Es können auch Standardfunktionen mit zwei oder mehr reellen Argumenten (Operanden) auftreten (z. B. die Modulofunktionen MOD und MODULO, die Minimumfunktion MIN oder die Maximumfunktion MAX).

Schließlich zählen zu den arithmetischen Operationen im weiteren Sinn noch die *Vergleichsoperationen*, die einem Paar von reellen Operanden einen Wahrheitswert zuweisen; sie werden zur Programmierung von numerisch bedingten Verzweigungen im Ablauf (Fallunterscheidung) unbedingt benötigt. Es sind dies die durch die Relationszeichen erklärten Operationen

$$< \quad \geq \quad > \quad \leq \quad = \quad \neq .$$

An und für sich könnte man auf je eine Operation der drei Paare verzichten, da sie genau den entgegengesetzten Wahrheitswert der jeweils anderen liefert. Aus Gründen der Bequemlichkeit sind jedoch stets alle sechs Operationen in den Programmiersprachen der Numerischen Datenverarbeitung vorgesehen (z. B. < >= > <= == /= in Fortran 90).

Algebraische Operationen

Da alle algebraischen Datentypen aus reellen Zahlen aufgebaut sind, müssen sich Operationen mit solchen Daten auf arithmetische Operationen mit den konstituierenden reellen Bestandteilen (Komponenten, Elementen u. ä.) zurückführen lassen.

So lassen sich z. B. die *rationalen Operationen mit komplexen Operanden* durch zusammengesetzte rationale Operationen mit Real- und Imaginärteilen der Operanden $z_1, z_2 \in \mathbb{C}$ darstellen:

$$z_k = x_k + i \cdot y_k, \qquad k = 1,2 \quad \text{(Operanden)}$$
$$z_1 \pm z_2 = (x_1 \pm x_2) + i \cdot (y_1 \pm y_2)$$
$$z_1 \cdot z_2 = (x_1 \cdot x_2 - y_1 \cdot y_2) + i \cdot (x_1 \cdot y_2 + y_1 \cdot x_2)$$
$$z_1/z_2 = \frac{x_1 \cdot x_2 + y_1 \cdot y_2}{x_2^2 + y_2^2} + i \cdot \frac{y_1 \cdot x_2 - x_1 \cdot y_2}{x_2^2 + y_2^2} \quad (z_2 \neq 0).$$

Ähnlich lassen sich die *Grundoperationen der Linearen Algebra* durch (zusammengesetzte) rationale Operationen mit den Komponenten der beteiligten Vektor-Operatoren bzw. der Elemente der Matrix-Operatoren darstellen, z. B. mit $x, y \in \mathbb{R}^n$, $A \in \mathbb{R}^{m \times n}$

$$\langle x, y \rangle = \sum_{k=1}^{n} x_k \cdot y_k \tag{2.1}$$

$$(A \cdot x)_j = \sum_{k=1}^{n} a_{jk} \cdot x_k, \qquad j = 1, 2, \ldots, m. \tag{2.2}$$

Auch die *Operationen mit Intervallen*, die für zwei Intervalle $[x] = (\underline{x}, \overline{x}), [y] = (\underline{y}, \overline{y})$ durch

$$[x] \circ [y] := \{x \circ y : x \in [x], y \in [y]\}$$

erklärt sind, wo $\circ$ für eine der rationalen Operationen steht, lassen sich durch x, y ausdrücken:

$$
\begin{aligned}
[x] + [y] &= (\underline{x} + \underline{y}, \overline{x} + \overline{y}) \\
[x] - [y] &= (\underline{x} - \overline{y}, \overline{x} - \underline{y}) \\
[x] \cdot [y] &= (\min\{\underline{x} \cdot \underline{y}, \underline{x} \cdot \overline{y}, \overline{x} \cdot \underline{y}, \overline{x} \cdot \overline{y}\}, \quad \max\{\underline{x} \cdot \underline{y}, \underline{x} \cdot \overline{y}, \overline{x} \cdot \underline{y}, \overline{x} \cdot \overline{y}\}) \\
1/[y] &= (1/\overline{y}, 1/\underline{y}) \quad \text{für} \quad \underline{y}, \overline{y} > 0 \\
[x]/[y] &= [x] \cdot (1/[y]).
\end{aligned}
$$

Wesentlich für die *Programmierung von algebraischen Operationen* ist aber, daß diese *nicht* in Form von arithmetischen Operationen (an ihren Elementen) „ausprogrammiert" werden müssen.

Beispiel: [Komplexe Zahlen] Für die komplexen Zahlen gibt es in Fortran 90 den Datentyp COMPLEX. Alle algebraischen Operationen und sämtliche Standardfunktionen sind für den Typ COMPLEX vordefiniert.

```
COMPLEX    z_1, z_2, z_sum, z_mult, z_div, z_sin
...
z_sum  = z_1 + z_2
z_mult = z_1 * z_2
z_div  = z_1 / z_2
...
z_sin  = SIN (z_1)
...
```

Beispiel: [Vektoren und Matrizen] Für die Grundoperationen der Linearen Algebra (2.1) und (2.2) gibt es in Fortran 90 die vordefinierten Unterprogramme DOT_PRODUCT und MATMUL.

Beispiel: [ACRITH-XSC] In ACRITH-XSC, einer speziell für die Numerische Datenverarbeitung konzipierten Spracherweiterung von Fortran 77, kann man auch Größen vom Datentyp INTERVAL unmittelbar mit arithmetischen Operatoren verknüpfen.

Analytische Operationen

Bei der Analyse und Auswertung von mathematischen Modellen spielen in der Numerischen Datenverarbeitung nicht selten auch Operationen mit Funktionen eine Rolle, die als Daten der Problemstellung auftreten. Schon die Auswertung einer Funktion an einer vorgegebenen Stelle ist – mathematisch gesehen – eine Operation an der als Datenelement betrachteten Funktion.

Klarer als Operationen erkennbar sind die Differentiation (ein- oder mehrfach) einer solchen Funktion, die unbestimmte Integration oder die bestimmte Integration über ein festes Intervall. Außerdem kommen Transformationen verschiedenster Art in Frage. In den heute gängigen Programmiersprachen der Numerischen Datenverarbeitung können Operationen an Funktionen nur dann programmiert werden, wenn sie auf Auswertungen der Funktionen zurückgeführt werden können, was – wie sich später herausstellen wird – eine wesentliche Einschränkung darstellt. Direkte Manipulationen an dem eine Funktion definierenden Ausdruck können in sog. Formelmanipulationssystemen (z. B. MATHEMATICA, MACSYMA, REDUCE, MAPLE u. a.) vorgenommen werden, die aber i. a. keine Programmierung einer Gesamtaufgabe der Numerischen Datenverarbeitung gestatten.

2.1.3 Digitale Codierung reeller Zahlen

Die Implementierung der elementaren Daten, der reellen Zahlen, auf einem Digital-rechner gleich welcher Architektur muß auf einer festen Codierung – oder einigen wenigen verschiedenen Codierungen – beruhen, da sonst eine effiziente Verarbeitung nicht möglich ist.

Bei einer Codierung müssen den reellen Zahlen bestimmte *Bitmuster einer festen Länge N* zugeordnet werden. Damit werden aber maximal 2^N verschiedene reelle Zahlen erfaßt, während die Gesamtheit aller reellen Zahlen überabzählbar unendlich (von der Mächtigkeit des Kontinuums) ist. Dieses krasse Mißverhältnis läßt sich auch durch die Wahl eines sehr großen N oder durch die parallele Verwendung verschiedener Codierungen nicht beseitigen. Aus praktischen Gründen sind der Größe von N außerdem Grenzen gesetzt, da der Code für eine bestimmte reelle Zahl in ein Register passen sollte.[3] Es ist deshalb klar, daß jede wie immer gewählte Codierungsform nur eine *endliche Auswahl* von reellen Zahlen darstellen kann; es ergibt sich deshalb die Frage, wie eine solche Auswahl möglichst repräsentativ gestaltet werden kann. Dabei darf der Gesichtspunkt der effizienten Handhabung einer Codierung nicht aus den Augen verloren werden.

Beispiel: [4 Byte] Bei einer Wortlänge von 4 Byte = 32 Bit können maximal $2^{32} = 4\,294\,967\,296$ Zahlen codiert werden. Sehr oft werden aber nicht alle Bitmuster zur Zahlendarstellung verwendet.

INTEGER-Codierung

Die natürlichste Weise, Bitmuster $d_{N-1}d_{N-2}\cdots d_2 d_1 d_0$ der Länge N als reelle Zahlen zu interpretieren, besteht in ihrer binären Interpretation als nicht-negative ganze Zahlen, d. h.

$$d_{N-1}d_{N-2}\cdots d_2 d_1 d_0 \Longleftrightarrow \sum_{j=0}^{N-1} d_j \cdot 2^j, \qquad d_j \in \{0,1\}.$$

---

[3] Register sind Speicherzellen, die als Bestandteil eines Computers zur Speicherung von Zwischenergebnissen, oft benutzten Werten etc. verwendet werden. Übliche Werte für die Größe von Registern sind $N = 32$ und $N = 64$.

Damit werden genau alle ganzen Zahlen von 0 bis $2^N - 1$ erfaßt:

$$0000 \cdots 0000 \iff 0$$
$$0000 \cdots 0001 \iff 1$$
$$\vdots$$
$$1111 \cdots 1111 \iff 2^N - 1.$$

Verwendet man ein Bit $v \in \{0, 1\}$ zur Darstellung des Vorzeichens $(-1)^v$, so kann man auch negative ganze Zahlen einbeziehen:

$$v d_{N-2} d_{N-3} \cdots d_2 d_1 d_0 \iff (-1)^v \sum_{j=0}^{N-2} d_j 2^j.$$

Man erhält damit die ganzen Zahlen $\mathbb{Z}$ im Intervall $[-(2^{N-1} - 1), 2^{N-1} - 1]$. Eine derartige Codierung wird als *INTEGER-Codierung* bezeichnet.

Beispiel: [Intel] Der Koprozessor INTEL 80387 hat INTEGER-Codierungen mit $N = 16, 32$ und 64, die als *short integer*, *word integer* und *long integer* bezeichnet werden.

Festpunkt-Codierung

Durch eine *Skalierung* mit einer 2er-Potenz kann man das von codierbaren Zahlen überdeckte Intervall der reellen Zahlengeraden verkleinern oder vergrößern. Die Dichte der darstellbaren Zahlen wird dadurch größer bzw. kleiner. Die Skalierung mit 2^{-e} entspricht der Interpretation der Bitfolge $v d_{N-2} d_{N-3} \cdots d_2 d_1 d_0$ als Binärbruch mit e Stellen nach dem Binärpunkt:

$$v \, d_{N-2} d_{N-3} \cdots d_2 d_1 d_0 \iff (-1)^v \cdot 2^{-e} \sum_{j=0}^{N-2} d_j \cdot 2^j \iff (-1)^v \cdot d_{N-2} \cdots d_e . d_{e-1} \cdots d_0$$

Dabei kann e auch negativ oder größer als $N - 1$ sein. Für $e = N - 1$ steht der angenommene Binärpunkt genau vor der ersten Ziffer d_{N-2} der Folge von Binärziffern. Wie bei der INTEGER-Codierung wird ein Bit $v \in \{0, 1\}$ zur Darstellung des Vorzeichens $(-1)^v$ verwendet. Für $e = N - 1$ wird von diesen Zahlen das Intervall $(-1, 1)$ erfaßt. Sie sind dort mit konstantem Abstand $2^{-N+1} = 2^{-e}$ angeordnet. Fest skalierte INTEGER-Codierungen werden als *Festpunkt- (fixed point) Codierungen* bezeichnet.

Die durch die Bitmuster nahegelegte Verwendung der Basis 2 bei der Interpretation ist natürlich keineswegs zwingend. Die Zusammenfassung von je 2,3 oder 4 Binärstellen zu je einer Ziffer bezüglich der Basen 4, 8 oder 16 ergibt nichts wesentlich Neues. Die Zusammenfassung von je vier Binärstellen führt zu den sog. Hexadezimal- oder Sedezimalzahlen. Zur Darstellung der Ziffernmenge werden dabei meist die Zeichen $0, \ldots, 9, A, \ldots, F$ verwendet.

Beispiel: [Hexadezimalzahlen] Die Zahl 2842_{10}, deren Binärdarstellung $1011\,0001\,1010_2$ ist, wird im Hexadezimalsystem $B1A_{16}$ geschrieben. Die Hexadezimaldarstellung ist wesentlich kompakter als die Binärdarstellung.

Man kann je 4 Bits auch zur Codierung einer Dezimalziffer $d_i \in \{0,1,\ldots,9\}$ verwenden (allerdings mit einer nicht unbeträchtlichen Redundanz); man kommt so zu *dezimalen Festpunkt-Codierungen*, die der menschlichen Vorstellung (dem konventionellen Denken in Zehnerpotenzen) mehr entgegenkommen. Solche Codierungen werden fast immer für Taschenrechner verwendet (ausschließlich oder wahlweise neben anderen Codierungen).

Beispiel: [Intel] Die Prozessoren INTEL 80387 und 80486 haben neben den oben erwähnten binären INTEGER-Codierungen eine 18-stellige *dezimale* INTEGER-Codierung, die 73 Bit erfordert ($4 \times 18 + 1$ Vorzeichenbit).

Alle Festpunkt-Codierungen haben für die Numerische Datenverarbeitung den großen Nachteil, daß das von darstellbaren reellen Zahlen überdeckte Intervall der reellen Achse ein für allemal festliegt. Die Größenordnungen der bei den Aufgaben der Numerischen Datenverarbeitung auftretenden Daten variieren aber über einen sehr weiten Bereich, der oft nicht a priori bekannt ist. Auch können während der Lösung der Aufgabe reelle Zahlen mit sehr großen oder sehr kleinen Absolutbeträgen auftreten.

Es liegt deshalb nahe, den Skalierungsparameter e veränderlich zu lassen und seine aktuelle Größe in der Codierung mit anzugeben. Man kommt so zu den *Gleitpunkt-(floating point) Codierungen*, die für die Numerische Datenverarbeitung in der Praxis fast ausschließlich verwendet werden.

2.2 Gleitpunkt-Zahlensysteme

Wegen ihrer wesentlich größeren Flexibilität haben sich für die Zwecke der Numerischen Datenverarbeitung die Gleitpunkt-Codierungen[4] durchgesetzt. Dabei wird die zu codierende Bitsequenz für die Interpretation in drei Teile zerlegt: in das *Vorzeichen* v, den *Exponenten* e und den *Signifikanden* s (die *Mantisse*). Die Aufteilung des gesamten für die Codierung einer reellen Zahl in einer bestimmten Gleitpunkt-Codierung verwendeten Bitfeldes in diese drei Bestandteile ist fest.

Beispiel: [IEEE-Gleitpunktzahlen] In der IEEE-Norm für binäre Gleitpunkt-Arithmetiken (vgl. Abschnitt 2.2.1) werden folgende Aufteilungen spezifiziert:

single format: $N = 32$

1	8 Bit	23 Bit
v	e	s

double format: $N = 64$

1	11 Bit	52 Bit
v	e	s

---

[4]In der Numerischen Datenverarbeitung wird meist von Gleit*punkt*darstellungen und nicht von Gleit*komma*darstellungen gesprochen. Das Komma wird in den meisten Programmiersprachen als Trennzeichen für zwei lexikalische Elemente verwendet (vgl. Abschnitt 8.2). Die Zeichenkette 12,25 bezeichnet demgemäß zwei (ganze) Zahlen, nämlich 12 und 25, während 12.25 die (rationale) Zahl 49/4 symbolisiert.

Dabei enthält der Signifikand s die Festpunkt-Codierung einer reellen Zahl in bezug auf eine feste Basis b und der Exponent e die INTEGER-Codierung einer ganzen Zahl; die dargestellte reelle Zahl ist dann

$$x = (-1)^v \cdot b^e \cdot s, \tag{2.3}$$

wo das Bit $v \in \{0,1\}$ das Vorzeichen von x festlegt. Je nach Wahl der Basis b, der Festpunkt-Codierung für s und der INTEGER-Codierung für e erhält man eine bestimmte Auswahl von reellen Zahlen, die mit dieser Gleitpunkt-Codierung darstellbar sind. Eine solche Menge von reellen Zahlen, die mit einer bestimmten Gleitpunkt-Codierung darstellbar sind, heißt ein *Gleitpunkt-Zahlensystem* $\mathbb{M}$.

Für die Numerische Datenverarbeitung kommt es letzten Endes gar nicht darauf an, *wie* die hardwaremäßige (rechnerinterne) Codierung im einzelnen erfolgt (vgl. z. B. Swartzlander [10]), sondern nur darauf, wie die Zahlen eines Gleitpunkt-Zahlensystems $\mathbb{M}$ auf der reellen Achse verteilt sind und wie die Arithmetik in $\mathbb{M}$ funktioniert. Als Grundlage für die Betrachtung der digitalen Arithmetik werden daher nicht die Gleitpunkt-*Codierungen* selbst, sondern die Gleitpunkt-*Zahlensysteme* verwendet.

Ein bestimmtes *Gleitpunkt-Zahlensystem* $\mathbb{M}(b, p, e_{min}, e_{max})$ ist durch vier ganzzahlige (dezimale) Parameter gekennzeichnet:

1. Basis (*base, radix*) $b \geq 2$,

2. Mantissenlänge (*precision*) $p \geq 2$,

3. kleinster Exponent $e_{min} < 0$,

4. größter Exponent $e_{max} > 0$.

Dabei ist auf den meisten Computern die Basis $b = 2$, 10 oder 16, d.h., es werden praktisch nur binäre, dezimale oder hexadezimale Gleitpunkt-Zahlensysteme eingesetzt.

Das Gleitpunkt-Zahlensystem $\mathbb{M}(b, p, e_{min}, e_{max})$ enthält die folgenden reellen Zahlen[5]:

$$x = (-1)^v \cdot b^e \cdot \sum_{j=1}^{p} d_j b^{-j} \tag{2.4}$$

mit

$$v \in \{0,1\} \tag{2.5}$$

$$e \in \mathbb{Z}, \quad e_{min} \leq e \leq e_{max}, \tag{2.6}$$

$$d_j \in \{0,1,\ldots,b-1\}, \quad j = 1\ldots,p; \tag{2.7}$$

die d_j sind die *Ziffern* (*digits*) des Signifikanden $s = d_1 b^{-1} + d_2 b^{-2} + \cdots + d_p b^{-p}$.

---

[5] Die Annahme des (Binär-, Dezimal-)Punktes *vor* der ersten Stelle des Signifikanden ist willkürlich; sie entspricht den Modellannahmen, die in der Fortran 90 - Norm getroffen werden.

Beispiel: Im Zahlensystem $\mathbb{M}(10, 6, -9, 9)$ wird 0.1 als
$$.100000 \cdot 10^0$$
dargestellt. Im Zahlensystem $\mathbb{M}(2, 24, -125, 128)$ kann 0.1 *nicht* exakt dargestellt werden. Es wird die Näherungsdarstellung
$$.110011001100110011001101 \cdot 2^{-3}$$
verwendet.

Fast alle Computer besitzen neben dem „üblichen" Gleitpunkt-Zahlensystem („einfache Genauigkeit") noch weitere, aufwendigere Codierungsformen mit größeren Mantissenlängen und teilweise auch größeren Exponentenbereichen. Obwohl die dabei verwendeten Mantissenlängen $p_1, p_2, \ldots$ nicht immer genaue Vielfache der einfachen Mantissenlänge p_1 sind, spricht man oft von „doppelter" („k-facher") Genauigkeit.

Beispiel: [Intel] Die INTEL- (Arithmetik-) Mikroprozessoren haben die Zahlensysteme $\mathbb{M}(2, 24, -125, 128)$ und $\mathbb{M}(2, 53, -1021, 1024)$ für einfach bzw. doppelt genaue Gleitpunkt-Zahlendarstellung entsprechend der IEEE-Norm. Darüber hinaus gibt es auch noch ein *erweitert genaues* Gleitpunkt-Zahlensystem (*extended precision*) mit $\mathbb{M}(2, 64, -16381, 16384)$.

Beispiel: [IBM 390] Die IBM-*mainframes* haben zwei hexadezimale Gleitpunkt-Zahlensysteme: *short precision* $\mathbb{M}(16, 6, -64, 63)$ und *long precision* $\mathbb{M}(16, 14, -64, 63)$.

Beispiel: [Cray] Die Cray-Computer haben zwei binäre Zahlensysteme: $\mathbb{M}(2, 48, -16384, 8191)$ und $\mathbb{M}(2, 96, -16384, 8191)$.

Beispiel: [Taschenrechner] Technisch-wissenschaftliche Taschenrechner haben i. a. nur *ein* Gleitpunkt-Zahlensystem. Sie verwenden oft das dezimale System $\mathbb{M}(10, 10, -100, 100)$.

Normale und subnormale Zahlen

Offenbar entspricht jeder den Einschränkungen (2.5), (2.6) und (2.7) genügenden Wahl der Werte von v, e und $d_1, d_2, \ldots, d_p$ eine bestimmte reelle Zahl. Es können aber verschiedene Werte zur gleichen Zahl x führen; etwa ergibt im Fall $d_p = 0$ die Festsetzung

$$e' := e + 1, \quad d_1' := 0, \quad d_j' := d_{j-1}, \quad j = 2, \ldots, p,$$

die gleiche Zahl, die sich aus den ungestrichenen Werten ergibt.

Beispiel: [Verschiedene Zahlendarstellungen] Die Zahl 0.1 kann in $\mathbb{M}(10, 6, -9, 9)$ durch
$.100000 \cdot 10^0$ oder $.010000 \cdot 10^1$ oder
$.001000 \cdot 10^2$ oder $.000100 \cdot 10^3$ oder
$.000010 \cdot 10^4$ oder $.000001 \cdot 10^5$
dargestellt werden. Die Darstellung ist also *nicht* eindeutig.

Man kann die *zusätzliche Forderung* $d_1 \neq 0$ stellen, ohne daß man den Umfang des Gleitpunkt-Zahlensystems $\mathbb{M}(b, p, e_{\min}, e_{\max})$ wesentlich einschränkt; die so darstellbaren Zahlen mit $b^{-1} \leq s < 1$ heißen *normale* (oder *normalisierte*) Zahlen von $\mathbb{M}$. Die weggefallenen Zahlen kann man dadurch zurückgewinnen, daß man $d_1 = 0$ nur für $e = e_{\min}$ zuläßt; diese Zahlen, die sämtlich im Intervall $(-b^{e_{\min}-1}, b^{e_{\min}-1})$ liegen, heißen *subnormale* (oder *denormalisierte*) Zahlen.

Mit der Einschränkung $d_1 \neq 0$ für $e > e_{\min}$ erhält man eine *umkehrbareindeutige* Beziehung zwischen den zulässigen Werten (v, e, d_j) und den reellen Zahlen in $\mathbb{M}(b, p, e_{\min}, e_{\max})$, wenn man davon absieht, daß die Zahl 0 mit beiden Vorzeichen dargestellt werden kann.

Im Fall eines binären Gleitpunkt-Zahlensystems mit $b = 2$ kann für die normalen Zahlen nur $d_1 = 1$ gelten, da nur die beiden Ziffern 0 und 1 existieren. Für die normalen Zahlen von $\mathbb{M}(2, p, e_{min}, e_{max})$ braucht also d_1 *nicht* explizit codiert werden, der Signifikand kann ein *implizites erstes Bit* (engl. *hidden bit*) haben. Die subnormalen Zahlen, die dieses Bit (hier $= 0$) auch nicht explizit benötigen, charakterisiert man durch einen festen Wert von e außerhalb von $[e_{min}, e_{max}]$, meist durch $e = e_{min} - 1$.

Beispiel: [IBM 390] Die Gleitpunkt-Zahlensysteme der IBM-*mainframes* haben wegen der Basis $b = 16$ *kein* implizites erstes Bit. Der Signifikand der einfach genauen Gleitpunktzahlen hat 6 Hexadezimalstellen. Bei einer normalisierten Zahl wird nur $d_1 \neq 0$ verlangt. Wegen $d_1 = 1_{16} = 0001_2$ können daher die ersten *drei* Bits des Signifikanden Null sein.

2.2.1 IEEE-Normen für Gleitpunkt-Zahlensysteme

Durch den *American National Standard* 754-1985, den „*IEEE*[6] *Standard for Binary Floating-Point Arithmetic*", ist für die beiden Binär-Zahlensysteme $\mathbb{M}(2, 24, -125, 128)$ und $\mathbb{M}(2, 53, -1021, 1024)$ die tatsächliche Codierung in Mikroprozessoren explizit festgelegt worden, damit numerische Daten unmittelbar zwischen verschiedenen Geräten übertragbar sind. Die Codierung verwendet 32 bzw. 64 Bits; dabei sind nicht alle Bitmuster mit einer Bedeutung als Gleitpunktzahl belegt, sondern es gibt auch $\pm\infty$ und *NaNs*[7].

	Exponent	Signifikand
normale Gleitpunktzahlen	$e \in [e_{min}, e_{max}]$	
subnormale Gleitpunktzahlen	$e = e_{min} - 1$	$s \neq 0$
± 0	$e = e_{min} - 1$	$s = 0$
$\pm\infty$	$e = e_{max} + 1$	$s = 0$
NaN	$e = e_{max} + 1$	$s \neq 0$

Bei den normalen Zahlen ist, wie oben erläutert, die führende Ziffer 1 *nicht* codiert; man kommt also mit 23 bzw. 52 Bits für die Codierung der Signifikanden aus.

Beispiel: [PCs] Die Mikroprozessoren der meisten PCs, z. B. jene von INTEL oder MOTOROLA, sind konform mit dem IEEE-Standard 754-1985.

Im *American National Standard* 854-1988, dem „*IEEE Radix- and Word-length-independent Standard for Floating-Point Arithmetic*", werden für die in der Numerischen Datenverarbeitung verwendeten Gleitpunkt-Zahlensysteme $\mathbb{M}(b, p, e_{min}, e_{max})$ gewisse Einschränkungen festgelegt, z. B.

$$(e_{max} - e_{min})/p > 5$$

---

[6]IEEE ist die Abkürzung für *Institute of Electrical and Electronics Engineers*.
[7]*NaN* ist die Abkürzung für *Not a Number* (z. B. für das Ergebnis von 0/0).

und

$$e_{max} + e_{min} \geq 3 \quad \text{für} \quad b = 2$$
$$e_{max} + e_{min} \geq 2 \quad \text{für} \quad b \geq 4.$$

Darüber hinaus stellen beide Normen detaillierte und umfangreiche Forderungen für die Arithmetik in den Gleitpunkt-Zahlensystemen auf, auf die in Abschnitt 2.3 noch näher eingegangen wird.

2.2.2   Struktur eines Gleitpunkt-Zahlensystems

Die Struktur des Gleitpunkt-Zahlensystems $\mathbb{M}(b, p, e_{min}, e_{max})$ soll nun untersucht werden. Wegen der umkehrbar-eindeutigen Zuordnung zu den Tupeln $(v, e, d_1, \ldots, d_p)$ mit den Einschränkungen (2.5), (2.6) und (2.7) kann es sich nur um *endlich* viele reelle Zahlen handeln. Die Anzahl der normalen Zahlen in $\mathbb{M}(b, p, e_{min}, e_{max})$ ist

$$2(b-1)b^{p-1}(e_{max} - e_{min} + 1).$$

Diese endliche Menge von Gleitpunktzahlen tritt bei numerischen Berechnungen an die Stelle der überabzählbar vielen, auf der Zahlengeraden überall dicht liegenden reellen Zahlen.

Beispiel: [IEEE-Gleitpunktzahlen] Die beiden IEEE-Gleitpunktsysteme $\mathbb{M}(2, 24, -125, 128)$ und $\mathbb{M}(2, 53, -1021, 1024)$ enthalten

$$2^{24} \cdot 254 \approx 4.26 \cdot 10^9 \quad \text{bzw.} \quad 2^{53} \cdot 2046 \approx 1.84 \cdot 10^{19}$$

normale Zahlen und die Null.

Wegen der separaten Darstellung des Vorzeichens $(-1)^v$ sind die Gleitpunktzahlen *symmetrisch zur Null* angeordnet: $x \in \mathbb{M} \Longleftrightarrow -x \in \mathbb{M}$.

Weiters ist unmittelbar klar, daß es in $\mathbb{M}(b, p, e_{min}, e_{max})$, im Gegensatz zu den reellen Zahlen, eine *größte Zahl* x_{max} und eine *kleinste positive Zahl* x_{min} gibt; $-x_{max}$ und $-x_{min}$ sind analog die kleinste und die größte *negative* Zahl.

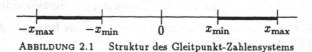

ABBILDUNG 2.1   Struktur des Gleitpunkt-Zahlensystems

Häufungspunkte[8] kann es in der endlichen Menge $\mathbb{M}$ nicht geben; zwischen zwei benachbarten Zahlen aus $\mathbb{M}$ liegt stets ein endlicher Abstand. Damit stellt ein Gleitpunkt-Zahlensystem $\mathbb{M}$ eine endliche Teilmenge der reellen Zahlen $\mathbb{R}$ dar, die wesentlich andere Eigenschaften hat als $\mathbb{R}$ selbst. Die Folgen dieses Umstandes prägen die Numerische Datenverarbeitung ganz wesentlich.

---

[8]Ein Punkt (Element) x_0 einer Menge M heißt *Häufungspunkt* von M, wenn in jeder Umgebung von x_0 unendlich viele Punkte von M liegen.

Zahlenabstände

Für jede feste Wahl von $e \in [e_{\min}, e_{\max}]$ kann der Signifikand Werte zwischen

$$d_1 = 1,\ d_2 = \cdots = d_p = 0 \quad \Leftrightarrow \quad b^{-1}$$

und

$$d_1 = d_2 = \cdots = d_p = b - 1 \quad \Leftrightarrow \quad \sum_{j=1}^{p} (b-1)b^{-j} = 1 - b^{-p}$$

durchlaufen; dabei schreitet er in Schritten von b^{-p} fort. Dieses *Grundinkrement* des Signifikanden, das dem Wert einer Einheit seiner letzten Stelle entspricht, wird oft als 1 ulp (*unit of last position*) bezeichnet; im folgenden wird hierfür die Kurzbezeichnung u verwendet:

$$u := 1\,\mathrm{ulp} = b^{-p}. \tag{2.8}$$

Die Zahlen aus $\mathbb{M}$ im Intervall $[b^e, b^{e+1}]$ haben also einen *konstanten Abstand*

$$\Delta x = b^{e-p} = u \cdot b^e; \tag{2.9}$$

in jedem solchen Intervall gibt es also eine *konstante (absolute) Dichte* der Zahlen aus $\mathbb{M}$. Beim Übergang zum nächstkleineren Exponenten e verringert sich dieser konstante Abstand auf ein b-tel, die Dichte der Zahlen aus $\mathbb{M}$ nimmt auf das b-fache zu. Analog springt der Abstand zwischen benachbarten Zahlen beim Übergang zum nächstgrößeren Exponenten auf das b-fache, und die Dichte reduziert sich entsprechend. Es wiederholen sich also Folgen von $(b-1) \cdot b^{p-1}$ äquidistanten Zahlen, wobei jede solche Folge ein mit b skaliertes Bild der vorhergehenden ist. Mit $e = e_{\max}$ wird schließlich die *größte Gleitpunktzahl*

$$x_{\max} = (1 - u)b^{e_{\max}} \tag{2.10}$$

erreicht; größere reelle Zahlen enthält $\mathbb{M}$ nicht. Mit abnehmendem e erreicht man mit $e = e_{\min}$ und $s = b^{-1}$ die kleinste *normale* positive Zahl aus $\mathbb{M}$:

$$x_{\min} = b^{e_{\min}-1}.$$

Beispiel: [IEEE-Gleitpunktzahlen] Die größte und die kleinste positive einfach genaue Gleitpunktzahl aus $\mathbb{M}(2, 24, -125, 128)$ sind

$$\begin{aligned} x_{\min} &= 2^{-126} &\approx 1.18 \cdot 10^{-38}, \\ x_{\max} &= \left(1 - 2^{-24}\right)2^{128} &\approx 3.40 \cdot 10^{38}. \end{aligned}$$

Bei den doppelt genauen Zahlen $\mathbb{M}(2, 53, -1021, 1024)$ ist der Zahlenbereich deutlich größer:

$$\begin{aligned} x_{\min} &= 2^{-1022} &\approx 2.23 \cdot 10^{-308}, \\ x_{\max} &= \left(1 - 2^{-53}\right)2^{1024} &\approx 1.80 \cdot 10^{308}. \end{aligned}$$

Beispiel: [IBM 390] Die größte und die kleinste positive Gleitpunktzahl aus $\mathbb{M}(16, 6, -64, 63)$ sind

$$\begin{aligned} x_{\min} &= 16^{-65} &\approx 5.40 \cdot 10^{-79}, \\ x_{\max} &= (1 - 16^{-6})16^{63} &\approx 7.24 \cdot 10^{75}. \end{aligned}$$

Die einfach genauen IBM-Gleitpunktzahlen überdecken einen größeren Bereich als die einfach genauen IEEE-Gleitpunktzahlen.

Bei den doppelt genauen Zahlen $\mathbb{M}(16, 14, -64, 63)$ sind diese beiden Werte (nahezu) unverändert. Auf IBM-Großrechnern bringt der Übergang zu den doppelt genauen Maschinenzahlen nur einen Vorteil hinsichtlich der Genauigkeit, nicht jedoch hinsichtlich der Größe des Bereiches, der von den Maschinenzahlen überdeckt wird.

Bedingt durch die Normalisierung der Gleitpunktzahlen befindet sich in der Umgebung von 0 eine „Lücke" (vgl. Abb. 2.1). Im Intervall $[0, x_{\min}]$ liegen nur *zwei* normalisierte Gleitpunktzahlen, nämlich die Randpunkte 0 und $x_{\min}$. Das anschließende, gleichlange Intervall $[x_{\min}, 2x_{\min}]$ enthält hingegen $1 + b^{p-1}$ Zahlen aus $\mathbb{M}(b, p, e_{\min}, e_{\max})$. Im Gleitpunktzahlensystem $\mathbb{M}(2, 24, -125, 128)$ sind das 8 388 609 Zahlen. Die IEEE-Norm 754-1985 verlangt deshalb die gleichmäßige Überdeckung des Intervalls $[0, x_{\min}]$ mit b^{p-1} *subnormalen* (positiven) Zahlen von konstantem Abstand $u \cdot b^{e_{\min}}$. Über die kleinste positive *subnormale* Zahl

$$\overline{x}_{\min} = ub^{e_{\min}} = b^{e_{\min}-p} \tag{2.11}$$

wird die Null erreicht. Die negativen subnormalen Zahlen aus $\mathbb{M}$ ergeben sich durch Spiegelung der positiven am Nullpunkt.

Während die Abstände Δx zwischen einer Zahl x aus $\mathbb{M}$ und der (betragsmäßig) nächstgrößeren mit zunehmendem e immer mehr zunehmen, bleiben die *relativen Abstände* $\Delta x/x$ beim Übergang von einem Wert des Exponenten zum nächsten die gleichen; sie hängen ja nur vom Signifikanden $s(x)$ der Gleitpunktzahl x ab:

$$\left|\frac{\Delta x}{x}\right| = \frac{u \cdot b^e}{s(x) \cdot b^e} = \frac{u}{s(x)}. \tag{2.12}$$

Wegen $b^{-1} \leq s(x) < 1$ nimmt dieser relative Abstand für $b^e \leq x \leq b^{e+1}$ mit wachsendem x von $b \cdot u$ auf fast u ab; er springt für $x = b^{e+1}$ mit $s = b^{-1}$ wieder auf $b \cdot u$ und nimmt dann wieder ab. Dieser Vorgang wiederholt sich von einem Intervall $[b^e, b^{e+1}]$ zum nächsten. In diesem eingeschränkten Sinn kann man also sagen, daß die *relative Dichte* der Zahlen in $\mathbb{M}$ über den Bereich der *normalen* Zahlen hinweg *annähernd konstant* ist. Die tatsächliche Zunahme der Dichte beim Durchlaufen eines Intervalls $[b^e, b^{e+1}]$ um den Faktor[9] b ist natürlich für größere Werte von b (etwa 10 oder 16) viel ausgeprägter als für $b = 2$.

Im Bereich der *subnormalen* Zahlen geht diese Gleichmäßigkeit der relativen Dichte allerdings verloren; wegen $s(x) \to 0$ für $x \to 0$ vergrößert sich der relative Abstand $\Delta x/x$ bei konstantem absoluten Abstand $\Delta x = u \cdot b^{e_{\min}}$ sehr rasch.

Die verschiedene Verteilung der Zahlen aus einem Gleitpunkt-Zahlensystem $\mathbb{M}(b, p, e_{\min}, e_{\max})$ in den Bereichen

$$\begin{aligned}
\mathbb{R} &:= [x_{\min}, x_{\max}] \cup [-x_{\max}, -x_{\min}] \\
\mathbb{R}_\infty &:= (x_{\max}, \infty) \cup (-\infty, -x_{\max}) \\
\mathbb{R}_0 &:= (-x_{\min}, x_{\min})
\end{aligned} \tag{2.13}$$

---

[9] Der Schwankungsfaktor b wird in der englischsprachigen Literatur *wobble* genannt.

legt die Unterteilung der reellen Achse in diese drei Bereiche bezüglich eines festen Gleitpunkt-Zahlensystems $\mathbb{M}$ nahe:

1. $\overline{\mathbb{R}}$ ist der Bereich, der mit annähernd gleichmäßiger relativer Dichte von Zahlen aus $\mathbb{M}$ überdeckt ist;

2. $\mathbb{R}_\infty$ enthält überhaupt keine Zahlen aus $\mathbb{M}$;

3. $\mathbb{R}_0$ enthält keine normalen Zahlen aus $\mathbb{M}$. Die subnormalen Zahlen überdecken $\mathbb{R}_0$ mit gleichmäßiger absoluter Dichte.

Die (annähernd) konstante relative Dichte der Zahlen aus $\mathbb{M}$ spiegelt den Charakter der Daten in der Numerischen Datenverarbeitung gut wider. Diese kommen i. a. durch „Messungen" zustande; dabei hängt die absolute Größe der Meßwerte von den verwendeten Einheiten ab, während die *relative Meßgenauigkeit* von diesen Einheiten und damit von der absoluten Größe der Daten *unabhängig* ist und einer konstanten Anzahl signifikanter Stellen entspricht.

Beispiel: [Digital-Meßgeräte] Digitale elektronische Meßgeräte (z. B. Digital-Voltmeter) haben eine Genauigkeit, die in bezug auf die am Display angezeigten Stellen spezifiziert wird. Unabhängig vom absoluten Wert der Spannung (z. B. 220 V oder 10 mV) liefern manche Bauformen dieser Meßgeräte beispielsweise einen 4-stelligen Wert, dessen Genauigkeit nur von der Qualität des Meßgerätes und nicht von der absoluten Größe der gemessenen Werte abhängt.

Zur Veranschaulichung sollen nun die obigen Überlegungen anhand des Gleitpunktzahlen-Systems $\mathbb{M}(10, 6, -9, 9)$ konkretisiert werden. Es enthält alle Zahlen

$$\pm . d_1 d_2 d_3 d_4 d_5 d_6 \cdot 10^e \qquad (2.14)$$

mit $d_j \in \{0, 1, 2, \ldots, 8, 9\}$, $e \in \{-9, -8, \ldots, 8, 9\}$ und $d_1 = 0$ nur für $e = -9$ (subnormale Zahlen). Die kleinste normale positive Zahl aus $\mathbb{M}(10, 6, -9, 9)$ ist

$$x_{min} = .100000 \cdot 10^{-9} = 10^{-10}$$

und die größte Zahl aus $\mathbb{M}(10, 6, -9, 9)$ ist

$$x_{max} = .999999 \cdot 10^9 = (1 - 10^{-6}) \cdot 10^9 \approx 10^9.$$

Außerhalb des Intervalls $[-x_{max}, x_{max}]$ gibt es keine Zahlen aus $\mathbb{M}$.

Für die normalen Zahlen durchläuft der Signifikand $s(x)$ die Werte .100000 bis .999999 in Schritten von $u = 10^{-6}$; entsprechend ist der Abstand $\Delta x = 10^{e(x)-6}$, wobei $e(x)$ der Exponent von x ist. Das Intervall $[100, 1000]$ enthält z. B. die 900 001 Zahlen

$$100.000, \; 100.001, \; 100.002, \; \ldots \; 999.998, \; 999.999, \; 1000.00$$

mit dem konstanten Abstand 10^{-3}; die nächstgrößere Zahl ist dann aber 1000.01, die von 1000 bereits den Abstand 10^{-2} hat. Der relative Abstand benachbarter Zahlen nimmt im Intervall $[100, 1000]$ von

$$\frac{10^{-3}}{100} = 10^{-5} = 10 \cdot u = b \cdot u \qquad \text{auf} \qquad \frac{10^{-3}}{999.999} \approx 10^{-6} = u$$

ab, um bei 1000 wieder auf

$$\frac{10^{-2}}{1000} = 10^{-5} = 10 \cdot u = b \cdot u$$

zurückzuspringen. Dieser *relative* Abstand besteht genauso zwischen $0.100000 \cdot 10^{-9}$ und $0.100001 \cdot 10^{-9}$ wie zwischen $0.100000 \cdot 10^{9}$ und $0.100001 \cdot 10^{9}$, obwohl der *absolute* Abstand im ersten Fall 10^{-15} und im zweiten 10^{+3} beträgt.

Ohne die subnormalen Zahlen besteht zwischen 0 und $x_{min} = 10^{-10}$ eine „große" Lücke, oberhalb von x_{min} haben ja die Zahlen von $\mathbb{M}$ einen Abstand von 10^{-15}. Die $10^5 - 1$ positiven subnormalen Zahlen von $\mathbb{M}$ überdecken diese Lücke mit dem konstanten Abstand 10^{-15}, wobei der relative Abstand bei $\bar{x}_{min} = 10^{-15}$ den Wert 1 erreicht.

Insgesamt enthält $\mathbb{M}(10, 6, -9, 9)$ genau $34\,200\,000$ normale sowie $199\,998$ subnormale Zahlen und die Null. Von der nicht-negativen reellen Halbachse gehören

$[0, 10^{-10})$ zu $\mathbb{R}_0$,

$[10^{-10}, (1 - 10^{-6})10^9]$ zu $\mathbb{R}$ und

$((1 - 10^{-6})10^9, \infty)$ zu $\mathbb{R}_\infty$.

Damit eine effiziente Implementierung der Arithmetik möglich ist, werden auf Digitalrechnern in der Regel nur einige wenige Codierungsformen und damit nur einige Gleitpunkt-Zahlensysteme zur Verfügung gestellt.

2.3   Arithmetik in Gleitpunkt-Zahlensystemen

Offenbar kann man sich bei der Numerischen Datenverarbeitung auf einem digitalen Rechengerät nur derjenigen reellen Zahlen bedienen, die in einem dort implementierten Gleitpunkt-Zahlensystem enthalten sind. Angesichts des Umstandes, daß es sich dabei nur um endlich viele Zahlen handelt, scheint eine sinnvolle Numerische Datenverarbeitung dadurch in Frage gestellt. Es soll daher nun untersucht werden, wie gravierend die Einschränkungen sind, die sich aus dem genannten Umstand ergeben (vgl. auch Goldberg [9]). Der Einfachheit halber wird zunächst der Fall betrachtet, daß nur ein einziges Gleitpunkt-Zahlensystem $\mathbb{M}(b, p, e_{min}, e_{max})$ zur Verfügung steht.

Als erstes muß man offenbar überlegen, in welchem Sinn die in Abschnitt 2.1.2 betrachteten *arithmetischen Operationen* innerhalb von $\mathbb{M}$ überhaupt durchgeführt werden können. Da $\mathbb{M}$ eine Teilmenge der reellen Zahlen $\mathbb{R}$ ist, sind natürlich die rationalen und sonstigen arithmetischen Operationen für Operanden aus $\mathbb{M}$ unmittelbar erklärt, jedoch ist ihr Ergebnis i. a. *keine* Zahl aus $\mathbb{M}$, wenn man von den trivialen Operationen $x \to |x|$ und $x \to (-x)$ absieht.

Die Ergebnisse von arithmetischen Operationen mit Operanden aus $\mathbb{M}$ benötigen nämlich zu ihrer Darstellung in einer Gleitpunkt-Codierung zur Basis b i. a. mehr als p Stellen im Signifikanden und gelegentlich einen Exponenten außerhalb von $[e_{min}, e_{max}]$. Im Fall der Division ist in der Regel überhaupt keine Gleitpunkt-Codierung der Ergebnisse mit *endlich* vielen Stellen möglich, dasselbe gilt für die Werte der Standardfunktionen.

Den naheliegenden Ausweg kennt man schon lange vom Umgang mit Dezimalbrüchen: Das „exakte" Ergebnis wird auf eine Zahl aus $\mathbb{M}$ *gerundet*. Dabei wird hier und im folgenden unter *exaktem Ergebnis* stets jenes Ergebnis aus $\mathbb{R}$ verstanden, das sich aufgrund der Rechenregeln der reellen Zahlen ergeben würde. Wegen $\mathbb{M} \subset \mathbb{R}$ sind diese stets anwendbar.

Beispiel: In $\mathbb{M}(10, 6, -9, 9)$ bildet die Funktion $\square : \mathbb{R} \to \mathbb{M}$ jedes $x \in \mathbb{R}$ auf die nächstgelegene Zahl aus $\mathbb{M}$ ab.

$$\text{Argumente:} \quad \begin{aligned} x &= .123456 \cdot 10^5 \\ y &= .987654 \cdot 10^0 = .987654 \end{aligned}$$

$$\text{Exakte Rechnung:} \quad \begin{aligned} x + y &= .123465\,87654 \cdot 10^5 \\ x - y &= .123446\,12346 \cdot 10^5 \\ x \cdot y &= .121931\,812224 \cdot 10^5 \\ x/y &= .124999\,240624\ldots \cdot 10^5 \\ \sqrt{x} &= .111110\,755549\ldots \cdot 10^3 \end{aligned}$$

$$\text{Rundung:} \quad \begin{aligned} \square(x + y) &= .123466 \cdot 10^5 \\ \square(x - y) &= .123446 \cdot 10^5 \\ \square(x \cdot y) &= .121932 \cdot 10^5 \\ \square(x/y) &= .124999 \cdot 10^5 \\ \square\sqrt{x} &= .111111 \cdot 10^3 \end{aligned}$$

2.3.1 Rundung

Unter einer *Rundung* versteht man eine Funktion (*Reduktionsabbildung*)

$$\square : \mathbb{R} \to \mathbb{M},$$

die einer reellen Zahl x eine bestimmte, in einem noch zu präzisierenden Sinn „benachbarte" Zahl $\square x \in \mathbb{M}$ zuordnet. Für eine feste Wahl der Rundungsvorschrift $\square$ kann man zu einer mathematischen *Definition der arithmetischen Operationen* in $\mathbb{M}$ folgendermaßen kommen: Zu jeder arithmetischen Operation

$$\circ : \mathbb{R} \times \mathbb{R} \to \mathbb{R}$$

definiert man die *analoge Operation*

$$\boxdot : \mathbb{M} \times \mathbb{M} \to \mathbb{M}$$

durch

$$x \boxdot y := \square(x \circ y). \tag{2.15}$$

$x \circ y$ ist das exakte Ergebnis der Operation, das anschließend gemäß der Rundungsvorschrift $\square$ nach $\mathbb{M}$ gerundet wird; $x \boxdot y$ ist so stets wieder eine Zahl aus $\mathbb{M}$.

Ebenso kann man Operationen mit nur einem Operanden, z. B. die Standardfunktionen, in $\mathbb{M}$ definieren. Für $f : \mathbb{R} \to \mathbb{R}$ erhält man durch

$$\boxed{f}(x) := \square f(x) \tag{2.16}$$

die analoge Funktion

$$\boxed{f} : \mathbb{M} \to \mathbb{M}.$$

Natürlich darf man die Rundungsvorschrift $\square$ nicht willkürlich wählen, wenn die sich aus den Definitionen (2.15) und (2.16) ergebende Arithmetik einigermaßen brauchbar sein soll. Man verlangt deshalb jedenfalls

$$\square x = x \quad \text{für} \quad x \in \mathbb{M} \tag{2.17}$$

und

$$\square x \leq \square y \quad \text{für} \quad x < y. \tag{2.18}$$

Aus diesen beiden Forderungen folgt bereits, daß jede solche Rundungsvorschrift von den reellen Zahlen zwischen zwei benachbarten Zahlen x_1 und $x_2 \in \mathbb{M}$ diejenigen unterhalb eines bestimmten Wertes $\hat{x} \in [x_1, x_2]$ auf x_1 abrundet und die oberhalb von $\hat{x}$ auf x_2 aufrundet. Durch die Angabe von $\hat{x}$ in Abhängigkeit von x_1 und x_2 ist also die Rundungsvorschrift $\square$ festgelegt, falls sie (2.17) und (2.18) erfüllt.

Demgemäß gibt es für eine Gleitpunkt-Arithmetik folgende Rundungsvorschriften:

Echte Rundung: Bei der „echten" oder optimalen Rundung (*round to nearest*) mit

$$\hat{x} := \frac{x_1 + x_2}{2}$$

wird immer zur *nächstgelegenen* Zahl aus $\mathbb{M}$ gerundet. Im Fall $x = \hat{x}$, d.h. bei gleichem Abstand von x_1 und x_2, wird als $\square x$ diejenige der beiden Zahlen x_1, x_2 genommen, deren letzte Ziffer im Signifikanden gerade ist (*round to even*).

Beispiel: Bei $\mathbb{M}(10, 6, -9, 9)$ wird .1000005 auf .100000 gerundet und nicht auf .100001. Hingegen wird .1000015, wie gewohnt, auf .100002 gerundet.

Abschneiden: Beim „Abschneiden" (*round toward 0*) ist[10]

$$\hat{x} := \text{sign}(x) \cdot \max(|x_1|, |x_2|)$$

die absolut größere der beiden Zahlen x_1, x_2, d.h., $\square x$ ist die absolut kleinere der beiden Zahlen x_1, x_2; damit gilt

$$x \notin \mathbb{M} \quad \Rightarrow \quad |\square x| < |x|.$$

Die durch Abschneiden erhaltene Zahl $\square x$ ist die in Richtung des Nullpunktes nächstgelegene Zahl aus $\mathbb{M}$. Natürlich wäre auch die Rundung „weg von 0" eine vernünftige Vorschrift, doch hat diese keine praktische Bedeutung.

Einseitige Rundung: Beim „Aufrunden" (*round toward* $+\infty$) bzw. „Abrunden" (*round toward* $-\infty$) ist

$$\hat{x} := \min(x_1, x_2)$$

---

[10] $\text{sign}(x)$ bezeichnet die Signum-Funktion mit $\text{sign}(x) = -1, 0, 1$ für $x < 0$, $x = 0$, bzw. $x > 0$.

bzw.

$$\hat{x} := \max(x_1, x_2).$$

Unabhängig vom Vorzeichen von x ist bei der einseitigen Rundung die kleinere bzw. die größere der beiden Zahlen x_1 und x_2 das Ergebnis. Im ersten Fall gilt für $x \notin \mathbb{M}$ stets $\Box x > x$ und im zweiten $\Box x < x$.

Wegen der Gültigkeit der Symmetriebeziehung

$$\Box(-x) = -(\Box x) \tag{2.19}$$

bezeichnet man echte Rundung und Abschneiden als *symmetrische Rundungsvorschriften*, einseitige Rundung bezeichnet man als *gerichtete Rundungsvorschrift* (*directed rounding*); hier hängt die Rundungsrichtung nicht von der Lage von x im Intervall (x_1, x_2) ab. Das gerichtete Runden ist wichtig für Anwendungen auf dem Gebiet der Rundungsfehler-Analyse, insbesondere für die Intervall-Arithmetik.

Beispiel: Für $\mathbb{M} = \mathbb{M}(10, 6, -9, 9)$ und

$$x = -.123456\,789$$

ist

$$\Box x = \begin{cases} -.123457 & \text{bei echter Rundung und} \\ & \text{bei Rundung nach } -\infty \\ -.123456 & \text{bei Abschneiden und} \\ & \text{bei Rundung nach } +\infty \end{cases}$$

Offenbar lassen sich diese Vorschriften aber nur dann vernünftig auf ein $x \in \mathbb{R} \setminus \mathbb{M}$ anwenden, wenn es „Nachbarn" $x_1 < x$ und $x_2 > x$ aus $\mathbb{M}$ gibt. Für $x \in (\overline{\mathbb{R}} \cup \mathbb{R}_0) \setminus \mathbb{M}$ ist das stets der Fall, nicht jedoch für $x \in \mathbb{R}_\infty$.

Überlauf: Im Fall $x \in \mathbb{R}_\infty$ bleibt $\Box x$ undefiniert. Falls ein solches x das exakte Ergebnis einer Operation mit Operanden aus $\mathbb{M}$ ist, dann sagt man, daß *Überlauf* (*overflow*) – genauer: Exponentenüberlauf – eintritt. Die meisten Computer unterbrechen im Normalfall bei Überlauf die Programmausführung mit einer Fehlermeldung. Die Art der Reaktion des Computers auf einen Exponentenüberlauf kann i. a. durch den Benutzer beeinflußt werden.

Unterlauf: Im Fall $x \in \mathbb{R}_0$ läßt sich $\Box x$ stets definieren, egal, ob subnormale Zahlen zur Verfügung stehen oder nicht. Die hier vorliegende Sondersituation heißt (Exponenten-) *Unterlauf* (*underflow*). Bei Unterlauf wird im allgemeinen mit dem Zwischenergebnis Null weitergerechnet.

Beispiel: Im Gleitpunkt-System $\mathbb{M}(10, 6, -9, 9)$ sollen die kartesischen Koordinaten $(x_1, y_1) = (10^{-8}, 10^{-8})$ und $(x_2, y_2) = (10^5, 10^5)$ in Polarkoordinaten umgerechnet werden. In beiden Fällen ist $\tan \varphi = y_i/x_i = 1$, also $\varphi = 45°$. Bei der Berechnung des Radius $r = \sqrt{x_i^2 + y_i^2}$ ergibt sich im ersten Fall ein Unterlauf bei der Berechnung von x_1^2 und x_2^2. Falls der Rechner mit dem Zwischenergebnis 0 weiterrechnet, erhält man das unsinnige Ergebnis $r = 0$. Im zweiten Fall ergibt sich ein Überlauf, der i. a. zu einem Abbruch führt. In beiden Fällen hätte man ein sinnvolles Ergebnis erhalten können, wenn man einen geeigneten Skalierungsfaktor verwendet hätte.

2.3.2 Rundungsfehler

Wegen der Definitionen (2.15) und (2.16) für die Arithmetik in $\mathbb{M}$ ist es offenbar von zentraler Wichtigkeit, zu erfassen, wie stark $\square x$ von x abweichen kann: Hiervon hängt ja ab, wie gut die Arithmetik in $\mathbb{M}$ die „wirkliche" Arithmetik in $\mathbb{R}$ modelliert, bzw. wie sehr sich die beiden Arithmetiken unterscheiden.

Die Abweichung $\square x - x$ wird üblicherweise als *(absoluter) Rundungsfehler* von x bezeichnet:

$$\varepsilon(x) := \square x - x, \tag{2.20}$$

während

$$\rho(x) := \frac{\square x - x}{x} = \frac{\varepsilon(x)}{x} \tag{2.21}$$

relativer Rundungsfehler von x heißt. Der Betrag $|\varepsilon(x)|$ ist offenbar durch Δx, die Länge des x einschließenden Intervalls $[x_1, x_2]$, $x_1, x_2 \in \mathbb{M}$, begrenzt, im Fall der optimalen Rundung sogar nur durch die Hälfte davon. Genauer läßt sich dies so formulieren: Jedes $x \in \overline{\mathbb{R}}$ läßt sich in eindeutiger Weise in der Form

$$x = \pm s(x) \cdot b^{e(x)} \tag{2.22}$$

mit dem Signifikanden $s(x) \in [b^{-1}, 1)$ und dem Exponenten $e(x) \in [e_{\min}, e_{\max}]$ darstellen. Da die Länge des kleinsten Intervalls $[x_1, x_2]$ mit $x_1, x_2 \in \mathbb{M}$, das $x \in \overline{\mathbb{R}} \setminus \mathbb{M}$ enthält,

$$\Delta x = u \cdot b^{e(x)}$$

ist, gilt für den absoluten Rundungsfehler eines $x \in \overline{\mathbb{R}}$:

$$|\varepsilon(x)| \begin{cases} < u \cdot b^{e(x)} & \text{für gerichtete Rundungen,} \\ \leq \dfrac{u}{2} \cdot b^{e(x)} & \text{für die optimale Rundung.} \end{cases} \tag{2.23}$$

Für ein $x \in \mathbb{R}_0$ hat man bei Rundung auf subnormale Zahlen $e(x)$ durch $e_{\min}$ zu ersetzen.

Beispiel: [Absoluter Rundungsfehler] Für das Gleitpunkt-Zahlensystem $\mathbb{M}(2, 3, -1, 2)$ hat der absolute Rundungsfehler bei optimaler Rundung den in Abb. 2.2 dargestellten Verlauf. Bei Rundung durch Abschneiden ergibt sich der in Abb. 2.3 dargestellte Funktionsverlauf.

Wegen des Treppenfunktionscharakters von $\square x$ ist der absolute Rundungsfehler eine stückweise lineare Funktion.

Für den relativen Rundungsfehler eines $x \in \overline{\mathbb{R}}$ ergibt sich aus (2.21) bis (2.23)

$$|\rho(x)| \begin{cases} < \dfrac{u}{|s(x)|} \leq b \cdot u & \text{für gerichtete Rundungen,} \\ \leq \dfrac{u}{2|s(x)|} \leq \dfrac{b \cdot u}{2} & \text{für die optimale Rundung.} \end{cases} \tag{2.24}$$

Die Existenz einer für ganz $\overline{\mathbb{R}}$ gültigen Schranke für den relativen Rundungsfehler ist auf die annähernd konstante relative Dichte der Maschinenzahlen in $\overline{\mathbb{R}}$ zurückzuführen.

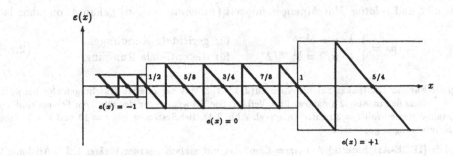

ABBILDUNG 2.2   Absoluter Rundungsfehler bei optimaler Rundung

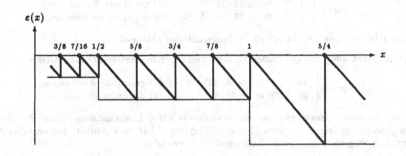

ABBILDUNG 2.3   Absoluter Rundungsfehler bei Rundung durch Abschneiden

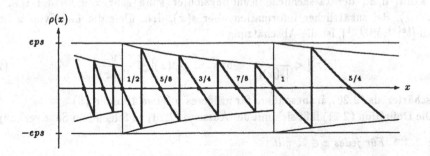

ABBILDUNG 2.4   Relativer Rundungsfehler bei optimaler Rundung

Diese gleichmäßige Schranke für den relativen Rundungsfehler wird häufig mit *eps* bezeichnet und *relative Maschinengenauigkeit* (*machine epsilon*) genannt; offenbar ist

$$eps = \begin{cases} b \cdot u = b^{1-p} & \text{für gerichtete Rundungen,} \\ b \cdot u/2 = b^{1-p}/2 & \text{für die optimale Rundung.} \end{cases} \qquad (2.25)$$

Beispiel: Für das Gleitpunkt-Zahlensystem $\mathbb{M}(2, 3, -1, 2)$ hat der relative Rundungsfehler bei optimaler Rundung den in Abb. 2.4 dargestellten Verlauf. Die Schwankungen des relativen Fehlers sind bei Gleitpunktsystemen mit $b = 2$ relativ klein (vgl. Abb. 2.4). Bei Systemen mit $b = 10$ und $b = 16$ sind diese Schwankungen gravierend.

Beispiel: [IEEE-Arithmetik] Auf einem Computer mit einfach genauer binärer IEEE-Arithmetik gilt

$$eps = \begin{cases} 2^{-23} & \approx \quad 1.19 \cdot 10^{-7} & \text{für gerichtete Rundungen,} \\ 2^{-24} & \approx \quad 5.96 \cdot 10^{-8} & \text{für die optimale Rundung,} \end{cases}$$

was einer relativen Genauigkeit von ungefähr 7 Dezimalstellen entspricht. Bei doppelt genauer binärer IEEE-Arithmetik gelten folgende Schranken:

$$eps = \begin{cases} 2^{-52} & \approx \quad 2.22 \cdot 10^{-16} & \text{für gerichtete Rundungen,} \\ 2^{-53} & \approx \quad 1.11 \cdot 10^{-16} & \text{für die optimale Rundung,} \end{cases}$$

die einer relativen Genauigkeit von ca. 16 Dezimalstellen entsprechen.

Beispiel: [IBM 390] Auf den großen IBM-Rechnern gilt bei einfach genauer Arithmetik

$$eps = \begin{cases} 16^{-5} & \approx \quad 9.54 \cdot 10^{-7} & \text{für gerichtete Rundungen,} \\ 16^{-5}/2 & \approx \quad 4.78 \cdot 10^{-7} & \text{für die optimale Rundung,} \end{cases}$$

was einer relativen Genauigkeit von nur etwas mehr als 6 Dezimalstellen entspricht. Diese geringe Genauigkeit (die geringste von allen gängigen Computern) hat dazu geführt, daß portable Programme oft *nur* doppelt genaue Gleitpunkt-Zahlensysteme verwenden.

Bei der Verwendung der gleichmäßigen Abschätzung

$$|\rho(x)| \leq eps \qquad \text{für} \qquad x \in \overline{\mathbb{R}} \qquad (2.26)$$

hat man aber stets zu bedenken, daß diese unter Umständen sehr *pessimistisch* sein kann, d. h., der tatsächliche Rundungsfehler kann sehr viel kleiner sein (vgl. Abb. 2.4). Bei zusätzlicher Information über $s(x)$, d. h. über die Lage von x im Intervall $[b^{e(x)}, b^{e(x)+1}]$, ist die Abschätzung

$$|\rho(x)| < \frac{u}{|s(x)|} \qquad \text{bzw.} \qquad |\rho(x)| \leq \frac{u}{2|s(x)|} \qquad (2.27)$$

viel schärfer als (2.26), insbesondere für größeres b (etwa 10 oder 16).

Die Definition (2.21) läßt sich mit der Aussage (2.26) zu folgendem Satz verknüpfen:

Satz 2.3.1 *Für jedes* $x \in \overline{\mathbb{R}}$ *gilt*

$$\Box x = x \cdot (1 + \rho) \qquad \text{mit} \qquad |\rho| \leq eps. \qquad (2.28)$$

Eine unmittelbare Folge davon ist wegen der Definitionen (2.15) und (2.16) für die arithmetischen Operationen in $\mathbb{M}$ der

Satz 2.3.2 *Unter der Voraussetzung, daß das exakte Ergebnis der arithmetischen Operation in $\overline{\mathbb{R}}$ liegt, gilt für $x, y \in \mathbb{M}$*

$$x \boxdot y = (x \circ y)(1 + \rho) \qquad mit \qquad |\rho| \leq eps,$$
$$\boxed{f}(x) = f(x)(1 + \rho) \qquad mit \qquad |\rho| \leq eps. \tag{2.29}$$

Dabei sind die Aussagen (2.28) und (2.29) so aufzufassen, daß für das durch die jeweiligen Operanden und Operationen festgelegte ρ die Aussage $|\rho| \leq eps$ gilt. Im Fall von mehreren Operationen oder Operanden tritt jedesmal ein neues ρ auf.

Beispiel: [Summe von drei Zahlen]

$$x, y, z \in \mathbb{M}, \qquad x + y + z \in \overline{\mathbb{R}}$$

Die Summe $x + y + z$ kann in der Form $(x \boxplus y) \boxplus z$ oder in der Form $x \boxplus (y \boxplus z)$ berechnet werden. Im ersten Fall ist

$$
\begin{aligned}
(x \boxplus y) \boxplus z &= (x + y)(1 + \rho_1) \boxplus z = \\
&= [(x + y)(1 + \rho_1) + z](1 + \rho_2) = \\
&= x + y + z + (x + y)(\rho_1 + \rho_2 + \rho_1 \cdot \rho_2) + z \cdot \rho_2,
\end{aligned}
$$

im zweiten Fall

$$
\begin{aligned}
x \boxplus (y \boxplus z) &= x \boxplus (y + z)(1 + \rho_3) = \\
&= [x + (y + z)(1 + \rho_3)](1 + \rho_4) = \\
&= x + y + z + x \cdot \rho_4 + (y + z)(\rho_3 + \rho_4 + \rho_3 \cdot \rho_4),
\end{aligned}
$$

wobei für die relativen Rundungsfehler die Abschätzung (2.26) gilt:

$$|\rho_\imath| \leq eps, \qquad \imath = 1, 2, 3, 4.$$

Für die zwei Arten der Summation erhält man die Fehlerabschätzungen

$$|(x \boxplus y) \boxplus z - (x + y + z)| \preceq (2|x + y| + |z|) eps,$$
$$|x \boxplus (y \boxplus z) - (x + y + z)| \preceq (|x| + 2|y + z|) eps,$$

wobei das Zeichen $\preceq$ andeuten soll, daß Terme der Größenordnung eps^2 gegenüber jenen der Größenordnung eps vernachlässigt wurden.

In der Situation $|x| \gg |y|, |z|$ ist die *Schranke* im 2. Fall kleiner, in vielen Fällen liefert hier tatsächlich die zweite Berechnungsart einen kleineren Fehler als die erste. Bei der Summation einer größeren Anzahl von Termen (z. B. bei einer Reihen-Summation) erhält man die kleinste Fehlerschranke und oft auch den kleinsten Fehler, wenn man die Summation bei den betragskleinsten Termen beginnt.

Sehr wichtig an diesem Beispiel ist die Beobachtung, daß i. a.

$$x \boxplus (y \boxplus z) \neq (x \boxplus y) \boxplus z$$

und analog

$$x \boxdot (y \boxdot z) \neq (x \boxdot y) \boxdot z$$

gilt; die *Assoziativität* von Addition und Multiplikation kann also vom Körper der reellen Zahlen *nicht* auf das Modell der Gleitpunkt-Arithmetik in $\mathbb{M}$ übertragen werden. Verloren geht auch die *Distributivität* zwischen Addition und Multiplikation:

$$x \boxdot (y \boxplus z) \neq (x \boxdot y) \boxplus (x \boxdot z).$$

Dagegen bleibt wegen

$$x \boxplus y = \square(x + y) = \square(y + x) = y \boxplus x,$$

analog zur Situation in $\mathbb{R}$, die *Kommutativität* von Addition und Multiplikation in $\mathbb{M}$ erhalten.

Aus der Nicht-Gültigkeit von Assoziativ- und Distributivgesetz folgt, daß die vielen verschiedenen, aber inhaltlich äquivalenten Formen eines zusammengesetzten arithmetischen Ausdrucks bei Übertragung nach $\mathbb{M}$ *nicht* äquivalent bleiben. Bei der Auswertung der verschiedenen Formen können sich wesentlich unterschiedliche Ergebnisse ergeben. Man spricht daher auch von einer *Pseudo-Arithmetik* der Maschinenzahlen.

Beispiel: [Pseudo-Arithmetik] Wegen $x^{n+1} - 1 = (x-1)(x^n + x^{n-1} + \ldots + x + 1)$ gilt bei Rechnung in $\mathbb{R}$

$$\frac{1.23456^4 - 1}{1.23456 - 1} = 1.23456^3 + 1.23456^2 + 1.23456 + 1 \approx 5.6403387.$$

Dieselbe Rechnung in $\mathbb{M}(10, 6, -9, 9)$ mit gerichteter Rundung (Abschneiden) führt bei Berechnung der Potenzen durch iterierte Multiplikation zu

$$5.64021 \quad \text{bzw.} \quad 5.64031$$

für den links bzw. rechts stehenden Ausdruck.

Eine wichtige Folge der Monotonie-Eigenschaft (2.18) für Rundungsoperationen ist, daß sich die Richtung einer *Vergleichsoperation* beim Übergang von $\mathbb{R}$ nach $\mathbb{M}$ nicht umkehren kann. Jedoch können verschiedene reelle Zahlen bei der Rundung nach $\mathbb{M}$ sehr wohl in die gleiche Maschinenzahl übergehen.

Insbesondere muß man zur Überprüfung etwa der Positivität des exakten Wertes eines arithmetischen Ausdrucks für seinen in $\mathbb{M}$ berechneten Wert verlangen, daß er hinreichend weit von Null entfernt ist, z. B. mit

$$ausdruck \geq \alpha > 0,$$

wobei α eine Schranke für den Fehler bei der Auswertung von *ausdruck* in $\mathbb{M}$ ist. Natürlich werden damit viele zulässige Grenzfälle ausgeschieden; man muß dies jedoch zur Gewährleistung einer sicheren Entscheidung in Kauf nehmen.

Beispiel: [Viele Nullstellen] Das Polynom $(x - 1)^7$

$$P(x) = x^7 - 7x^6 + 21x^5 - 35x^4 + 35x^3 - 21x^2 + 7x - 1$$

hat eine einzige Nullstelle $P(1) = 0$. Für $x > 0$ gilt $P(x) > 0$ und für $x < 0$ gilt $P(x) < 0$. Eine Implementierung $\tilde{P}$ von P liefert jedoch in der Nähe von 1 bei Auswertung in einfach genauer IEEE-Arithmetik 68484 Nullstellen und für $x > 1$ zehntausende Stellen mit $\tilde{P}(x) < 0$ und für $x < 1$ zehntausende Stellen mit $\tilde{P}(x) > 0$, die auf Auslöschungsphänomene[11] zurückzuführen sind (vgl. Abb. 2.5).

---

[11] Bei der Subtraktion zweier annähernd gleich großer Zahlen heben die vorderen übereinstimmenden Signifikandenstellen der beiden Operanden einander auf. Ungenauigkeiten an einer hinteren Stelle werden im Ergebnis zu einer Ungenauigkeit an einer vorderen Stelle. Dieses Phänomen bezeichnet man als *Auslöschung*.

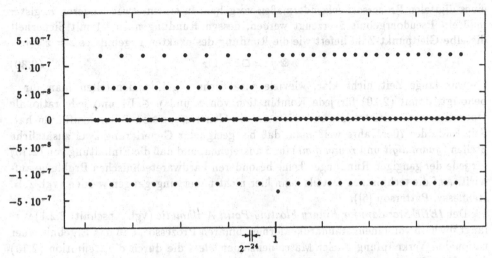

ABBILDUNG 2.5 $P(x) = x^7 - 7x^6 + 21x^5 - 35x^4 + 35x^3 - 21x^2 + 7x - 1$ in der
Nähe von 1 (Auswertung in einfach genauer IEEE-Arithmetik)

Obwohl sich die Fehler*schranken* (2.25) für gerichtete und optimale Rundung um den
Faktor 2 unterscheiden, ergibt sich bei großen Problemen mit sehr vielen arithmeti-
schen Operationen oft ein erheblich größerer Unterschied bei den tatsächlich erzielten
Genauigkeiten. Dies ist darauf zurückzuführen, daß sich bei optimaler Rundung die
Rundungsfehler oft kompensieren, während dies bei gerichteter Rundung seltener der
Fall ist.

Beispiel: [Cray] Die Computer der Serie Y-MP haben im Gegensatz zu jenen der Serie 2 eine gerichtete
Rundung. In einem konkreten Anwendungsfall erhielt man bei einem großen, schwach besetzten linearen
Gleichungssystem ($n = 16146$) auf einer Cray Y-MP einen Lösungsvektor, der um einen *Faktor 100*
ungenauer war als die Lösung der Cray 2.

2.3.3 Implementierung einer Gleitpunkt-Arithmetik

Die mathematische Definition (2.15) für die zu den rationalen Operationen o analogen
Operationen ⊡ in einem Gleitpunkt-Zahlensystem M läßt sich nicht ohne weiteres
in einem digitalen Prozessor implementieren: Sie setzt ja die Kenntnis des exakten
Ergebnisses in ℝ voraus. Aus diesem Grund haben bis vor wenigen Jahren die meisten Digitalrechner als Ergebnis einer rationalen Verknüpfung zweier Maschinenzahlen
zwar in der Regel die der Forderung (2.15) – mit Abschneiden als Rundung – entsprechende Maschinenzahl geliefert; es gab aber stets nicht wenige Situationen, in denen
z. T. beträchtliche Abweichungen von (2.15) auftraten. Zuverlässige Aussagen über die

Ergebnisse von arithmetischen Algorithmen waren deshalb nicht möglich.

Tatsächlich muß man zur Gewinnung des durch (2.15) definierten Resultats mit Hilfe eines digitalen Prozessors folgendermaßen vorgehen: In einem etwas längeren Register muß ein Pseudoergebnis $\tilde{z}$ erzeugt werden, dessen Rundung nach $\mathbb{M}$ mit Sicherheit dieselbe Gleitpunkt-Zahl liefert wie die Rundung des exakten Ergebnisses $z = x \circ y$.

$$x \; \boxdot \; y := \Box \tilde{z} = \Box z \qquad\qquad (2.30)$$

Es war lange Zeit nicht klar, wieviele zusätzliche Signifikandenstellen man für $\tilde{z}$ benötigt, damit (2.30) für jede Kombination von x und $y \in \mathbb{M}$ und jede rationale Operation gewährleistet ist, und wie man die Generierung von $\tilde{z}$ durchzuführen hat. Seit Ende der 70er Jahre weiß man, daß bei geeigneter Generierung zwei zusätzliche Stellen (*guard digit* und *round digit*) für $\tilde{z}$ ausreichen, und daß die Einhaltung von (2.15) für jede der gängigen Rundungen keine besonderen hardwaretechnischen Probleme aufwirft. Auf die technischen Details kann hier nicht näher eingegangen werden (vgl. z. B. Hennessy, Patterson [6]).

Der *IEEE Standard for Binary Floating-Point Arithmetic* (vgl. Abschnitt 2.2.1) verlangt deshalb von einem standardkonformen binären Prozessor, daß das Ergebnis einer rationalen Verknüpfung zweier Maschinenzahlen *stets* die durch die Definition (2.15) festgelegte Maschinenzahl ist, solange das exakte Ergebnis nicht in $\mathbb{R}_\infty$ liegt, d. h. kein Überlauf auftritt. Dabei muß als Voreinstellung (*default*) die optimale Rundung verwendet werden. Als vom Benutzer aktivierbare Optionen müssen aber auch Abschneiden und die beiden einseitigen Rundungsvorschriften implementiert sein.

Beispiel: [Intel] Der 1981 auf den Markt gekommene arithmetische Prozessor INTEL 8087 realisierte zusammen mit den Prozessoren 8086 oder 8088 als erster eine „saubere" Gleitpunkt-Arithmetik[12]. Inzwischen erfüllen praktisch alle arithmetischen Mikroprozessoren die Forderungen des American National Standards 754-1985.

Beispiel: [Cray] Die Gleitpunkt-Arithmetik der Cray-Computer entspricht *nicht* den Forderungen der IEEE-Norm. Sie wurde mit dem Ziel entwickelt, größtmögliche Rechengeschwindigkeit zu erreichen. Es gibt z. B. keine *guard digits*, wodurch bereits die Addition ungenauer ist als auf Prozessoren, die der IEEE-Norm entsprechen. Multiplikationen sind noch ungenauer, Divisionen a/b werden ausgeführt, indem a mit $1/b$ multipliziert wird. Für die Berechnung von $1/b$ wird eine Iteration verwendet, deren Genauigkeit auch nicht den Anforderungen der IEEE-Norm entspricht. Die Fehler bei der Berechnung von $1/b$ und $a \cdot (1/b)$ können gemeinsam dazu führen, daß die letzten *drei* Bits des Signifikanden von a/b fehlerbehaftet sind.

Um portable Programme schreiben zu können, die auf den Fehlerschranken dieses Kapitels beruhen, muß bei einer Portierung auf Cray-Computer eine Maschinen-Arithmetik mit modifizierten Parametern, z. B. $\tilde{p} = 45$ statt $p = 48$, angenommen werden.

Eine Besonderheit der Cray-Computer ist auch deren Uneinheitlichkeit der Gleitpunkt-Arithmetik. Die Cray Y-MP hat ein wesentlich schlechteres Rundungsverhalten als die Cray 2 (vgl. das Beispiel auf Seite 31).

Einige sehr verbreitete Arithmetiken (so z. B. die IEEE-Arithmetik oder die IBM-Arithmetik) sind für *sehr* große Probleme, die eine sehr große Anzahl von Rechenoperationen zu ihrer numerischen Lösung benötigen, *zu ungenau*. Zum Zeitpunkt ihrer Definition wurde die rasante Entwicklung der Rechnerleistung (z. B. „Teraflop-Computer",

---

[12] Die Arithmetik des 8087 erfüllte die Forderungen des *Entwurfs* zum IEEE Floating-Point Standard. Das Design des INTEL 8087 wurde noch vor Bekanntgabe der endgültigen Version des IEEE-754 Standards abgeschlossen. Erst der INTEL 80387 entsprach in vollem Umfang dem IEEE 754-1985 Standard.

die 10^{12} Gleitpunkt-Operationen pro Sekunde ausführen können) nicht in ausreichendem Maß berücksichtigt. Die heute und in naher Zukunft zu lösenden Probleme sind so groß, daß zu ihrer ausreichend genauen numerischen Lösung sehr genaue Arithmetiken benötigt werden (Bailey et al. [7]). Eine mit großen Effizienzverlusten verbundene Lösung besteht in der „Simulation" höherer Genauigkeiten (z. B. durch das Softwarepaket MPFUN [38]).

Beispiel: [Lineares Gleichungssystem] Bei der numerischen Lösung eines Systems von n linearen Gleichungen, das bei der Lösung von bestimmten partiellen Differentialgleichungen (biharmonischen Gleichungen) auftritt, benötigt man bei einer Binärarithmetik

$$p \geq 10 + 5 \cdot \log_2 n$$

Ziffern des Signifikanden, um eine Lösung mit drei korrekten Dezimalstellen zu erhalten. Selbst mit doppelt genauer IEEE-Arithmetik wird die geforderte Genauigkeit nur bis ca. $n = 388$ erreicht; bei doppelt genauer Cray-Arithmetik hingegen bis ca. $n = 100\,000$.

2.4   Operationen mit algebraischen Daten

Algebraische Daten sind Datenstrukturen, deren elementare Bestandteile reelle Zahlen sind (vgl. Abschnitt 2.1.1). Wenn es auf die Darstellung der Struktur nicht ankommt, kann man die Elemente einer algebraischen Datenstruktur einfach durchnumerieren: Die n-Tupel $(x_1, x_2, \ldots, x_n) \in \mathbb{R}^n$ sind dann die elementaren Daten einer algebraischen Datenstruktur X. Man beachte, daß algebraische Strukturen vom Rechner als eine Einheit betrachtet und im allgemeinen in aufeinanderfolgenden Speicherplätzen abgelegt werden (vgl. auch Abschnitt 11.7.1).

Bei einer zweistelligen Operation mit algebraischen Daten, die ein ebensolches Ergebnis liefert, hat man also folgende Situation:

Es seien (ohne Darstellung der Struktur)

$$X := (x_1, \ldots, x_N) \in \mathbb{R}^N, \qquad Y := (y_1, \ldots, y_M) \in \mathbb{R}^M$$

die Operanden, und

$$Z := (z_1, \ldots, z_K) \in \mathbb{R}^K$$

das Ergebnis der Operation

$$Z = X \Diamond Y.$$

Dann ist zur Festlegung der Operation $\Diamond$ die Angabe von K arithmetischen Operationen $\Diamond_k$ notwendig, die die Elemente $z_k \in Z$ aus geeigneten Elementen $x_i \in X$ und $y_j \in Y$ erzeugen. Dabei können auch mehrere Elemente aus X und/oder Y als Operanden des Operators $\Diamond_k$ auftreten.

Beispiel: [Komplexe Zahlen] Die Speicherung von komplexen Zahlen erfolgt auf eindimensionalen Feldern reeller Zahlen der Länge zwei:

$$M = N = K = 2.$$

Die Darstellung kann z. B. durch Real- und Imaginärteile erfolgen:

$$
\begin{aligned}
X &= x_1 + i \cdot x_2 \\
Y &= y_1 + i \cdot y_2 \\
Z &= z_1 + i \cdot z_2.
\end{aligned}
$$

Für die Addition von komplexen Zahlen ergibt sich wegen

$$X + Y = (x_1 + y_1) + i \cdot (x_2 + y_2) = Z$$

$$
\begin{aligned}
\oplus_1(x_1, x_2; y_1, y_2) &= x_1 + y_1 = z_1, \\
\oplus_2(x_1, x_2; y_1, y_2) &= x_2 + y_2 = z_2,
\end{aligned}
$$

für die Multiplikation dagegen wegen

$$X \cdot Y = (x_1 \cdot y_1 - x_2 \cdot y_2) + i \cdot (x_1 \cdot y_2 + x_2 \cdot y_1) = Z$$

$$
\begin{aligned}
\otimes_1(x_1, x_2; y_1, y_2) &= x_1 \cdot y_1 - x_2 \cdot y_2 = z_1, \\
\otimes_2(x_1, x_2; y_1, y_2) &= x_1 \cdot y_2 + x_2 \cdot y_1 = z_2.
\end{aligned}
$$

Der Absolutbetrag einer komplexen Zahl stellt eine einstellige Operation $\mathbb{C} \to \mathbb{R}$ dar mit

$$|X| = \sqrt{x_1^2 + x_2^2}.$$

Beispiel: [Lineare Algebra] Die Matrix-Vektor-Multiplikation für eine Matrix $X \in \mathbb{R}^{m \times n}$ und einen Vektor $Y \in \mathbb{R}^n$ hat einen Vektor $Z = X \cdot Y \in \mathbb{R}^m$ als Resultat, d.h., es ist $N = m \cdot n$, $M = n$. Die Komponenten-Operation $\odot_k$ der Matrix-Vektor-Multiplikation ist dann gegeben durch

$$\odot_k (x_1, \ldots, x_{mn}; y_1, \ldots, y_n) := \sum_{j=1}^{n} x_{k+(j-1)m} \cdot y_j, \quad k = 1 \ldots m, \tag{2.31}$$

wobei eine *spaltenweise* Abbildung der Datenstruktur „$m \times n$ - Matrix" auf die Indexfolge $\{1, \ldots, m \cdot n\}$ angenommen wird, das Matrixelement in der i-ten Zeile und der j-ten Spalte also den Index $i + (j-1) \cdot m$ erhält. Beim Durchlaufen der linearen Indexfolge variiert demnach der Zeilenindex (der erste Index) in dieser Indizierung der Matrixelemente am raschesten (vgl. auch Abschnitt 11.7.1).

Bis jetzt wurden als Werte für die Elemente algebraischer Datenstrukturen beliebige reelle Zahlen angenommen. Diese gibt es aber auf einem Digitalrechner nicht, die Elemente der algebraischen Datenstrukturen können nur Werte aus einem Gleitpunkt-Zahlensystem $\mathbb{M}(b, p, e_{\min}, e_{\max})$ enthalten. Bei der Implementierung von algebraischen Operationen muß man beachten, wie man diese mit Elementen aus $\mathbb{M}$ „durchführen", d. h. eigentlich „modellieren" kann. Insbesondere muß jede Komponente der Ergebnisstruktur in $\mathbb{M}$ liegen.

Zwei Wege bieten sich dafür primär an:

1. In Analogie zur Definition (2.15) von arithmetischen Operationen in $\mathbb{M}$ kann man für die Operanden

$$(x_1, \ldots, x_N) \in \mathbb{M}^N, \qquad (y_1, \ldots, y_M) \in \mathbb{M}^M$$

die Komponenten-Operationen $\Diamond_k$ einer algebraischen Operation $\Diamond$ durch

$$\boxed{\Diamond_k}\,(x_1,\ldots,x_N;y_1,\ldots,y_M) := \Box\Diamond_k(x_1,\ldots,x_N;y_1,\ldots,y_M) \qquad (2.32)$$

definieren. Wie bei den arithmetischen Operationen verlangt man also, daß das Ergebnis der algebraischen Operation über $\mathbb{M}$ aus dem *Ergebnis* der algebraischen Operation über $\mathbb{R}$ durch *komponentenweise Rundung* entstehen soll.

Beispiel: [Komplexe Zahlen] Für die *komplexe Addition* über $\mathbb{M} \times \mathbb{M}$ ergibt sich trivialerweise

$$\begin{aligned} X \boxplus Y \;&:=\; \Box(x_1 + y_1) + i \cdot \Box(x_2 + y_2) = \\ &=\; (x_1 \boxplus y_1) + i \cdot (x_2 \boxplus y_2); \end{aligned}$$

die komplexe Addition über $\mathbb{M} \times \mathbb{M}$ ist damit auf die Addition in $\mathbb{M}$ zurückgeführt.
Bei der *komplexen Multiplikation* über $\mathbb{M} \times \mathbb{M}$ läßt sich eine analoge Definition zwar leicht formulieren:

$$X \boxdot Y := \Box(x_1 \cdot y_1 - x_2 \cdot y_2) + i \cdot \Box(x_1 \cdot y_2 + x_2 \cdot y_1), \qquad (2.33)$$

es bleibt jedoch unklar, ob eine Auswertung der beiden Komponenten-Ausdrücke in der Arithmetik von $\mathbb{M}$ möglich ist.

2. Wegen der möglichen Schwierigkeiten bei der von (2.32) verlangten, bis auf *eine* abschließende Rundung exakten Auswertung der arithmetischen Ausdrücke in den Komponenten-Operationen kann man sich auch mit der Auswertung dieser arithmetischen Ausdrücke in der Arithmetik von $\mathbb{M}$ begnügen und nur durch genaue Bezeichnung der Operationsreihenfolge für eine eindeutige Definition sorgen.

Beispiel: [Komplexe Zahlen] Während die komplexe Addition unverändert bleibt, ergibt die komplexe Multiplikation

$$X \boxdot Y := ((x_1 \boxdot y_1) \boxminus (x_2 \boxdot y_2)) + i \cdot ((x_1 \boxdot y_2) \boxplus (x_2 \boxdot y_1)),$$

ein von (2.33) unterschiedliches Resultat.

Bei der analogen Definition des Matrix-Vektor-Produkts mit den Komponenten-Operationen (2.31) hat man über $\mathbb{M}$ nicht nur alle rationalen Operationen in der Arithmetik von $\mathbb{M}$ auszuführen, sondern auch die Summationsreihenfolge in (2.31) festzulegen, damit das Matrix-Vektor-Produkt über $\mathbb{M}$ definiert ist.

Die Problematik der Definition der algebraischen Operationen über einem Gleitpunkt-Zahlensystem ist bisher nicht verbindlich gelöst. Die Situation wurde lange Zeit deshalb nicht als dringend empfunden, weil einerseits bis vor kurzem nicht einmal die arithmetischen Grundoperationen in den Gleitpunkt-Zahlensystemen der gängigen Digitalrechner verbindlich festgelegt waren (vgl. Abschnitt 2.3) und andererseits zunächst alle algebraischen Operationen „ausprogrammiert" werden mußten: Ein Matrix-Vektor-Produkt erforderte die explizite Programmierung einer zweifachen Schleife. Damit war die Sorge für das „richtige" Ergebnis auf den Benützer abgewälzt.

Die heutigen Programmiersprachen gestatten mehr und mehr die direkte Verwendung von algebraischen Datentypen und von entsprechenden Operationen. In Fortran 90 gibt es beispielsweise Operationen mit Feldern (vgl. Abschnitt 11.7).

Beispiel: [ACRITH-XSC] Einen Sonderfall bildet die schon erwähnte Programmiersprache ACRITH-XSC. Hier werden die sehr zahlreichen in dieser Sprache verfügbaren algebraischen Operationen so implementiert, daß sie der Forderung (2.32) genügen. Wie man am Ausdruck (2.31) sieht, setzt dies jedoch voraus, daß etwa eine ganze Summe von Produkten von Maschinenzahlen so ausgewertet werden kann, daß das Ergebnis gleich dem gerundeten exakten Ergebnis ist.

Ein wichtiges Teilproblem für viele Algorithmen der Linearen Algebra ist die Berechnung des *Skalarproduktes* (engl. *dot product*) von zwei Vektoren gleicher Komponentenzahl:

$$u, v \in \mathbb{R}^n : \qquad u \cdot v := u^\mathsf{T} v = \sum_{i=1}^{n} u_i \cdot v_i \ \in \mathbb{R}. \qquad (2.34)$$

Nach (2.32) ist für $u, v \in \mathbb{M}^n$ die Generierung des Maschinenresultats

$$u \boxdot v = \Box(u \cdot v) \in \mathbb{M} \qquad (2.35)$$

erforderlich. Dies kann entweder durch die Verwendung eines extrem langen Akkumulators (der durch ein Feld im Arbeitsspeicher realisiert wird) geschehen oder durch einen iterativen Prozeß, für den eine maximale Iterationszahl angegeben werden kann. Beide Wege lassen sich effizient implementieren.

Mit Hilfe dieses „exakten Skalarproduktes" lassen sich die meisten gängigen algebraischen Operationen der Forderung (2.32) gemäß implementieren, wie dies in ACRITH-XSC vorgesehen ist.

2.5   Operationen mit Feldern

Wegen der fundamentalen Bedeutung von Algorithmen der Linearen Algebra für die Numerische Datenverarbeitung kommt – neben der Genauigkeit (vgl. Abschnitt 2.4) – einer effizienten Speicherung und Verarbeitung von ein- und mehrdimensionalen Feldern höchste Wichtigkeit zu. Nicht selten werden bei Aufgaben der Numerischen Datenverarbeitung 90% und mehr der Operationen für die Manipulation von Feldern aufgewandt.

Fast alle neueren Rechnerarchitekturen sind in Hinblick auf eine wesentlich beschleunigte Durchführung von Prozeduren der Linearen Algebra entwickelt worden. Tatsächlich können sie aber ihre höhere Effizienz nur entfalten, wenn die Speicherung und die Abarbeitung der auftretenden Felder optimal aufeinander abgestimmt sind:

- Bei manchen Vektorrechnern *muß* der *Input* der Pipeline[13] aus Gleitpunktzahlen bestehen, die im Speicher aufeinanderfolgende Plätze belegen.

- Bei Parallelrechnern, deren Prozessoren eigene Arbeitsspeicher besitzen, müssen die Datenstrukturen in geeigneter Weise auf die Speicher verschiedener Prozessoren verteilt werden, wobei es zweckmäßig sein kann, dieselben Elemente an verschiedenen Stellen verfügbar zu haben. Die Aufgabe der Datenverteilung auf die einzelnen Prozessoren und deren lokale Speicher wird z. B. von der Fortran 90 - Erweiterung HPF (*high performance Fortran*) weitgehend automatisiert bzw. unterstützt.

---

[13] *Pipelining* ist eine der fundamentalen Maßnahmen zur Geschwindigkeitssteigerung von Computern. Sie besteht darin, die Befehlsinterpretation und Befehlsausführung so weit wie möglich zu überlappen, d. h. parallel auszuführen (vgl. Hennessy, Patterson [6]).

- Die optimale Ausnützung von Speicher-Hierarchien[14] erfordert Programme, die nach dem Gesichtspunkt der *Datenlokalität* (*locality of reference*) entworfen sind. Damit sind Programme gemeint, die zu einem bestimmten Zeitpunkt ihrer Ausführung nur auf Daten zugreifen, deren Adressen eng benachbart sind.

Aus all diesen Gründen ist es für eine effiziente Nutzung von Hochleistungsrechnern unbedingt erforderlich, die wichtigsten Grundalgorithmen der Linearen Algebra in einer der Rechenarchitektur optimal angepaßten Weise zu implementieren. Dies ist i. a. nicht über die Programmierung in einer höheren Programmiersprache möglich, obwohl spezielle „vektorisierende" und „parallelisierende" Compiler viele Optimierungsgesichtspunkte für das erzeugte Objektprogramm berücksichtigen.

Ein sinnvolleres Vorgehen ist jedoch das folgende: Man definiert für die Grundalgorithmen der Linearen Algebra einen Satz von Prozeduren, die dann auf allen verschiedenen Rechengeräten in einem einmaligen Aufwand optimal implementiert werden. Die Benützung dieser Prozeduren anstelle eines auszuprogrammierenden Programmteils erleichtert nicht nur dem Anwendungsprogrammierer die Arbeit, sondern sie führt auch zu Programmen, die auf *verschiedenen* Rechnerarchitekturen effizient laufen.

Ein erster Satz solcher *Basic Linear Algebra Subroutines* (BLAS) wurde nach einiger Diskussion im Jahr 1979 definiert und in Fortran implementiert (Lawson et al. [49]). Diese BLAS haben rasch eine breite Akzeptanz gefunden und sind heute überall verfügbar, wo auf Fortran-Basis Numerische Datenverarbeitung betrieben wird.

Damals wurden allerdings nur Vektor-Vektor-Operationen aufgenommen, die einem einzigen Schleifenniveau entsprechen, etwa

$$x(i) = x(i) + c \cdot y(i), \qquad i = 1, \ldots, n.$$

Die neuen Vektor- und Parallelrechnerarchitekturen erfordern aber mindestens die modulare einheitliche Verarbeitung von Matrix-Vektor-Operationen mit $O(n^2)$ einzelnen rationalen Operationen und von Matrix-Matrix-Operationen (wie der Multiplikation von zwei Matrizen), die aus $O(n^3)$ Einzeloperationen bestehen (vgl. Abschnitt 3.1.5). Man hat deshalb inzwischen auch Level-2-BLAS (Dongarra et al. [44]) für zwei Schleifenhierarchien und Level-3-BLAS (Dongarra et al. [45]) mit Prozeduren, die drei Schleifenhierarchien enthalten, definiert.

Von einem Hochleistungsrechner für die Numerische Datenverarbeitung wird heute erwartet, daß er zusammen mit einem (seine Architektur) optimierenden Fortran-Compiler eine effiziente Implementierung der BLAS (Level 1, 2, 3) in der Laufzeit-Bibliothek besitzt. Nur so kann nämlich die potentielle Rechenleistung dieser Geräte im praktischen Einsatz annähernd realisiert werden.

---

[14]Die meisten Computer besitzen verschiedene Speicher, die sich durch ihre Geschwindigkeit und Speicherkapazität unterscheiden (Register, Pufferspeicher, Hauptspeicher, Magnetplattenspeicher). Der Prozessor greift nur auf den schnellsten Speichertyp zu. Er enthält die momentan benötigten Daten und Programmteile. Seltener oder zur Zeit nicht benötigte Daten werden auf den bezüglich der Hierarchie langsameren Speichern abgelegt (vgl. Hennessy, Patterson [6]).

2.6 Digitale Analysis

2.6.1 Darstellung und Implementierung von Funktionen

Unter einer *Funktion* soll in diesem Abschnitt stets eine Abbildung verstanden werden, die jeder Zahl x aus einem Intervall $D \subset \mathbb{R}$ genau einen Funktionswert $f(x) \in \mathbb{R}$ zuweist:

$$f : x \to f(x), \qquad x \in D \subset \mathbb{R}, \quad f(x) \in \mathbb{R}.$$

Das Funktionensymbol, z. B. f, bezeichnet die *Abbildung* $f : D \to \mathbb{R}$ (im Sinne einer eindeutigen Relation), $f(x)$ den *Wert* der Funktion f an einer Stelle $x \in D$.

Ein Hauptproblem des Auftretens von Funktionen als (Eingangs- und Ausgangs-) Daten in der Numerischen Datenverarbeitung liegt in der durch den zugrundeliegenden Digitalrechner bedingten Notwendigkeit, jede Funktion in *endlicher Form* darzustellen. Dafür gibt es im Prinzip zwei Möglichkeiten:

Spezifikation der Abbildungsvorschrift: In fast allen Fällen sind die in der Numerischen Datenverarbeitung auftretenden Abbildungsvorschriften durch *arithmetische Ausdrücke* darstellbar, das sind Kombinationen von rationalen Operationen, Standardfunktionen und Klammern, die die Reihenfolge der Auswertung bestimmen. Ein solcher arithmetischer Ausdruck läßt sich in allen einschlägigen Programmiersprachen durch eine Kette von endlich vielen Symbolen spezifizieren. Anstelle des Ausdrucks kann auch ein arithmetischer Algorithmus treten, von dem für jedes $x \in D$ gesichert ist, daß er in endlich vielen Schritten terminiert.

Spezifikation der Parameter in einer festen Klasse $\mathcal{F}$ von Funktionen: Häufig kann (oder will) man sich auf solche Funktionen beschränken, deren Abbildungsvorschrift durch einen festen „Ansatz" mit einer endlichen Anzahl von reellen Parametern $\{c_1, \ldots, c_m\}$ gegeben ist. Eine spezielle Funktion aus dieser Klasse ist dann durch die Angabe von Werten für die m Parameter festgelegt.

Die Definition der Funktionenklasse $\mathcal{F}$ (der Ansatz) wird hier als Hintergrundinformation betrachtet, so wie die Detailstruktur bei algebraischen Daten.

Beispiel: [Polynome] $\mathcal{F} = \mathbb{P}_n$ ist die Klasse der Polynome vom Maximalgrad n, d. h.

$$f(x) := \sum_{j=0}^{n} c_j x^j. \tag{2.36}$$

Durch den Parametersatz $\{c_0, \ldots, c_n\}$ kann *ein* bestimmtes Polynom eindeutig festgelegt werden. Es handelt sich dabei um die Darstellung bezüglich der Basis $\{1, x, x^2, \ldots, x^n\}$. Jedes Polynom kann aber auch z. B. als Linearkombination der Tschebyscheff-Polynome $\{T_0, T_1, \ldots, T_n\}$ dargestellt werden (vgl. z. B. Hämmerlin, Hoffmann [5]):

$$f(x) = \frac{a_0}{2} + a_1 T_1(x) + \cdots + a_n T_n(x),$$

eine Darstellung, die bei vielen numerischen Algorithmen vorteilhafter ist als (2.36). Der Parametersatz $\{a_0, \ldots, a_n\}$ liefert ebenfalls eine eindeutige Charakterisierung eines Polynoms. Welche *Bedeutung* einer Menge reeller Parameter $\{p_0, \ldots, p_n\}$ zukommt, d. h. bezüglich welcher Basis sie als Koeffizienten aufzufassen sind, ist Hintergrundinformation.

Der in der Praxis am häufigsten vorkommende Fall ist aber der, daß von einer Funktion, die etwa den Zusammenhang zwischen dem Eingangs-Signal x und dem Ausgangs-Signal $f(x)$ eines Systems darstellt, nur Werte $f(x_i)$ (Meßwerte, Beobachtungen) für eine endliche Anzahl von Argumenten x_i, $i = 1, \ldots, n$, bekannt sind. Eine Grundaufgabe der Numerischen Datenverarbeitung ist es, in einem solchen Fall eine *Modellierung* (Darstellung) der unbekannten Funktion f zu finden, die mit den vorliegenden Daten

$$(x_1, f(x_1)), \ldots, (x_n, f(x_n))$$

im Einklang steht. Auf diese Aufgabenstellung wird in der Literatur zur Numerischen Mathematik ausführlich eingegangen (vgl. z. B. Hämmerlin, Hoffmann [5]). Hier und in weiterer Folge soll aber angenommen werden, daß Funktionsdaten in einer der beiden oben angeführten Formen vorliegen.

Für die Implementierung von Funktionen ist es von entscheidender Wichtigkeit, ob im Rahmen der betrachteten Aufgabe der Numerischen Datenverarbeitung nur *Werte* der Funktion für verschiedene Argumente benötigt werden oder ob auch andere Operationen (Ableitungsbildung, Integration, Fourier-Transformation etc.) an dieser Funktion durchgeführt werden müssen:

Funktionswerte: Wenn nur Funktionswerte benötigt werden, geschieht die Implementierung mittels einer *Funktionsprozedur*, deren genaue Gestalt an die Spezifikation und den Typ der Funktion angepaßt sein kann. Im Fall eines Polynoms

$$P_n(x; c_0, \ldots, c_n) = c_0 + c_1 x + c_2 x^2 + \cdots + c_n x^n$$

mit gegebenen Koeffizienten $c_0, \ldots, c_n$ genügt etwa die Verwendung eines Bibliotheksprogramms zur Polynomauswertung (Horner-Algorithmus).

Operationen: Wenn an der Funktion neben Funktionsauswertungen auch andere Operationen ausgeführt werden sollen, bringt die zweite Darstellungsform (Spezifikation der Parameter) i. a. erhebliche Vorteile, insbesondere, wenn es möglich ist, die Ergebnisse der gewünschten Operationen für die Funktionen der parametrisierten Funktionenklasse $\mathcal{F}(c_1, \ldots, c_m)$ in Abhängigkeit von den Parametern anzugeben. In diesem Fall ist das m-Tupel $(c_1, \ldots, c_m)$ die vollständige und für alle Zwecke ausreichende interne Darstellung einer speziellen Funktion $f \in \mathcal{F}$, und alle Operationen mit f lassen sich auf Operationen mit den arithmetischen Daten $c_1, \ldots, c_m$ zurückführen. Die Funktion f erscheint in diesem Fall wie eine algebraische Datenstruktur.

Ist die Funktion dagegen durch einen allgemeinen arithmetischen Ausdruck spezifiziert, so können Operationen an der Funktion nur sehr viel schwerer auf Operationen an diesem Ausdruck (als Symbolkette) reduziert werden. Liegt die Funktion gar in Form einer *Black-Box*-Prozedur vor, von der man nur die funktionale Wirkungsweise, nicht aber die interne Struktur kennt, dann ist ein direktes Operieren mit ihr nicht möglich, sondern nur ein Operieren mit Funktionswerten.

Beispiel: [Numerische Integration] Bei der numerischen Integration wird die Integranden-Funktion sehr oft in Form eines Funktionsunterprogramms vom Anwender definiert. In diesem Fall muß die Information $\{(x_i, f(x_i)) : i = 1, \ldots, m\}$ zunächst auf die Parameter einer möglichst einfach integrierbaren Funktionenklasse zurückgeführt werden. Die so erhaltene Funktion – meist ein stückweises Polynom – wird dann integriert (vgl. z. B. Hämmerlin, Hoffmann [5]).

Dazu kommt in jedem Fall noch die selbstverständlich notwendige Reduktion der reellen Zahlen auf ein Maschinenzahlen-System $\mathbb{M}$ bei den Argumenten, Ergebnissen und allen Zwischenrechnungen und Umformungen.

2.6.2   Operationen mit Funktionen

Die folgenden Operationen mit Funktionen spielen in der Numerischen Datenverarbeitung eine wesentliche Rolle (neben der Auswertung an einer vorgegebenen Stelle):

- Arithmetische Verknüpfung mehrerer Funktionen zu einer neuen;
- Substitutionen einer Funktion in eine andere (anstelle des Arguments);
- Differenzieren;
- Integrieren;
- Integraltransformationen (z. B. Fourier-, Laplacetransformation).

In jedem Fall kann wiederum nur die Auswertung der aus der Operation hervorgehenden Funktion an vorgegebenen Stellen von Bedeutung sein oder aber die wirkliche Darstellung der Ergebnisfunktion.

Bei der Verknüpfung und beim Ineinander-Einsetzen von Funktionen genügt für das Berechnen eines Wertes der Ergebnisfunktion natürlich die entsprechende Rechnung mit den Werten der beteiligten Funktionen. Dies kann also auch geschehen, wenn nur Black-Box-Darstellungen der Funktionen vorliegen.

Dagegen erfordert ein exaktes Differenzieren oder Integrieren einer Funktion oder die Durchführung einer anderen analytischen Operation die explizite Kenntnis des Funktionsausdrucks, auch wenn danach nur Werte der Ableitung oder ein bestimmtes Integral benötigt werden.

Da praktisch alle Operationen mit *Polynomen* in sehr einfacher Weise durchgeführt werden können, spielen die Polynome als Ansatzfunktionen mit freien Parametern die mit Abstand wichtigste Rolle in der Numerischen Datenverarbeitung. Es führt auch das Linearkombinieren, Multiplizieren, Substituieren, Differenzieren und Integrieren von Polynomen immer wieder auf Polynome mit genau vorhersagbarem Maximalgrad, sodaß die Ergebnisse sofort wieder durch ihren *Koeffizientenvektor* in einfacher Weise dargestellt werden können und sich diese analytischen Operationen zur Gänze auf algebraische Operationen reduzieren.

Polynome $\mathbb{P}_k$ eines gegebenen Maximalgrades k. Für die Polynomkoeffizienten wird die folgende Notation gewählt:

$$f : x \to \sum_{i=0}^{n} c_i x^i, \qquad \text{d. h.} \qquad f \leftrightarrow \{c_i, \ i = 0, \ldots, n\}.$$

$$g : x \to \sum_{j=0}^{m} d_j x^j, \qquad \text{d.h.} \qquad g \leftrightarrow \{d_j, \ j = 0, \dots, m\}.$$

Es sei $m \leq n$; dann ergeben sich die Koeffizienten e_i des Ergebnis-Polynoms für die folgenden Operationen mit f und g wie folgt:

$$\alpha f + \beta g : \quad e_i = \begin{cases} \alpha c_i + \beta d_i, & i = 0, \dots, m \\ \alpha c_i, & i = m+1, \dots, n \end{cases}$$

$$f \cdot g : \quad e_i = \sum_{k=\max(0, i-n)}^{\min(i, m)} c_{i-k} d_k, \qquad\qquad i = 0, \dots, m+n$$

$$f(g(x)) : \quad e_i = \text{Koeffizient}^{15} \text{ von } x^i \text{ in } \sum_{j=0}^{n} c_j \left(\sum_{k=0}^{m} d_k x^k \right)^j \quad i = 0, \dots, m \cdot n$$

$$f' : \quad e_i = (i+1) \cdot c_{i+1}, \qquad\qquad\qquad\qquad i = 0, \dots, n-1$$

$$\int f \, dx : \quad e_0 \text{ beliebig}, \quad e_i = c_{i-1}/i, \qquad\qquad i = 1, \dots, n+1.$$

Andere in einfacher Weise parametrisierbare Funktionenmengen sind:

Rationale Funktionen mit maximalem Zählergrad m und Nennergrad n:

$$f = p/q \qquad \text{mit} \qquad p \in \mathbb{P}_m, \quad q \in \mathbb{P}_n.$$

Trigonometrische Polynome vom Maximalgrad n:

$$x \to \frac{a_0}{2} + \sum_{k=1}^{n} a_k \cos kx + \sum_{k=1}^{n} b_k \sin kx.$$

Exponentialsummen vom Typ

$$x \to c_0 + \sum_{k=1}^{n} c_k \exp(d_k x);$$

dabei können die d_k fixe Zahlen oder ebenfalls Parameter sein.

Lösungen linearer homogener Differentialgleichungen der Ordnung n:

$$f^{(n)}(x) + a_{n-1} f^{(n-1)}(x) + \dots + a_1 f'(x) + a_0 f(x) = 0.$$

Neben den n Parametern $a_0, \dots, a_{n-1}$ treten noch weitere n Parameter auf, etwa die Anfangswerte:

$$f^{(i)}(0) = b_i, \quad i = 0, \dots, n-1.$$

Diese Funktionenklasse umfaßt Polynome, Exponentialsummen, trigonometrische Funktionen und gewisse Kombinationen davon.

---

[15] Für die Berechnung von e_i aus den c_j und d_k kann eine explizite Formel bzw. ein Algorithmus angegeben werden.

Bei Funktionen, die durch arithmetische Ausdrücke explizit spezifiziert sind, bereiten arithmetische Kombination und Substitution keine Schwierigkeiten. Eine Differentiation ist händisch nach den bekannten Regeln leicht durchführbar, und dieser Kalkül läßt sich ohne weiteres algorithmisieren und damit dem Computer übertragen. Nur handelt es sich dabei nicht um einen numerischen Algorithmus, sondern um einen solchen mit den Symbolen, die den arithmetischen Ausdruck darstellen. Ein solcher Algorithmus läßt sich in den üblichen Programmiersprachen der Numerischen Datenverarbeitung nur mit sehr großem Aufwand programmieren.

Tatsächlich handelt es sich hier um eine Aufgabe der nicht-numerischen Datenverarbeitung. Speziell für die Manipulation mathematischer Formeln wurden die Computer-Algebra-Systeme wie MATHEMATICA, MACSYMA, MAPLE, REDUCE und DERIVE geschaffen (Davenport et al. [42]). Diese Programmier-Umgebungen sind aber i. a. auf interaktive Benützung angelegt und gestatten nur sehr beschränkt die Programmierung klassischer numerischer Algorithmen.

In der für die digitale Analysis unbedingt notwendigen Verknüpfung von numerischen und symbolischen Algorithmen zu – für den Benutzer – einheitlichen Software-Produkten, bzw. in der Bereitstellung der hierfür notwendigen Programmierwerkzeuge liegt eine wichtige Aufgabe für die Informatik (vgl. z. B. NAGLink, das eine Verbindung von MACSYMA mit den Unterprogrammen der NAG-Bibliothek ermöglicht).

Will man allerdings für einen arithmetischen Ausdruck nur *Werte* der Ableitung für vorgegebene Werte der unabhängigen Variablen ausrechnen, dann läßt sich dies auf einen rein numerischen Kalkül zurückführen, der häufig als *automatische Differentiation* bezeichnet wird.

Beispiel: [Automatische Differentiation] Der Wert eines Ausdrucks w_0 und der seiner Ableitung w_1 werden in einem Paar (w_0, w_1) von reellen Zahlen zusammengefaßt. Ausgehend von den Paaren

$$\begin{pmatrix} x \\ 1 \end{pmatrix} \quad \text{für den (vorgegebenen) Wert der unabhängigen Variablen} \quad x \quad \text{und}$$

$$\begin{pmatrix} c \\ 0 \end{pmatrix} \quad \text{für die (vorgegebenen) Werte von Konstanten} \quad c$$

braucht dann nur die Darstellung des arithmetischen Ausdrucks nach folgenden *Rechenregeln* abgearbeitet werden (w_0 ist dabei der Wert der ersten Komponente der rechten Seite):

$$\begin{pmatrix} u_0 \\ u_1 \end{pmatrix} \pm \begin{pmatrix} v_0 \\ v_1 \end{pmatrix} = \begin{pmatrix} u_0 \pm v_0 \\ u_1 \pm v_1 \end{pmatrix}$$

$$\begin{pmatrix} u_0 \\ u_1 \end{pmatrix} \cdot \begin{pmatrix} v_0 \\ v_1 \end{pmatrix} = \begin{pmatrix} u_0 \cdot v_0 \\ u_0 \cdot v_1 + u_1 \cdot v_0 \end{pmatrix}$$

$$\begin{pmatrix} u_0 \\ u_1 \end{pmatrix} / \begin{pmatrix} v_0 \\ v_1 \end{pmatrix} = \begin{pmatrix} u_0/v_0 \\ (u_1 - w_0 \cdot v_1)/v_0 \end{pmatrix}$$

$$\begin{pmatrix} u_0 \\ u_1 \end{pmatrix}^q = \begin{pmatrix} u_0^q \\ (q \cdot u_1 \cdot w_0)/u_0 \end{pmatrix} \quad \text{für} \quad q \in \mathbb{R}$$

$$\exp \begin{pmatrix} u_0 \\ u_1 \end{pmatrix} = \begin{pmatrix} \exp(u_0) \\ w_0 \cdot u_1 \end{pmatrix}$$

usw.

Eine *Differentiationsarithmetik* läßt sich leicht implementieren, etwa über einen *Präprozessor*, der die arithmetischen Ausdrücke entsprechend umschreibt und so ihre symbolische Differentiation durchführt.

Allerdings lassen sich nicht alle analytischen Operationen so einfach algorithmisieren wie die Differentiation. Schon die Integration von arithmetischen Ausdrücken führt bekanntlich nicht immer auf solche Ausdrücke (mit einer endlichen Darstellung). Für eine sehr große Klasse von Funktionen, die Stammfunktionen besitzen, kennt man zwar heute konstruktive (nicht-numerische) Verfahren zur Gewinnung eines arithmetischen Ausdrucks für das unbestimmte Integral, aber in vielen Fällen muß man den Weg einschlagen, der bei durch Black-Box-Prozeduren spezifizierten Funktionen als einziger möglich ist: Man ersetzt die gegebene Funktion durch eine aus einer behandelbaren Funktionenklasse, i. a. durch ein (stückweises) Polynom, für das sich das Ergebnis der Operation möglichst wenig von dem echten Ergebnis unterscheidet. Die Auswahl einer solchen Ersatzfunktion stützt sich dabei meist nur auf Werte der ursprünglich spezifizierten Funktion. Dieses Vorgehen wird in der Literatur über Numerische Mathematik ausführlich behandelt (vgl. z. B. Piessens et al. [55]).

Beispiel: [Integration] Zur näherungsweisen Berechnung des bestimmten Integrals

$$If := \int_0^1 f(t)\, dt$$

kann man die spezifizierte Funktion f an den Stellen

$$t_i = \frac{i}{n}, \quad i = 0, \ldots, n, \quad n \in \mathbb{N},$$

auswerten und dann f z. B. durch den Polygonzug $\tilde{f}$ ersetzen, der durch die Punkte $(t_i, f(t_i))$ geht. Für $t \in [t_i, t_{i+1}]$ ist dabei

$$\tilde{f}(t) = [(t - t_i) \cdot f(t_{i+1}) + (t_{i+1} - t) \cdot f(t_i)] \cdot n.$$

$\tilde{f}$ kann als stückweise lineare Funktion leicht integriert werden:

$$T_n f := \int_0^1 \tilde{f}(t)dt = \frac{1}{n} \cdot \left[\frac{1}{2}f(t_0) + \sum_{i=1}^{n-1} f(t_i) + \frac{1}{2}f(t_n) \right].$$

Der Wert $T_n f$ dient als Näherungswert für $\int_0^1 f(t)dt$.

Am vorliegenden Beispiel wird klar – und es ist auch allgemein so –, daß ohne weitere Information über die Funktion f keine Aussagen über die Approximationsgüte eines solchen Vorgehens gemacht werden können.

Beispiel: [Integration] Der Integrand könnte die Funktion

$$f = \tilde{f} + c \cdot |\sin(\pi n t)|, \quad c \in \mathbb{R}$$

sein, was einen Verfahrensfehler

$$T_n f - If = \int_0^1 \tilde{f}(t)dt - \int_0^1 f(t)dt = -\frac{2}{\pi} \cdot c \tag{2.37}$$

nach sich zieht. Die Abweichung (2.37) kann, abhängig vom Wert der Konstanten c, beliebig groß sein.

Man muß also mindestens wissen, daß das spezifizierte f zu einer bestimmten, in quantitativer Weise charakterisierten Kategorie von Funktionen gehört, wenn man $\tilde{f}$ und damit die Ersatzoperation vernünftig wählen will. Weiß man etwa, daß f zweimal differenzierbar ist und daß

$$|f''(x)| \leq M_2, \quad \forall x \in [0, 1]$$

gilt, dann kann man zeigen, daß

$$|T_n f - I f| = \left| \int\limits_0^1 \tilde{f}(x)dx - \int\limits_0^1 f(x)dx \right| \le \frac{M_2}{12n^2}$$

gilt. Man kann also durch Wahl eines hinreichend großen n bei bekanntem M_2 den Verfahrensfehler unter jede vorgegebene Schranke bringen.

Bei der Handhabung von Funktionen kommt auf alle Fälle die prinzipielle *Endlichkeit* des Werkzeugs Digitalrechner entscheidend ins Spiel. Muß schon bei der Handhabung reeller Zahlen eine unvermeidbare Ungenauigkeit in Kauf genommen werden, so ist man bei der „Verarbeitung" von Funktionen zusätzlich mit einer unvermeidbaren Unschärfe auf einer höheren mathematischen Komplexitätsstufe konfrontiert. In beiden Fällen kommt es darauf an, die Effekte dieser prinzipiellen, vom Rechengerät stammenden Ungenauigkeiten durch ein geeignetes Vorgehen möglichst gering zu halten. Diese Problematik durchzieht die gesamte Numerische Datenverarbeitung.

2.6.3 Funktionen als Ergebnisse

Kommen unter den *Ergebnissen* einer Aufgabe der Numerischen Datenverarbeitung Funktionen vor, so hängt es sehr von den speziellen Umständen ab, in welcher Form eine solche Ergebnis-Funktion dargestellt werden soll:

Wird diese Funktion als Eingangsgröße für weitere Aufgaben benötigt, so muß man natürlich eine der bisher behandelten Darstellungstypen wählen. Daneben wird man aber meistens eine *graphische Darstellung* des Funktionsverlaufs auf dem Bildschirm oder über Drucker bzw. Plotter wünschen. Ist die Funktion das „Endergebnis" der Rechnung, dann genügt sogar oft eine hinreichend genaue graphische Darstellung für die Erfüllung der Aufgabe.

Graphische Darstellung numerischer Daten

Die Visualisierung von Funktionsverläufen ist generell ein wichtiges Hilfsmittel in der Numerischen Datenverarbeitung (vgl. z. B. Nielson, Shriver [54]). In den meisten Anwendungen werden derzeit die numerischen Berechnungen (die eigentliche Problemlösung) und die graphische Darstellung der Resultate getrennt behandelt. Der Grund liegt in der (derzeit noch) mangelhaften Portabilität graphischer Benutzerschnittstellen (*graphical user interfaces*, GUIs). In Zukunft ist mit der Entwicklung und starken Verbreitung integrierter Systeme (Numerik, Symbolik, Graphik), wie z. B. MATHEMATICA [59] eines darstellt, zu rechnen.

Kapitel 3

Algorithmen und Programme

3.1 Algorithmen

Die Formulierung von *praktischen* Verfahren, die aus theoretisch erhaltenen Lösungswegen gewonnen werden, erfolgt in der Mathematik, der Informatik und in anderen Gebieten in Form von Algorithmen. Unter einem Algorithmus soll vorerst intuitiv eine Verarbeitungsvorschrift verstanden werden, die so präzise formuliert ist, daß sie von einem Menschen oder einem mechanisch bzw. elektronisch arbeitenden Gerät durchgeführt werden kann. Ein Algorithmus läßt sich nur in der speziellen Form eines Programms auf einer Rechenanlage verwenden. Ein Programm ist demnach eine spezielle Darstellung eines Algorithmus, die zur Verwendung auf Computern geeignet ist.

Das Wort „Algorithmus" leitet sich vermutlich vom Namen des aus Choresmien in Usbekistan stammenden Gelehrten Al Chwarismi ab. Dieser verfaßte im 9. Jahrhundert Arbeiten über das Ziffernrechnen, die erheblichen Einfluß auf die Mathematik des frühen Mittelalters hatten. Das Wort Algorithmus diente ursprünglich zur Bezeichnung für das Ziffernrechnen als „Rechnen im Sinne des Al Chwarismi" und gewann erst im Laufe der Zeit seine heute wesentlich umfassendere Bedeutung.

3.1.1 Ein intuitiver Algorithmusbegriff

Unter einem *Algorithmus* versteht man eine präzise, durch einen endlichen Text beschriebene Vorschrift zum Vollzug einer Reihe von Elementaroperationen, um Aufgaben einer bestimmten Klasse oder eines bestimmten Typs zu lösen. Die Anzahl der verfügbaren Elementaroperationen – wie immer man „elementar" in einem gegebenen Zusammenhang definiert – ist beschränkt, ebenso ihre Ausführungszeit. Aus der sprachlichen Beschreibung des Algorithmus muß die Abfolge der einzelnen Verarbeitungsschritte eindeutig hervorgehen. Hierbei sind gegebenenfalls Wahlmöglichkeiten zuzulassen, denn es kann vorkommen, daß innerhalb einer *Klasse* von gleichartigen Problemen, die sich z. B. nur durch den Wert gewisser Parameter voneinander unterscheiden, die Lösung einzelner Probleme mit verschiedenen Parametern verschieden erfolgen muß. In jedem Fall muß genau festgelegt werden, *wie* die Auswahl eines möglichen Verarbeitungsablaufs erfolgen soll.

Beispiel: [Bisektion] Von einer Funktion[1] $f \in C[a, b]$, deren Werte an den Randpunkten unterschiedliches Vorzeichen besitzen, also

$$f(a) \cdot f(b) < 0,$$

weiß man aus der Analysis, daß zwischen a und b mindestens eine Nullstelle x^* mit

$$f(x^*) = 0, \qquad x^* \in (a, b)$$

liegt. Zur (näherungsweisen) Bestimmung einer dieser Nullstellen geht man folgendermaßen vor: Man ermittelt den Funktionswert $f(x_m)$ am Intervall-Mittelpunkt $x_m := (a+b)/2$. Gilt $f(x_m) = 0$, so wurde bereits eine Nullstelle gefunden. Andernfalls muß entweder

$$f(a) \cdot f(x_m) < 0 \qquad \text{oder} \qquad f(x_m) \cdot f(b) < 0$$

gelten. Im ersten Fall liegt in $[a, x_m]$ mindestens eine Nullstelle von f, im zweiten Fall in $[x_m, b]$. Man hat somit ein Intervall der Länge $(b-a)/2$ gefunden, das für eine Nullstelle in Frage kommt. Wiederholt man diesen Vorgang, so trifft man entweder einmal exakt auf eine Nullstelle oder man kann ein Intervall ermitteln, dessen Länge ausreichend klein ist.

Bei diesem Beispiel fallen einige wesentliche Punkte auf:
1. Die Anleitung zur Bestimmung immer kleinerer Teilintervalle ist *ausführbar*. Hingegen ist die Feststellung

   „Eine Funktion $f \in C[a, b]$, deren Werte an den Stellen a und b verschiedenes Vorzeichen besitzen, hat in (a, b) mindestens eine Nullstelle."

   nicht ausführbar und damit kein Algorithmus.

2. Die Ausführung (Abarbeitung, Elaboration) des Algorithmus erfolgt *schrittweise*. Die Folge von Schritten bei der Ausführung eines Algorithmus nennt man einen von diesem Algorithmus beschriebenen *Prozeß*.

3. Zur Ausführung eines Algorithmus benötigt man zumindest einen Ausführenden, den man *Prozessor* nennt. Ein Algorithmus kann von Menschen oder Maschinen abgearbeitet werden.

4. Jeder Schritt bei der Ausführung eines Algorithmus besteht selbst wieder aus der Ausführung eines oder mehrerer (anderer) Algorithmen, die in der Anleitung durch einen *Namen* angedeutet werden (z. B. „Ermitteln des Funktionswertes" beschreibt einen Algorithmus zur Berechnung von $f(x)$ an einer vorgegebenen Stelle x). Diese Teilalgorithmen werden in der Anleitung als *elementar* aufgefaßt. Wer diesen Algorithmus ausführen will, muß die elementaren Algorithmen kennen und in der Lage sein, sie auszuführen.

5. Von einem Algorithmus ist zu fordern, daß er hinreichend *genau* ist, d. h., daß jeder der Schritte und die Reihenfolge ihrer Ausführung unmißverständlich sind. Die Formulierung eines Algorithmus muß aber bei einem wohlgewählten Detaillierungsgrad aufhören.

Beispiel: [Bisektion] Die obige Beschreibung des Bisektions-Algorithmus ist für einen Leser mit mathematischen Vorkenntnissen hinreichend detailliert, um ihm z. B. die Lösung von $xe^{-x} = 0.06$, d. h. die näherungsweise Bestimmung einer Nullstelle von

$$f(x) := xe^{-x} - 0.06$$

mit Hilfe eines Taschenrechners zu ermöglichen ($f(0) < 0$, $f(1) > 0$). Die *Anzahl* der Schritte, die im Algorithmus nur sehr vage angedeutet ist, wird von ihm bestimmt ohne Schwierigkeit adäquat

---

[1]Mit $C[a, b]$ bezeichnet man die Menge der auf dem Intervall $[a, b] \subset \mathbb{R}$ stetigen Funktionen.

gewählt werden. Für eine maschinelle Durchführung am Computer oder einen mathematisch nicht vorgebildeten Menschen ist die Beschreibung aber zu wenig genau.

6. Die Sprache, die einen Algorithmus mit Hilfe von Elementar-Algorithmen beschreibt, die sogenannte *Algorithmus-Notation*, muß dem Ausführenden angemessen sein. Will man Rechenvorschriften formulieren, die von einem Computer ausgeführt werden können, so benötigt man spezielle Algorithmus-Notationen: *Programmiersprachen*.

7. Das Bisektionsverfahren enthält zwei wichtige Mechanismen zur Zusammensetzung von Algorithmen: die *Wiederholung* und die *Auswahl*. Der Unterteilungsvorgang wird solange wiederholt, bis eine bestimmte Bedingung („ausreichende Genauigkeit der Nullstellennäherung ist erreicht") erfüllt ist. Eine Auswahl erfolgt aufgrund des Vorzeichens des Funktionswertes am jeweiligen Intervall-Mittelpunkt.

3.1.2 Eigenschaften von Algorithmen

Abstraktion

Durch einen Algorithmus wird ein Prozeß auf einem bestimmten Abstraktionsniveau beschrieben, das durch die elementaren Algorithmen, die elementaren Objekte und den verwendeten Formalismus festgelegt wird.

Eine der wichtigsten Möglichkeiten der Abstraktion besteht darin, (Teil-) Algorithmen einen *Namen* zu geben und diesen Namen dann stellvertretend für die detaillierte Realisierung des Algorithmus zu verwenden.

Beispiel: [Lösung eines linearen Gleichungssystems] Wenn man sich einmal die Schritte zur Lösung eines linearen Gleichungssystems $Ax = b$, $A \in \mathbb{R}^{n \times n}$, $b, x \in \mathbb{R}^n$ überlegt und sie als Algorithmus formuliert hat, braucht man nicht jedesmal im Algorithmus nachzusehen, wie man vorzugehen hat, sondern kann diese Verarbeitungsvorschrift als *elementaren Algorithmus* auffassen und ihm einen Namen, z. B. loese_lin_gleichungen, geben.

Einen in dieser Weise nach Bedarf selbst definierten Algorithmus nennt man *abstrakten Algorithmus* im Gegensatz zu den konkreten Algorithmen, die keiner näheren Erläuterung bedürfen.

Allgemeinheit

Bei einem Algorithmus handelt es sich um eine *allgemeine* Tätigkeitsbeschreibung, mit der nicht nur die Lösung einer einzelnen konkreten Aufgabe ermittelt wird, sondern verschiedener (eventuell aller) Aufgaben einer bestimmten Klasse oder eines bestimmten Typs. Diese Problemklasse kann eine unendliche Menge konkreter Aufgaben enthalten, die sich durch Daten (*Parameter*) voneinander unterscheiden. Die Auswahl eines einzelnen Problems erfolgt über diese Parameter.

Beispiel: [Lösung linearer Gleichungssysteme] Das lineare Gleichungssystem

$$Ax = b, \qquad A \in \mathbb{R}^{n \times n}, \qquad b, x \in \mathbb{R}^n$$

hat $n^2 + n$ reelle Parameter:

$$a_{11}, \ldots, a_{nn} \in \mathbb{R}, \qquad b_1, \ldots, b_n \in \mathbb{R}.$$

Beispiel: [**Bisektion**] Das Nullstellenproblem hat nicht nur $a, b \in \mathbb{R}$, sondern auch eine auf $[a, b]$ definierte *Funktion* $f \in C[a, b]$ als Parameter.

Finitheit

Die Beschreibung eines Algorithmus besitzt nur eine endliche Länge (*statische Finitheit*). Der Algorithmus darf aber auch während aller Schritte seiner Ausführung nur endlich viel Platz zur Speicherung von Zwischenresultaten in Anspruch nehmen (*dynamische Finitheit*).

Terminierung

Einen Algorithmus nennt man *terminierend*, wenn er bei jeder Anwendung nach endlich vielen Verarbeitungsschritten anhält und ein Resultat liefert.

Das Terminieren eines Algorithmus darf nicht mit seiner Finitheit verwechselt werden. Es ist durchaus möglich, durch eine endliche Beschreibung einen Prozeß zu definieren, der *nicht* nach endlicher Zeit beendet wird, also terminiert. Es gibt durchaus Algorithmen mit praktischem Nutzen, die (potentiell) „endlos laufen", z. B. Algorithmen zur Steuerung „nichtabbrechender" Vorgänge (z. B. in chemischen Produktionsstätten) oder das zentrale Steuerungsprogramm eines Rechnersystems (Betriebssystem).

Die Überlegungen und Beispiele dieses Bandes beschäftigen sich ausschließlich mit terminierenden Algorithmen.

Beispiel: [**Bisektion**] Beim Bisektionsverfahren kann das Terminieren auf verschiedene Arten erreicht werden. Dabei ist grundsätzlich zu unterscheiden, ob eine als Ergebnis des Verfahrens akzeptable Näherungslösung $\tilde{x}$ entweder durch die Eigenschaft $f(\tilde{x}) \approx 0$ (Residuums-Kriterium; vgl. Abb. 3.1) oder durch ihre Nähe $\tilde{x} \approx x^*$ zu einer Nullstelle mit $f(x^*) = 0$ (Fehler-Kriterium; vgl. Abb. 3.2) charakterisiert werden soll. Im einen Fall wird man den Prozeß beenden, wenn $|f(\tilde{x})| \leq \tau_f$ erreicht wird, im anderen Fall, wenn die Länge des zuletzt erhaltenen Intervalls eine Bedingung der Art $(b - a)/2^k < \tau_k$ erfüllt.

Man beachte, daß man im ersten Fall a priori, also vor Ausführung des Verfahrens, nicht sagen kann, *wann* (also nach wieviel Intervallhalbierungen) es terminieren wird. Man weiß nur, daß es terminieren wird (wenn man zunächst von Schwierigkeiten absieht, die durch Maschinenzahlen und Maschinenarithmetik bedingt auftreten können). Beim zweiten Abbruchkriterium kann man a priori sagen, nach welcher Maximalanzahl von Intervallhalbierungen der Prozeß terminieren wird.

Bei manchen Daten kann sich ein Algorithmus als unanwendbar erweisen; in diesem Fall sollte der Lösungsprozeß mit einer entsprechenden Mitteilung abgebrochen werden.

Beispiel: [**Bisektion**] Der Bisektionsalgorithmus ist nur anwendbar, wenn die Funktion, deren Nullstelle bestimmt werden soll, an den Endpunkten des Ausgangsintervalls Werte mit *verschiedenen* Vorzeichen besitzt. Diese Voraussetzung ist leicht zu überprüfen.

Eine wichtige Voraussetzung des Bisektionsverfahrens ist die *Stetigkeit* von f. Wenn diese Voraussetzung nicht erfüllt ist, kann es unter Umständen dazu kommen, daß der Algorithmus *nicht terminiert*. Wenn z. B. die Bisektion auf dem Intervall $[0, 1]$ für

$$f = \begin{cases} -1 & \text{für} \quad x \leq 0.1 \\ +1 & \text{für} \quad x > 0.1 \end{cases}$$

ausgeführt wird, so terminiert sie nicht.

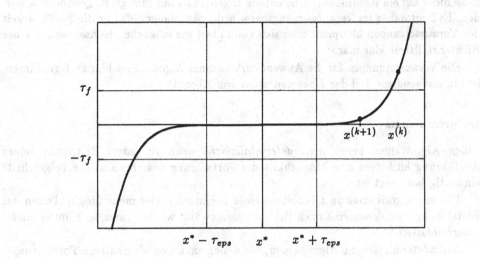

ABBILDUNG 3.1 Residuums-Kriterium

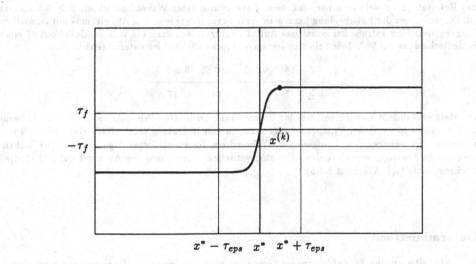

ABBILDUNG 3.2 Fehler-Kriterium

Dieses Beispiel beleuchtet eine fundamentale Schwierigkeit numerischer Algorithmen: Aus einer endlichen Menge von Werten (bei der Bisektion $f(a)$, $f(b)$, $f((a+b)/2)$, ...) kann nicht auf ein Kontinuum, z. B. auf die Eigenschaft der Stetigkeit, geschlossen werden. Es liegt daher im Verantwortungsbereich des Anwenders, daß er die Erfüllbarkeit der Voraussetzungen überprüft oder sich zumindest die möglichen Konsequenzen einer Nicht-Erfülltheit klar macht.

Die Voraussetzungen für die Anwendbarkeit eines Algorithmus klar zu formulieren, ist ein notwendiger Teil der *Dokumentation* von Algorithmen.

Determinismus

Einen Algorithmus nennt man *deterministisch*, wenn zu jedem Zeitpunkt seiner Ausführung höchstens eine Möglichkeit der Fortsetzung besteht, also der Folgeschritt eindeutig bestimmt ist.

Hat ein Algorithmus an mindestens einer Stelle zwei oder mehr Möglichkeiten der Fortsetzung, von denen eine nach Belieben ausgewählt werden kann, so heißt er *nicht-deterministisch*.

Nichtdeterministische Algorithmen, bei denen man den alternativen Fortsetzungs-möglichkeiten Wahrscheinlichkeiten zuordnen kann, nennt man *stochastische Algorithmen*. Derartige Algorithmen entwickelt man häufig für Probleme, zu deren Lösung ein deterministischer Algorithmus zu viel Zeit benötigt.

Beispiel: [Primzahltest] Von Solovay und Strassen stammt ein stochastischer Algorithmus zur Entscheidung, ob eine vorgegebene Zahl eine Primzahl ist oder nicht. Falls der Algorithmus das Resultat nein liefert, so ist gesichert, daß der Eingabewert keine Primzahl ist. Liefert der Algorithmus hingegen das Resultat ja, so weiß man nur, daß diese Antwort mit einer Wahrscheinlichkeit $p \geq 0.5$ korrekt ist. Die Sicherheit der Entscheidung kann man verbessern, indem man den Algorithmus mit demselben Eingangswert öfter aufruft. Bei k-maligem Aufruf verringert sich dann die Wahrscheinlichkeit $\overline{p_k}$ einer Fehlentscheidung auf 2^{-k}. Jede beliebige Irrtumswahrscheinlichkeit ist unterschreitbar:

$\overline{p_k}$	1 %	0.1 %	0.01 %	0.001 %
$k \geq$	7	10	14	17

Die stets vorhandene Unsicherheit bei der Entscheidung „n ist eine Primzahl" wird, speziell bei sehr großen Zahlen (die z. B. bei Verschlüsselungsverfahren von Bedeutung sind), durch einen deutlich verringerten Berechnungsaufwand aufgewogen. Während ein deterministischer Algorithmus $O(n)$ Rechenoperationen benötigt, verringert sich beim stochastischen Algorithmus der Aufwand auf $O(k \cdot \log_2 n)$ Rechenschritte (vgl. Abschnitt 3.1.5).

Determiniertheit

Ein Algorithmus heißt *determiniert*, wenn er mit den gleichen Parametern und Startbedingungen stets das gleiche Ergebnis liefert.

Einen numerischen Algorithmus A kann man als eine Abbildung $A: E \longrightarrow A$ von der Menge E der möglichen Eingabewerte in die Menge A der möglichen Ausgabewerte auffassen. Bei einem determinierten Algorithmus ist diese Abbildung (im mathematischen Sinn) eine Funktion, d. h., sie bildet jeden Eingabewert auf höchstens einen Ausgabewert ab.

Determinismus und Determiniertheit sind auseinanderzuhalten: *Determinismus* kennzeichnet einen Algorithmus, bei dem der *gesamte Ablauf* eindeutig bestimmt ist. *Determiniertheit* bezieht sich nur auf die eindeutige Bestimmtheit des *Resultats*.

Deterministische Algorithmen haben durch ihren eindeutigen Ablauf auch ein eindeutiges Resultat, sie sind daher stets auch determiniert. Die Umkehrung gilt jedoch nicht: es gibt nicht-deterministische Algorithmen, die über verschiedene Wege stets zum gleichen Ziel kommen, also determiniert sind.

Beispiel: [Quicksort] Das Quicksort-Verfahren ist ein sehr schnelles Sortierverfahren, das auf dem rekursiven Sortieren von Teilfeldern beruht. Die Unterteilung in Teilfelder kann stochastisch erfolgen, sodaß der Ablauf nicht eindeutig bestimmt ist. Das Resultat ist aber stets dasselbe: das sortierte Feld. Das stochastische Quicksort-Verfahren ist also trotz des nichtdeterministischen Ablaufs determiniert.

Beispiel: [Primzahltest] Das stochastische Primzahl-Testverfahren von Solovay und Strassen ist sowohl *nicht-deterministisch*, d. h., der Ablauf ist nicht eindeutig bestimmt, als auch *nicht-determiniert*, d. h., das Resultat kann anders ausfallen, wenn man den gesamten Vorgang wiederholt.

3.1.3 Existenz von Algorithmen

Ist für eine Problemklasse ein Algorithmus bekannt, so braucht für die Lösung eines Problems dieser Klasse keine schöpferische Arbeit mehr geleistet werden. Hat man die Arbeitsweise des Algorithmus einmal verstanden, kann man jedes Problem der betreffenden Klasse durch rein schematisches Befolgen der Vorschrift lösen.

In der Mathematik bemühte man sich jahrhundertelang um die Aufstellung möglichst allgemeiner Algorithmen, und noch Leibniz war der Ansicht, daß jedes mathematische Problem durch einen Algorithmus lösbar sei. Diese Ansicht wurde jedoch später immer mehr angezweifelt, als immer weitere Probleme auftraten, deren algorithmische Lösung nicht gelang.

Beispiel: [Goldbachsche Vermutung] Jede gerade natürliche Zahl $n \geq 4$ ist als Summe von zwei Primzahlen darstellbar.

Beispiel: [Fermatsche Vermutung] Es gibt außer $n = 1$ und $n = 2$ keine natürliche Zahl $n \in \mathbb{N}$, für die natürliche Zahlen x, y, z mit $x^n + y^n = z^n$ existieren.

Für viele Exponenten n wurde bis heute bewiesen, daß die Fermatsche Vermutung zutrifft. Jeder Primzahlexponent erfordert jedoch eine spezielle Beweismethodik, sodaß an der allgemeinen Beweisbarkeit, d. h. an der Existenz eines Algorithmus zur Beantwortung dieser Frage, gezweifelt wird.

Hat man ein allgemeines Lösungsverfahren, so kann man nachprüfen, ob es die für einen intuitiven Algorithmus charakteristischen Eigenschaften besitzt. Eine negative Aussage der Form „Es gibt nachweisbar *keinen* Algorithmus zur Lösung eines bestimmten Problems" bedarf dagegen grundsätzlich einer exakten, präzisen Definition des Begriffs Algorithmus.

Die ersten Präzisierungen des Algorithmus-Begriffs wurden um 1936 vorgeschlagen. Sie entstanden vor allem durch Arbeiten von Church, Gödel, Kleene, Post, Turing und Markov. Man kennt heute eine Vielzahl verschiedener Möglichkeiten, den Begriff Algorithmus zu präzisieren, z. B. durch den Mechanismus der Turingmaschine (vgl. Appelrath, Ludewig [1]) oder der Registermaschine, durch μ-rekursive Funktionen, durch Formelsysteme der Logik usw. Diese und auch alle übrigen Präzisierungen sind alle zueinander in dem Sinne äquivalent, daß die zu ihnen gehörige Klasse von berechenbaren Funktionen immer dieselbe ist (die *partiell rekursiven Funktionen*). Dieses Resultat legt die Vermutung nahe, daß durch diese Präzisierungen der intuitive Algorithmus-Begriff gut erfaßt wird, d. h., daß die bekannten Präzisierungen adäquate Abstraktionen für die intuitiven Vorstellungen sind. Diese Vermutung wurde zuerst um 1936 von Church ausgesprochen und wird heute als *Churchsche These* bezeichnet: „Jede im intuitiven Sinne berechenbare Funktion ist Turing-berechenbar." Anschaulich bedeutet diese These, daß man zu jedem in irgendeiner Form aufgeschriebenen algorithmischen Verfahren eine Turingmaschine (ein spezielles mathematisches Modell von Geräten, die Informationen verarbeiten) finden kann, die die gleiche Funktion berechnet.

Die *Theorie der Berechenbarkeit* ist jener Teil der Algorithmentheorie, der sich mit berechenbaren Funktionen auseinandersetzt. Die Frage nach der Existenz numerischer Algorithmen und Programme ist äquivalent zur Frage nach der Existenz berechenbarer Funktionen, da jedes Programm P als eine Funktion von der Menge der Eingabedaten E in die Menge der Ausgabedaten A

$$f_P : E \longrightarrow A$$

angesehen werden kann. Eine Funktion f nennt man *berechenbar*, wenn es einen Algorithmus gibt, der für jeden Eingabewert $e \in E$, für den f definiert ist, nach endlich vielen Schritten anhält und als Ergebnis $a = f(e)$ liefert.

Beispiel: [Fermatsche Vermutung] Die zahlentheoretische Funktion

$$\text{FERMAT}(n) := \begin{cases} 1, & \text{wenn es } x, y, z \in \mathbb{N} \text{ gibt} \\ & \text{mit } x^n + y^n = z^n \\ 0 & \text{sonst} \end{cases}$$

zeigt, daß man konkrete Funktionen genau definieren kann, ohne daß dadurch etwas über deren Berechenbarkeit ausgesagt wird. Man kennt sogar eine Reihe von Funktionswerten:

FERMAT $(1) =$ FERMAT $(2) = 1$,
FERMAT $(3) = \cdots =$ FERMAT $(4002) = 0$.

Daraus geht jedoch noch nicht hervor, daß FERMAT berechenbar ist, da man kein *allgemeines* Verfahren kennt, wie man zu einem beliebigen Argument $n \in \mathbb{N}$ den Funktionswert ermitteln kann.

Nicht-berechenbare Funktionen

Als reine *Existenzaussage* kann folgende Feststellung getroffen werden: Es gibt nur abzählbar unendlich viele berechenbare Funktionen, aber es gibt überabzählbar viele *nicht*-berechenbare Funktionen, d. h., die Berechenbarkeit einer Funktion kann als eine Ausnahme angesehen werden. Dies kann man sich durch Abzählung überlegen: Alle Algorithmen werden mit einer endlichen Beschreibung über einem endlichen Alphabet formuliert. Die Menge aller möglichen Formulierungen von Algorithmen ist daher abzählbar. Andererseits gibt es aber überabzählbar viele Funktionen $f : E \longrightarrow A$, falls E und/oder A eine unendliche Menge ist (Cantorsches Diagonalverfahren).

Nicht-berechenbare Funktionen können durch kein Verfahren auf einem Computer nachvollzogen werden.

Beispiel: [Halteproblem] Sei A die Menge alle Algorithmen und E die Menge aller Eingabedaten. Die Funktion

$$f_H : A \times E \longrightarrow \{\text{TRUE, FALSE}\}$$

mit $f_H(A, e) := \text{TRUE}$, falls der Algorithmus $A \in A$, angewendet auf die Eingabe e, nach endlich vielen Schritten hält (terminiert), sonst FALSE.

Es gibt keinen Algorithmus, der f_H berechnet, also als Eingabe einen *beliebigen* anderen Algorithmus und dessen Daten erhält und feststellt, ob die Berechnung terminieren wird.

Für viele einzelne Algorithmen ist es möglich, zu entscheiden, ob sie terminieren werden. Die Nicht-Berechenbarkeit von f_H besagt, daß es kein *allgemeines* Verfahren gibt, eine derartige Untersuchung für beliebige Algorithmen durchzuführen. Daraus folgt auch: Es gibt kein automatisches Verfahren, mit dem man für jedes Programm entscheiden kann, ob es eine Wiederholung enthält, deren Ausführung nie abbricht („Endlosschleife"), oder nicht.

Eine Konsequenz dieser Tatsache ist die Unmöglichkeit, die Korrektheit eines Programms *automatisch* überprüfen zu können. Jeder Korrektheitsbeweis, also der Nachweis, daß ein Programm auf Eingabewerte immer mit den erwarteten Ausgabewerten reagiert, muß daher zwangsläufig (jedenfalls teilweise) manuell erfolgen.

Beispiel: [Äquivalenzproblem] Die Funktion

$$f_ä : A \times A \longrightarrow \{\text{TRUE, FALSE}\},$$

die für je zwei Algorithmen A_1, $A_2 \in A$ entscheidet, ob diese dieselbe Funktion berechnen (also für beliebige Eingaben jeweils das gleiche Resultat liefern), ist nicht berechenbar. Es gibt also keinen Algorithmus, der als Eingabe zwei andere Algorithmen erhält und feststellt, ob beide dasselbe leisten.

3.1.4 Praktische Lösbarkeit von Algorithmen

Die Existenz von Algorithmen ist noch nicht ausreichend, um die praktische Lösbarkeit von Problemen einer gewissen Klasse sicherzustellen. Es gibt Situationen, wo für eine gegebene Problemstellung eine einfache theoretische Lösung und Algorithmen zur praktischen Umsetzung der theoretischen Lösungswege existieren und man das Problem dennoch praktisch nicht lösen kann.

Beispiel: [RSA-Verfahren] Das Verschlüsselungsverfahren von R. Rivest, A. Shamir und L. Adleman – das *RSA-System* – verwendet zur Ver- und Entschlüsselung von Daten je einen separaten Schlüssel, die beide aus sehr großen Primzahlen p und q ($p, q > 10^{200}$) gewonnen werden. Die Besonderheit des RSA-Systems besteht darin, daß die Verschlüsselungsfunktion veröffentlicht wird (man spricht von einem *Public-key*-Kryptosystem), während die entsprechende Entschlüsselungsfunktion geheim bleibt. Zur Verschlüsselung wird nur das Produkt $s_v = p \cdot q$ benötigt, zur Entschlüsselung müssen beide Faktoren p und q bekannt sein.

Das System wäre „geknackt", wenn es gelänge, die beiden Primfaktoren des öffentlichen Schlüssels s_v zu berechnen, da man aus ihnen den Dechiffrierschlüssel s_D ermitteln kann. Die theoretische Lösung des Problems besteht also in einer „simplen" Primfaktorenzerlegung. Praktisch ist das Problem der

Zerlegung von 200stelligen Zahlen in Primfaktoren jedoch nicht lösbar, da mit den heute bekannten Algorithmen auf den derzeit schnellsten Rechnern Jahre vergehen, bis man ein Resultat erhält.

Das RSA-Verfahren kann also aus heutiger Sicht als de facto sicher angesehen werden. Mit der Auffindung neuer Algorithmen und der Entwicklung schnellerer Computer kann sich das jedoch ändern.

Wie man an diesem Beispiel sieht, entscheidet oft nicht die Existenz eines Algorithmus über die praktische Lösbarkeit von Problemen, sondern der Aufwand für die Durchführung eines bekannten Algorithmus – die Komplexität des Algorithmus – und der Schwierigkeitsgrad der Aufgabenstellung – die Komplexität des Problems.

3.1.5 Komplexität von Algorithmen

Bei Problemen der Numerischen Datenverarbeitung steht im allgemeinen die Frage nach der Existenz von Algorithmen nicht (mehr) im Vordergrund, da es für die meisten Fragestellungen bereits Algorithmen oder wenigstens Konzepte zu deren algorithmischer Lösung gibt. Wesentlich größere praktische Bedeutung besitzt hingegen die Frage nach „möglichst guten" Algorithmen.

Ein wichtiges Kriterium zur Bewertung von Algorithmen ist deren *Komplexität*. Die Komplexität eines Algorithmus ist durch seinen Abarbeitungsaufwand (Anzahl elementarer Schritte, benötigter Speicherplatz etc.) gekennzeichnet. Um den Abarbeitungsaufwand unabhängig von speziellen Computern untersuchen zu können, müssen im allgemeinen Modellvorstellungen bezüglich der Art der Abarbeitung entwickelt werden. Um etwa den Zeitbedarf der maschinellen Ausführung (Rechenaufwand) eines numerischen Algorithmus zu kennzeichnen, wird sehr oft die Anzahl der Gleitpunktoperationen herangezogen. Andere Eigenschaften, die auch Einfluß auf den Zeitbedarf besitzen, wie z. B. die Anzahl und Art der Speicherzugriffe, werden dabei vernachlässigt.

Beispiel: [Gauß-Algorithmus] Der Eliminationsalgorithmus von Gauß zur Lösung von linearen Gleichungssystemen benötigt, abhängig von der Anzahl n der Gleichungen,

$$n^3/3 + n^2 - n/3 \qquad \text{Multiplikationen/Divisionen und}$$

$$n^3/3 + n^2/2 - 5n/6 \qquad \text{Additionen/Subtraktionen.}$$

Wenn man mit diesen Formeln den Rechenaufwand des Eliminationsalgorithmus charakterisiert, so vernachlässigt man den Zeitaufwand, der für spezielle algorithmische Maßnahmen (Pivotsuche, Zeilenvertauschen etc.) erforderlich ist.

Zur Beurteilung des Zeitbedarfs eines konkreten Programms (z. B. zur Lösung linearer Gleichungssysteme) auf einem bestimmten Computer bei festgelegten Daten genügt eine *Zeitmessung* (mit der „eingebauten Uhr" des Computers oder von Hand). Zählt man hingegen, wie im obigen Beispiel, die Operationen, so kommt man zu einer Beurteilung, die von einem konkreten Computer und den Daten des Problems unabhängig ist. Dabei gehen in der Regel Parameter ein, die den Umfang des Problems beschreiben (z. B. die Anzahl der Gleichungen). Damit hat man eine abstrakte Beschreibungsform zur Beurteilung von Algorithmen gefunden. Das Resultat eines Algorithmenvergleichs hängt aber immer noch von der konkreten Parametrisierung ab.

In vielen Fällen ist man nicht am exakten Ergebnis einer Operationen-Zählung interessiert, sondern nur an ihrem qualitativen Verlauf in Abhängigkeit von den Problemparametern. Hier ist vor allem die *asymptotische Komplexität* von großer Bedeutung.

Man sagt, die von einem Parameter p abhängende Komplexität $K(p)$ eines Algorithmus ist von der *Ordnung* $f(p)$, falls es eine Konstante c gibt, für die

$$K(p) \leq c \cdot f(p) \quad \text{für alle } p$$

gilt. Dieser Sachverhalt wird durch das *Landausche Symbol*[2] O ausgedrückt:

$$K(p) = O(f(p)). \tag{3.1}$$

(gesprochen: Groß-O von $f(p)$).

Die wichtigsten praktisch auftretenden asymptotischen Komplexitätsangaben sind:

Ordnung	Komplexität	$f(p)$
$O(1)$	konstant	$c \in \mathbb{R}_+$
$O(\log p)$	logarithmisch	$c \cdot \log p$
$O(p)$	linear	$c_1 p + c_0$
$O(p^2)$	quadratisch	$c_2 p^2 + c_1 p + c_0$
$O(p^3)$	kubisch	$c_3 p^3 + c_2 p^2 + \cdots$
$\vdots$	$\vdots$	$\vdots$
$O(p^m)$	polynomial	$c_m p^m + c_{m-1} p^{m-1} + \cdots$
$O(c^p)$	exponentiell	$c^{d \cdot p} + \text{Polynom}(p)$

Wegen $\log_b(p) = \log_B(p) \cdot \log_b(B)$ ist die Angabe der Basis bei der logarithmischen Ordnung irrelevant.

Die obige Tabelle ist nach steigender asymptotischer Komplexität geordnet. Ein Algorithmus mit kubischer Komplexität erfordert asymptotisch (ab einer gewissen Größe des Parameters p) mehr Aufwand als ein Algorithmus mit logarithmischer Komplexität.

Asymptotische Komplexitätsangaben dürfen nur mit Vorsicht für den Vergleich von Algorithmen herangezogen werden.

Beispiel: [Algorithmenvergleich] Zwei Algorithmen mit den Komplexitäten $K_1(p) = 0.67 p^3$ und $K_2(p) = 260 p^{2\,3}$ sollen verglichen werden. Asymptotisch gesehen hat der zweite Algorithmus mit einem $O(p^{2\,3})$-Aufwand die geringere Komplexität als der Algorithmus mit der kubischen Komplexität. Für Parameterwerte $p \leq 5\,000$ erfordert jedoch der erste Algorithmus den geringeren Aufwand, für kleine Werte von p sogar einen deutlich geringeren.

Komplexität von Problemen

Die Komplexität eines *Algorithmus* ist der erforderliche Rechenaufwand bei einer konkreten Realisierung des Algorithmus innerhalb der getroffenen Modellannahmen.

Die Komplexität eines *Problems* ist die Komplexität des bestmöglichen Algorithmus aus der Menge *aller* Algorithmen, die das gegebene Problem lösen können.

---

[2] Man beachte, daß es sich bei (3.1) um keine Gleichung im üblichen mathematischen Sinn handelt, sondern daß eine „von links nach rechts"-Bedeutung vorliegt: $O(f(p)) = K(p)$ ist sinnlos.

Beispiel: [Lineare Gleichungssysteme] Der Gauß-Algorithmus zur Lösung linearer Gleichungssysteme ist ein $O(n^3)$-Algorithmus. Lange Zeit war man der Meinung, daß auch die Komplexität des Problems der Lösung eines linearen Gleichungssystems von kubischer Ordnung ist. Seit 1969 weiß man, daß dies nicht der Fall ist (Strassen [22]). Die asymptotische Komplexität des Problems ist jedoch (derzeit) *nicht* bekannt. Aufgrund eines explizit bekannten Algorithmus mit einer asymptotischen Komplexität $O(n^\omega)$ mit $\omega \approx 2.4$ kann man derzeit nur die Notwendigkeit von $O(n^\omega)$ Operationen mit $\omega \approx 2.4$ nachweisen. Die Komplexität dieses Problems ist auf das engste mit der Komplexität des Problems der Matrizen-Multiplikation verknüpft, das im folgenden Abschnitt genauer untersucht wird (vgl. auch Pan [21]).

Fallstudie: Komplexität der Matrix-Multiplikation

Der englische Mathematiker Joseph Sylvester führte im Jahre 1850 den Namen *Matrix* für ein rechteckiges Schema von Zahlen ein. Eine Matrix repräsentierte für ihn eine lineare Abbildung zweier endlichdimensionaler Vektorräume. Beim Versuch, das Produkt (die Verknüpfung) zweier linearer Abbildungen $L_1, L_2 : \mathbb{R}^n \longrightarrow \mathbb{R}^n$ formal zu beschreiben, wurde er in natürlicher Weise auf die folgende Definition der Matrix-Multiplikation geführt:

$$(A \cdot B)_{ij} = \sum_{k=1}^{n} a_{ik} b_{kj}, \quad A, B \in \mathbb{R}^{n \times n}. \tag{3.2}$$

Für mehr als ein Jahrhundert war der durch diese Definition bestimmte Algorithmus – *„Zeilen mal Spalten"* – die einzige bekannte Methode zur Multiplikation von Matrizen. Da die Einfachheit und Natürlichkeit des Standardalgorithmus zur Matrizenmultiplikation seine Optimalität lange als selbstverständlich erscheinen ließen, kam es zu keiner weiteren Beschäftigung mit anderen Methoden.

Im Jahre 1967 fand S. Winograd zur Überraschung vieler Mathematiker einen Weg, die Hälfte der Multiplikationen der Formel (3.2) durch Additionen zu ersetzen. Seine Methode beruht auf der Gleichheit bestimmter innerer Produkte, die berechnet und wiederverwendet werden können. Winograds Arbeit erregte großes Aufsehen, da die Computer der sechziger Jahre Gleitkomma-*Additionen* zwei- bis dreimal so schnell ausführten wie Gleitkomma-*Multiplikationen*. (Auf heutigen Rechnern benötigen diese beiden Operationen etwa die gleiche Rechenzeit.)

Kurz nach der Veröffentlichung von Winograds Arbeit gab es eine weitere Überraschung, als V. Strassen eine Methode zur Matrix-Multiplikation fand, die nur $O\left(n^{\log_2 7}\right)$ Operationen benötigt ($\log_2 7 \approx 2.807$). Strassens Artikel warf die Frage auf, ob es einen kleinsten Exponenten ω gibt, sodaß jede Matrix-Multiplikation in $O(n^\omega)$ Operationen ausgeführt werden kann. Klarerweise gilt $\omega \geq 2$, da jedes Element der beiden Matrizen in zumindest eine Operation eingehen muß. Trotz intensiver Forschung ist das Minimum (bzw. das Infimum) dieser Exponenten, d. h. die asymptotische Komplexität des Problems, noch unbekannt. Auf die Veröffentlichung von Strassens Arbeit folgten jedoch in der Zwischenzeit noch viele weitere Verbesserungen des Exponenten ω, wobei der geschickte Einsatz von Tensoren, Bilinear- und Trilinearformen eine große Rolle spielte; einen Überblick über diese Arbeiten gibt Pan [20]. Der „Weltrekord" Ende

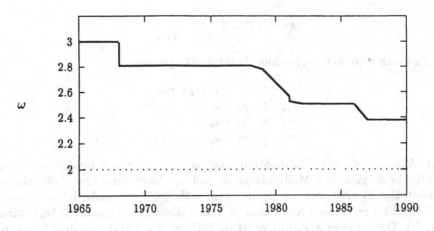

ABBILDUNG 3.3   Historische Entwicklung von $O(n^\omega)$

1990 war $\omega = 2.376$. In Abb. 3.3 wird die weitere Entwicklung von $O(n^\omega)$ seit der Veröffentlichung von Strassens Artikel graphisch dargestellt.

Der Strassen-Algorithmus beruht auf dem *Divide-and-conquer*-Prinzip. Diese Methode zur Entwicklung von Algorithmen besteht aus zwei Schritten:

1. Schritt (*Divide*): Das gesamte Problem wird in zwei oder mehr möglichst gleichgroße Teilprobleme derselben Art wie das Originalproblem aufgespalten, die unabhängig voneinander gelöst werden können.

2. Schritt (*Conquer*): Die Lösungen der Teilprobleme werden zur Lösung des Gesamtproblems zusammengesetzt.

Divide-Schritte werden solange ausgeführt, bis man zu Teilproblemen gelangt, die sehr einfach gelöst werden können.

Der einfachste Fall bei der Matrix-Multiplikation ist die Verknüpfung von 2×2-Matrizen $A, B \in \mathbb{R}^{2 \times 2}$

$$A = \begin{pmatrix} a_{11} & a_{12} \\ a_{21} & a_{22} \end{pmatrix}, \qquad B = \begin{pmatrix} b_{11} & b_{12} \\ b_{21} & b_{22} \end{pmatrix}.$$

Definiert man die Hilfsgrößen

$$\begin{aligned}
p_1 &:= (a_{11} + a_{22})(b_{11} + b_{22}) \\
p_2 &:= (a_{21} + a_{22})b_{11} \\
p_3 &:= a_{11}(b_{12} - b_{22}) \\
p_4 &:= a_{22}(b_{21} - b_{11}) \\
p_5 &:= (a_{11} + a_{12})b_{22} \\
p_6 &:= (a_{21} - a_{11})(b_{11} + b_{12}) \\
p_7 &:= (a_{12} - a_{22})(b_{21} + b_{22}),
\end{aligned} \qquad (3.3)$$

dann gilt für das Produkt

$$A \cdot B = C = \begin{pmatrix} c_{11} & c_{12} \\ c_{21} & c_{22} \end{pmatrix},$$

wie man durch einfaches Nachrechnen leicht bestätigen kann:

$$
\begin{aligned}
c_{11} &= p_1 + p_4 - p_5 + p_7 \\
c_{12} &= p_3 + p_5 \\
c_{21} &= p_2 + p_4 \\
c_{22} &= p_1 + p_3 - p_2 + p_6.
\end{aligned}
\tag{3.4}
$$

Dieser Algorithmus zur Matrix-Multiplikation, der *Strassen-Algorithmus* (Strassen [22]), benötigt sieben Multiplikationen und 18 Additionen bzw. Subtraktionen, insgesamt also 25 arithmetische Operationen, während der Standardalgorithmus nur acht Multiplikationen und 4 Additionen, d. h. insgesamt 12 arithmetische Operationen, verwendet. Der Strassen-Algorithmus ist im Fall von 2×2 Matrizen dem Standardalgorithmus bezüglich des Rechenaufwandes deutlich *unterlegen*, doch erkannte Strassen, daß die Formeln (3.3) und (3.4) gültig bleiben, wenn die a_{ij} und b_{ij} selbst Matrizen sind. Für diesen allgemeinen Fall werden im folgenden die Algorithmen $\mathcal{A}_{m,k}$, die zwei Matrizen der Ordnung $m2^k$ multiplizieren, durch Induktion über k definiert.

Falls n keine gerade Zahl ist, dann berechnet man die letzte Spalte von C nach der üblichen Methode und wendet das Verfahren auf die verbleibenden $(n-1) \times (n-1)$-Matrizen an.

Definition 3.1.1 $\mathcal{A}_{m,0}$ *sei der Standardalgorithmus zur Matrix-Multiplikation (dieser benötigt m^3 Multiplikationen und $m^2(m-1)$ Additionen). Ist $\mathcal{A}_{m,k}$ bereits bekannt, dann sei $\mathcal{A}_{m,k+1}$ wie folgt definiert:*
Sollen die Matrizen A und B der Ordnung $m2^{k+1}$ multipliziert werden, dann unterteilt man A, B und $A \cdot B$ in Blöcke

$$A = \begin{pmatrix} A_{11} & A_{12} \\ A_{21} & A_{22} \end{pmatrix}, \qquad B = \begin{pmatrix} B_{11} & B_{12} \\ B_{21} & B_{22} \end{pmatrix}, \qquad A \cdot B = \begin{pmatrix} C_{11} & C_{12} \\ C_{21} & C_{22} \end{pmatrix},$$

wobei A_{ik}, B_{ik}, C_{ik} Matrizen der Ordnung $m2^k$ sind, und berechnet die Hilfsmatrizen der Ordnung $m2^k$

$$
\begin{aligned}
P_1 &= (A_{11} + A_{22}) \cdot (B_{11} + B_{22}) \\
P_2 &= (A_{21} + A_{22}) \cdot B_{11} \\
P_3 &= A_{11} \cdot (B_{12} - B_{22}) \\
P_4 &= A_{22} \cdot (B_{21} - B_{11}) \\
P_5 &= (A_{11} + A_{12}) \cdot B_{22} \\
P_6 &= (A_{21} - A_{11}) \cdot (B_{11} + B_{12}) \\
P_7 &= (A_{12} - A_{22}) \cdot (B_{21} + B_{22})
\end{aligned}
$$

$$C_{11} = P_1 + P_4 - P_5 + P_7$$
$$C_{12} = P_3 + P_5$$
$$C_{21} = P_2 + P_4$$
$$C_{22} = P_1 + P_3 - P_2 + P_6,$$

indem man für die Multiplikationen den Algorithmus $A_{m,k}$ und für die Additionen und Subtraktionen den gewöhnlichen (elementweisen) Algorithmus verwendet.

Mittels vollständiger Induktion sieht man leicht (Strassen [22]):

Satz 3.1.1 *$A_{m,k}$ berechnet das Produkt zweier Matrizen der Ordnung $m2^k$ mit $m^3 7^k$ Multiplikationen und $(5 + m)m^2 7^k - 6(m2^k)^2$ Additionen und Subtraktionen.*

Man kann daher zwei Matrizen der Ordnung 2^k mit 7^k Multiplikationen und weniger als $6 \cdot 7^k$ Additionen und Subtraktionen berechnen. Weiters folgt (Strassen [22]):

Satz 3.1.2 *Das Produkt zweier Matrizen der Ordnung n kann mit dem Strassen-Algorithmus mit weniger als $28 \cdot n^{\log_2 7}$ arithmetischen Operationen berechnet werden.*

Abschließend sei darauf hingewiesen, daß die Matrizen $P_1, P_2, \ldots, P_7$ alle *gleichzeitig* berechnet werden können. Dies gilt auch für die Matrizen $C_{11}, \ldots, C_{22}$, doch ist der Aufwand für deren Berechnung verglichen mit jenem für die Hilfsmatrizen $P_1, P_2, \ldots, P_7$ im allgemeinen vernachlässigbar. Auf jeden Fall scheint sich der Strassen-Algorithmus für eine Verwendung auf Parallelrechnern ausgezeichnet zu eignen (Bailey [11], Laderman et al. [19]).

3.1.6 Darstellung von Algorithmen

Wenn eine Lösungsvorschrift praktisch angewendet werden soll, so muß sie von dem, der sie anwendet, überhaupt und dann zweifelsfrei ausgeführt werden können. Das hängt aber offenbar von den Fähigkeiten der ausführenden Person oder des mechanischen bzw. elektronischen Vollzugssystems ab. Die elementaren Grundfähigkeiten eines Computers werden durch seinen Befehlsvorrat, d. h. durch die Gesamtmenge der unterschiedlichen Befehle, charakterisiert. Ein Algorithmus ist bei seiner Ausführung auf einem Computer eine Abfolge von elementaren Grundoperationen der Rechenanlage. Das Problem besteht darin, einen Algorithmus aus solchen Grundfähigkeiten aufzubauen. In den Anfängen der Datenverarbeitung mußte dies noch in einer Darstellung geschehen, die auf die einzelne Rechenanlage zugeschnitten war (Maschinensprache, engl. *machine code*). Heute kann man in der Darstellung von einer speziellen Rechenanlage absehen (problemorientierte Programmiersprachen). Der Vorteil der Maschinenunabhängigkeit liegt auf der Hand: Es werden damit insbesondere einheitliche Darstellungen und Ausführbarkeitsanforderungen für Algorithmen möglich. Der Preis für die Maschinenunabhängigkeit ist der Zwang, einen Algorithmus als Computerprogramm aus einer problemorientierten Sprache in die interne Sprache der speziellen Rechenmaschine übersetzen zu müssen. Diese Übersetzung erfolgt mit speziellen Programmen, sogenannten *Übersetzern* (*Compilern*). Der Aufwand für die Erstellung des Übersetzer-Algorithmus und die Übersetzung einzelner Programme richtet sich nach dem Komfort und der Struktur der problemorientierten Programmiersprache.

Algorithmen in natürlicher Sprache

Die Entwicklung von Algorithmen ist eine geistig-schöpferische Tätigkeit, eine Form von Denken, die aufs engste mit den verbalen Fähigkeiten und den Eigenheiten der Sprache (Wortschatz, Satzbau, Komplexität der grammatikalischen Konstruktionen usw.) verbunden ist. Algorithmusentwicklung und Programmieren erfordern die schriftliche Wiedergabe des konstruktiven Denkens. Die Verwendung natürlicher Sprache („Muttersprache", „Umgangssprache") kann dabei eine erhebliche Hilfe sein:

1. Natürliche Sprache ist sehr anpassungsfähig an neue Anwendungen (Entwicklung von Fachsprachen).

2. Sie erlaubt es, dort vage zu sein, wo man sich nicht genauer ausdrücken will. Sie ist aber ausdruckskräftig genug, um zu sagen, was man will.

3. Sie erleichtert die Kommunikation des Programmierers mit anderen und stellt eine leicht verständliche Form der Dokumentation dar.

4. Durch natürliche Sprache kann ein Algorithmus nur durch eine lineare Folge von Sätzen beschrieben werden. Da Programme ebenfalls aus einer linearen Folge von Sätzen einer Programmiersprache bestehen, fällt die Umsetzung des Algorithmus in ein Programm leichter als bei der Übersetzung einer strukturellen Darstellung (Flußdiagramm, Struktogramm).

Strukturelle Darstellung von Algorithmen

Zu den wichtigsten Konstruktionsmitteln für Algorithmen gehören die *Steuerstrukturen* (*Kontrollstrukturen*) Aneinanderreihung, Auswahl und Wiederholung.

Zur Erläuterung werden im folgenden *Struktogramme* (Nassi-Shneiderman-Diagramme) herangezogen. Es handelt sich dabei um eine graphische Darstellungsmethode von algorithmischen Abläufen. Ebenso könnte man *Programmablaufpläne* (Flußdiagramme) verwenden, die jedoch den Anwender oft zum Entwurf von unübersichtlichen, schwer verständlichen und fehleranfälligen Algorithmen und Programmen verleiten.

In Struktogrammen wird jeder Teilalgorithmus (jede Aktion) durch einen *Strukturblock* dargestellt:

```
┌─────────────────────┐
│  Teilalgorithmus i   │
└─────────────────────┘
```

Fügt man Strukturblöcke zusammen, so entsteht wieder ein Strukturblock. Strukturblöcke können also geschachtelt werden.

Aneinanderreihung (Sequenz)

Der einfachste dynamische Ablauf ergibt sich durch sequentielle Verknüpfung (Hintereinanderausführen) von Teilalgorithmen. Die zeitliche Aneinanderreihung von Aktionen (Ausführung von Teilalgorithmen) wird durch die räumliche senkrechte Aneinanderreihung der zugehörigen Strukturblöcke dargestellt (vgl. Abb. 3.4).

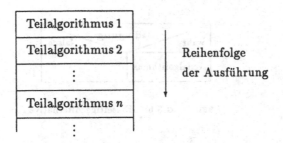

ABBILDUNG 3.4   Zeitliche Aneinanderreihung von Aktionen

Auswahl

Oft tritt in Algorithmen der Fall auf, daß von zwei Teilalgorithmen entweder der eine
oder der andere ausgeführt werden soll. Die Auswahl erfolgt durch eine Bedingung.

Beispiel: [Bisektion]

    Wenn   die Funktion f an den Endpunkten des Intervalls
              $[x_{\text{links}}, x_{\text{Mitte}}]$ verschiedenes Vorzeichen hat,
    dann   setze die Berechnung auf $[x_{\text{links}}, x_{\text{Mitte}}]$ fort,
    sonst   setze die Berechnung auf $[x_{\text{Mitte}}, x_{\text{rechts}}]$ fort.

Eine Auswahl zwischen zwei Teilalgorithmen – eine *zweiseitige Alternative* – wird durch
Abb. 3.5 repräsentiert. Der Teilalgorithmus 1 kommt zur Ausführung, falls die Bedin-

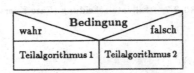

ABBILDUNG 3.5   Zweiseitige Alternative

gung erfüllt ist. Trifft dies nicht zu, wird Teilalgorithmus 2 ausgeführt.

    Ein Sonderfall tritt ein, wenn in Abhängigkeit von der Bedingungsüberprüfung nur
ein Teilalgorithmus ausgeführt oder nicht ausgeführt werden soll. Eine derartige *einseitige Alternative* zeigt Abb. 3.6. Der Strukturblock für Teilalgorithmus 2 bleibt in diesem
Fall leer.

Fallunterscheidung

Eine Verallgemeinerung dieser Auswahlstrukturen ist die *Fallunterscheidung*, die nach
dem in manchen Programmiersprachen verfügbaren Befehl auch *Case-Konstrukt* genannt wird. Die Bedingung, die zur Auswahl eines Strukturblocks dient, muß hier in
einen *Ausdruck* und in eine Reihe von Falldiskriminatoren aufgespalten werden. Bei der

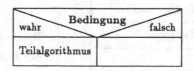

ABBILDUNG 3.6   Einseitige Alternative

Ausführung der Fallunterscheidung wird der Wert des Ausdrucks mit den Diskriminatoren verglichen. Zur Ausführung gelangt jener Strukturblock, dessen Diskriminator
gleich dem Wert des Ausdrucks ist. Wenn dies für keinen der möglichen Fälle zutrifft,
wird ein spezieller Strukturblock ausgeführt. Abb. 3.7 veranschaulicht die Fallunterscheidung: die Symbole $d_1, \ldots, d_n$ stehen für die Diskriminatoren, $S_1, \ldots, S_n$ für die
zugehörigen Strukturblöcke.

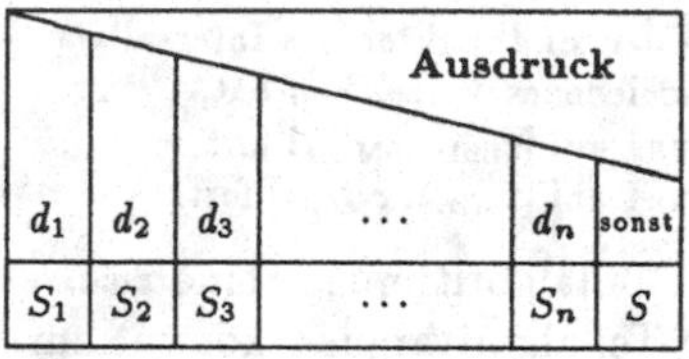

			Ausdruck		
d_1	d_2	d_3	$\cdots$	d_n	sonst
S_1	S_2	S_3	$\cdots$	S_n	S

ABBILDUNG 3.7   Fallunterscheidung (Case-Konstrukt)

Wiederholung (Schleifen)

Häufig gibt es in Algorithmen Abschnitte, die wiederholt auszuführen sind, solange eine
bestimmte Bedingung erfüllt ist.

Beispiel: [Bisektion] Solange die gewünschte Genauigkeit der Nullstellen-Näherung nicht erreicht ist,
wird der Intervallhalbierungs-Prozeß wiederholt.

Bei der *Zählschleife* wird die Anzahl der Wiederholungen durch eine Zählgröße (*Laufvariable, Kontrollvariable*) bestimmt, die, beginnend bei einem *Startwert*, bei jeder
Durchführung des zu wiederholenden Strukturblocks um einen festen Wert, die *Schrittweite*, erhöht (*inkrementiert*) bzw. verringert (*dekrementiert*) wird. Dieser Vorgang
wird wiederholt, bis ein *Endwert* erreicht ist. In (metasprachlicher) Fortran 90 - Notation
wird eine Zählschleife

$$laufvariable = anfwert, \; endwert \; [, \; schritt]$$

geschrieben, die in Struktogrammform in Abb. 3.8 dargestellt ist.

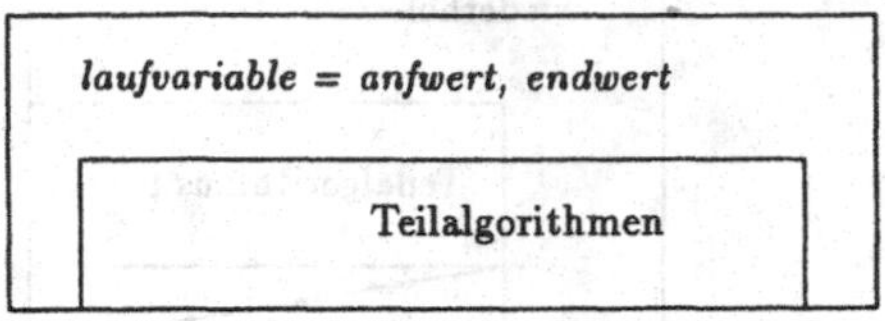

ABBILDUNG 3.8   Zählschleife

Bei der *bedingten Schleife* wird die Beendigung der wiederholten Ausführung eines
Teilalgorithmus durch eine Abbruchbedingung (Fortsetzungsbedingung) gesteuert. Ein
Teilalgorithmus wird wiederholt ausgeführt, solange die Schleifenbedingung erfüllt ist.
Bei der in Fortran 90 vorhandenen Form der bedingten Schleife (WHILE-Schleife) wird
die Schleifenbedingung *vor* dem ersten Ausführen des Teilalgorithmus und dann vor
jeder Wiederholung überprüft. Der Teilalgorithmus gelangt also unter Umständen –
nämlich dann, wenn die Schleifenbedingung schon vorher nicht erfüllt ist – überhaupt
nicht zur Ausführung, man nennt daher diesen Schleifentyp *abweisende Schleife* oder
While-Schleife; vgl. Abb. 3.9.

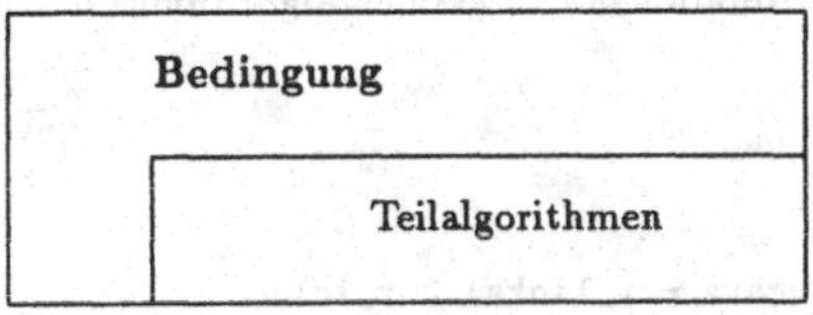

ABBILDUNG 3.9   Abweisende Schleife (While-Schleife)

Steht die Abbruchbedingung am Ende, spricht man von einer *nichtabweisenden* oder
Until-Schleife. Die Struktogrammdarstellung einer nichtabweisenden Schleife (die es in
Fortran 90 nicht gibt) findet man in Abb. 3.10.

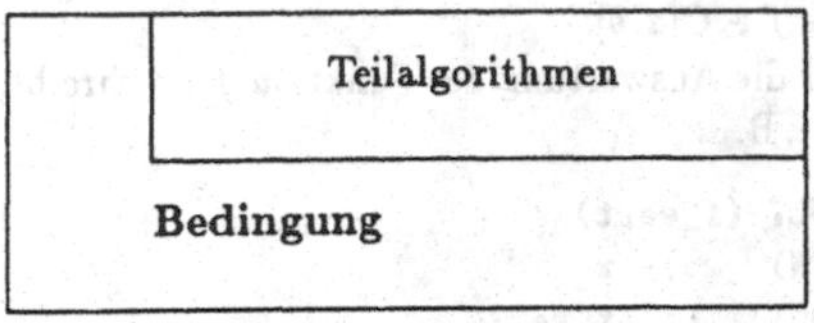

ABBILDUNG 3.10   Nichtabweisende Schleife (Until-Schleife)

Befindet sich die Abbruchbedingung nicht am Anfang oder am Ende, sondern an einer beliebigen anderen Stelle mitten im wiederholt auszuführenden Teilalgorithmus, so
spricht man von einer *Schleife mit Unterbrechung* (*middle break*); vgl. Abb. 3.11.

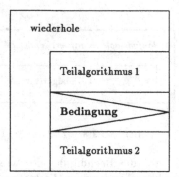

ABBILDUNG 3.11   Schleife mit Unterbrechung

3.1.7   Algorithmen in Programmiersprachen

Eine besondere Art der verbalen Algorithmus-Notation sind *Programmiersprachen*. Einen Algorithmus, der in einer Programmiersprache formuliert ist, also von einem Computer ausgeführt werden kann, nennt man *Programm*.

Beispiel: [Bisektion] Eine Notation des Bisektions-Algorithmus in Fortran 90 könnte etwa folgendermaßen aussehen:

```
x_links = a
x_rechts = b
...
DO WHILE (ABS (x_rechts - x_links) > x_tol)
    x_mitte = (x_links + x_rechts)/2.
    IF (f(x_links)*f(x_mitte) < 0.) THEN
        x_rechts = x_mitte
    ELSE
        x_links = x_mitte
    END IF
END DO
x_ergebnis = x_mitte
```

Es handelt sich dabei nur um *Teile* eines vollständigen Programms zur Bestimmung einer Nullstelle einer nichtlinearen Funktion $f \in C[a, b]$.

Der Teilalgorithmus, der die Auswertung der Funktion f beschreibt, muß für die jeweilige Funktion separat angegeben werden, z. B.

```
FUNCTION f(x) RESULT (f_wert)
    REAL, INTENT (IN)  ::  x
    REAL, INTENT (OUT) ::  f_wert
    f_wert = x*EXP (-x) - 0.06
END FUNCTION f
```

Der Teilalgorithmus, der den Wert der Exponentialfunktion an einer bestimmten Stelle liefert, oder jene Teilalgorithmen, die arithmetische Operationen ausführen, sind elementar und müssen nicht näher beschrieben werden.

3.2 Programmiersprachen

Für den Benutzer bildet das Rechnersystem (Hardware, Betriebssystem, Übersetzer) zusammen mit einer oder mehreren Programmiersprachen eine *abstrakte Maschine*, der er die Ausführung von Algorithmen, die in einer Programmiersprache abgefaßt (notiert) wurden, übertragen kann.

Eine Programmiersprache muß also zunächst dazu geeignet sein, Algorithmen so zu beschreiben, daß eine *Kommunikation* vom Programmierer zum Rechnersystem ermöglicht wird. Darüber hinaus soll die Kommunikation zwischen mehreren mit dem Programm befaßten Personen ermöglicht werden, d. h., Algorithmen sollen mit Hilfe der Programmiersprache gut lesbar zu beschreiben sein. Letztlich dienen Programmiersprachen auch dem Festhalten von Überlegungen und Gedanken.

Wittgenstein kam zu der Überzeugung, daß unsere Sprache unsere Sicht der Wirklichkeit bestimmt. Auf den Bereich der Programmiersprachen übertragen, kann man dies so deuten, daß die Struktur der verwendeten Programmiersprache Einfluß darauf hat, wie der Programmierer einen zu beschreibenden Algorithmus sieht (versteht).

Sprachbeschreibung

In der Sprachbeschreibung wird der Sprachumfang durch Syntax, Semantik und Pragmatik festgelegt.

Syntax legt fest, welche Zeichenreihen korrekt formulierte Programme der Sprache sind und welche nicht. Die Syntax wird i. a. mit Hilfe einer formalen Notation – der *Grammatik* – festgelegt. Die Syntax legt die Kombinierbarkeit von Zeichen fest, ohne Rücksicht auf die spezielle Bedeutung von Zeichenketten zu nehmen.

Semantik behandelt die inhaltliche Bedeutung sprachlicher Zeichen (oder Zeichenfolgen), d. h. das Verhältnis der Zeichen zu den Objekten, die sie darstellen oder auf die sie anwendbar sind. Die Semantik ergänzt die Grammatiken, durch die die Syntax definiert ist. Ohne Semantik kann man nur sagen, ob eine bestimmte Zeichenreihe ein zulässiges Programm ist, aber nicht, welche Berechnung sie beschreibt.

Die Semantik von Programmiersprachen kann informell oder durch eine genaue formale Definition erfolgen. Die wichtigsten Ansätze zur Beschreibung der Semantik sind Übersetzersemantik, operationale, denotationale und axiomatische Semantik (vgl. z. B. Appelrath, Ludewig [1]).

Pragmatik behandelt das Verhältnis zwischen einem Programm, dem eingesetzten Rechnersystem und dem menschlichen Benutzer (und seiner Umgebung). Hierzu gehört etwa die Frage, welche Sprachelemente eine Programmiersprache aufweisen sollte, um sie für die Anwendung in der Numerischen Datenverarbeitung besonders brauchbar zu machen.

Beispiel: [Syntax, Semantik] In vielen Programmiersprachen hat eine Wertzuweisung die syntaktische Grundstruktur *variable = ausdruck*. Dementsprechend ist z. B.

    r = a*(1 + SIN (phi))

eine syntaktisch korrekte Wertzuweisung. Hingegen ist

    c*c = a*a + b*b

keine syntakisch korrekte Programmierung des Pythagoräischen Lehrsatzes, weil c*c keine Variable im informatischen Sinn (vgl. Abschnitt 9.1), sondern ein Ausdruck (vgl. Abschnitt 11.1) ist. Hier müßte man die Modifikation

    c = SQRT (a*a + b*b),

machen, um eine syntaktisch korrekte Wertzuweisung zu erhalten. Die Wertzuweisung

    d = SQR (2)

ist in der Programmiersprache Basic syntaktisch korrekt und bewirkt die Zuweisung (eines Näherungswertes) von $\sqrt{2}$ an die Variable d.

Um die obige Zuweisung in der Programmiersprache Pascal *syntaktisch* richtig zu stellen, muß noch ein : eingefügt werden:

    d := SQR (2)

Allerdings ist die *semantische* Bedeutung dieser Zuweisung in Pascal eine andere als in Basic: Der Variablen d wird 2^2 zugewiesen. Erst

    d := SQRT (2)

liefert die gewünschte Zuweisung von $\sqrt{2}$.

Eine Sprachbeschreibung wird i. a. *nicht alle* Teile einer Sprache vorschreiben:

1. Eine Programmiersprache soll auf verschiedenen Rechnersystemen verwendbar sein. Die Unterschiedlichkeit der Rechnersysteme gestattet keine einheitliche Beschreibung, die nicht den einen oder anderen Rechnerhersteller bevorzugen würde (z. B. kann die Genauigkeit von Berechnungsergebnissen nicht einheitlich festgelegt werden, weil die Darstellung von Werten auf verschiedenen Rechnern nicht einheitlich ist).

2. Von den Entwicklern der Sprache werden bestimmte Sprachelemente nicht genau vorgeschrieben, um Optimierungen zu ermöglichen. In diesen Fällen spricht man von den *implementationsabhängigen* Teilen einer Programmiersprache.

ACHTUNG: Zu den nicht definierten Teilen einer Programmiersprache gehören nicht nur jene Teile, bei denen explizit erwähnt wird, daß „etwas" nicht definiert ist, sondern auch alle *Weglassungen*. Alles, was nicht explizit vorgeschrieben wird, ist also *nicht definiert*.

Fehler in Programmen

Programme können in verschiedener Hinsicht *fehlerhaft* sein. Zunächst ist zwischen *gültigen* Programmen, die der Sprachdefinition entsprechen, und fehlerhaften Programmen, die dies nicht tun, zu unterscheiden. Die Gültigkeit eines Programms ist eine statische Eigenschaft, die von einem Übersetzungsprogramm überprüft werden kann.

Ein Übersetzer kann nur bestimmte Fehler in einem Programm finden (Syntaxfehler, nicht deklarierte Variable etc.). Ein Programm kann weitaus mehr Fehler enthalten, als der Übersetzer feststellen kann.

Fehler, die erst bei der Ausführung des Programms – während seiner Laufzeit – durch den Computer zu Zuständen führen, die die Weiterbearbeitung eines Programmteils unmöglich machen, nennt man *Laufzeitfehler* (*runtime error*).

Beispiel: [Laufzeitfehler] Ein Laufzeitfehler tritt z. B. auf, wenn die Quadratwurzel aus einer Variablen gezogen werden soll, deren aktueller Wert negativ ist.

Laufzeitfehler führen meist dazu, daß die Ausführung des Programms mit einer entsprechenden Fehlermeldung abgebrochen wird.

Schließlich können noch logisch-inhaltliche Fehler in einem Programm auftreten, die dazu führen, daß falsche Ergebnisse geliefert werden. Ein Programm bezeichnet man als *korrekt*, wenn es die vorgegebene Spezifikation erfüllt, also auf alle Eingaben mit den gewünschten Ausgaben reagiert.

Problemnähe einer Programmiersprache

Üblicherweise stehen einem Programmierer auf einem Rechnersystem mehrere Programmiersprachen zur Verfügung. Ein Programmierer kann daher im Prinzip jene abstrakte Maschine auswählen, die für sein zu lösendes Problem am besten geeignet ist.

Eine grobe Klassifizierung von Programmiersprachen erhält man, wenn man sie hinsichtlich ihrer „Problemnähe" unterteilt:

Maschinensprachen sind Programmiersprachen, die für das Beschreiben von Algorithmen nur Anweisungen zulassen, die unmittelbar *Befehlswörter einer Rechenanlage* sind, wobei ein Befehlswort nicht etwa eine Buchstaben-, sondern eine Bitfolge ist, deren Bedeutung nicht aus sich heraus erkennbar ist. Die Menge der zulässigen gültigen Befehle wird der *Befehlssatz* einer Maschine genannt. Normalerweise ist der Befehlssatz für Rechner verschiedener Hersteller unterschiedlich, da die Maschinenstruktur ebenfalls sehr verschieden ist.

Maschinenorientierte Programmiersprachen (*Assemblersprachen*) sind Programmiersprachen, deren Anweisungen gleiche oder ähnliche Struktur aufweisen wie der Befehlssatz einer bestimmten Rechenanlage (vgl. z. B. Jobst [28]). Sie unterscheiden sich von den Maschinensprachen durch symbolische (mnemotechnische) Bezeichnungen für die Anweisungen (die als Zeichenfolge leichter zu behalten sind als die Darstellung von Maschinenbefehlen in Bit-Kombinationen), durch die Verwendung von Dezimalzahlen, symbolischen Adressen (zur Kennzeichnung von Speicherzellen), Makrobefehlen und Pseudobefehlen. *Makrobefehle* sind Anweisungen, die meist mehr als einem Maschinenbefehl entsprechen und entweder vorgegeben sind (für Dienstleistungen zur Verfügung stehen) oder vom Programmierer selbst definiert werden können. *Pseudobefehle* entsprechen keinen Maschinenbefehlen; sie sind i. a. Anweisungen an das Übersetzerprogramm.

Obwohl Assemblersprachen prinzipiell eine 1 : 1-Abbildung einer Maschinensprache sind, ist eine *Übersetzung* in die direkt ausführbare Maschinensprache *notwendig*.

Assemblersprachen für Rechner verschiedener Hersteller sind im Normalfall verschieden.

Die Verwendung von Assemblersprachen setzt eine große Detailkenntnis der Auswirkungen jedes verwendeten Befehls voraus. Semantische Überprüfungen durch das Übersetzungsprogramm (das auch *Assembler* genannt wird) sind oft nicht möglich. Assemblersprachen sind als allgemein verwendbare Programmiersprachen wenig geeignet. Ihr Einsatz ist dann angebracht (erforderlich), wenn sämtliche Möglichkeiten einer bestimmten Rechenanlage (auch hinsichtlich der Effizienz) vollständig ausgeschöpft werden sollen.

Problemorientierte Programmiersprachen (*höhere Programmiersprachen*) sind dazu geeignet, Algorithmen aus einem bestimmten Anwendungsbereich unabhängig von einer konkreten Rechenanlage abzufassen; die Sprachelemente lehnen sich an die – in diesem Anwendungsbereich übliche – Schreib- oder Sprechweise, also letztlich (wenn auch rudimentär) an menschliche Sprache, an.

Anweisungen von problemorientierten (höheren) Programmiersprachen sind überwiegend *mächtiger* als Anweisungen in Assembler- oder Maschinensprachen, d. h., für eine Anweisung einer höheren Programmiersprache werden meist mehrere Anweisungen einer Assemblersprache benötigt ($1 : n$ - Abbildung).

Anwendersprachen (*very high level languages*) sind Sprachen, die für klar abgegrenzte Problemkreise als „Dienstleistungssprachen" eingesetzt werden. Ein Charakteristikum von Anwendersprachen ist deren Mächtigkeit gegenüber den höheren Programmiersprachen (*high level languages*): Durch eine Anweisung einer Anwendersprache können unter Umständen äußerst komplexe Operationen vollzogen werden, die in einer höheren Programmiersprache Programmen von mehreren Seiten Umfang entsprechen.

Anwendersprachen bilden oft die Benutzerschnittstelle – d.i. die Verbindung Mensch-Maschine – von Problemlösungsumgebungen (*problem solving environments*). Anwendersprachen gibt es für numerische Standardprobleme (z. B. PROTRAN und ELLPACK), für statistische Datenanalysen (z. B. SPSS), für Simulationen, für die Handhabung von Datenbanksystemen etc. Auch Tabellenkalkulationssprachen (wie sie z. B. auf PCs eingesetzt werden) gehören zur Gruppe der *very high level languages*.

Beispiel: [Partielle Differentialgleichungen] Die Softwaresysteme ELLPACK und TWODE-PEP zur Lösung partieller Differentialgleichungen verfügen jeweils über eine Anwendersprache, die eine Problembeschreibung in mathematischer Terminologie ermöglicht:

```
EQUATION.   UXX + UYY = 6.*X*(Y-1.)*(1.-X)*(2.-Y)*EXP(X+Y)
DOMAIN.     RECTANGLE (0.,1.) X (1.,2.)
BOUNDARY CONDITIONS.  U = 1.     ON  X = 0.
                      U = Y      ON  X = 1.
                      U = 1.     ON  Y = 1.
                      U = 1.+X   ON  Y = 2.
    GRID.   UNIFORM, 17 LINES IN X, 25 LINES IN Y
    OUTPUT. PLOT SOLUTION
```

Der Anwender beschreibt mit diesen Anweisungen sein Problem, formuliert eine Forderung an die Lösungsmethode (es soll ein äquidistantes 17 × 25 - Gitter verwendet werden) und fordert die graphische Ausgabe der Lösung.

Die algorithmische Lösung bleibt für den Benutzer völlig verdeckt, er muß sich darum nicht kümmern. Durch einen Präprozessor wird eine Übersetzung der Anweisungen der Anwendersprache in Fortran 77 vorgenommen, wobei die erforderlichen Unterprogrammaufrufe etc. automatisch generiert werden.

Anwendersprachen sind meist *nichtprozedural*, d. h., im Mittelpunkt steht die Problem*beschreibung*, aus der dann ein Algorithmus (zur Lösung dieses vorgegebenen Problems) automatisch abgebildet wird. Als algorithmische Sprachen können eigentlich nur die *prozeduralen* Sprachen (d. h. die meisten problemorientierten Programmiersprachen) angesprochen werden, bei denen die Beschreibung des Lösungs*vorgangs* – eben des Algorithmus – im Vordergrund steht.

3.2.1 Übersetzer

Computer können nur eine Programmiersprache direkt ausführen: ihre Maschinensprache. Programme, die in anderen Programmiersprachen abgefaßt sind, müssen (da sie nicht direkt ausführbar sind) in diese ausführbare Sprache erst übersetzt werden. *Übersetzer* sind *Programme*, die als Eingabe einen Programmtext erhalten, der in einer bestimmten Programmiersprache geschrieben wurde, und als Ausgabe ein äquivalentes Programm in einer anderen Programmiersprache erzeugen (und dieses unter Umständen auch zur Ausführung bringen).

Um einen korrekten Übersetzer zu erstellen, werden genaue Sprachbeschreibungen der Eingabe- und der Ausgabesprache benötigt.

Das Eingabeprogramm eines Übersetzers wird als *Quellprogramm* (*source program* bzw. *source code*) und das Ausgabeprogramm als *Objektprogramm* (*object program* bzw. *object code*) bezeichnet. Die Sprache des Quellprogramms wird als *Quell-Sprache* (*source language*) bezeichnet. Die Sprache des Objektprogramms nennt man *Objekt-Sprache* (*object language*) oder *Ziel-Sprache* (*target language*).

Übersetzer werden oft nach der zu übersetzenden Sprache bezeichnet. So bezeichnet man mit *Assembler* nicht nur eine maschinennahe Programmiersprache, sondern auch das Übersetzungsprogramm, das ein Assembler-Programm in Maschinensprache übersetzt.

Ein *Compiler* ist ein Übersetzer, der ein Programm einer höheren Programmiersprache in eine andere Programmiersprache (meist Assembler- oder Maschinensprache) übersetzt. So ist z. B. ein Pascal-Compiler ein Übersetzungsprogramm, das Programme, die in der höheren Programmiersprache Pascal abgefaßt sind, in ein äquivalentes Maschinenprogramm (oder Programm in einer anderen Zielsprache) übersetzt.

Da verschiedenartige Rechnersysteme meist auch verschiedene Maschinensprachen haben, muß i. a. für jedes Rechnersystem ein anderes Übersetzungsprogramm verwendet werden. Sofern bestimmte Rahmenbedingungen erfüllt sind (vgl. Abschnitt 4.4), können Quellprogramme von einem Rechnersystem bzw. Übersetzerprogramm auf ein anderes übertragbar (portabel) sein, das von einem Übersetzer erzeugte Objektprogramm jedoch klarerweise i. a. nicht.

Die *Abarbeitung eines Programms* (einer höheren Programmiersprache) erfolgt in zwei Stufen:

1. Übersetzung des Quellprogramms (evtl. mit Zwischenstufen in Assembler- oder anderen Sprachen) in ein Objektprogramm in Maschinensprache.

2. Abarbeitung des Objektprogramms:
   Eingabedaten $\longrightarrow$ Programmausführung $\longrightarrow$ Ausgabedaten.

Programme, die sich in der ersten Stufe befinden, werden als in *Übersetzungszeit* (*compile time*) und in der zweiten Stufe als in *Laufzeit* (*runtime*) befindlich bezeichnet. In beiden Stufen können Fehler auftreten bzw. entdeckt werden, die der Sprachbeschreibung der verwendeten Programmiersprache nicht entsprechen. Man spricht dann von Fehlern zur Übersetzungszeit (*compile time errors*) bzw. Fehlern zur Laufzeit (*runtime errors*). Während der Übersetzung können nur *statische Überprüfungen* (*static checks*) vorgenommen werden, während zur Laufzeit *dynamische Überprüfungen* möglich sind (die von den wechselnden Programmzuständen und aktuellen Werten abhängen können).

Da Übersetzer keine Hardware-Einrichtungen sind, sondern durch Programme realisiert werden, ist für das Abfassen eines Übersetzers auch eine Programmiersprache erforderlich – die *Übersetzer-Implementierungssprache*. Diese ist oft selbst eine höhere Programmiersprache (wie z. B. C).

Übersetzer können das Quellprogramm entweder durch einen einzigen Lesevorgang übernehmen, oder das Quellprogramm wird zwei- oder mehrmals gelesen. Solche Übersetzer werden in zwei oder mehr Programmteile (*passes*) unterteilt, die jeweils einmal das Quellprogramm lesen. Dementsprechend ist von *Ein-Pass-Compilern* (*one pass compiler*) oder *Mehr-Pass-Compilern* (*multi pass compiler*) die Rede.

Spezielle Übersetzer

Interpreter sind Übersetzer, die eine bestimmte Anzahl von Zeichen eines Quellprogramms lesen (meist eine Zeile oder eine Anweisung), diese übersetzen und sofort (mit ggf. vorhandenen Eingabedaten) zur Ausführung bringen. Der Unterschied zu einem Compiler ist also, daß kein vollständiges Programm in der Zielsprache erzeugt wird und daß einzelne Anweisungen direkt die Ausführung steuern.

Vorteile

1. Die Mitteilung von aufgefundenen Fehlern ist sehr informativ, da der Interpreter die Anweisung, die er gerade übersetzt, noch in Quellform verfügbar hat. Bei Compilern ist dies schwieriger, weil die Verbindung von Laufzeit-Fehlern zu den entsprechenden Stellen im Quellprogramm durch spezielle Maßnahmen hergestellt werden muß.

2. Programme können problemlos unterbrochen, ggf. modifiziert und wieder fortgesetzt werden, ohne daß das ganze Quellprogramm neu übersetzt zu werden braucht, was beim Programmtesten sehr nützlich sein kann.

Nachteile

1. Für die Ausführung wird i. a. mehr Zeit benötigt, da jede Anweisung, die ausgeführt werden soll, neu übersetzt wird. Das führt speziell bei Schleifen zu größeren Laufzeiten.

2. Nicht alle Programmiersprachen sind für die Konstruktion von Interpretern geeignet. Da es beim Einsatz eines Interpreters möglich sein soll, einzelne Anweisungen eines Programms zu ändern, zu löschen oder neue Anweisungen hinzuzufügen, ohne das gesamte Programm neu übersetzen zu müssen, muß vorausgesetzt werden, daß einzelne Anweisungen syntaktisch unabhängig von anderen Anweisungen des Programms analysiert werden können.

Präprozessoren sind spezielle Übersetzer, die den eigentlichen Sprach-Übersetzern vorgeschaltet werden. Sie werden vor allem eingesetzt, um Programmiersprachen schnell neuen Erfordernissen anzupassen.

Die meisten Anwendersprachen der Numerischen Datenverarbeitung werden mit Hilfe eines Präprozessors auf eine der gängigen Universalsprachen, i. a. Fortran oder C, zurückgeführt. Der Präprozessor liest die in der Anwendersprache formulierte Eingabe, analysiert sie und erstellt dann ein Fortran-Programm, in dem geeignete Deklarationen, Unterprogrammaufrufe (z. B. einer numerischen Programmbibliothek) etc. vorgenommen werden, um die erforderlichen Berechnungen auszuführen. Dieses Fortran-Programm wird dann übersetzt und gemeinsam mit den benötigten Modulen (*software parts* für numerische Teilproblemlösungen) geladen und ausgeführt.

Präprozessoren werden auch dazu verwendet, Programme, die in einem „Dialekt"[3] einer höheren Programmiersprache geschrieben sind, so umzuformen, daß sie der allgemeinen oder genormten Sprachdefinition genügen.

Der *Vorteil* der Präprozessorlösung liegt in deren Portabilität. Sowohl der Präprozessor als auch die benötigten Module können durch die Verwendung des genormten Sprachumfangs von Fortran 77 oder Fortran 90 (oder gegebenenfalls einer Teilmenge dieses Sprachumfangs) maximal portabel gemacht werden. Die Anwendersprache kann mit sehr geringem Aufwand auf jedem Rechner, der über einen Fortran-Compiler verfügt, installiert werden.

Der *Nachteil* der Präprozessorlösung liegt bei den Schwierigkeiten, die sich im Fehlerfall ergeben. Wenn z. B. bei der Ausführung des Fortran-Programms ein Laufzeitfehler auftritt (z. B. ein Überlauf in einem Bibliotheksprogramm), ist es sehr schwer, eine Verbindung zwischen der dabei erhaltenen Fehlermeldung und der Ursache (z. B. in den Daten des Benutzers) herzustellen. Dieses Problem kann durch erhöhten Aufwand bei der Eingangsdaten-Kontrolle des Präprozessors gemildert werden. Ein weiterer, aber unkritischer Nachteil liegt beim erhöhten Übersetzungsaufwand: Ein eigener Compiler für die Anwendersprache könnte zwar deutlich schneller sein, wäre aber auch wesentlich weniger portabel. Der höhere Übersetzungsaufwand wird außerdem durch die erzielbaren Produktivitätssteigerungen mehr als kompensiert.

---

[3]Unter einem *Dialekt* einer Programmiersprache versteht man meist eine Sprachversion, die wegen der Verwendung zusätzlicher Sprachelemente (Befehle etc.) nicht der (oft genormten) allgemeinen Sprachdefinition entspricht.

3.2.2 Höhere Programmiersprachen

Die Anzahl der höheren Programmiersprachen, die größere Verbreitung gefunden haben (also an mehreren bzw. vielen Stellen im praktischen Einsatz sind), liegt zwischen 100 und 200. Es gibt verschiedene Kriterien, um Ordnung in diese Vielfalt zu bringen.

Eine grobe Klassifikation der höheren Programmiersprachen kann man nach dem *Anwendungsgebiet* vornehmen:

Kommerzielle Programmiersprachen sind speziell für die Manipulation von großen alphanumerischen Datenbeständen, für einfache Berechnungen mit Festpunktzahlen (Geldbeträgen) und für die Erstellung von Berichten verschiedenster Art (Rechnungen, Kontoauszüge, Steuervorschreibungen etc.) konzipiert. Im kaufmännischen Bereich ist Cobol (Abk. für *common business oriented language*) die mit Abstand am weitesten verbreitete Programmiersprache. Speziell auf IBM-Systemen ist PL/I (Abk. für *programming language number one*) noch immer stark im Einsatz.

Technisch-naturwissenschaftliche Programmiersprachen sind primär für die Numerische Datenverarbeitung gedacht. Hier spielt Fortran eine ähnlich dominante Rolle wie Cobol bei den kommerziellen Sprachen.

Sprachen für die Prozeßdatenverarbeitung sind zur Überwachung und Steuerung technischer Prozesse gedacht. Programme müssen beliebig zu unterbrechen sein, damit auf bestimmte Situationen schnell reagiert werden kann. An die Ausführung von Teilalgorithmen können strenge Zeitbedingungen gebunden sein, d. h., die Berechnung der Ergebnisse muß unter Umständen innerhalb einer vorgegebenen Zeitschranke, die im Millisekundenbereich liegen kann, abgeschlossen sein. Beispiele solcher Programmiersprachen sind z. B. Ada (benannt nach Lady Augusta Ada Byron) und Pearl (Abk. für *process and experiment automation real time language*).

Sprachen für die Systemprogrammierung werden speziell bei der Entwicklung von Betriebssystemen verwendet. Solche Programmiersprachen sind typischerweise maschinenabhängiger als andere höhere Programmiersprachen. Sie können z. B. direkt auf die Register (die schnellsten Speicher der Speicherhierarchie eines Computers) zugreifen. Ein typischer Vertreter dieser Sprachkategorie ist C. So ist z. B. das Betriebssystem Unix (mit Ausnahme mancher Hardware-Schnittstellen) nahezu zur Gänze in C programmiert. Dementsprechend gibt es auch auf jedem Unix-Rechner einen C-Compiler. Auch der erste Fortran 90-Compiler (von der Softwarefirma NAG) ist in C geschrieben und übersetzt Fortran 90-Programme in C-Programme.

Sprachen für die Simulation werden zur Nachbildung von Vorgängen benutzt, die man in der Realität aus Zeit-, Kosten-, Gefahren- oder anderen Gründen nicht durchführen kann. Zur Programmierung von Simulationen gibt es spezielle Programmiersprachen, wie z. B. Simula (Abk. für *simulation language*) oder GPSS (Abk. für *general purpose simulation system*)

Sprachen für Ausbildung und Forschung: Um Anfängern das Erlernen des Programmierens zu erleichtern, wurden spezielle Programmiersprachen entwickelt. Die älteste und am weitesten verbreitete Programmiersprache dieser Kategorie ist Basic (Abk. für *beginner's all purpose symbolic instruction code*). Die vor 30 Jahren entstandene erste Version von Basic ist aus heutiger Sicht aus didaktischen und methodischen Gründen für die Schulung von Anfängern ungeeignet. Moderne Versionen von Basic, wie z. B. Quick Basic oder Turbo Basic, sind jedoch auch für eine zeitgemäße Programmierausbildung gut geeignet.

Für die präzise Formulierung und praktisch-wissenschaftliche Untersuchung von Algorithmen der Numerischen Datenverarbeitung und der Informatik wurde eine Reihe von Programmiersprachen entwickelt. Die wichtigsten Sprachen dieser Kategorie sind die Vertreter der Algol-Sprachenfamilie: Algol 60, Pascal, Modula-2, Oberon.

Diese Kategorien der höheren Programmiersprachen besitzen keine starren Grenzen. So werden z. B. Ada und C auch für technisch-naturwissenschaftliche Aufgabenstellungen verwendet, spezielle Simulationen in Fortran programmiert oder für die Systemprogrammierung Pascal herangezogen.

Imperative / prozedurale Programmiersprachen

Nach der Art der Algorithmus- bzw. Problembeschreibung unterscheidet man imperative und deklarative Programmiersprachen. Mit imperativen Programmiersprachen ist eine spezielle Art der Algorithmus-Notation möglich. Der Programmierer formuliert in imperativen Anweisungen (Befehlen), **wie** der Computer durch die Ausführung von bestimmten Operationen in genau festgelegter Reihenfolge zur Lösung eines Problems gelangt. Alle oben angeführten Sprachen sind Beispiele imperativer Programmiersprachen.

Blockorientierung

Blöcke sind Programmeinheiten, die aus einer Folge von Deklarationen und Anweisungen bestehen. Sprachen, bei denen man mehrere Blöcke ineinander verschachteln kann, werden als *blockorientierte Programmiersprachen* bezeichnet. Fortran 90 ist eine blockorientierte Sprache, während Fortran 66 und Fortran 77 diese Eigenschaft nicht besaßen.

Objektunterstützung

Unter Objekten versteht man im Bereich der Programmiersprachen allgemein alle Größen, die durch einen Bezeichner (Namen) benannt werden oder in Form von Daten auftreten können. Bei der Klassifikation von Programmiersprachen wird dieser Begriff stärker eingeschränkt (Sethi [35]): Man versteht darunter Datentypen (die Verbindung von Wertebereichen und Operationen), die gekapselt sind, d. h. deren Details der Implementierung von außen nicht zugänglich sind und daher auch nicht fahrlässig mißbraucht werden können. Programmiersprachen, die diese Arten der *Datenabstraktion*, d. h. diese Art der Objektbildung, unterstützen, werden *object based* genannt. Sprachen mit dieser

Eigenschaft sind z. B. Ada, Modula-2 und Fortran 90.

Objektorientierung

Bei den objektorientierten Sprachen ist das oben skizzierte Konzept der Datenabstraktion noch wesentlich erweitert worden. Hier wird ein Objekt als ein Informationsträger, der einen zeitlich veränderbaren Zustand (*state*) besitzt und für den definiert ist, wie er auf bestimmte Operationen („Nachrichten" genannt) zu reagieren hat, bezeichnet. Die Wirkung einer Operation kann sich dabei im zeitlichen Ablauf verändern, sodaß ein und dasselbe Objekt auf eine Operation (Nachricht) zu verschiedenen Zeitpunkten unterschiedlich reagieren kann. Die sogenannte Vererbung (*inheritance*), d. h. die Übernahme von Variablen und Operationen einer bestehenden Klasse von Objekten durch eine neue Klasse, ist ein weiteres Abstraktionskonzept, das für objektorientierte Sprachen charakteristisch ist (Sethi [35]). Beispiele für objektorientierte Sprachen sind Smalltalk-80 und C++.

Unterstützung von Parallelität

Mehrprozessor-Computer können auf verschiedene Art benutzt werden. Entweder man überläßt die Aufteilung der Berechnungen auf die einzelnen Prozessoren dem Compiler (*impliziter Parallelismus*) oder man gibt dem Computer über spezielle Sprachmittel explizite Anweisungen, wie Daten und / oder Berechnungen aufzuteilen sind, wie und wann die Kommunikation zwischen den Prozessoren stattzufinden hat etc.

Impliziter Parallelismus wird z. B. durch die *array features* von Fortran 90 unterstützt (Abschnitt 11.7, Kapitel 14). Operationen, die sich z. B. auf ganze Matrizen beziehen, können von einem parallelisierenden Compiler auf die Prozessoren eines Parallelrechners aufgeteilt werden.

Expliziter Parallelismus wird z. B. durch die Sprachen Ada, Modula-2 und HPF (*High Performance Fortran*, eine Erweiterung von Fortran 90) ermöglicht.

Deklarative / nicht-prozedurale Programmiersprachen

Deklarative Programmiersprachen ermöglichen ihrem Benutzer eine präzise Problemdefinition. Der Programmierer spezifiziert, **was** berechnet werden soll.

Funktionale Programmiersprachen

Programme werden als mathematische Funktionen betrachtet. Die Funktionen werden durch Zusammensetzung aus einfacheren Funktionen gebildet, wobei bestimmte Grundfunktionen definiert sind. Ein Programm besteht aus einer Folge von *Funktionsdefinitionen* und einem konkreten *Funktionsaufruf*, in dem die Anfangswerte (Parameter) vorgegeben werden. Die bekannteste funktionale Programmiersprache ist Lisp (Abk. für *list processing language*), deren wichtigste Datenstrukturen lineare Listen sind und die im Bereich der künstlichen Intelligenz stark verbreitet ist.

Logik-basierte Programmiersprachen

Logik-basierte Sprachen beruhen auf einer Teilmenge des Prädikatenkalküls. Der Programmierer gibt eine Menge von *Fakten* (gültige Prädikate), *Regeln* (Aussagen, wie man aus Fakten neue Fakten gewinnt) und eine *Abfrage* vor, die bei der Ausführung des Programms mit ja oder nein beantwortet wird. Man kann auch in den Abfragen für bestimmte Werte Variablen einsetzen. In diesem Fall erhält man alle Werte für die Variablen, für die eine Lösung gefunden wird. Die wichtigste logik-basierte Sprache ist Prolog (Abk. für *programming in logic*)

Beispiel: [Fakultät] (Engesser, Claus, Schwill [3]) Die Berechnung der Fakultät $n!$ einer natürlichen Zahl kann man als Prädikat fac auffassen. Dieses Prädikat hat zwei Komponenten, wobei die erste Komponente eine natürliche Zahl und die zweite ihre Fakultät ist. Ein gültiges Prädikat – ein Faktum – ist

```
fac(1,1)
```

d. h., die Fakultät von 1 ist 1. Die Regel zur Herleitung neuer Fakten ist

```
fac(n-1,k)  ⟹  fac(n,n*k)
```

d. h., aus $(n-1)! = k$ folgt $n! = n \cdot k$. Die Berechnung eines konkreten Wertes, z. B. 12!, ist gleichbedeutend mit der Abfrage, für welches $k \in \mathbb{N}$ das Prädikat

```
fac(12,k)
```

erfüllt ist.

Die konkrete Lösung des Problems wird durch einen *Logik-Interpreter* vorgenommen, der im Vergleich zum Compiler einer imperativen Programmiersprache andere (weiterreichende) Aufgaben hat. Er versucht, die gewünschten Eigenschaften aus den gegebenen Fakten und Regeln (dem Programm) herzuleiten. Dabei werden die Variablen schrittweise mit Werten belegt, sodaß die Fakten und Regeln richtig bleiben. Dieser prozedurale Lösungsvorgang bleibt dem Benutzer einer logik-basierten Sprache normalerweise verborgen. Der Programmierer ist für diese Art der Lösung seines Problems nicht verantwortlich. Seine Aufgabe besteht lediglich darin, sein Problem durch geeignete Fakten, Regeln und Abfragen zu formulieren.

Expertensysteme

Problemlösungsumgebungen (*problem solving environments*) beruhen zu einem großen Teil auf der Steigerung der Mächtigkeit der verfügbaren Programmierhilfsmittel – durch den Übergang von *high level languages* zu *very high level languages*. Mit zunehmendem Komplexitätsgrad der Aufgabenstellungen wird jedoch die Auswahl des „besten" oder auch nur eines geeigneten Lösungsalgorithmus zu einer Entscheidung, von der die Lösbarkeit oder Unlösbarkeit eines Problems abhängen kann. Bei Problemen etwa, bei denen die Lösung partieller Differentialgleichungen erforderlich ist, kann der Rechenzeitunterschied, der auf die Methodenwahl zurückzuführen ist, oft so groß sein, daß die Lösbarkeit auf einem gegebenen Rechner vom Lösungsalgorithmus abhängt. Die Anwender numerischer Software sind jedoch in vielen Fällen keine Experten, was die Auswahl geeigneter Algorithmen für ihre Aufgabenstellungen betrifft. Sehr oft werden z. B. weniger gut geeignete Algorithmen ausgewählt, nur weil sie dem Anwender bekannt sind, während neuere, effizientere Algorithmen – die dem Problem angemessener wären – nicht zum Einsatz kommen. Eine Möglichkeit der Hilfestellung sind Entscheidungsbäume, wie sie z. B. in der Dokumentation der IMSL- und NAG-Bibliotheken (vgl. Abschnitt 5.3) enthalten sind. Für manche Problemklassen sind diese Entscheidungsbäume jedoch nicht ausreichend. Hier bietet sich der Einsatz von Expertensystemen an.

Expertensysteme sind Programmsysteme, die Information („Wissen") über ein spezielles Anwendungsgebiet (z. B. bestimmte Krankheitserreger in der Medizin) in Form von Fakten und Regeln in einer *Wissensbasis* speichern und zu konkreten Fragestellungen des Gebietes Lösungen anbieten können, indem aus dem gespeicherten Wissen auf logischem oder heuristischem Wege Schlußfolgerungen gezogen werden (vgl. z. B. Lucas, van der Gaag [50] oder Hartmann, Lehner [47]).

Beispiel: [Elliptic Expert] Das Softwaresystem ELLPACK [58] (für elliptische partielle Differentialgleichungen[4]) verfügt über eine Anwendersprache, in der man nicht nur das Problem spezifizieren kann, sondern auch die Auswahl unter einer Reihe verschiedener Diskretisierungsalgorithmen treffen kann. Mit großer Wahrscheinlichkeit wird jedoch die Wahl des Benutzers nicht auf HODIE HELMHOLTZ, REDUCED SYSTEM SI oder DYAKANOV CG fallen, wenn er mit diesen Ausdrücken nichts anfangen kann.

Elliptic Expert hilft dem ELLPACK-Benutzer bei der Bewältigung der zugrundeliegende Software- und Methoden-Komplexität: ELLPACK besteht aus mehr als 100 000 Zeilen Fortran-Code, und die Wissensbasis von *Elliptic Expert* gründet sich auf empirischen Leistungsdaten der ELLPACK-Algorithmen, die bei der praktischen Lösung von mehr als 10 000 elliptischen Problemen erhoben wurden.

Elliptic Expert hilft dem ELLPACK-Anwender in folgenden Bereichen:

1. Spezifikation des elliptischen Problems;
2. Anforderungsdefinition und allfällige Einschränkungen (z. B. Rechenzeit-Beschränkungen);
3. Auswahl der am besten geeigneten Lösungsmethode;
4. Spezifikation der Ausgabe.

Die Problemlösungskomponente von *Elliptic Expert* hat zwei Betriebsarten:

1. einen heuristischen Modus, bei dem die Lösungsmethode nur aufgrund von A-priori-Informationen ausgewählt wird: Es wird z. B. eine symbolische Analyse des elliptischen Problems vorgenommen und aufgrund der Ergebnisse dieser Analyse auf Leistungsdaten von früheren Berechnungen zurückgegriffen;
2. einen algorithmischen Modus, bei dem sowohl a priori als auch a posteriori Informationen einfließen: es werden neben der symbolischen Problemanalyse auch Berechnungen ausgeführt, um spezielle Eigenschaften des konkret vorliegenden Problems zu ermitteln. Dabei werden „Versuchslösungen" (mit geringen Genauigkeitsanforderungen und kurzen Rechenzeiten) mit den in die engste Wahl gekommenen numerischen Verfahren berechnet. In diesem Modus werden unter Umständen auch, basierend auf diesen vorläufigen Lösungen, vom Benutzer zusätzliche Informationen über sein Problem angefordert.

Die Ergebnisse der Leistungsanalyse (*performance evaluation*) eines kompletten Lösungsvorganges können ihrerseits wieder der Wissensbasis hinzugefügt werden und gestatten damit unter Umständen einem bestimmten Anwender, wenn er bei einer weiteren ELLPACK-Anwendung ein ähnliches Problem bearbeiten möchte, wesentlich rascher passende Hilfestellungen zu erhalten.

Elliptic Expert liefert jedoch keine Hilfestellung für die optimale Implementierung auf Parallelrechnern – dafür gibt es das spezielle Expertensystem *Distributed Elliptic Expert*. Bei diesem wird z. B. ein Optimierungsprogramm eingesetzt, um für ein gegebenes Problem die bestmögliche Prozessorauslastung und damit die größtmögliche Effizienz zu erreichen.

---

[4]Eine partielle Differentialgleichung $Au_{xx} + 2Bu_{xy} + Cu_{yy} + Du_x + Eu_y + Fu = 0$ heißt an der Stelle (x, y) vom *elliptischen Typ*, wenn dort $AC - B^2 > 0$ ist.

Kapitel 4

Bewertung numerischer Software

Software ist ein künstlich gebildetes Wort, das als Fachausdruck (im Unterschied zur Hardware) alle nicht technisch-physikalischen Funktionsbestandteile einer Datenverarbeitungsanlage bezeichnet. Software ist die Gesamtheit aller Programme, die auf einem Computer eingesetzt werden können, samt der dazugehörigen Dokumentation.

Man beachte insbesondere, daß Software nicht nur aus Programmen besteht, sondern alle Dokumente (permanente, reproduzierbare Informationen) einschließt, die zu diesen Programmen in Beziehung stehen.

Im folgenden wird nicht Software im allgemeinen diskutiert, sondern Software-Produkte oder Software-Systeme, d. h. Programme samt Dokumentation, die zusammen ein Produkt bilden.

Man unterscheidet Systemsoftware und Anwendungssoftware. Unter *Systemsoftware* versteht man die Zusammenfassung aller Programme samt Dokumentation, die für die korrekten organisatorischen Abläufe auf einem Computer nötig sind, die die Programm-Erstellung und -Ausführung unterstützen (Editoren, Compiler) und allgemeine Dienstleistungen (z. B. die Verwaltung von Dateien) erbringen. Anwender- bzw. *Anwendungssoftware* dient zur unmittelbaren Lösung von Problemen der Computer-Anwender (z. B. numerische Simulation eines Crash-Tests bei der Automobil-Entwicklung oder des dynamischen Verhaltens eines Halbleiter-Bauelements).

An jedes Softwareprodukt werden bestimmte Anforderungen bezüglich seiner Qualität gestellt; unter *Qualität* soll dabei die Gesamtheit aller Eigenschaften und Merkmale verstanden werden, die den Grad der Brauchbarkeit des Softwareproduktes für seinen Verwendungszweck bestimmen.

Die Bewertung von Softwareprodukten beruht auf qualitativen (in selteneren Fällen auch auf quantitativen) Maßstäben. Im folgenden Abschnitt werden Qualitätsforderungen diskutiert, die sich auf *fertige* Softwareprodukte beziehen, also deren *Gebrauchsgüte* definieren. Diese Qualitätsmaßstäbe sind zu trennen von Anforderungen, die sich an den Software-*Entwicklungsprozeß* richten.

Abhängig vom Einsatzgebiet, von der Verwendungsart und ähnlichen Charakteristika werden jeweils andere Aspekte die Qualität eines Softwareproduktes bestimmen. Dementsprechend kann es auch kein einzelnes summarisches Qualitätsmaß geben. Jede individuelle Qualitätsbewertung wird sich jedoch, mit unterschiedlicher Gewichtung, auf die folgenden Merkmale (Software-Attribute) stützen.

4.1   Zuverlässigkeit

Die Zuverlässigkeit (*reliability*) kennzeichnet den Grad der Wahrscheinlichkeit, mit dem ein Softwareprodukt unter den vorgesehenen Bedingungen jene Funktionen erfüllt und Leistungen erbringt, die in den Anforderungen bzw. Beschreibungen spezifiziert sind.

Man beachte, wie sehr der Begriff der Zuverlässigkeit an eine funktionale Spezifikation gebunden ist: Ohne eine möglichst vollständige und exakte Beschreibung der erwarteten Funktionalität in der Anforderungsdefinition (funktionalen Spezifikation) ist die Bestimmung der Zuverlässigkeit eines konkreten Softwareproduktes unmöglich.

Korrektheit

Ein Programm ist korrekt, wenn es für *alle* Eingabedaten aus seinem Spezifikationsbereich *richtige* Ausgabedaten erzeugt. Dabei sind sowohl zulässige Eingabedaten als auch Daten, die als „Fehlerfall" behandelt werden, zu berücksichtigen.

Beispiel: [Quadratwurzel] Bei der Spezifikation einer (reellen) Quadratwurzelfunktion wird festgelegt, wie das Programm im Fall negativer Argumente zu reagieren hat; i. a. ist dies ein Abbruch mit entsprechender Meldung an den Benutzer. Ein Quadratwurzelprogramm wird man als korrekt bezeichnen, wenn es für nichtnegative Argumente einen Lösungswert liefert, der höchstens um einen in der Spezifikation festgelegten Maximalbetrag von der exakten Quadratwurzel des Arguments abweicht, und wenn es für negative Argumente (d. h. im definierten „Fehlerfall") den vorgesehenen Abbruch ausführt. Vom Standpunkt der Korrektheitsbetrachtung ist es belanglos, ob ein Teil der definierten Eingaben vom Benutzer und vom Programmentwickler als „fehlerhaft" angesehen wird und zu einem Programmabbruch mit Fehlermeldung führt.

Korrektheitsuntersuchungen hängen sehr stark vom Detaillierungsgrad der Spezifikation des zu untersuchenden Softwareproduktes ab. Je präziser die Spezifikation ist, umso aussagekräftiger können Korrektheitsaussagen sein. Es ist jedoch ein Charakteristikum *numerischer* Software, daß mit steigender Schärfe der Definition (Spezifikation) in zunehmendem Maß die Anforderungen, Vorstellungen und Wünsche der Benutzer unberücksichtigt bleiben.

Beispiel: [Lineare Gleichungssysteme] Sofern die Spezifikation festlegt, daß der Eliminationsalgorithmus von Gauß zur Lösung linearer Gleichungssysteme in seiner Grundform (ohne Pivotstrategie, ohne Skalierung etc.) zu implementieren ist, reicht ihre Schärfe aus, um für ein gegebenes Programm einen formalen Korrektheitsbeweis führen zu können. Man hat im Anschluß daran ein Programm, von dem bewiesen ist, daß es eine korrekte Implementierung des Eliminationsalgorithmus darstellt. Dennoch kann es vorkommen, daß dieses Programm Ergebnisvektoren liefert, bei denen nicht eine einzige Dezimalstelle mit der exakten Lösung übereinstimmt, der Anwender jedoch von dieser Tatsache nichts erfährt. Derartige Fälle des Versagens „korrekter" Programme, die z. B. auf Einflüsse der Maschinenarithmetik in Verbindung mit einer sehr schlechten Konditionierung (Empfindlichkeit der Lösung gegenüber „Störungen", z. B. Daten- oder Rechenfehlern) des linearen Gleichungssystems zurückzuführen sein können, verringern – vom Standpunkt des Anwenders – die Qualität des Programms: die meisten Anwender werden in einer Situation, in der sie eine völlig unbrauchbare Lösung erhalten, *nicht* von einem korrekt funktionierenden Programm sprechen.

Dieses Beispiel zeigt die Notwendigkeit einer *anwendungsorientierten Anforderungsdefinition*. Die Definition als Grundlage der Korrektheits- bzw. Zuverlässigkeitsbewertung numerischer Software muß z. B. auch Genauigkeitsforderungen enthalten.

Beispiel: [**Archimedische Methode**] Von Archimedes stammt die klassische Methode, mit Hilfe der eingeschriebenen bzw. umschriebenen regelmäßigen Polygone die Länge des Kreisumfangs beliebig genau anzunähern. Für die Länge s_n einer Seite des einem Kreis mit dem Durchmesser $d = 1$ (Umfang $U = \pi$) eingeschriebenen regelmäßigen n-Ecks gilt folgende Rekursion:

$$s_{2n} = \sqrt{2 - \sqrt{4 - s_n^2}}, \qquad s_6 = \frac{1}{2} \tag{4.1}$$

Für den Umfang $U_n = n \cdot s_n$ des regelmäßigen n-Ecks gilt die mathematische Konvergenzaussage: $U_n \rightarrow U$ für $n \rightarrow \infty$.

Eine *korrekte* Implementierung der Rekursion (4.1) liefert bei Gleitpunkt-Rechnung auf einer Workstation folgende, für $n > 6 \cdot 2^9$ unbefriedigende (gegen *Null* konvergierende) Zahlenfolge:

n	$n \cdot s_n$	n	$n \cdot s_n$
$6 \cdot 2^0$	3.000000		
$6 \cdot 2^1$	3.105809	$6 \cdot 2^{17}$	3.092329
$6 \cdot 2^2$	3.132629	$6 \cdot 2^{18}$	3.000000
$\vdots$	$\vdots$	$6 \cdot 2^{19}$	3.000000
$6 \cdot 2^9$	3.141592	$6 \cdot 2^{20}$	0.

In diesem konkreten Fall, wo man die gesuchte Lösung $U = \pi$ a priori kennt, kann man die Berechnung der Folge $\{s_6, s_{12}, s_{24}, \ldots\}$ nach dem neunten Rechenschritt mit einem (unter Berücksichtigung der Maschinenarithmetik) ausreichend genauen Ergebnis abbrechen. Wendet man aber in ähnlich gelagerten Fällen, bei denen man die Lösung *nicht* kennt, das übliche Abbruchkriterium des „Stehens"[1] der numerisch erhaltenen Folge $\{\tilde{s}_n\}$ an, so erhält man unter Umständen völlig unbrauchbare Resultate. Im vorliegenden Fall würde man $\tilde{U} = 0$ als „Näherungswert" für die exakte Lösung $U = \pi$ erhalten.

Dieses Beispiel zeigt sehr deutlich, daß Korrektheitsuntersuchungen die Einflüsse der Maschinenarithmetik berücksichtigen müssen.

Neben den Einflüssen der Maschinenarithmetik und der Problemkondition (Empfindlichkeit der Lösung des Problems gegenüber Datenänderungen) spielt im Bereich der Numerischen Datenverarbeitung auch der Übergang von *kontinuierlichen* Modellen (z. B. Funktionen, die für alle reellen Argumente definiert sind) zu *diskreten* Modellen, wie sie am Digitalrechner verarbeitet werden, eine entscheidende Rolle.

Beispiel: [**Quadratur**] Alle Programme zur numerischen Integration (Quadratur) beruhen auf dem Prinzip der „Abtastung" (*sampling*) des Integranden an endlich vielen Stellen. Diese Stellen sind entweder unabhängig vom Integranden a priori festgelegt oder werden adaptiv an Besonderheiten des Integranden angepaßt (z. B. kann in der Umgebung einer Sprungstelle eine höhere Dichte der Abtastpunkte gewählt werden). In jedem Fall wird jedoch ein erster Näherungswert (samt Fehlerschätzung) aufgrund einer Stützstellenmenge $\{t_1, \ldots, t_n\}$ bestimmt, die fester Bestandteil des Algorithmus ist (vgl. z. B. QUADPACK [55]). Wendet man das Integrationsprogramm auf

$$p(t) := c \prod_{i=1}^{n} (t - t_i)^2, \qquad c \neq 0 \tag{4.2}$$

---

[1] Iterationen oder Rekursionen der Numerischen Datenverarbeitung werden sehr oft terminiert, wenn die berechnete Folge $\{\tilde{s}_n\}$ keine Veränderungen mehr zeigt, d. h., wenn sich $\tilde{s}_i = \tilde{s}_{i+1} = \tilde{s}_{i+2} = \cdots$ einstellt.

als Integrandenfunktion an, wird folgendes passieren: Das Programm wertet die Integrandenfunktion an den Stellen $t_1, \ldots, t_n$, d. h. genau an den Nullstellen der Funktion (4.2) aus, und erhält somit

Integral-Näherungswert: $I_{approx} = 0$,
Fehlerschätzung: $E_{approx} = 0$.

Unabhängig von den Genauigkeitsforderungen des Benutzers wird der Algorithmus aufgrund dieser Information terminieren und 0 als Resultat liefern. Der Fehler dieses Ergebnisses kann somit, abhängig von der Wahl des Wertes c, *beliebig groß* ausfallen.

Bei diesem Beispiel und in allen ähnlich gelagerten Fällen – wo Diskretisierungsfehler das Ergebnis einer numerischen Berechnung beeinflussen können – muß in der Anforderungsdefinition eine Einschränkung der zulässigen Eingabedaten vorgenommen werden.

Beispiel: [Quadratur] Wenn man verlangt, daß (abhängig von der verwendeten Integrationsformel) nur j-mal stetig differenzierbare Integrandenfunktionen $f \in C^j$ zugelassen werden und daß der Wert einer Schranke M_j für die j-te Ableitung des Integranden

$$|f^{(j)}(t)| \leq M_j, \qquad t \in [a, b]$$

als Eingangsparameter an das Integrationsprogramm zu übergeben ist, dann ist es möglich, ein Programm zu entwickeln, das die Genauigkeitsanforderung

$$\left| \int_a^b f(t)dt - I_{approx} \right| \leq e_{abs}$$

garantiert einhält (wenn man Einflüsse der Maschinenarithmetik vernachlässigt).

Derartige Einschränkungen entsprechen aber sehr oft nicht den Wünschen und Möglichkeiten der Anwender. Sofern nicht zufällig die Bestimmung einer Ableitungsschranke des Integranden mit akzeptablem Aufwand möglich ist, bereitet z. B. die numerische Bestimmung von Ableitungen (numerische Differentiation) noch erheblich größere Schwierigkeiten als die ursprüngliche Integrationsaufgabe. Wenn man andererseits – wie dies dem Normalfall entspricht – auf die Eingabe einer Ableitungsschranke verzichtet, so kann ein derartiges Integrationsprogramm nicht mehr Gegenstand von problemrelevanten Korrektheitsbetrachtungen sein. Man muß sich mit Plausibilitätsbetrachtungen und Tests – Verifikation mangels Falsifikation – begnügen.

Robustheit

Die Robustheit (*robustness*) kennzeichnet den Grad, in dem ein Softwareprodukt nicht vorgesehene bzw. falsche Eingaben erkennt, für den Benutzer wohlverständlich reagiert und seine Funktionsfähigkeit bewahrt. Das Maximum an Robustheit ist erreicht, wenn es keine Eingabe gibt, die das Programm zu Fehlreaktionen veranlassen kann.

Bei der Anwendung des Robustheitsbegriffs auf numerische Software liegt die Schwierigkeit wieder bei der Entscheidung, welche Eingaben laut Anforderungsdefinition falsch oder nicht erlaubt sind.

Beispiel: [Quadratur] Bei allen Programmen zur numerischen Quadratur ist (unter Vernachlässigung von Arithmetik-Effekten) eine „Garantie" für das definitionsgemäße Funktionieren nur für Integranden möglich, die entweder Polynome bis zu einem bestimmten Maximalgrad oder Funktionen mit speziellen Beschränkungen der Ableitungen sind. Insbesondere die letztere Einschränkung ist i. a. einer Überprüfung durch den Anwender nicht zugänglich und wird daher auch in der Dokumentation i. a. nicht erwähnt – im Gegenteil, es wird sogar sehr oft von „universell anwendbaren" Programmen gesprochen. Bei dieser Kategorie von numerischer Software ist dies jedoch ausschließlich ein Dokumentationsmangel, da eine Verbesserung der Programm-Robustheit theoretisch und praktisch aufgrund des verwendeten Abtastprinzips *nicht* möglich ist. Da dem Programm nur Information in Form von endlich vielen Funktionswerten zugänglich ist, kann es grundsätzlich keinen Algorithmus geben, der z. B. die Erfülltheit von Ableitungsschranken (die sich auf *alle* Punkte des Integrationsbereichs beziehen) entscheidet.

Beispiel: [Euklidische Vektorlänge] Bei einem Programm zur Berechnung der euklidischen Länge eines Vektors

$$\|v\|_2 := \sqrt{v_1^2 + v_2^2 + \cdots + v_n^2}$$

wird in der Dokumentation keine Aussage über mögliche Einschränkungen gemacht. Für bestimmte Vektoren versagt dieses Programm jedoch, indem es zu einem Abbruch der Berechnungen mit einer *Overflow*-Meldung führt, obwohl die einzelnen Komponenten und auch das Resultat im Bereich der Gleitpunkt-Maschinenzahlen liegen. Einem derartigen Programm wird man nur eingeschränkte Robustheit zumessen. Auch die Qualität der Dokumentation ist in diesem Fall zu kritisieren, da der Durchschnittsbenutzer – wenn er nicht explizit auf die Einschränkungen hingewiesen wird – bei einem Resultat im Maschinenzahlenbereich nicht mit einem Exponenten-Überlauf rechnet. Einen größeren Robustheitsgrad hat ein Programm, das immer dann, wenn das *Resultat* im Maschinenzahlenbereich liegt, korrekt und ohne Exponenten-Überlauf funktioniert (wie z. B. das BLAS 1-Unterprogramm snrm2 oder das Programm x2norm von Blue [12]). Maximale Robustheit würde ein Programm besitzen, das darüber hinaus bei Daten (Vektorkomponenten), die zu einem Resultat (Vektorlänge) führen würden, das außerhalb der Maschinenzahlen liegt, keinen Abbruch hervorruft, sondern den Benutzer z. B. über einen speziellen Parameter über diese Situation informiert.

Noch schlimmer als bei *overflows* (vgl. obiges Beispiel) ist die Situation im Falle von *underflows*. Dabei wird gewöhnlich keine Fehlermeldung generiert und die Abarbeitung mit Null fortgesetzt. Dabei unterscheidet das Programm aber nicht, ob das in diesem Fall sinnvoll ist oder nicht. Daher sollte robuste Software im Idealfall frei von *underflows* sein.

Genauigkeit

Genauigkeit (*accuracy*) bezeichnet den Grad, in dem die Resultate eines Softwareproduktes ausreichend präzise sind, um deren beabsichtigte Verwendung sicherzustellen.

Bei numerischer Software, deren Resultate Gleitpunktzahlen sind, wird der höchste Genauigkeitsgrad dann erreicht, wenn das tatsächlich erhaltene Resultat (das Ergebnis des Programms) und die durch Rundung auf Maschinenzahlen abgebildete exakte Lösung des gestellten Problems übereinstimmen. Diesem Ideal können jedoch i. a. nur Programme entsprechen, die sich auf spezielle Maschinenarithmetiken stützen.

Beispiel: [ACRITH-XSC] Die derzeit auf einigen IBM-Rechnern (sowie auf einigen IBM-kompatiblen Rechnern) hardwaremäßig implementierte Spezialarithmetik ermöglicht die Entwicklung von Software, die Lösungen mit dem jeweils (rechnerabhängigen) maximalen Genauigkeitsgrad liefert. Die „gängigen" Arithmetiken (z. B. entsprechend dem IEEE *Standard for Floating Point Arithmetic*) gestatten es *nicht*, Software maximaler Genauigkeit zu schreiben.

Beispiel: [Standardfunktionen] Für die „Standardfunktionen" sin, cos, exp, log etc. werden in allen für numerische Berechnungen geeigneten Programmiersprachen Funktionsunterprogramme bereitgestellt, die unmittelbar mit Hilfe spezieller Schlüsselwörter (z. B. SIN, COS, EXP, LOG etc.) aufgerufen werden können. Die in diesen Unterprogrammen implementierten Algorithmen bleiben dem Benutzer i. a. verborgen, und die zugehörige Dokumentation (sofern sie überhaupt verfügbar ist) wird meist nicht beachtet.

Bei numerischen Verfahren zur Approximation der Standardfunktionen wird in den entsprechenden Unterprogrammen i. a. der Versuch unternommen, die maximal erreichbare Genauigkeit zu erzielen. Für die einfach genauen Unterprogramme kann ggf. auf die doppelt genaue Arithmetik zurückgegriffen werden, für die doppelt genauen Standardfunktionen wird unter Umständen *extended precision* verwendet. Unter diesen Voraussetzungen kann zwar für wichtige Argumentbereiche eine Genauigkeit garantiert werden, die nahe bei der Maximalgenauigkeit liegt, es sind aber auch Situationen unvermeidbar, wo die Genauigkeit deutlich schlechter ist. So wird z. B. die Sinus-Funktion stets in einer Umgebung von Null (z. B. durch ein Polynom oder eine rationale Funktion) approximiert. Betragsgroße Argumente werden unter Ausnutzung der Periodizität und verschiedener Identitäten der Sinus-Funktion auf das Approximationsintervall zurückgeführt (vgl. z. B. Cody, Waite [13]). Bei dieser Reduktion, bei der meist vom Argument x ein ganzzahliges Vielfaches von $\pi/2$ abgezogen wird, sodaß sich ein reduziertes Argument

$$\bar{x} \in [-\pi/4, \pi/4]$$

ergibt, ist die Auslöschung mit größer werdendem x für Ungenauigkeiten des Resultats verantwortlich. Man kann sich z. B. auf jedem Taschenrechner überzeugen, wie ungenau der Wert ist, den man für

$$\sin 710_{rad} = 0.0000\,60288\,70669\,15852\,65933\dots$$

erhält. Auf einem Sharp PC-1350 erhält man das Resultat $6.028367233E{-}05$, von dem nur 4 Dezimalstellen richtig sind.

Wie man am Beispiel der mathematischen Standardfunktionen sieht, können die Eigenschaften Genauigkeit und Robustheit einander beeinflussen. Einem Unterprogramm, das, ohne den Benutzer davon in Kenntnis zu setzen, statt einem erwarteten 10-stelligen (oder allenfalls 9-stelligen) Resultat ein Ergebnis liefert, von dem nur 4 Dezimalstellen korrekt sind, ist weder robust noch genau. Die beste Lösung wäre in diesem Fall ein Funktions-Unterprogramm, das für einen möglichst großen Bereich (nahezu) maximale Genauigkeit liefert und, falls dies nicht möglich ist, eine Meldung generiert und/oder die Berechnung abbricht.

Beispiel: [Lineare Gleichungssysteme] Sobald bei der Lösung eines linearen Gleichungssystems auf der Basis der Gauß-Elimination die Arithmetik (durch die verwendete Hardware bzw. Entscheidungen des Programmierers) festgelegt ist, besteht keine Möglichkeit mehr, die Genauigkeitsanforderungen des Programmbenutzers durch algorithmische Maßnahmen „garantiert" sicherzustellen. Der von den Problemdaten (Matrix und rechte Seite des Gleichungssystems) weitgehend unabhängig ablaufende Gauß-Algorithmus liefert einen Lösungsvektor, der nur mehr einer nachträglichen Kontrolle unterzogen werden kann, ob er die gewünschte Genauigkeit aufweist. Derartige A-posteriori-Untersuchungen liefern z. B. einige LAPACK-Programme.

Beispiel: [Quadratur] Bei der numerischen Quadratur besteht weder a priori noch a posteriori die Möglichkeit, verläßliche Genauigkeitsinformationen zu erhalten. Bei den meisten Programmen wird – im Gegensatz zu den beiden obigen Beispielen (Standardfunktionen, Lineare Gleichungssysteme), wo versucht wird, die maximal mögliche Genauigkeit zu erzielen – dem Benutzer die Vorgabe einer Schranke für den absoluten und/oder relativen Fehler des Resultats ermöglicht. Wenn jedoch, wie im Normalfall, keine zusätzlichen Informationen über den Integranden (z. B. Ableitungsschranken) Berücksichtigung finden, kann dieses Resultat beliebig fehlerhaft sein.

Im Zusammenhang mit der Zuverlässigkeit eines Softwareproduktes spielen neben Korrektheit, Robustheit und Genauigkeit noch andere Merkmale eine Rolle, von denen im folgenden einige kurz besprochen werden. Diese Merkmale – Autarkie, Vollständigkeit, Konsistenz – sind vor allem von größeren Programmsystemen und Programmbibliotheken zu fordern.

Autarkie und Vollständigkeit

Autarkie (*self-containedness*) bezeichnet den Grad, in dem ein Softwareprodukt von anderer gleichrangiger Software unabhängig ist. Bei einem autarken Softwareprodukt werden alle erforderlichen Funktionen wie z. B. Initialisierung systemabhängiger Variablen, Kontrolle von Eingangsdaten, Ausgabe von Meldungen (*diagnostics*) etc. selbst ausgeführt.

Beispiel: [IMSL] Die drei Teile der IMSL-Bibliothek (vgl. Abschnitt 5.3) – MATH/LIBRARY, STAT/LIBRARY, SFUN/LIBRARY – bilden jeder für sich ein autarkes Softwareprodukt. Einzelne Teilprogramme dieser Bibliotheken sind jedoch *nicht* autark, sie benötigen Hilfsprogramme oder rufen andere Teilprogramme der jeweiligen Bibliothek auf.

Vollständigkeit (*completeness*) bedeutet, daß alle für die Berechnung erforderlichen Programme bzw. Programmteile vorhanden sind, d. h., der Benutzer muß nur jene Informationen (Daten) bereitstellen, die für die Definition seiner speziellen Aufgabenstellung und der gewünschten konkreten Berechnungen erforderlich sind.

Konsistenz

Konsistenz (*consistency*) gibt an, wie stark ein Softwareprodukt nach einheitlichen Entwurfs- und Implementierungstechniken sowie in einheitlicher Notation entwickelt wurde bzw. in einheitlichem Stil kommentiert und dokumentiert ist. Interne Datenstrukturen sind vereinheitlicht, algorithmische Abläufe in ähnlichen Situationen entsprechen einander möglichst weitgehend, bei Input und Output werden einheitliche Formate und Terminologie verwendet etc.

Beispiel: [LAPACK] Das Softwareprodukt LAPACK (*Linear Algebra Package*) [36] wurde von einem Team entwickelt, das an örtlich über die ganzen USA verteilten Universitäten und Forschungsinstitutionen tätig war. Durch die Einhaltung strenger Entwicklungsrichtlinien konnte dennoch sehr große Konsistenz erreicht werden.

4.2 Effizienz

Das Qualitätsmerkmal Effizienz (*efficiency*) eines Softwareproduktes drückt das Ausmaß der Inanspruchnahme der Betriebsmittel (Hardware) bei gegebenem Funktionsumfang aus. Es setzt sich vor allem aus den Meßgrößen

- *Laufzeit-Effizienz*: Laufzeit bzw. Geschwindigkeit,
- *Speicher-Effizienz*: Nutzung der Speicherhierarchie (Register, Cache, Hauptspeicher, Hintergrundspeicher)

zusammen. Effizienz ist ein Hauptqualitätsmaßstab für technisch-naturwissenschaftliche Programme.

Beispiel: [LINPACK-Benchmark] *Benchmarks* sind Programme zur Leistungsbeurteilung von Computersystemen. Ermittelt werden dabei meist die Gleitpunktoperationen (*floating point operations*), die im Mittel pro Sekunde ausgeführt werden. Diese Geschwindigkeitsangabe erfolgt in flop/s (*floating point operations per second*) bzw. Mflop/s, Gflop/s oder Tflop/s (10^6, 10^9, 10^{12} flop/s).

Beim LINPACK-Benchmark (Dongarra [67]) werden die LINPACK-Programme SGEFA und SGESL zur Lösung von linearen Gleichungssystemen mit $n = 100$ Unbekannten verwendet. Aus der benötigten Zeit t (in Mikrosekunden) und der Anzahl der ausgeführten Gleitpunktoperationen $N \approx 2x^3/3 + 2n^2$ ergibt sich die Geschwindigkeit

$$r = \frac{N}{t} \text{ Mflop/s.} \qquad (4.3)$$

Vergleicht man den dabei erhaltenen Wert mit der (theoretischen) Spitzenleistung (*peak performance*) des verwendeten Computers, so erhält man zunächst die Effizienz der verwendeten LINPACK-Programme. Auf einer IBM-Workstation RS/6000-340 (33 MHz) erhält man z. B. $r = 15$ Mflop/s bei einer theoretisch möglichen Spitzenleistung von $R = 67$ Mflop/s, d. h. eine Effizienz von nur 22 %.

Entwickelt man ein Programm, das den Besonderheiten des Rechners so weit wie möglich entgegenkommt, und wendet dieses auf ein Gleichungssystem mit $n = 1000$ Unbekannten an, so erhält man eine Geschwindigkeit von $r = 49$ Mflop/s, d. h. eine Effizienz von 73 %.

Vergleicht man die Merkmale Zuverlässigkeit und Effizienz, so können u. a. folgende Argumente zugunsten der Zuverlässigkeit angeführt werden:

- Unzuverlässige Software ist wertlos, unabhängig davon, wie effizient sie ist.

- Die Folgekosten, die durch unzuverlässige Software entstehen können, sind unter Umständen wesentlich höher als die Auswirkungen ineffizienter Programme.

- Ineffiziente Software kann oft mit gezielten Maßnahmen stark verbessert werden; die Zuverlässigkeit im nachhinein zu erhöhen ist i. a. wesentlich aufwendiger.

- In großen Systemen können unzuverlässige (bzw. fehlerhafte) Teilprogramme den Entwicklungsaufwand des Gesamtsystems stark erhöhen oder die Integration der einzelnen Teilsysteme zu einem ablauffähigen Gesamtsystem überhaupt verhindern.

Trotz dieser Argumente stellt die Effizienz numerischer Softwareprodukte in speziellen Anwendungskategorien nach wie vor ein wichtiges Qualitätsmerkmal dar. Bei vielen Echtzeitsystemen (Prozeßrechneranwendungen) ist z. B. die Laufzeit oft ein entscheidendes Qualitätskriterium. Im Zusammenhang mit interaktiven Anwendungen, wo kurze Antwortzeiten wesentlich zur Akzeptanz beitragen, sind kurze Laufzeiten nach wie vor von Bedeutung. Neben den bereits erwähnten Echtzeitsystemen entscheidet die Laufzeit auch bei numerisch orientierten Großprojekten (z. B. Simulation von Crash-Tests in der Autoindustrie) oft über die prinzipielle Realisierbarkeit. Bei numerischen Programmbibliotheken spielt die Effizienz nach bzw. neben der Zuverlässigkeit, der Benutzerfreundlichkeit, der Portabilität und der Wartbarkeit auch eine sehr wichtige Rolle.

Beispiel: [BLAS] Im Programmpaket LAPACK werden effizienzsteigernde Maßnahmen (zur Senkung der Laufzeit) nur an einigen Stellen konzentriert angewendet. Vor allem werden in den BLAS (*Basic Linear Algebra Subroutines*) z. B. durch die spezielle Gestaltung der Wiederholungsanweisungen (*loop-unrolling*) deutliche Geschwindigkeitssteigerungen erreicht. Durch sorgfältige Programmierung und ausführliche Dokumentation geht dies nicht zu Lasten der Zuverlässigkeit.

Untersuchungen, die anhand von praktisch ausgeführten Projekten den Zusammenhang von Entwicklungskosten und Hardwareausnutzung herzustellen versuchten, zeigten, wie stark der Entwicklungsaufwand steigt, je mehr der Versuch unternommen wird, die Betriebsmittel möglichst vollständig zu nutzen. Hohe Effizienz treibt aber nicht nur die Entwicklungkosten, sondern auch die später anfallenden Wartungskosten drastisch in die Höhe.

Bei den qualitativ hochstehenden Programmbibliotheken (z. B. IMSL, NAG), wo hohe Effizienz i. a. mit großer Zuverlässigkeit gekoppelt auftritt, wird der gesteigerte Entwicklungs- und Wartungsaufwand auf eine sehr große Zahl von Benutzern, (in Form von Lizenzgebühren) aufgeteilt, sodaß für den einzelnen Anwender die Vorteile überwiegen.

4.3 Benutzerfreundlichkeit

Das Qualitätsmerkmal Benutzerfreundlichkeit (*human engineering*) bewertet den Umfang, in dem das Softwareprodukt an den Menschen, d. h. den Benutzer, angepaßt ist. Im einzelnen tragen folgende Eigenschaften zur Benutzerfreundlichkeit bei:

Einfache Kommunikation, die einheitlich abgefaßt und dem Benutzer angepaßt ist.

Die zur Kommunikation zur Verfügung gestellte Sprachebene muß sich an der Vorbildung der Benutzer orientieren. Zur Benutzung desselben Systems können ggf. verschiedene sprachliche Ebenen – z. B. durch Schnittstellenprogramme oder mit Hilfe von Präprozessoren etc. – definiert werden.

Beispiel: [PROTRAN] Die Unterprogramme der IMSL-Bibliothek können entweder von Fortran-Hauptprogrammen, die vom Benutzer zu erstellen sind, aufgerufen werden oder mit Hilfe der *very high level language* PROTRAN verwendet werden.

Der Benutzer-Schnittstelle von Softwareprodukten wird eine ständig steigende Bedeutung beigemessen. Insbesondere graphische Benutzer-Oberflächen (GUI = *graphical user interface*), Hilfestellungen durch Expertensysteme (vgl. Seite 75) und/oder *Problem Solving Environments* (vgl. Abschnitt 5.8) spielen eine wichtige Rolle bei Neuentwicklungen.

Robustheit, d. h. Unanfälligkeit gegen falsche Benutzung (vgl. Seite 80).

Eingabefehler sollten dem Benutzer so mitgeteilt werden, daß er sein Fehlverhalten erkennen und korrigieren kann. Intern erkannte Fehler sollten nur, wenn dies unvermeidlich ist, zu einem Programmabbruch führen. Eine Meldung (*diagnostic*) sollte auch dann erfolgen, wenn eine interne Fehlerbeseitigung möglich ist. Derartige Meldungen sollten auf die ursprüngliche Problemstellung bezogen sein, und nicht auf die Auswirkungen des/der Fehler.

Beispiel: Die Meldung „*Abbruch wegen numerisch singulärer Matrix – genauere Analyse mittels Singulärwertzerlegung (siehe SVD) wird empfohlen*" ist informativer als „*Abbruch, um Overflow zu vermeiden*" oder überhaupt ein Programmabbruch mit Fehlermeldung vom Betriebssystem.

Angemessenheit: Die realisierten Systemfunktionen sollen mit jenen Funktionen möglichst weitgehend übereinstimmen, die der Benutzer benötigt.

> **Beispiel: [Lineare Gleichungssysteme]** Aus Effizienzgründen wird bei der Lösung linearer Gleichungssysteme oft die LU-Zerlegung und die Rücksubstitution in separat aufzurufenden Unterprogrammen vorgenommen. Diese Funktionstrennung entspricht in den seltensten Fällen den Benutzerwünschen und stellt somit eine Reduktion der Benutzerfreundlichkeit dar.

Flexibilität: Verwandte Probleme können nach kleinen, dem Benutzer natürlich erscheinenden Änderungen der Eingangsdaten bearbeitet werden. Im Bereich der numerischen Software manifestiert sich Flexibilität i. a. durch Parameter, die den Charakter von Optionen-Schaltern (*switches*) haben, und durch Parameter, die abhängig von diesen Schaltern verschiedene Bedeutung haben. Die von Fortran 90 ermöglichten Schlüsselwortparameter (vgl. Abschnitt 13.10) und optionalen Parameter (vgl. Abschnitt 13.11) können zur Entwicklung flexibler Programme eingesetzt werden.

Gute Dokumentation, die – möglichst anhand von Beispielen – die Verwendung des beschriebenen Softwareproduktes erläutert, den Einsatzbereich abgrenzt, zulässige Eingabedaten definiert, die Ausgabedaten erläutert sowie Fehlermeldungen und mögliche Maßnahmen des Benutzers angibt. In einem Teil der Dokumentation sollten die verwendeten Algorithmen und Datenstrukturen sowie der Aufbau (Modulgliederung etc.) des Softwareproduktes beschrieben werden.

Die Programmdokumentation wird oft von den Anwendern als Benutzungs*hindernis* angesehen. Dies ist sogar dann der Fall, wenn große Anstrengungen für die Entwicklung leicht verständlicher und vollständiger Beschreibungen unternommen wurden. Viele Anwendungsschwierigkeiten und Fehler sind darauf zurückzuführen, daß wichtige Teile der Beschreibung nicht gelesen oder mißverstanden werden. Durch selbsterklärende graphische Benutzeroberflächen kann ein Großteil dieser Probleme beseitigt werden.

Bei den bisher behandelten Gruppen von Qualitätsmerkmalen – Zuverlässigkeit, Effizienz und Benutzerfreundlichkeit – wurde die Softwarequalität primär vom Standpunkt des Anwenders aus beurteilt. Eine Reihe von Softwareeigenschaften beziehen sich auf die *Wartbarkeit*, d. h. auf Aktivitäten, mit denen die meisten Benutzer numerischer Software nur selten direkt konfrontiert werden:

- Beseitigung aufgetretener Fehler;
- Umstellung bzw. Anpassung an veränderte oder neue Hardware und/oder Systemsoftware;
- Änderungen, Anpassungen, Erweiterungen.

Hinsichtlich der Bewertung fertig übernommener numerischer Softwaresysteme (z. B. numerischer Programmbibliotheken) spielt die Fehlerbeseitigung keine Rolle. Es soll daher in den folgenden Abschnitten in erster Linie auf Eigenschaften eingegangen werden, die sich auf die anderen zwei Gruppen von Aktivitäten auswirken.

4.4 Portabilität

Die Portabilität (*portability*) eines Softwareproduktes sinkt mit dem Umstellungsaufwand, der erforderlich ist, diese Software von einer Computerumgebung (*computing environment*; Hardware- und Softwareumgebung) zu einer anderen zu übertragen. Wenn der Aufwand für die Übertragung wesentlich kleiner ist als derjenige, der notwendig ist, um ein Softwareprodukt neu zu implementieren, spricht man von hoher Portabilität.

Die große und immer noch zunehmende Bedeutung der Portabilität ergibt sich aus der raschen technischen Entwicklung, durch die sich die Relation zwischen der Hardware-Nutzungszeit und Software-Nutzungszeit und vor allem auch die Relation von Hardware-Kosten zu Software-Kosten ständig in Richtung Software verschiebt.

Um die Bedeutung der Portabilität richtig einschätzen zu können, muß man Kostenüberlegungen anstellen: Die Entwicklung von Software bzw. die Beschaffung fertiger Software entspricht einer Investition. Der Ertrag dieser Investition (*return of investment*) ist stark vom Nutzungsgrad (Einsatzhäufigkeit, Nutzungsdauer) abhängig. Alle lebensdauerverlängernden Software-Eigenschaften dienen einer Steigerung der Rentabilität. Die Lebensdauer eines Softwareproduktes wird sowohl von der Benutzerseite als auch von der Wartungsseite abhängen. Hohe Qualität für den Anwender (z. B. in Form hoher Zuverlässigkeit) führt zu einem stärkeren und längeren Benutzungsgrad; hohe Qualität bezüglich der Wartbarkeit ist überhaupt die Voraussetzung für einen langdauernden Einsatz. In der Praxis wird zum Zeitpunkt der Software-Entwicklung bzw. -Anschaffung die Lebensdauer oft sehr stark *unter*schätzt.

Beispiel: [Unix] Das Betriebssystem Unix wurde 1973 von D. M. Ritchie und K. Thompson zunächst nur für den Eigenbedarf in den Bell Laboratories (dem Forschungszentrum von AT & T) entwickelt. Wegen seiner Portabilität hat es (vor allem auf Workstations und technisch-naturwissenschaftlichen Rechnern) sehr große Verbreitung gefunden.

Portabilität senkt den Aufwand für Anpassungs- bzw. Umstellungsarbeiten, der i. a. mit steigender Software-Lebensdauer zunimmt. Portabilitätssteigerung ist daher ein Mittel zur Senkung der Wartungskosten, zur Lebensdauerverlängerung und zur Rentabilitätssteigerung.

Die Forderung nach hoher Portabilität ist oft den Forderungen nach hoher Effizienz und kurzen Entwicklungszeiten entgegengesetzt. Deshalb wurde auch der Portabilität in der Vergangenheit eine geringere Bedeutung beigemessen, da letztere Ziele mit höherer Priorität verfolgt wurden.

Ein wichtiges Konzept zum Erzielen von portabler Software mit hoher Laufzeit-Effizienz besteht in der Eingrenzung von laufzeitkritischen Teilalgorithmen in einer (möglichst kleinen) Menge von speziellen Rechen-Modulen (*computational kernels*) und deren Implementierung in einer standardisierten höheren Programmiersprache, z. B. Fortran. Zusätzlich zu diesen portablen Rechen-Modulen können maschinenabhängige, hinsichtlich ihres Laufzeitverhaltens optimierte Versionen entwickelt werden.

Beispiel: [BLAS] Für eine Reihe von elementaren Algorithmen der numerischen Linearen Algebra wurden Rechen-Module definiert und in Form von Fortran-Programmen allgemein zugänglich gemacht: *Basic Linear Algebra Subroutines* (BLAS). Für viele Computersysteme gibt es individuell optimierte Versionen. Zur Effizienzsteigerung braucht man nur die portable Fortran-Version gegen die jeweilige Maschinenversion auszutauschen.

Das Softwareprodukt LAPACK [36] (*Linear Algebra Package*) wurde auf der Basis der BLAS entwickelt. Eine optimierte Version für einen neuen Rechner bzw. eine neue Rechnerarchitektur (z. B. einen
speziellen Parallelrechner) erfordert nur die Optimierung der BLAS-Module.

Im Bereich der Numerischen Datenverarbeitung kommt dem Merkmal der Portabilität
besonders große Bedeutung zu: Der Software-Entwicklungsaufwand ist i. a. sehr groß
und das erforderliche Know-How nur an sehr wenigen Stellen verfügbar, wodurch der
Forderung nach dem möglichst einfachen Einsatz an vielen Stellen mit vielen verschiedenen Computerumgebungen besondere Bedeutung zukommt.

Beispiel: [Schwach besetzte Systeme] Die Entwicklung qualitativ hochwertiger Software zur
Lösung schwach besetzter linearer Gleichungssysteme wird lediglich an einigen Universitäten und Forschungsinstitutionen auf der ganzen Welt (z. B. Yale oder Harwell) betrieben. Die Resultate dieser Entwicklungsarbeit (z. B. die *Harwell Library*) werden aber an hunderten bis tausenden Stellen verwendet.
Da es für die Installation und Verwendung i. a. keine Unterstützung gibt, muß der Portabilitätsgrad
entsprechend hoch sein.

Die Portabilität eines Softwareproduktes wird im wesentlichen durch folgende Faktoren
bestimmt:

Geräteabhängigkeit (*device dependence*), d. h. Grad der Abhängigkeit von spezifischen Hardware-Eigenschaften und/oder -Konfigurationen.

> **Beispiel:** [Virtueller Speicher] Software, die auf Rechnern mit virtuellem Hauptspeicher
> (d. h. praktisch ohne explizite Einschränkungen bzgl. des Speicherbedarfs) entwickelt wurde, ist
> oft nur mit großem Umstellungsaufwand auf Rechner ohne *virtual memory* umzustellen, wo dem
> Programm oft nur ein stark limitierter Hauptspeicherbereich (z. B. maximal 640 KByte unter
> MS-DOS) zur Verfügung steht.

Softwareabhängigkeit (*software dependence*), d. h. Grad der Abhängigkeit von spezifischen Eigenschaften der Systemsoftware bzw. vom Vorhandensein unterstützen-
der Anwendungssoftware.

> **Beispiel:** [Spracherweiterungen] Die Verwendung von Programmiersprachen-Erweiterungen,
> die nur von einzelnen Herstellerfirmen unterstützt werden, erfordert zusätzlichen Umstellungs-
> aufwand bei der Übertragung auf Computer anderer Herstellerfirmen. Besonders hoch wird der
> Umstellungsaufwand bei Verwendung von Programmiersprachen, die nicht genormt sind und
> auch nur von wenigen Herstellern angeboten werden. So erfordert z. B. die Übertragung eines
> PL/I-Programms in eine *Nicht*-IBM-Umgebung meist das völlige Umschreiben in eine andere
> Programmiersprache.

> **Beispiel:** [Graphik] Für graphische Ausgabe wird von vielen Computerherstellern sehr lei-
> stungsfähige Grundsoftware bereitgestellt. Hierbei handelt es sich jedoch oft um Programme,
> die mit vergleichbaren Schnittstellen und Funktionen (Leistungen) der Grundsoftware anderer
> Hersteller nicht kompatibel sind.

Maßnahmen zur Steigerung der Portabilität

Steigerung der Geräteunabhängigkeit: Hardwareabhängige Programmteile weitgehend reduzieren und an möglichst wenigen, gut dokumentierten Stellen konzentrieren; verwendete Hardwareeigenschaften in Form von (an einer Stelle initiali-
sierten) Parametern ausdrücken, z. B. Charakterisierung der Arithmetik durch
Basis, Mantissenlänge, kleinsten und größten Exponenten etc.

Effizienzsteigernde Maßnahmen können unter Umständen auch zu einer Steigerung der Portabilität beitragen, indem sie den Anwendungsbereich eines Softwareprodukts auch auf weniger leistungsfähige Computer ausdehnen.

Steigerung der Softwareunabhängigkeit: Verwendung normierter Software – z. B. normierte Programmiersprachen (Fortran 90, ANSI C [29] etc.), normierte Graphiksoftware (GKS) – mit ausreichend weiter Verbreitung; Programmteile, die von der Betriebssoftware abhängen, an möglichst wenigen, gut dokumentierten Stellen konzentrieren.

Adaptive Software

Portable Programme enthalten im Idealfall keine maschinenspezifischen Teile. Effiziente Programme müssen hingegen optimalen Gebrauch von ihrer Rechnerumgebung (Prozessoreigenschaften, Speicherhierarchien etc.) machen. Die Software-Attribute Portabilität und Effizienz auf einem Softwareprodukt zu vereinigen ist aufgrund dieser Widersprüchlichkeit eine schwierige Aufgabe. Ein Lösungsweg besteht darin, es den Programmen in portabler Form zu ermöglichen, sich Information über die aktuelle Rechnerumgebung zu beschaffen.[2] Diese Information kann dazu benützt werden, parametrisierte Programme zu entwickeln, die sich selbsttätig an die jeweiligen Umgebungsbedingungen anpassen und effizienten Gebrauch von ihrer Rechnerumgebung machen.

Die Informationsbeschaffung von portablen Programmen, die sich adaptiv an ihre Rechnerumgebung anpassen, kann z. B. durch genormte und damit portable Elemente der jeweiligen Programmiersprache geschehen. Die Normen von Fortran 90 und ANSI C definieren Funktionen (*inquiry functions*), die es einem Programm gestatten, Information über die Gleitpunkt-Zahlendarstellung und -Arithmetik des jeweiligen Rechners zu erhalten (vgl. Abschnitt 16.7). Mit dieser Information können z. B. Abbruchkriterien für Iterationen an die Computer-Eigenschaften angepaßt werden.

Die Informationsbeschaffung als Grundlage der Entwicklung portabler *und* effizienter Software spielt bei den modernen Rechnerarchitekturen (Vektorrechner, Parallelrechner) eine fundamentale Rolle (Krommer, Überhuber [18]).

4.5 Änderbarkeit

Änderbarkeit (*modifiability*) charakterisiert den Aufwand, der erforderlich ist, um kleine Änderungen in der Anforderungsdefinition durch die entsprechenden Softwareänderungen zu berücksichtigen. Die Änderbarkeit hängt u. a. von folgenden Faktoren ab:

Strukturierung: die voneinander abhängigen Teile besitzen ein erkennbares Organisationsmuster;

Lesbarkeit: die Funktionen des Softwareprodukts können beim Lesen des Codes leicht erkannt werden;

---

[2] Dieser Zugang zur Verbindung von Portabilität und Effizienz wurde bereits 1967 von Peter Naur [53] formuliert.

Kompaktheit: das Softwareprodukt enthält keine überflüssige Information;

Selbsterklärung: das Produkt enthält alle Information, die notwendig ist, um die Funktionsweise und vor allem die Verwendung ohne Schwierigkeiten verstehen zu können; hierzu gehören auch getroffene Annahmen, Voraussetzungen etc.

Die Verständlichkeit (Selbsterklärung, Lesbarkeit) numerischer Software erfordert – speziell bei Verwendung älterer Sprachelemente der Programmiersprache Fortran – einen erhöhten Entwicklungsaufwand, der aber als lebensdauerverlängernde Maßnahme unbedingt zu erbringen ist.

4.6   Kosten numerischer Software

Im gesamten Bereich der EDV findet eine kontinuierliche Verschiebung des Verhältnisses von Hardware-Kosten und Software-Kosten statt. Vor 30 Jahren gab es Schätzungen, daß im Bereich der damaligen Groß-EDV ungefähr 20 % der gesamten Kosten auf die Software und 80 % auf die Hardware entfielen. Vor 10 Jahren hatte sich die Situation bereits umgekehrt; die Schätzungen lauteten nun: 80 % Softwareanteil und nur mehr 20 % Hardwareanteil. Derzeit dürfte der Softwareanteil – der sich bei der Softwareentwicklung vor allem in Personalkosten niederschlägt – bei den Groß-EDV-Kosten noch deutlich höher sein. Am unteren Ende der Computerskala – bei den PCs – liegt der Kostenschwerpunkt (noch) nicht so stark auf der Softwareseite: Bei einem PC, auf dem nur einige fertig gekaufte Programme (z. B. zur Textverarbeitung oder Tabellenkalkulation) laufen und wo dementsprechend keine Software-Entwicklungs- und -Wartungskosten anfallen, liegt der größte Kostenanteil nach wie vor bei der Hardware. Je individueller aber die Anforderungen werden, desto stärker wächst – auch am PC-Sektor – der Software-Kostenanteil. Bei speziellen Anwendungen, die nicht mit „Fertig-Software" abgedeckt werden können – was im Bereich der Numerischen Datenverarbeitung dem Normalfall entspricht – ist auch im PC-Bereich eine ähnliche Kostenverteilung wie bei der Groß-EDV anzutreffen.

Bisher wurde nur die *Relation* zwischen Hardware- und Software-Kosten kurz umrissen. Wie aber läßt sich die *absolute Höhe* von Software-Kosten abschätzen? Allen Wirtschaftlichkeitsüberlegungen im Software-Bereich liegt der Personalaufwand zugrunde. Andere Kostenfaktoren (z. B. Maschinenzeit, Büromaterial etc.) sind von untergeordneter Bedeutung. Die Schätzung des Personalaufwandes (vor allem der benötigten Zeit und der benötigten Personen) steht daher im Zentrum aller Kalkulationsmethoden zur Schätzung von Software-Kosten (vgl. z. B. Balzert [61]).

Ein weit verbreiteter Richtwert für die Produktivität von Software-Entwicklern sind *lines of code*[3], die pro Person und Zeiteinheit (i. a. Monate oder Jahre) fertiggestellt werden. Für ein abgeschlossenes Projekt wird diese Produktivitätsmaßzahl unter Einbeziehung aller Aktivitäten des gesamten Projektverlaufs (von der Spezifikation bis zur Abnahme) ermittelt. Umfangreiche Studien haben gezeigt, daß die Produktivität

---

[3]Bei imperativen Programmiersprachen (vgl. Abschnitt 3.2.2) werden alle Vereinbarungs- und Anweisungszeilen gezählt bzw. geschätzt. Kommentarzeilen bleiben bei den *lines of code* unberücksichtigt.

von Programmierern außerordentlich starken Schwankungen ausgesetzt ist: die Extremwerte liegen bei ca. 5 und bei ca. 5000 Zeilen (*lines of code*) pro Person und Monat.
Ein durchschnittlicher Wert liegt bei ungefähr 250 Zeilen pro Person und Monat.

Beispiel: [IMSL, NAG] Produktivität bei numerischen Programmsystemen bzw. -bibliotheken:

> EISPACK: 55 Zeilen/Personalmonat
>
> IMSL: 160 Zeilen/Personalmonat
>
> NAG: 260 Zeilen/Personalmonat

Trotz der vergleichsweise hohen Produktivität ist der Gesamtaufwand zur Entwicklung einer numerischen Programm-Bibliothek enorm hoch. Für die NAG-Fortran-Library wurden bisher mehr als 1000
Programmierer-Jahre aufgewendet.

Die Erfahrungen von relativ unerfahrenen Software-Entwicklern („Programmierern")
bilden eine ungeeignete Grundlage für realistische Kostenschätzungen. Ein Program-
mieranfänger schreibt oft in sehr kurzer Zeit (wenigen Stunden) ein Programm mit
100 oder mehr Zeilen Code. Durch einfache Hochrechnung könnte man so auf eine
geschätzte Monatsleistung von mehr als 4000 Zeilen Code kommen. Eine solche Lei-
stungsschätzung liegt aber – u. a. wegen der überproportional steigenden Komplexität
größerer Softwaresysteme und des bei Anfängern nur unzureichend berücksichtigten
Test- und Dokumentationsaufwandes – um eine Größenordnung zu hoch!

Für Kostenschätzungen (auf der Basis der genannten Produktivitätszahlen) wird in
den USA mit mittleren Kosten von 25 Dollar pro Programmzeile gerechnet. In Österreich und Deutschland könnte man als Richtwert mit einem Bereich von öS 100,– bis
öS 200,– bzw. DM 15,– bis DM 30,– pro Programmzeile für die Arbeitgeberkosten bei
der Entwicklung numerischer Software rechnen.

Beispiel: [Linpack] Würde man ein äquivalentes Programm zu den LINPACK-Routinen SGECO, SGEFA
und SGESL (inklusive der benötigten BLAS-Programme SAXPY, SDOT, SSCAL, SASUM und ISAMAX), d. h.
ein Programm zur effizienten Lösung linearer Gleichungssysteme und zur Konditionsabschätzung, selbst
entwickeln bzw. in Auftrag geben, so müßte man mit folgendem Personalaufwand rechnen:
Die genannten 8 Fortran-Unterprogramme umfassen (ohne Berücksichtigung der Kommentare) ca.
325 Zeilen Code; bei einer angenommenen Produktivität zwischen 150 und 450 Zeilen pro Personalmo-
nat müßte man daher mit einem Entwicklungsaufwand von ca. 1–2 Personalmonaten rechnen.
Diesem Personalaufwand sind – in diesem speziellen Fall, wo ausgezeichnete „Fertigsoftware"
verfügbar ist – die Anschaffungskosten für das *gesamte* (gut getestete und dokumentierte sowie vom
Leistungsumfang weit über die genannten Anforderungen hinausgehende) Softwarepaket LINPACK ge-
genüberzustellen, die nur ungefähr 2 % der im obigen Fall entstehenden Personalkosten betragen.

Schon vor fünfzehn Jahren wurde der Versuch unternommen, eine Reihung jener Faktoren vorzunehmen, von denen die Produktivität am stärksten beeinflußt wird. Dabei
ergaben sich u. a. folgende Einflußgrößen:

starker Einfluß: Art der Benutzerschnittstelle; Erfahrungen der Programmierer; Ef-
fizienzanforderungen (Rechenzeit, Speicherbedarf).

signifikanter Einfluß: Programmiermethodik; Projekt-Komplexität; Umfang und
Art der Dokumentation.

Aus dieser Aufstellung sieht man, daß z. B. höhere Anforderungen an die Benutzer-schnittstelle (durch die Forderungen der „Software-Ergonomie") sowie an die Doku-mentation zu einer Produktivitäts*verringerung* führen. Bei steigender Qualität der Soft-wareprodukte ist daher in Zukunft mit einer nahezu gleichbleibenden Produktivität zu rechnen. Diese Prognose kann man auch durch einen Rückblick auf die Entwicklung der letzten Jahrzehnte untermauern. In den sechziger Jahren gab es durch die Einführung der ersten höheren Programmiersprachen eine starke Produktivitätssteigerung. Seither konnte die Produktivität durch Erhöhung der Mächtigkeit der Programmiersprachen um einen Faktor von ca. 2 bis 3 gesteigert werden, während die Leistungsfähigkeit der Hardware im gleichen Zeitraum um mehrere Zehnerpotenzen zunahm.

Signifikante Produktivitätssteigerungen (um Faktoren über 5) lassen sich im Bereich der numerischen Software durch den Einsatz von standardisierten Software-„Bauteilen" erreichen. Wie im obigen Beispiel an Hand der LINPACK-Routinen bei der Lösung li-nearer Gleichungssysteme gezeigt wurde, kann durch vergleichsweise vernachlässigbare Anschaffungskosten (eines erheblich umfangreicheren Programmpaketes) eine Einspa-rung im Bereich von 1–2 Personalmonaten erreicht werden. Trotz dieser überzeugenden Vorteile werden in vielen Projekten nach wie vor Eigenentwicklungen der Verwendung fertiger Softwareteile vorgezogen. Ursachen hierfür sind u. a. in Organisationsfehlern (wenn z. B. eine Neuentwicklung mit 2 Personalmonaten Aufwand eher bewilligt wird als die Anschaffung fertiger Software um 50 Dollar) oder in psychischen Motiven (wenn z. B. die Software-Eigenentwicklung als „lustvoller" empfunden wird als der Umgang mit fremden Programmen und evtl. mühsam lesbarer Dokumentation) zu suchen.

Eine spezielle Einsatzform von Standardsoftware könnte zu deren stärkerer Ak-zeptanz führen: die Integration von Software-„Bauteilen" in *Problemlösungssysteme* (*problem solving environments*), deren Benutzerschnittstellen durch Sprachen gebildet werden, die sich im Gegensatz zu prozeduralen (algorithmischen) Sprachen, wo eine schrittweise Beschreibung der Lösungsmethodik im Vordergrund steht, in erster Li-nie auf die Problem*beschreibung* konzentrieren. Derartige Sprachen (*problem statement languages, very high level languages*) enthalten z. B. Anweisungen vom Typ

```
Löse das folgende lineare Gleichungssystem: ...
```

oder

```
Berechne das folgende bestimmte Integral: ...
```

Beispiel: [PROTRAN] Das System PROTRAN bietet für die IMSL-Bibliothek eine problemorien-tierte Benutzersprache, die durch einen in Fortran geschriebenen Präprozessor in Fortran übersetzt wird, von dem die erforderlichen IMSL-Unterprogramme aufgerufen werden. Zur Lösung eines linearen Gleichungssystems genügt (neben der Definition der Matrix A und der rechten Seite b) eine Anweisung:

```
$LINSYS A*X = B
```

Die Lösung der gewöhnlichen Differentialgleichung $y' = xy - 3.4$ mit dem Anfangswert $y(0) = 6.2$ auf dem Intervall $[0, 2.5]$ wird durch folgende Anweisung (und Definition der Gleichung) erreicht:

```
$DIFEQU  Y' = F(X,Y);   ON (0,2.5);   INITIAL = 6.2
DEFINE
====
F = X*Y - 3.4
====
```

Im Bereich der Statistik gibt es bereits seit längerer Zeit eine Reihe von problemorientierten Sprachen, z. B. in den Systemen BMD und SPSS (auf Fortran-Basis).

Die Implementierung eines Problemlösungssystems im Bereich der Numerischen Datenverarbeitung erfolgt i. a. in Form von Präprozessoren, von denen Anweisungen einer problemorientierten Sprache in Anweisungen einer algorithmischen Sprache (meist Fortran oder C) übersetzt werden, wobei in dem so erhaltenen Programm geeignete Aufrufe mathematischer bzw. numerischer „Standardprogramme" enthalten sind. Der Vorteil derartiger Präprozessoren liegt in deren Portabilität: sofern als Zielsprache z. B. ANSI C gewählt wird, und der Präprozessor selbst in dieser Sprache geschrieben ist, hat ein derartiger Präprozessor gegenüber einem maschinen- bzw. betriebssystemabhängigen Compiler eine deutlich höhere Portabilität.

Wartungskosten

Bei den Softwarekosten muß zwischen den Entwicklungskosten und den Wartungskosten unterschieden werden. Bisher war primär von den Entwicklungskosten die Rede. Die Wartungskosten sind aber keineswegs vernachlässigbar: abgesehen von „one shot"-Programmen, die tatsächlich nur einmal verwendet werden (aber nur sehr selten auftreten) und bei denen keine Wartungskosten anfallen, beträgt der Anteil der Wartungskosten bei Großprojekten bis zu 2/3 der Gesamtkosten. Im Mittel wird für die Wartung eines numerischen Softwareproduktes ungefähr genausoviel aufzuwenden sein wie für dessen Entwicklung. Auch hier, bei den Wartungskosten, bietet die Verwendung von Standardsoftware (Software-„Fertigteilen") wesentliche Vorteile, speziell wenn diese, wie z. B. die IMSL- und NAG-Bibliotheken, ständig professionell gewartet werden.

Kapitel 5

Verfügbare numerische Software

5.1 Numerische Anwendungs-Software

Anwendungs-Software gestattet die Behandlung bzw. Lösung einer Klasse von Problemen aus einem bestimmten Anwendungsbereich. Die Benutzerschnittstelle ist i. a. so gestaltet, daß die Problemformulierung im begrifflichen Kontext des Anwendungsgebietes möglich ist.

Beispiel: [VLSI-Entwurf] Der Entwurf von großintegrierten Schaltkreisen (VLSIs) ist nur unter Einsatz wirkungsvoller Simulationssoftware möglich. Bei der VLSI-Simulation auf Transistorebene werden als Grundkomponenten Transistoren, Widerstände etc. sowie Strom- oder Spannungsquellen eingesetzt. Eine Schaltung wird durch lineare und nichtlineare algebraische Gleichungssysteme und Systeme gewöhnlicher Differentialgleichungen beschrieben. Bei der Simulation und Analyse einer Schaltung werden mit Hilfe der Gleichungen die Ströme und Spannungen in der Schaltung berechnet. Dafür gibt es spezielle Anwendungssoftware, z. B. SPICE (vgl. etwa Autognetti, Massobrio [37]).

Die Grobstruktur von Anwendungs-Software wird in den meisten Fällen durch folgende Modultypen charakterisiert:

1. Operative Module,

2. Steuermodule,

3. Schnittstellen (*Interfaces*).

Im Rahmen der operativen Module wie auch bei den Schnittstellen der Anwendungs-Software tritt die Lösung bestimmter Standardaufgaben der Numerischen Datenverarbeitung immer wieder auf: Lineare Gleichungssysteme, Gewöhnliche Differentialgleichungen, Lineare Optimierung, Graphische Darstellung von Funktionen etc.

Bei der Entwicklung von Anwendungs-Software muß man für solche Standardaufgaben auf fertige „Software-Bausteine" zurückgreifen können. Software für Standardaufgaben ist in gewissem Sinn der Prototyp numerischer Software.

5.2 Einzelprogramme

In den sechziger Jahren wurde von zwei Zeitschriften – *Numerische Mathematik* und *Communications of ACM* – begonnen, einzelne Programme abzudrucken. Für die Publikation wurde damals vorwiegend die Sprache ALGOL 60 verwendet. In der „Numerischen Mathematik" wurde die Veröffentlichung von Programmen schon vor längerer Zeit wieder eingestellt. Viele der damals publizierten Programme sind noch heute in modifizierter Form in den aktuellen Programmbibliotheken bzw. -paketen (z. B. im LAPACK) zu finden. Bei der ACM (*Association for Computing Machinery*) wird die Veröffentlichungsreihe „Collected Algorithms of the ACM" nach wie vor geführt. Veröffentlichungsorgan ist aber seit 1975 die Zeitschrift *Transactions on Mathematical Software* (TOMS). Alle dort erschienenen Programme sind über *netlib* (vgl. Abschnitt 5.5) in maschinenlesbarer Form kostenlos zu beziehen.

Programmiersprache ist vorwiegend Fortran 77. Die Qualität der Programme ist gut: Alle veröffentlichten Programme werden – wie bei renommierten Fachzeitschriften üblich – vor der Veröffentlichung durch Gutachter geprüft. Umfang und Intensität dieser Prüfung entspricht aber i. a. nicht jenen Kontrollmaßnahmen, wie sie bei der Entwicklung und Wartung numerischer Bibliotheken oder speziellen numerischen Programmpaketen gesetzt werden.

Neben den Programmen der Zeitschrift *Transactions on Mathematical Software* sind fallweise auch in anderen Zeitschriften wie z. B. *Applied Statistics* oder *Computer Journal* interessante Programme bzw. Algorithmen zu finden. Diese sind allerdings nicht in maschinlesbarer Form erhältlich.

Auf dem Buchsektor ist vor allem die „numerische Rezeptsammlung" von Press et al. [56] zu erwähnen.

5.3 Numerische Softwarebibliotheken

Von den allgemein gehaltenen (inhaltlich breit gestreuten) mathematisch-numerischen Programmbibliotheken sind vor allem zwei zu nennen:

IMSL (*International Mathematical and Statistical Libraries*, 14141 Southwest Freeway, Suite 3000, Sugarland, Texas 77478-3498, USA).[1] Die IMSL wurde 1971 von ehemaligen Mitarbeitern des IBM-Projekts „*Scientific Software Package*" (SSP) als kommerziell geführte Organisation zur Entwicklung und zum Vertrieb numerischer Software gegründet. Noch 1971 wurden von IMSL die ersten numerischen Programmbibliotheken an Kunden mit IBM-Rechnern geliefert. 1973 wurden auch CDC- und Univac-Computer mit einbezogen. Mittlerweile gibt es für alle gängigen Rechnersysteme (inklusive Workstations und PCs) speziell angepaßte Versionen der IMSL-Bibliothek. An der Entwicklung und Wartung der IMSL-Programme ist eine Vielzahl führender (vor allem amerikanischer) Wissenschaftler beteiligt (vgl. z. B. Cowell [41], Kapitel 10).

NAG (*Numerical Algorithms Group*, Wilkinson House, Jordan Hill Road, Oxford OX2 8DR, GB). Die NAG wurde 1970 in England zunächst als *Nottingham Algorithms Group* gegründet. Zielsetzung war damals die Entwicklung numerischer Software für die an britischen Hochschulen weit verbreiteten ICL-Computer. Unter starker staatlicher Subventionierung fand später eine Umwandlung in eine von den Hochschulen und von ICL weitgehend unabhängige Organisation – die

---

[1]Vertretung in *Österreich*: Uni Software Plus, Schloß Hagenberg, A-4232 Hagenberg; in *Deutschland*: IMSL Germany GesmbH, Adlerstraße 74, D-4000 Düsseldorf 1.

Numerical Algorithms Group – mit Sitz in Oxford statt (vgl. z. B. Cowell [41], Kapitel 14).

Neben diesen beiden großen Organisationen und ihren Bibliotheken gibt es noch weitere Bibliotheken, die jedoch international geringere Verbreitung besitzen, wie z. B.:

PORT – (AT&T, Bell Laboratories, Murray Hill, New Jersey 07974, USA); (vgl. z. B. Cowell [41], Kapitel 13).

Harwell Subroutine Library – (Atomic Energy Research Establishment, Computer Science and Systems Division, Harwell Laboratory, Didcot, Oxfordshire OX11 0RA, GB).

SLATEC Common Mathematical Library – (Computing Division, Los Alamos Scientific Laboratory, New Mexico 87545, USA); (vgl. z. B. Cowell [41], Kapitel 11).

BOEING Mathematical Software Library – (Boeing Computer Services Company, Tukwila, Washington 98188, USA); (vgl. z. B. Cowell [41], Kapitel 12).

5.4   Numerische Softwarepakete

1971 wurde von der amerikanischen *National Science Foundation* (NSF) und der amerikanischen Atomenergiekommission das NATS-Projekt ins Leben gerufen (NATS = *National Activity to Test Software*). Zielsetzung waren Produktion und Verteilung numerischer Software mit möglichst hoher Qualität. Als Prototypen wurden zwei Software-Pakete entwickelt:

EISPACK – für Matrix-Eigenwert- und Eigenvektor-Probleme;

FUNPACK – für die Berechnung spezieller Funktionen.

Die Entwicklungsarbeiten wurden hauptsächlich im Argonne National Laboratory und an der Stanford-Universität ausgeführt. An der Universität von Texas in Austin und an einigen anderen Stellen wurden die Tests abgewickelt. Mit der Veröffentlichung der jeweils zweiten Version der beiden Pakete wurde das Projekt im Jahre 1976 formal abgeschlossen. Es war sowohl vom Resultat her als auch hinsichtlich der gewonnenen Erkenntnisse bezüglich der Organisation solcher Projekte und bezüglich der Nebenprodukte – z. B. das TAMPR-System zum automatischen Generieren verschiedener „Maschinenversionen" von Fortran-Programmen – ein großer Erfolg. Die gewählte Organisationsform verband erstmals Mitarbeiter verschiedener, räumlich zum Teil weit getrennter Institutionen.

Das durch EISPACK vorgelegte Qualitätsniveau bezüglich Leistung und Portabilität war so richtungweisend, daß eine Reihe nachfolgender Arbeitsgruppen den Terminus „PACK" als Bestandteil des Produktnamens verwendeten, wie z. B.

LAPACK (*Linear Algebra Package*) ist ein Paket von Unterprogrammen zur direkten Lösung von linearen Gleichungssystemen und linearen Ausgleichsproblemen (mit vollbesetzten oder bandstrukturierten Matrizen) sowie zur Berechnung von

Eigenwerten und Eigenvektoren von Matrizen. LAPACK [36] wurde 1992 publiziert und stellt die derzeit beste Sammlung von Software für den Bereich der Linearen Algebra dar. LAPACK ist das Nachfolgeprodukt der Pakete LINPACK (direkte Lösung linearer Gleichungssysteme) und EISPACK (Lösung von Matrix-Eigenwert- und -Eigenvektor-Problemen);

LAPACK 2 – wird die *Funktionalität* von LAPACK erweitern (Cholesky-Algorithmus für schwach besetzte Matrizen, verallgemeinertes nicht-symmetrisches Eigenwertproblem, verallgemeinerte Singulärwertzerlegung etc.) und auf *Parallelrechnern* (Intel Paragon, CM-2, CM-5, Kendall Square etc.) einsetzbar sein;

ITPACK – für die iterative Lösung großer linearer Gleichungssysteme mit schwach besetzten Matrizen (speziell für den Fall, daß diese Matrizen von der Diskretisierung partieller Differentialgleichungen stammen);

SPARSPAK – für die Lösung großer linearer Gleichungssysteme mit schwach besetzten positiv definiten Matrizen;

MINPACK – für die Lösung nichtlinearer Gleichungssysteme und Optimierungsaufgaben;

HOMPACK – für die Lösung nichtlinearer Gleichungssysteme nach der Homotopiemethode;

PPPACK – für die Berechnung und Manipulation stückweiser Polynome (*piecewise polynomials*), insbesondere B-Splines;

QUADPACK – für die Berechnung bestimmter Integrale und Integraltransformationen von Funktionen einer Veränderlichen;

FFTPACK – für die schnelle Fourier-Transformation von komplexen und reellen periodischen Folgen;

VFFTPK – ist die *vektorisierte* Version von FFTPACK, die für die gleichzeitige Transformation mehrerer Folgen geeignet ist;

ODEPACK – für die Lösung von Anfangswertproblemen gewöhnlicher Differentialgleichungen;

ELLPACK – für elliptische partielle Differentialgleichungen in zwei Dimensionen auf allgemeinen Bereichen oder in drei Dimensionen auf quaderförmigen Bereichen;

FISHPAK – für die Lösung der Poisson-Gleichung in zwei oder drei Dimensionen;

MADPACK – für die Lösung linearer Gleichungssysteme mit Hilfe der Multigrid-Methode;

TOOLPACK – für das Bearbeiten und Testen von Fortran-Programmen.

Unter den genannten Softwarepaketen befinden sich viele ausgezeichnete Softwareprodukte – der Zusatz „PACK" ist aber selbstverständlich kein stillschweigender Qualitäts-
nachweis. Es gibt eine Reihe anderer sehr guter Pakete, die keinen „PACK"-Namen
besitzen, wie z. B.

TOEPLITZ – für die Lösung von linearen Gleichungssystemen mit Töplitz-Matrizen;

CONFORMAL – zur Parameterbestimmung bei Schwarz-Christoffel-Abbildungen;

VANHUFFEL – für Ausgleichsprobleme, bei denen der *Orthogonal*abstand von Daten und Modell minimiert wird;

LLSQ – für lineare Ausgleichsprobleme;

EDA – für exploratorische Datenanalyse;

BLAS – für elementare Operationen der Linearen Algebra;

ELEFUNT – zum Testen der Implementierung elementarer Funktionen.

Die meisten der aufgezählten Programmpakete können über die *netlib* (vgl. nächster
Abschnitt) bezogen werden. Manche Pakete sind von der IMSL Inc. gegen Ersatz der
Versandspesen erhältlich.

5.5 Netlib

Über Computer-Netze kann man die Dienstleistung von *netlib* in Anspruch nehmen.
Man erhält dort rasch, einfach und effizient *public domain*-Software aus dem mathematisch-naturwissenschaftlichen Bereich. Man muß dazu nur eine Anfrage über *electronic
mail* an *netlib* richten (vgl. Dongarra, Grosse [43]):

über Internet:	`netlib@nac.no` oder
	`netlib@ornl.gov` oder
	`netlib@research.att.com`
über EARN/BITNET:	`netlib@nac.norunix.bitnet`
über EUNET/uucp:	`netlib@draci.cs.uow.edu.au`

Eine Anfrage kann eine der folgenden Formen haben:

```
send index

send index from {library}

send {routines} from {library}

find {keywords}
```

netlib hat folgende Vorteile:

- Es gibt keinen Verwaltungsaufwand.

- Da es sich um einen reinen Computer-Service handelt, werden Anfragen zu jeder Tages- und Nachtzeit beantwortet. Man ist damit unabhängig von Zeitzonen etc.

- Man erhält stets die aktuellsten Informationen bzw. Programmversionen.

netlib stellt Programmbibliotheken, einzelne Programme, Bibliographien, Software-Tools etc. zur Verfügung.

Bibliotheken: LAPACK, LINPACK, EISPACK, ITPACK, SPARSPAK, MINPACK, HOMPACK, PPPACK, QUADPACK, FFTPACK, VFFTPK, ODEPACK, FISH-PACK, MADPACK, TOEPLITZ, CONFORMAL, VANHUFFEL, die allgemein zugänglichen Teile der PORT-Bibliothek etc.

TOMS-Software: Die in der Zeitschrift *Transactions on Mathematical Software* (TOMS) beschriebene Software ist über die jeweilige Algorithmus-Nummer abrufbar.

Xnetlib

Die Softwarebeschaffung mittels *email* über *netlib* ist eher mühsam und unterliegt einigen Restriktionen (z. B. können nur einzelne Programme bezogen werden).

xnetlib ist eine komfortable Benutzeroberfläche für den Umgang mit *netlib*. Erhältlich ist *xnetlib* über *netlib* bzw. über *anonymous ftp*.

Analog zu *netlib* werden betrieben:

`statlib@temper.stat.cmu.edu`	Statistische Software;
`tuglib@science.utah.edu`	Software der TEX-User Group;
`reduce-netlib@rand.org`	REDUCE – symbolische Algebra.

5.6   Anonymous FTP

TCP/IP ist die gebräuchlichste Art des Datentransfers über Internet.

Viele Universitäten und andere Organisationen stellen auf ihren Rechnern einen Account mit dem Usernamen **anonymous** zur Verfügung. Als Password genügt der eigene Username. Mit FTP (*File Transfer Protocol*) kann man sich die auf dem angesprochenen Rechner vorhandene *public domain*-Software holen.

Problematik: Man muß genau wissen, auf welchem Rechner es welche Software gibt.

5.7   ARCHIE-Server

Über das ARCHIE-Service erhält man die Information, auf welchem Rechner welche *public domain*-Software vorhanden ist.

Vorgangsweise: (Beispiel)

```
telnet archie.funet.fi
```

Username ist `archie`. Es wird kein Password benötigt. Die genaue Vorgangsweise wird online erklärt. Analog zu *xnetlib* gibt es eine Benutzeroberfläche namens *xarchie*.

5.8   Problem Solving Environments

Für den Begriff *problem solving environment* (PSE) gibt es weder eine einheitliche Definition noch eine allgemein akzeptierte deutschsprachige Bezeichnung. Der Ausdruck bezeichnet, grob gesagt, ein Software-System, das – über eine besondere Benutzeroberfläche – Problemlösungen in einer speziellen Problemklasse ermöglicht. Ein PSE wird oft zur Lösung von schwierigen Problemen verwendet, die *keinen* Routine-Charakter besitzen. Diese Eigenschaft unterscheidet ein PSE von anderer Anwendungssoftware.

Beispiel: [ELLPACK] Für spezielle Probleme aus dem Bereich der Mechanik, die sich mathematisch gesehen auf partielle Differentialgleichungen vom elliptischen Typ zurückführen lassen, gibt es eine große Menge von Anwendungssoftware, wie z. B. die Systeme NASTRAN, ASKA und SAP. Das PSE ELLPACK ist hingegen nicht auf spezielle mechanische Probleme beschränkt, sondern dient allgemein der Lösung elliptischer Differentialgleichungen. Es besitzt z. B. im Gegensatz zu NASTRAN ein *Expertensystem-Frontend*, das die optimale Anpassung des Lösungsalgorithmus an die aktuellen Problem-Besonderheiten, gleichgültig aus welchem Anwendungsgebiet diese stammen, ermöglicht.

Als Benutzer eines PSEs wird stets ein Mensch angenommen, d. h. kein anderes Programm oder ein anderer Computer. Benutzerkomfort und hoher Gebrauchswert der Ausgabe (vorzugsweise in graphischer Form) spielen daher eine wesentliche Rolle beim Design eines PSEs. Effiziente Computerausnutzung ist ein wichtiger Gesichtspunkt, wird aber i. a. der Minimierung des menschlichen Aufwandes (seitens des PSE-Benutzers) untergeordnet.

Ein PSE sollte die Routine-Anteile an der Problemlösung ohne Eingriffe des Benutzers effizient erledigen. Es sollte Hilfestellungen bei der Problem-Spezifikation, bei der Auswahl von algorithmischen Lösungs-Alternativen und bei der Festlegung von problemabhängigen Algorithmus-Parametern geben. Diese Hilfestellungen sollten auf jenen Informationen beruhen, die der Benutzer ohne Schwierigkeiten dem PSE übermitteln kann. Der Benutzer sollte aber auch durch einfache Interaktionen eigene Lösungsvarianten wählen können (die nicht mit den vom PSE vorgeschlagenen Lösungswegen übereinstimmen).

5.8.1   Struktur von Problem Solving Environments

Benutzerschnittstelle

Die Bedeutung komfortabler Benutzerschnittstellen wurde im Bereich technisch-naturwissenschaftlicher Software lange Zeit nicht sehr hoch bewertet. In diesem Bereich, dem beim Design von PSEs sehr große Bedeutung zukommt, muß noch sehr viel Entwicklungsarbeit geleistet werden. Bereits die Festlegung wünschenswerter Eigenschaften dieser Benutzerschnittstellen ist eine schwierige Aufgabe. Wie soll man z. B. die Art der

Interaktion gestalten, um dem Benutzer möglichst weit entgegenzukommen? Einfache alphanumerische Ein/Ausgabe kann sicher nicht alle Anforderungen erfüllen. Window-Systeme (z. B. X-WINDOW), Bit-Map-Graphik und Farbe stellen wichtige Vorausset-zungen für das Design der Benutzerschnittstelle eines PSEs dar. Es gibt auch bereits Überlegungen, wie man Sprach-Ein/Ausgabe in künftigen PSEs einsetzen könnte.

Sobald die Frage der Ein/Ausgabe gelöst ist, ergibt sich als nächstes Problem die Entschlüsselung des Dialogs zwischen Benutzer und PSE. Da sich nicht alle Benutzer der gleichen Terminologie bedienen, wird ein Thesaurus (eine systematisch geordnete Sammlung von Wörtern eines bestimmten Anwendungsgebietes) benötigt, der es dem Benutzer gestattet, auf eine ihm gemäße Art mit dem PSE zu kommunizieren.

Problemlösung

Sobald das Problem in hinreichender Genauigkeit spezifiziert wurde, muß das PSE ent-scheiden, welches Teilsystem bzw. welche Unterprogramme zur Lösung heranzuziehen sind. Der Auswahlmechanismus kann von einfachen Entscheidungsbäumen bis zu Ex-pertensystemen reichen, deren Wissensbasis sich auf die Kenntnisse von Fachleuten des Problembereichs stützt. Die Erstellung der Wissensbasis kann unter Umständen jah-relange Arbeit von Experten erfordern. Dabei kann auch auf die Erfahrungen zurück-gegriffen werden, die bei der Lösung konkreter Probleme und der dabei aufgetretenen Schwierigkeiten gesammelt werden konnten.

Die *Größe* des Problembereichs festzulegen, der von einem PSE abgedeckt werden soll, erfordert sorgfältige Überlegungen.

Präsentation und Analyse der Resultate

Wenn die geeigneten Unterprogramm-Aufrufe (oder anderen Lösungswege) Resultate geliefert haben, muß das PSE diese in eine Form bringen, die für den Benutzer eine sinnvolle Interpretation und Weiterverwendung gestattet. Eine schwierige Aufgabe be-steht dabei in der Analyse und Aufbereitung der Ergebnisdaten. Die *Visualisierung* numerischer Lösungen (im Gegensatz zu tabellenartigen „Zahlenfriedhöfen") ist da-bei unerläßlich. Hier werden auch hohe Anforderungen an die verwendete Hardware gestellt: hochauflösende Farbbildschirme und entsprechende Prozessor-Leistung sind Voraussetzungen für sinnvolle Graphik-Oberflächen von PSEs.

In der Präsentationsphase können auch Informationen über die *Kondition* des Pro-blems an den Benutzer/Problemsteller weitergegeben werden. Falls erforderlich, erhält der Benutzer eine Warnung, daß die erhaltenen Resultate in einer (zu) empfindlichen Weise von den Eingangsdaten abhängen und mit Vorsicht zu interpretieren sind.

Problemabhängige Hilfestellungen

Es ist heute in den meisten Software-Systemen üblich, auf Wunsch des Benutzers Hil-festellungen (durch *help*-Funktionen) zu geben. Es handelt sich dabei meist nicht um *globale*, sondern um *lokale* (kontextabhängige) Help-Systeme. Eine weitere Verbesse-rung ist von *adaptiven* Help-Systemen zu erwarten, die es dem Benutzer nicht auferlegen, sich durch alle Schichten lokaler Hilfestellung durchzuarbeiten, wenn er nur eine konkrete Fragestellung klären möchte.

Ein verwandter Bereich ist jener der Erklärungsfunktionen. Einige Benutzer sind daran interessiert, zu erfahren, welche Lösungsverfahren vom PSE eingesetzt wurden und warum. Diese Erklärungen sollten nicht den Charakter eines *rule-trace* (einer Aufzählung der verwendeten Fakten und Regeln) haben, sondern in einer für den Benutzer besser lesbaren Form präsentiert werden.

5.8.2   Bestehende Problem Solving Environments

Statistik

Die meisten derzeit verfügbaren PSEs sind statistischen Fragestellungen gewidmet, wie z. B. REX, STUDENT, STATXPS, BUMP, MULTISTAT und GLIMPSE.

In der Statistik gibt es seit langem Programmpakete für Benutzer ohne mathematisch-statistische Ausbildung. Diese Pakete unterstützen statistische Datenauswertungen, vereinfachen komplizierte statistische Analysen und erläutern dem Benutzer Programm-Entscheidungen. Im Bereich der Statistik existiert auch bereits eine Reihe von Software-Systemen, die auf Prinzipien der Künstlichen Intelligenz beruhen (vgl. z. B. Ford, Chatelin [87]).

Symbolische Mathematik

Auch die symbolische Mathematik ist ein Gebiet, auf dem es eine Reihe von Software-Systemen gibt, die deren Benutzer bei der Problemlösung unterstützen (MATHEMATICA, MACSYMA, REDUCE, MAPLE etc.; vgl. Davenport et al. [42]). Diese Systeme stellen PSEs dar, die sowohl für sich genommen (*stand alone*) als auch in Verbindung mit numerischen PSEs (z. B. zur symbolischen Differentiation von Funktionen, deren Extremwerte bestimmt werden sollen, oder zur Reduktion mathematischer Formeln) von Bedeutung sind.

Numerische Problemlösung

Der Nutzen numerischer PSEs wurde am frühesten im Bereich der Finite-Elemente-Methode erkannt. Hier war die Nachfrage nach einfach bedienbaren Benutzer-Oberflächen am größten. Eines der ersten wissensbasierten Systeme war FEASA (*Finite Element Analysis Specification Aid*). Neben FEASA gibt es auch eine Reihe von Expertensystemen im Bereich der Finite-Elemente-Methode; für die wichtigsten Pakete (wie z. B. NASTRAN) sind *Expertensystem-Frontends* jedoch noch ausständig.

Auf einem elementareren Niveau hat es eine Reihe von Versuchen gegeben, Entscheidungsbäume für numerische Problemklassen bereitzustellen, mit deren Hilfe die Auswahl der geeignetsten Algorithmen bzw. (Unter-) Programme unterstützt wird. Auch die Dokumentation der meisten numerischen Software-Systeme (z. B. IMSL und NAG) enthält derartige Entscheidungshilfen. NITPACK (Gaffney et al. [88]) ermöglicht die *on-line*-Abfrage eines Entscheidungsbaums zur Auswahl der geeignetsten numerischen

Software. GAMS (*Guide to Available Mathematical Software*; Boisvert et al. [39]) ist eine Datenbank mit Baumstruktur, die *on-line*-Abfragen über die sehr umfangreiche mathematische Software des *National Bureau of Standards* (Washington D.C.) ermöglicht. Ähnliche Entscheidungsbäume könnten auch in künftigen PSEs Verwendung finden.

Auf dem Gebiet der Benutzerführung bei der Lösung numerischer Probleme sind mindestens drei Systeme erwähnenswert: NAXPERT, NEXUS und KASTLE.

NAXPERT-1 (Schulze, Cryer [90]) gibt Hilfestellungen bezüglich des Einsatzes der fünfzig Unterprogramme aus der NAG Fortran PC 50 Programmbibliothek. Der Benutzer kommuniziert mit NAXPERT-1 mit Hilfe von Stichwörtern (Strings) wie z.B. finite interval oder ordinary differential equation. Diese Stichworte, die entweder vom Benutzer stammen oder ihm von NAXPERT-1 vorgeschlagen werden, definieren die vorhandenen oder nicht vorhandenen Eigenschaften des Problems. NAXPERT-1 enthält in einer Wissensbasis Regeln, die auf die eingegebenen Stichwörter angewendet werden und ohne aktives Eingreifen des Benutzers neue Stichwörter liefern können. Alle eingegebenen und neu generierten Stichwörter werden mit den Stichwörtern verglichen, die intern zur Charakterisierung der zur Auswahl stehenden Programme dienen. Sobald genug Information gesammelt wurde, macht NAXPERT-1 entweder einen Vorschlag, welche Programme zur Problemlösung geeignet erscheinen, oder es wird darauf hingewiesen, daß *keine* passenden Programme vorhanden sind. NAXPERT-1 ist wie ein „klassisches" Expertensystem aufgebaut. Es enthält

1. Eine *Wissensbasis*: Diese enthält formalisiertes Wissen über die 50 NAG-Programme (Fakten in Form von Stichwörtern, Bewertungskriterien etc.).

2. Eine *Problemlösungskomponente*: Sie dient zur Bearbeitung des Problems, indem sie z.B. in der Wissensbasis nach Lösungsmöglichkeiten sucht. Die Problemlösungskomponente von NAXPERT-1 ist in Prolog programmiert.

3. Eine *Erklärungskomponente*, die auf Anfrage die in der Problemlösungskomponente gefundene Lösung begründet und den Lösungsweg aufzeigt und kommentiert.

4. Über die *Dialogkomponente* teilt der Benutzer in einem Frage-Antwort-Muster dem System sein Problem mit. NAXPERT-1 hat eine primitive Dialogkomponente. NAXPERT-2 verfügt über eine deutlich verbesserte Benutzerschnittstelle (Fenstertechnik, Menü-Auswahl etc.).

NEXUS (Gaffney et al. [89]) ist ein allgemein verwendbares PSE für numerische Berechnungen im technisch-naturwissenschaftlichen Bereich (*scientific computing*). Es soll als Informationssystem mathematisch-numerische Beratung für eine breite Palette von Problemen liefern und den Benutzer bei der Auswahl geeigneter Software aus den wichtigsten Software-Bibliotheken unterstützen. Es bietet eine *on-line*-Dialogkomponente. Die Wissensbasis ist baumartig organisiert.

Von NEXUS ist ein wichtiger Impuls zum systematischen Zusammentragen und Organisieren von Wissen über Methoden der Numerischen Datenverarbeitung ausgegangen. So gibt es z.B. eine systematische Darstellung von Wissen über Software zur numerischen Lösung von Anfangswertproblemen gewöhnlicher Differentialgleichungen.

Um die langfristigen Ziele dieses ehrgeizigen Projekts zu erreichen, muß jedoch noch viel Arbeit investiert werden.

KASTLE ist der Arbeitstitel eines PSE-Projekts, das derzeit bei der NAG Ltd läuft. Ziel dieses Projekts ist die Entwicklung einer expertensystem-basierten Benutzerschnittstelle für die *komplette* NAG-Fortran-Bibliothek (mit ca. 800 numerischen und statistischen Programmen).

PROTRAN

PROTRAN ist ein PSE mit einer Anwendersprache (*very high level language*), die eine Benutzeroberfläche für die IMSL-Bibliothek darstellt. Ein Präprozessor übersetzt die Anweisungen der PROTRAN-Sprache in ein Fortran-Programm und leitet dieses anschließend dem Fortran-Compiler und der Ausführung zu. Die Hauptaufgaben des Präprozessors sind dabei:

IMSL-Aufrufe: Abhängig von den PROTRAN-Anweisungen und den Problemdaten werden geeignete IMSL-Unterprogramme ausgewählt und aufgerufen;

Kontrolle der Problemparameter (*problem setup checking*): Der Input jedes IMSL-Unterprogramms wird vor dem Aufruf einer intensiven Gültigkeits- und Plausibilitäts-Kontrolle unterzogen;

Arbeitsspeicherverwaltung (*workspace allocation*): In Fortran 77 (der Programmiersprache der IMSL-Unterprogramme) gibt es, im Gegensatz zu Fortran 90, keine dynamischen Felder. Es ist daher Sache des Programmierers, z. B. durch entsprechende Deklarationen in der aufrufenden Programmeinheit eines Unterprogramms für die Bereitstellung von Arbeitsspeicher (in Form von Feldern) zu sorgen und diesen dann als Parameter an die aufgerufenen Unterprogramme zu übergeben. Diese Vorgangsweise ist manchen Bibliotheks-Benutzern unverständlich und stellt in jedem Fall eine potentielle Fehlerquelle dar. Der PROTRAN-Benutzer braucht in Form der Option WORKSPACE nur einen einzigen Wert festzulegen; der von den einzelnen IMSL-Unterprogrammen benötigte Arbeitsspeicher wird dann von PROTRAN zugewiesen.

Der Nutzen, den ein Anwender durch diese von PROTRAN durchgeführte Speicherverwaltung hat, besteht im wesentlichen im Verdecken eines Mangels der Programmiersprache Fortran 77. Mit dem Auftauchen von Fortran 90-Programmbibliotheken wird die Attraktivität dieser Möglichkeit von PROTRAN stark abnehmen.

Jedes PROTRAN-Programm darf auch Fortran-Anweisungen enthalten.

Neben allgemeinen Anweisungen gibt es in PROTRAN eine Reihe von Problemlösungsanweisungen:

1. LINSYS zur Lösung linearer Gleichungssysteme;

2. NONLIN zur Lösung nicht-linearer Gleichungssysteme $F(x) = 0$;

3. POLYNOMIAL zur Nullstellenbestimmung von Polynomen;

4. EIGSYS für das Eigenwertproblem $Ax = \lambda x$ (Berechnung von Eigenwerten und Eigenvektoren einer reellen oder komplexen Matrix A);

5. INTERPOLATE zur Interpolation von Datenpunkten durch kubische Splinefunktionen, Polynome beliebigen Grades oder bezüglich vorgebbarer Basisfunktionen;

6. APPROXIMATE zur Approximation (Glättung) diskreter Datenpunkte durch

   (a) kubische Splinefunktionen,
   (b) Polynome beliebigen Grades oder
   (c) vorgebbare Basisfunktionen

   nach dem Prinzip der kleinsten Quadrate;

7. INTEGRAL zur Berechnung eines bestimmten Integrals einer durch Datenpunkte oder durch ein Fortran-Programm definierten Funktion;

8. DERIVATIVE zur Berechnung der ersten oder zweiten Ableitung einer durch Datenpunkte oder durch ein Fortran-Programm definierten Funktion;

9. DIFEQU zur Lösung eines Anfangwertproblems für ein System gewöhnlicher Differentialgleichungen.

Zur Spezifikation von Funktionen in den Problemlösungs-Anweisungen werden Fortran-Anweisungen verwendet.

Beispiel: Ein PROTRAN-Programmteil, in dem eine Integralberechnung einer Funktion einer Veränderlichen, die Lösung eines nichtlinearen Systems von 2 Gleichungen mit 2 Unbekannten und die Lösung eines Systems von zwei gewöhnlichen Differentialgleichungen spezifiziert wird:

```
$INTEGRAL F;  FOR (X = 0., 2.)
   DEFINE
   =====
      KURVE1 = SIN(3.2*X) + COS(6.4*X/(1.+X**2))
      KURVE2 = 0.5 + X/(2.+X**3) - EXP(X-2.5)
      F      = MAX (KURVE1, KURVE2)
   =====
$NONLIN  FUNKT(T) = 0.;  GUESS = TSTART
   DEFINE
   =====
      FUNKT(1) = T(1)*T(2) - 4.2/(2.+COS(T(1)))
      FUNKT(2) = T(2)**2/(1.+T(1)) + 2.56
   =====
$DIFEQU  Y' = F(T,Y);  ON (0., 1.);  INITIAL = ANFANG
   DEFINE
   =====
      F(1) = Y(1)*T - 3.2*Y(2)
      F(2) = SIN(T) - Y(2)*Y(1)
   =====
   SOLUTION = CURVE
$PLOT CURVE(T,1), CURVE(T,2);  FOR (T = 0., 1.)
```

PROTRAN hat derzeit vier Module:

1. MATH/PROTRAN dient der Lösung eines breiten Spektrums mathematischer Probleme: Interpolation und Approximation von Daten, lineare und nichtlineare Gleichungssysteme, Minimierung bzw. Maximierung von Funktionen, Eigenwert- und Eigenvektor-Probleme, Integralberechnung, Schnelle Fourier-Transformation (FFT), Anfangswertprobleme gewöhnlicher Differentialgleichungen etc.;

2. STAT/PROTRAN dient der statistischen Datenanalyse und Datenverwaltung: Regressionsanalyse, Korrelationsanalyse, Varianzanalyse etc.;

3. PDE/PROTRAN dient der numerischen Lösung von Systemen linearer oder nichtlinearer elliptischer oder parabolischer partieller Differentialgleichungen;

4. LP/PROTRAN ist ein Problemlösungssystem für Aufgabenstellungen aus dem Bereich der linearen Programmierung.

Die weitere Entwicklung von PROTRAN unter dem Einfluß von Fortran 90 ist derzeit noch nicht abzusehen.

ELLPACK

Der Ausgangspunkt der Entwicklung von ELLPACK war 1974 die Zielsetzung, ein System für die Leistungsbewertung (*performance evaluation*) von Software zur numerischen Lösung von partiellen Differentialgleichungen (*partial differential equations*, PDEs) zu entwickeln. Bereits in einer sehr frühen Phase stellte sich heraus, daß man eine sehr sorgfältig geplante und organisierte Software-Umgebung benötigt, um derartige Leistungsbewertungen im großen Stil durchführen zu können. Ein Aspekt dabei war der Bedarf an einer formalen Sprache (*high level language*) zur genauen Beschreibung der untersuchten PDE-Probleme. Ein weiterer wichtiger Aspekt war die Notwendigkeit, Rahmenbedingungen zu schaffen, die den „Einbau" von Problemlösungsmodulen verschiedener Herkunft ermöglichen. Nach den Erfahrungen mit den Prototyp-Systemen ELLPACK 77 und ELLPACK 78 wurde ein neues System entwickelt, das nur mehr den Namen ELLPACK erhielt. Das Buch von Rice und Boisvert [58] enthält eine ausführliche Beschreibung dieses Systems.

Neuere Versionen von ELLPACK berücksichtigen den Einfluß moderner Computer-Architekturen (Vektor-Computer, Parallel-Computer), enthalten neue Methoden zur numerischen Lösung von PDEs und verwenden Expertensysteme zur Auswahl geeigneter Lösungsverfahren und passender Computer.

Einer der Gründe für den Start des ELLPACK-Projekts waren Zweifel am Expertenwissen hinsichtlich der numerischen Lösung von elliptischen PDEs. ELLPACK wurde daher mit der Möglichkeit ausgestattet, während der Lösung konkreter PDEs laufend Daten über die Leistung (Geschwindigkeit etc.) der verwendeten Programm-Module zu erheben und zu speichern. Mit diesen Daten konnten tatsächlich Schwächen im Expertenwissen nachgewiesen werden. Es stellte sich aber andererseits heraus, daß die Experten trotz allem über erheblich mehr Wissen verfügen als die durchschnittlichen

Anwender (Naturwissenschaftler). Damit war der Nachweis für den sinnvollen Einsatz von Expertensystemen bei der Unterstützung der Lösung von PDEs erbracht.

ELLPACK ist ein Softwaresystem zur Lösung elliptischer partieller Differentialgleichungen in zwei Dimensionen auf allgemeinen Bereichen und in drei Dimensionen auf quaderförmigen Bereichen. In ELLPACK gibt es eine Anwendersprache, mit der sich das zu lösende Problem und die zu verwendenden Lösungsalgorithmen spezifizieren lassen.

Beispiel: Das elliptische Problem $u_{xx}+u_{yy}+3u_x-4u = \exp(x+y)\sin(\pi x)$ auf dem Bereich $[0,1]\times[-1,2]$ mit den Randbedingungen

$$
\begin{aligned}
u &= 0 & x &= 0, & y &\in [-1,2]\\
u &= x & x &\in [0,1], & y &= 2\\
u &= y/2 & x &= 1, & y &\in [-1,2]\\
u &= \sin(\pi x) - x/2 & x &\in [0,1], & y &= -1
\end{aligned}
$$

wird durch folgendes ELLPACK-Programm unter Verwendung von Finiten Differenzen und Gauß-Elimination gelöst:

```
OPTIONS.        TIME $ MEMORY
EQUATION.       UXX + UYY + 3.*UX - 4.*U = EXP(X+Y)*SIN(PI*X)
BOUNDARY.
                U = 0.              ON X = 0.
                U = X              ON Y = 2.
                U = Y/2.            ON X = 1.
                U = SIN(PI*X)-X/2.  ON Y = -1.
GRID            6 X POINTS $ 12 Y POINTS
*
DISCRETIZATION. 5 POINT STAR
INDEXING.       AS IS
SOLUTION.       LINPACK BAND
*
OUTPUT.         TABLE(U) $ PLOT(U)
END.
```

Die wichtigsten Anweisungen der ELLPACK-Sprache beziehen sich auf:

1. DISCRETIZATION: Es stehen folgende Diskretisierungen zur Auswahl: Finite Differenzen (FIVE POINT STAR), Finite Differenzen höherer Ordnung (HODIE), Galerkin-Verfahren (SPLINE GALERKIN), Kollokation mit bikubischen Polynomen (COLLOCATION, HERMITE COLLOCATION);

2. INDEXING: verschiedene Indizierungsvarianten können gewählt werden, z. B. Originalindizes (AS IS), Schachbrettindizes (RED-BLACK) etc.;

3. SOLUTION: Gauß-Elimination für Bandmatrizen (BAND GE), Cholesky-Zerlegung (LINPACK SPD BAND), Jacobi-Iteration (JACOBI CG), Sukzessive Überrelaxation (SOR), Verfahren für schwach besetzte Matrizen (LU COMPRESSED);

4. TRIPLE: spezifiziert die Verfahren zur Ermittlung von Startnäherungen, z. B. Interpolation der Randbedingungen (SET U BY BLENDING) etc.;

5. OPTIONS: setzt Optionen bezüglich der Ausführung von ELLPACK, z. B. zur Ermittlung einer Rechenzeitschätzung (TIME), zur Festlegung der Menge an Ausgabeinformationen (LEVEL) etc.;

6. OUTPUT: dient der Ausgabespezifikation z. B. in tabellarischer Form (TABLE) oder in graphischer Form (PLOT, PLOT DOMAIN);

7. PROCEDURE: mit diesem ELLPACK-Segment kann man z. B. Eigenwerte der Diskretisierungsmatrix[2] berechnen (EIGENVALUES) oder die Verteilung der von Null verschiedenen Elemente dieser Matrix untersuchen (DISPLAY MATRIX PATTERN).

In Klammern sind die Schlüsselworte angeführt, mit denen eine genauere Spezifikation durchzuführen ist.

Bereits in ELLPACK [58] wurden einfache Methoden der Symbolmanipulation bei der Verarbeitung der sprachlichen Problembeschreibung eingesetzt. So wird z. B. automatisch erkannt und bei der Lösung berücksichtigt, wenn die PDEs konstante Koeffizienten besitzen.

Elliptic Expert ist die Erweiterung des *Interactive* ELLPACK um ein Expertensystem, das den Anwender bei der Auswahl des „besten" Algorithmus zur Lösung seines PDE-Problems unterstützt.

PARALLEL ELLPACK ist ein Software-System mit Expertensystem-Unterstützung, das der numerischen Lösung von zwei- und dreidimensionalen PDEs auf Parallelrechnern dient.

---

[2] Die *Diskretisierungsmatrix* ist die Matrix jenes linearen Gleichungssystems, das sich aus der Differentialgleichung nach Ersetzen der Ableitungen durch Differenzenquotienten ergibt.

Kapitel 6

Software-Entwicklung

Ziel jeder Software-Entwicklung ist sowohl die Erreichung einer hohen Produktivität als auch einer hohen Qualität unter Einhaltung geplanter Termine und Kosten. Diese Ziele können nur dann optimal erreicht werden, wenn die Haupttätigkeiten der Software-Erstellung, die aus *Entwicklung, Qualitätssicherung, Management* und *Wartung* bestehen, unter Berücksichtigung der gegenseitigen Abhängigkeiten beherrscht und durch Methoden, Sprachen, Werkzeuge und Organisationsmodelle unterstützt werden.

Die *Software-Entwicklung* hat die Aufgabe, aus einem geplanten Produkt ein fertiges Produkt zu machen, das die geforderten *Qualitätseigenschaften* besitzt. Der Entwicklungsprozeß wird i. a. aus einer Reihe von Einzeltätigkeiten bestehen, deren Ergebnis Teilprodukte sind und die den zeitlichen Ablauf der Software-Entwicklung festlegen. Solche zeitlichen Arbeitsabschnitte werden *Phasen* genannt. Die unterschiedliche Aufteilung und Anordnung der Phasen führt zu verschiedenen *Phasenkonzepten.*

Die Software-Entwicklung läuft nun nicht von selbst ab, sondern *Management* und *Organisation* sind notwendig, um die äußeren Rahmenbedingungen für einen geordneten Entwicklungsprozeß bereitzustellen. Bedingt durch den Problemumfang, die Komplexität und den Termindruck bei der Software-Entwicklung ist es i. a. erforderlich, mehrere Mitarbeiter bzw. mehrere Teams gleichzeitig zur Entwicklung einzusetzen. Umfangreiche Software-Entwicklungen verlangen bisweilen den Einsatz von einigen hundert Personaljahren. Aus der daraus resultierenden Notwendigkeit der Arbeitsteilung ergibt sich für das Management die Aufgabe, eine geeignete Arbeitsorganisation zu wählen. Zwischen Produktionsmannschaft und Management bestehen vielfältige Abhängigkeiten. Software-Entwicklungstechnologien erfordern daher unter Umständen auch geänderte Organisationsstrukturen.

Die Sicherstellung einer bestimmten (in der Spezifikation geforderten) Software-qualität muß durch eine entwicklungsbegleitende *Qualitätssicherung* und *-kontrolle* erreicht werden. Dazu sind eine ganze Reihe von konstruktiven und analytischen Maßnahmen erforderlich. Die Maßnahmen der Qualitätssicherung werden dabei sowohl von der Entwicklung beeinflußt (da die verwendeten Produktionsmittel bestimmte Sicherungsmaßnahmen erfordern) als auch vom Management (wie wird die Qualitätssicherung in den Entwicklungsprozeß organisatorisch integriert?). Außerdem hat die Produktwartung und -pflege Rückwirkungen auf die Qualitätssicherung (welche Qualitätsmerkmale ermöglichen optimale Wartung und Pflege?).

Die *Produktwartung* und *-pflege*, die der Entwicklung zeitlich nachgeordnet ist, spürt die Auswirkungen der Produktqualität am direktesten. Wartung und Pflege unterliegen ihren eigenen Gesetzmäßigkeiten. Deren Organisationsform unterscheidet sich unter Umständen ganz beträchtlich von der Organisation der Entwicklung. So muß z. B. die Qualitätssicherung bei durchgeführten Änderungen garantieren, daß das modifizierte Produkt wieder den geforderten Qualitätseigenschaften entspricht.

Eine erfolgreiche Software-Erstellung ist nur sichergestellt, wenn Software-Entwicklung, Qualitätssicherung, Management und Organisation sowie Wartung und Pflege technisch und organisatorisch beherrscht werden.

In anderen technischen Produktentwicklungen spielen analoge Forderungen und Aufgabenstellungen ebenfalls eine wesentliche Rolle. Es hat sich jedoch gezeigt, daß die Erstellung von Software eine ganze Reihe von Besonderheiten aufweist, die ihre termin-, kosten- und qualitätsgerechte Erstellung zum Teil außerordentlich erschwert:

- Die Qualität von Software ist schwer zu definieren, zu quantifizieren und zu überprüfen (vgl. Kapitel 4).

- Die Komplexität von Software-Systemen erfordert eine bewußte Gestaltung und Organisation der Entwicklungstätigkeit.

Beispiel: [LAPACK] Das Software-System LAPACK (vgl. Abschnitt 5.4) besteht aus Programmen und Test-Programmen, die zusammen ca. 600 000 *lines of code* umfassen. Das entspricht einer Komplexität, die mit industriellen Großprojekten vergleichbar ist. Dementsprechend war eine sehr sorgfältige Planung und Organisation erforderlich, um die gewünschten (sehr hohen) Qualitätsanforderungen erreichen zu können.

Phasenkonzept der Software-Entwicklung

Die Grundlage für Untersuchungen von Fragestellungen bei der Software-Entwicklung bildet sehr oft das *Phasenmodell* (engl. *software life cycle*). Es beruht auf der praktischen Erfahrung, daß die Entwicklung größerer Software-Produkte, ebenso wie die Entwicklung komplexer technischer Produkte anderer Art, bestimmte Stadien (*Phasen*) durchläuft. In Abb. 6.1 sind die Haupt*aktivitäten* der Software-Entwicklung im Schema des Phasenmodells dargestellt. Anhand dieser Abbildung kann man sehr gut erkennen, daß Programmentwicklung und Qualitätssicherung Hand in Hand gehen, wobei die Qualitätssicherung schon während der Analyse- und Planungsphasen einsetzt.

Analyse: In der *Problemanalysephase* geht es darum, das zu lösende Problem und alle Umgebungsbedingungen (Computer, Systemsoftware etc.) möglichst vollständig und eindeutig zu beschreiben und die Durchführbarkeit der geplanten Software-Entwicklung zu untersuchen (Kimm et al. [75]). Das resultierende Dokument der Problemanalysephase ist die *Anforderungsdefinition* („Pflichtenheft"). Sie ist die

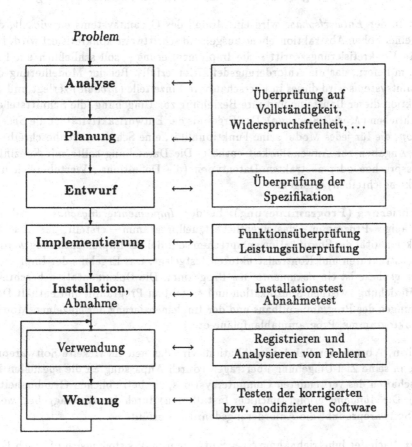

ABBILDUNG 6.1   Lebenszyklus und entsprechende Testaktionen

verbindliche Grundlage für die Abnahme der erstellten Software. Sie enthält eine möglichst exakte Beschreibung von Funktionalität und Leistung, ohne eine konkrete Realisierung (Implementierung) vorwegzunehmen.

Planung: In dieser Phase wird ein Zeitplan erstellt, die Arbeitsaufteilung unter die Projektmitarbeiter vorgenommen und die erforderlichen Hilfsmittel abgeschätzt.

Entwurf: In der *Entwurfsphase* wird ein Modell des Gesamtsystems entwickelt, das von einer hohen Abstraktionsebene ausgehend schrittweise konkretisiert wird. Der letzte Konkretisierungsschritt – die Implementierung – soll schließlich ein Programm liefern, das die Anforderungsdefinition erfüllt. Bei der Modellierung des Gesamtsystems wird dieses in überschaubare Einzelteile (*Module*) zerlegt und die Funktion dieser Bausteine und ihre Beziehung zur Umgebung, die Schnittstellen, beschrieben (*Modularisierung*). Das Ergebnis der Entwurfsaktivität ist die *Spezifikation*, die für jedes Modul seine Funktionalität, eine Schnittstellenbeschreibung und Angaben zur Anwendbarkeit enthält. Die Darstellung sollte mit Spezifikationssprachen oder abstrakten Datentypen (die Definitions-, Wertebereich und Effekt beschreiben) erfolgen.

Implementierung (Programmierung): In der *Implementierungsphase* wird ein lauffähiges Programm – das eigentliche Quellprogramm – erstellt, das in seiner Funktionalität der Spezifikation entsprechen soll. Bei der Implementierung werden Datenstrukturen und Kontrollstrukturen festgelegt. Das Ergebnis der Implementierungsphase ist ein *dokumentiertes* Programm. Die Dokumentation beschreibt die Beziehung zwischen Spezifikation und erstelltem Programm und enthält Darstellungen des Programmaufbaus und der Implementierung der einzelnen Module (Struktogramme, Programmablaufpläne etc.).

Installation, Abnahme: Bei der Installation wird das neu entwickelte Softwareprodukt in seine Ziel-Umgebung übertragen (durch Anpassung an die speziellen Eigenschaften des verwendeten Computersystems, die betrieblichen Gegebenheiten etc.). Die *Abnahme* erfolgt (nach der Installation) durch den Auftraggeber, wenn das Softwareprodukt die Anforderungsdefinition erfüllt.

Wartung: Nach der Inbetriebnahme eines Softwareprodukts stellen sich oft noch Fehler heraus, die im Rahmen der *Wartung* korrigiert werden. Im laufenden Betrieb ergeben sich auch sehr oft Wünsche nach Veränderungen und Erweiterungen, die ebenfalls im Rahmen von Wartungsarbeiten vorgenommen werden. Zu den Wartungsarbeiten kann auch der Austausch bestimmter Algorithmen bzw. Programmteile durch effizientere gehören.

Nach der Durchführung von Wartungsarbeiten müssen nicht nur die neuen, korrigierten oder veränderten Teile überprüft werden, sondern es müssen auch *alle* Tests wiederholt werden, die sich auf die Funktionalität und Leistung des Gesamtsystems beziehen, da mögliche Nebenwirkungen der Wartungsarbeiten i. a. nicht ausgeschlossen werden können.

Um die aus dem Phasenmodell resultierende starre Sequentialisierung der Softwareproduktion zu mildern, kann man z. B. zu einem Phasen-Schichten-Modell übergehen. Dazu wird eine Gliederung herangezogen, die das herzustellende Produkt in unterschiedliche Abstraktionsebenen (abstrakte Maschinen) unterteilt. Einzelne Schichten können nach ihrer Definition unabhängig von anderen Schichten hergestellt, das heißt, dem reinen Phasenmodell folgend bearbeitet werden. Die Arbeit an den verschiedenen Schichten kann zeitlich so weit unabhängig erfolgen, daß z. B. der Modul-Entwurf einer mittleren Schicht gleichzeitig mit der Implementierung der untersten Schicht erfolgen kann.

Eine wesentliche Aufgabe stellt die Gliederung des Problems in Schichten dar. Man kann sowohl, ausgehend von einer Basismaschine (dem tatsächlich einzusetzenden Computer), versuchen, darauf Benutzermaschinen (abstrakte Maschinen) aufzubauen (*Bottom-Up-Entwicklung*), als auch von einer Benutzermaschine ausgehend versuchen, Schichten in Richtung einer vorgegebenen Basismaschine zu definieren (*Top-Down-Entwicklung*).

6.1 Qualitätssicherung

Während früher die Qualität von Software-Produkten im wesentlichen durch Testen erreicht werden sollte, werden heute alle entsprechenden Maßnahmen unter dem Begriff *Qualitätssicherung* zusammengefaßt. Darunter versteht man alle geplanten und systematisch durchgeführten Tätigkeiten, die erreichen sollen, daß ein Softwareprodukt den vorgegebenen Qualitätsanforderungen entspricht oder daß sein vorhandenes Qualitätsniveau gesteigert wird. Qualitätsanforderungen sind qualitative und quantitative Eigenschaften, die an ein Produkt gestellt werden. Die Qualitätssicherung umfaßt konstruktive und analytische Maßnahmen.

6.1.1 Konstruktive Maßnahmen

Konstruktive Maßnahmen zur Qualitätssicherung sind Konzepte, Methoden, Sprachen und Werkzeuge, die dafür sorgen, daß das entstehende Software-Produkt a priori bestimmte Eigenschaften besitzt (Balzert [61], Kapitel 2). Beispiele dafür sind:

- Eine Programmiersprache, die keine unbedingten Sprünge (vgl. Abschnitt 17.6.2) zuläßt, sondern nur strukturierte Steueranweisungen besitzt, erzwingt automatisch Programme, die i. a. weniger fehleranfällig sind.

- Eine Programmiersprache, die keine Definition globaler Variablen ermöglicht, verbessert die Verständlichkeit und fördert die Wiederverwendbarkeit von Modulen in anderen Programmen.

- Ein Werkzeug, das sicherstellt, daß z. B. die Schachtelungstiefe von Steuerstrukturen kleiner als eine bestimmte Obergrenze (z. B. vier) ist, garantiert eine gute Testbarkeit des Moduls.

Das *Prinzip der maximalen konstruktiven Qualitätssicherung* kann man am besten mit „Vorbeugen ist besser als heilen" oder „Fehler, die nicht gemacht werden, brauchen auch nicht behoben zu werden" umschreiben (Balzert [61], Kapitel 3).

Die Anwendung dieses Prinzips bringt folgende Vorteile: Direkte Verbesserung der Produktqualität, Vermeidung von Fehlern und Reduktion analytischer Maßnahmen, da diese durch konstruktive Maßnahmen bereits teilweise vorweggenommen werden.

6.1.2 Analytische Maßnahmen

Mittels analytischer Maßnahmen wird das Qualitätsniveau eines Softwareprodukts gemessen; Fehler und Defekte werden dabei quantifiziert und lokalisiert. Es handelt sich also um diagnostische Maßnahmen. Zu den analytischen Maßnahmen zählen

- Programmverifikation;
- Codeinspektionen und *Walkthroughs*;
- Konventionelles Testen (vgl. Abschnitt 6.2).

Programmverifikation

Programmverifikation bedeutet, ein Programm mittels mathematischer Methoden daraufhin zu untersuchen, ob es seine Spezifikation erfüllt, die natürlich ihrerseits mathematisch präzise definiert sein muß (Loeckx, Sieber [76], Apt, Olderog [60]).

Die meisten Schwierigkeiten bei der Anwendung von Programmverifikations-Methoden werden durch die Programm*größe* der zu untersuchenden Software verursacht. Bereits einfache Programme verlangen unter Umständen enorm komplexe mathematische Beweise.

Codeinspektionen und Walkthroughs

Codeinspektionen und *Walkthroughs* sind zwei Software-Überprüfungsmethoden *ohne* Computereinsatz (*human testing*). Man nennt sie deswegen auch *Papier- und Bleistift-Methoden*. Ein Testteam überprüft im Rahmen von Sitzungen das Programm visuell und versucht, beim gemeinsamen Lesen des Codes Fehler zu finden, ohne jedoch dabei entdeckte Fehler zu beheben. Mit diesen kostengünstigen Methoden werden erfahrungsgemäß 30% − 70% der logischen Entwicklungs- und Codierungsfehler gefunden.

Bei einer **Codeinspektion** erklärt der Programmierer dem Testteam das Programm Anweisung für Anweisung, wobei erfahrungsgemäß viele Fehler dabei vom Programmierer selbst entdeckt werden. Dann wird das Programm mit Hilfe einer Checkliste *üblicher* Fehler (vgl. z. B. Myers [77]) manuell untersucht.

Anstatt wie bei einer Codeinspektion das Programm zu lesen und Prüflisten zu erstellen, spielen bei einem **Walkthrough** die Mitglieder des Testteams selbst Computer. Sie führen auf dem Papier Testfälle durch und besprechen anschließend die Resultate. Die Testfälle sollten dabei nicht zu schwierig sein, da sie von Hand durchgeführt werden müssen und nur Ansatzpunkte für eine Befragung des Programmierers liefern sollen.

6.1.3 Allgemeine Prinzipien

Unabhängig von der Verwendung analytischer Maßnahmen sollten folgende Prinzipien beachtet werden:

Prinzip der frühzeitigen Fehlerentdeckung:
Da die Kosten der Fehlerbeseitigung mit dem Zeitpunkt des Fehlererkennens exponentiell wachsen, sollten Maßnahmen zur Qualitätssicherung schon ab dem Beginn der Software-Entwicklung eingesetzt werden. Es ist das ökonomische Ziel der Qualitätssicherung, Fehler zum frühestmöglichen Zeitpunkt zu erkennen.

Die Anwendung dieses Prinzips ermöglicht:

- Vermeidung von Fehlern in späteren Phasen,
- höhere Wahrscheinlichkeit einer richtigen Fehlerkorrektur und
- Reduktion der Software-Entwicklungskosten.

Prinzip der entwicklungsbegleitenden, integrierten Qualitätssicherung:
Dieses Prinzip leitet sich direkt aus dem vorangegangenen ab. Um das Prinzip der frühzeitigen Fehlerentdeckung realisieren zu können und zu einer systematischen Qualitätssicherung zu gelangen, ist eine die Software-Entwicklung begleitende und in den Entwicklungsprozeß integrierte Qualitätssicherung erforderlich.

Prinzip der externen Qualitätskontrolle:
Kein Programmierer sollte eigene Programme testen (vgl. Abschnitt 6.2.3).

Prinzip der werkzeugunterstützten Qualitätssicherung:
Die Praktikabilität und die Wirtschaftlichkeit von analytischen und konstruktiven Qualitätssicherungsmaßnahmen kann deutlich erhöht werden, wenn möglichst viele Qualitätssicherungstechniken werkzeugunterstützt ablaufen.

Der Einsatz von Werkzeugen (vgl. Abschnitt 6.3.5) hängt dabei stark vom formalen Charakter der Produkte ab. So können Inspektionen und *Walkthroughs* zwar nicht automatisiert werden, aber vorher durchgeführte werkzeugunterstützte Analysen sind eine gute Vorbereitung dafür.

Prinzip der produktabhängigen Qualitätssicherungsmaßnahmen:
Die Auswahl der Qualitätssicherungsmaßnahmen hängt von den Qualitäts*anforderungen* ab, die an das zu entwickelnde Produkt gestellt werden. So müssen z. B. Softwareprodukte, die den Autopiloten eines Verkehrsflugzeugs steuern, eine signifikant höhere Qualität aufweisen als ein Programm für die Erstellung einfacher Wirtschaftsstatistiken.

Da Qualität jedoch ihren Preis hat, weil jede zusätzliche Qualitätssicherungsmaßnahme Geld kostet, sollte eine optimale Kosten-Nutzen-Relation für jedes Softwareprodukt angestrebt werden.

6.2 Testen

Unter *Testen* versteht man die Überprüfung des beobachteten Ein-/Ausgabeverhaltens von Programmen oder Programmteilen. Diese Überprüfung kann i. a. nicht vollständig sein. Dementsprechend kann durch Testen immer nur das *Vorhandensein von Fehlern*, aber nicht die Fehlerfreiheit von Programmen nachgewiesen werden.

Beim Testen werden Programme mit der Absicht ausgeführt, Fehler (Abweichungen von der Funktionalität bzw. Leistung, die in der Anforderungsdefinition festgelegt ist) zu entdecken. Ein *erfolgreicher* Test zeigt, für welche Eingabedaten bzw. unter welchen Bedingungen das getestete Programm Ausgabedaten liefert, die *nicht* seiner Spezifikation entsprechen.

In Abhängigkeit von den verschiedenen Abstraktionsebenen und Phasen der Software-Entwicklung unterscheidet man Modultests, Integrationstests, Installationstests und den Abnahmetest.

Modultest: Ziel der Modultests (*unit tests*) ist es, die Korrektheit der implementierten Funktionen gegenüber der Spezifikation zu überprüfen. Da ein einzelnes Modul i. a. nicht alleine lauffähig ist, besteht ein Teil der Arbeit beim Modultesten darin, Programme zu schreiben, die das Modul mit Test-Eingabedaten versorgen und die erhaltenen Ausgabedaten überprüfen, das sind

- ein *Treibermodul* für jedes zu testende Modul, das von einem anderen Modul Daten in einer bestimmten Form benötigt und

- ein *Stubmodul* (*Dummymodul*) für jedes Modul, das Daten von dem zu testenden Modul erhält.

Das Beginnen des Tests mit der niedrigsten Ebene eines Programms (*Bottom-Up-Testen*) hat verschiedene Vorteile:

- Man kann die kombinatorischen Schwierigkeiten beim Testen leichter in den Griff bekommen.

- Die Fehlerbehebung (Lokalisierung und Korrektur eines entdeckten Fehlers) wird erleichtert, da man einen entdeckten Fehler sofort einem bestimmten Modul zuordnen kann.

- Es entsteht eine potentielle Parallelität beim Testen, da man mehrere Module gleichzeitig testen kann.

Weitere Einzelheiten über das Modultesten liefert z. B. Myers [77].

Integrationstest: Beim Integrationstest (*integration test*) wird eine Menge von schon einzeln getesteten Modulen gemeinsam getestet. Ziel dieses Test ist es, Fehler bei der gemeinsamen Spezifikation (der intermodularen Kommunikation) aufzuzeigen. Diese Zielsetzung macht eine genaue Untersuchung der Schnittstellen nötig, die die Zentren der Kommunikation zwischen den Modulen darstellen. Wie die Erfahrung zeigt, sind Schnittstellen eine häufige Fehlerquelle, überhaupt dann, wenn verschiedene Programmierer kommunizierende Module schreiben.

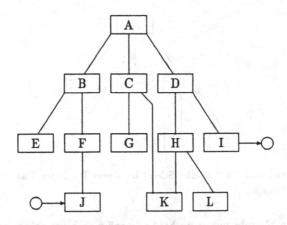

ABBILDUNG 6.2   Beispiel zum Top-Down-Testen

Installationstest: Beim Installationstest wird das ganze Programm auf seine Spezifikation hin untersucht, d. h., es soll gezeigt werden, daß Fehler bei der Zu-
sammenarbeit aller Module auftreten. Solche Tests werden normalerweise vom
Software-Entwickler durchgeführt; ihr Ergebnis wird dem Benutzer (Auftraggeber) mitgeteilt.

Abnahmetest: Der Abnahmetest (*acceptance test*) wird gewöhnlich von einem ausgewählten Team durchgeführt, das mehrere Systemtests an der gelieferten Software durchführt. Dieses Team sollte vom Software-Ersteller unabhängig sein (z. B.
der Benutzer bzw. Auftraggeber oder ein von ihm ausgewähltes Team).

Es gibt zwei Grundformen, die oben beschriebenen Teststufen zu durchlaufen:

6.2.1   Top-Down-Testen

Die Top-Down-Strategie beginnt mit dem Testen bei der Programmeinheit an der Spitze
der Aufrufhierarchie eines Programms (Modul A in Abb. 6.2). Dazu müssen für alle
Module, die vom Hauptmodul angesprochen werden oder von ihm Daten erhalten,
Hilfsmodule (*Dummy*-Module, *stubs*) implementiert werden. Die Erstellung derartiger
Hilfsmodule ist schwieriger, als es auf den ersten Blick aussieht. Es reicht nämlich nicht
aus, einfach nur eine Schnittstelle einzurichten, sondern die Dummy-Module müssen
auch annähernd die gleichen Reaktionen zeigen wie jene Module, die sie ersetzen sollen. Auch ist es oft notwendig, im Verlauf des Testens ein Modul durch mehrere verschiedenartige Hilfsmodule zu ersetzen. Nach dem Test des Hauptmoduls werden die
anderen Module durch Integrationstests nach und nach in den Test eingebunden, wobei
zwei *Forderungen* berücksichtigt werden sollten:

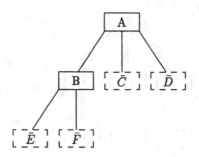

ABBILDUNG 6.3   Zweiter Schritt bei einem Top-Down-Test

1. Die Ein-/Ausgabe-Module sollten so bald wie möglich hinzugefügt werden.
2. Enthält das Programm *kritische Abschnitte*, so sollten diese möglichst frühzeitig in die Tests einbezogen werden. Dabei kann ein kritischer Abschnitt ein komplexes Modul sein oder ein Modul, das man potentiell für fehleranfällig hält.

In Abb. 6.2 ist die Aufrufhierarchie eines Programms dargestellt, das aus den zwölf Modulen $A, B, \ldots, L$ besteht. Modul J führt Leseoperationen und Modul I Schreiboperationen durch. Dieses Programm wird *top down* getestet, indem folgende Schritte ausgeführt werden:

1. Test des Hauptmoduls A. Zu diesem Zweck müssen Dummymodule für die Module B, C und D implementiert werden.
2. Eines der Dummymodule $\bar{B}, \bar{C}$ oder $\bar{D}$ wird durch die endgültige Version ersetzt, die nun selbst getestet wird. Dafür müssen wieder alle notwendigen Hilfsmodule – in diesem Schritt $\bar{E}$ und $\bar{F}$ – erstellt werden (Abb. 6.3).
3. Sukzessives Anhängen weiterer Module. Dazu gibt es zahlreiche Möglichkeiten. Einige davon sind z.B.

$$\begin{array}{llllllllllll} A & B & C & D & E & F & G & H & I & J & K & L \\ A & B & E & F & J & C & G & K & D & H & L & I \\ A & B & F & J & D & I & E & C & G & K & H & L \end{array}$$

Nach einigen Schritten könnte man den in Abb. 6.4 dargestellten Zwischenzustand erreichen.

Der wichtigste Vorteil dieser Methode ist, daß sehr bald ein Programmgerüst existiert, das Ein- und Ausgaben durchführt, obwohl noch immer einige Module nicht in ihrer endgültigen Version vorliegen müssen. Dies hilft bei der Entdeckung von logischen Fehlern im Programmkonzept und ermöglicht die Vorführung vor den Endbenutzern des geplanten Systems.

    Andererseits gibt es aber bei dieser Methode auch einige Schwächen. So kann es wegen der Größe oder der Kompliziertheit des Programms unmöglich oder zumindest

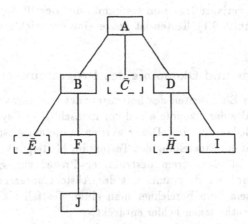

ABBILDUNG 6.4   Zwischenzustand bei einem Top-Down-Test

sehr schwierig sein, für ein Modul bestimmte Testfälle durch Dummy-Module zu kreieren. Auch kann es sehr aufwendig sein, das Ein-/Ausgabe-Modul frühzeitig an das Gerüst anzubinden, da aufgrund der Entfernung vom Hauptmodul viele Hilfsmodule nötig sind.

6.2.2   Bottom-Up-Testen

Das Bottom-Up-Testen ist, vereinfacht ausgedrückt, die Umkehrung des Top-Down-Testens. So werden die Vorteile des Top-Down-Testens zu Nachteilen des Bottom-Up-Testens und umgekehrt.

Bei dieser Methode beginnt der Tester bei den Terminalmodulen des Programms, d.h. bei jenen Modulen, die ihrerseits keine weiteren Module aufrufen. Dazu ist für jedes Modul ein Treibermodul notwendig, das in den meisten Fällen leichter herzustellen ist als ein Dummymodul beim Top-Down-Testen. Außerdem reicht immer *ein* Treibermodul für ein zu testendes Modul aus. In weiterer Folge gibt es keine bestimmte Regel, wie man sich in der Programmhierarchie von unten nach oben vorarbeiten soll, außer daß immer alle untergeordneten Module bereits getestet sein müssen, ehe der aufrufende Modul an die Reihe kommt.

Der größte Nachteil dieser Methode ist, daß während des Tests kein Programmskelett zur Verfügung steht. Erst wenn das letzte Modul getestet wurde, existiert ein ablauffähiges Programm. Da dies i. a. das Hauptmodul ist, können hier kritische Phasen auftreten. Andererseits gibt es keine Probleme mit der Struktur eines Programms, da der Treibermodul immer das direkt darüberliegende Element eines Moduls ist.

Testen ist ein wichtiger Bereich im Rahmen des Softwareengineering, nimmt es doch in der Regel ca. 50% der Zeit und mehr als 50% der Kosten einer Programmentwicklung in Anspruch. Das war nicht immer so. In den Fünfzigerjahren hatte das Softwaretesten noch geringe Bedeutung. Man stand auf dem Standpunkt: *Zuerst schreiben, dann te-*

sten. Ende der Siebzigerjahre trat zum erstenmal der Begriff *Software-Qualitätssiche-rung* auf (vgl. Abschnitt 6.1). Testen ist heute eine der wichtigsten Maßnahmen zur Qualitätssicherung.

6.2.3 Psychologie und Ökonomie des Programmtestens

Ohne die technischen Einzelheiten des Softwaretestens zu vernachlässigen, kann man sagen, daß Sachverhalte der Ökonomie und der menschlichen Psychologie beim Testen von entscheidender Bedeutung sind. Daher werden in diesem Abschnitt die Durchführbarkeit von Tests und die Einstellung des Testers im Mittelpunkt stehen.

Programmtesten ist ein extrem destruktiver Prozeß zur *Entdeckung von Fehlern.* Beim Testen wird ein Programm mit der Absicht untersucht, Fehler zu finden (Myers [77]). In diesem Sinn bezeichnet man einen Testfall als *erfolgreich*, wenn er einen im Programm enthaltenen Fehler entdeckt.

Aus dem Konflikt zwischen dem konstruktiven Prozeß des Programmierens und dem destruktiven Prozeß des Programmtestens folgt, daß

- kein Programmierer eigene Programme testen sollte. Die meisten Programmierer sind nämlich nicht in der Lage, die nötige destruktive Einstellung mitzubringen und den Wunsch zu entwickeln, Fehler in ihrem eigenen Programm zu finden, worunter die Effektivität des Testens leidet.

Es gibt noch einen weiteren Grund, daß Ersteller und Tester eines Programms nicht ein und dieselbe Person sein sollten. Hat nämlich der Programmierer die Aufgabenstellung falsch interpretiert und das Programm weist funktionelle Mängel auf, so können derartige Fehler oft nur von einer anderen Person entdeckt werden, da der Programmierer selbst immer wieder dieselbe Fehlinterpretation der Problemstellung begehen wird.

Unbedingt notwendig ist weiters auch

- eine präzise Definition der erwarteten Testergebnisse, da trotz richtiger Definition des Testens bei den testenden Personen der Wunsch besteht, erhaltene Testresultate als korrekt zu betrachten, auch wenn diese fehlerhaft sind.

6.2.4 Black-Box- und White-Box-Tests

Es gibt grundsätzlich zwei Wege, ein Software-Produkt zu testen. Dabei spielt die Frage *„Soll das Programm unter Einbeziehung seiner inneren Struktur getestet werden?"* die zentrale Rolle. Je nach der Antwort werden die Testmethoden in Black-Box- und White-Box-Tests unterteilt.

Black-Box-Test

Black-Box-Testen (*functional testing*) ist eine Teststrategie, bei der der Tester die interne Struktur und das interne Verhalten des Programms unberücksichtigt läßt und nur untersucht, ob das Programm seine funktionalen[1] Anforderungen erfüllt. Die Auswahl

---

[1]Mathematisch formuliert realisiert ein Programm P eine *Funktion* $f_P : E \to A$ von der Menge der Eingabedaten E in die Menge der Ausgabedaten A.

der Testdaten orientiert sich nur an den spezifischen Ein- und Ausgabedaten und deren funktionaler Verknüpfung. Beispiele für die Methode des Black-Box-Testens sind:

- Das Generieren von Testdaten anhand der Spezifikation (Parnas [78]).

- Das Erzeugen von Testdaten mit Zufallszahlengeneratoren. Für jede Eingangsvariable wird ein zufälliger Wert gewählt. Dieses relativ einfache Verfahren ist zumindest für einige Arten von Fehlern und Programmen effektiv.

Um jedoch mit dem Black-Box-Test wirklich erfolgreich zu sein, müßten *alle* möglichen Eingaben generiert und die erhaltenen Resultate überprüft werden (*vollständiger Eingabetest*). Dies wäre theoretisch zwar möglich, ist aber praktisch undurchführbar. Man müßte nämlich für sämtliche Kombinationen der als Eingabe auftretenden Maschinenzahlen des zugrundeliegenden Computers Testfälle entwerfen, was i. a. einen unzulässig hohen Zeitaufwand mit sich bringt.

Man erkennt hier zwei grundlegende Eigenschaften des Testens:

1. Man kann durch Testen i. a. *nicht* die Fehlerfreiheit eines Programms *garantieren*.

2. Beim Programmtesten ist die Wirtschaftlichkeit von enormer Bedeutung, da man aus den oben beschriebenen Gründen versuchen muß, in der nur begrenzt zur Verfügung stehenden Zeit möglichst viele Fehler zu finden. Die Erfahrung zeigt, daß ein unter Zeitdruck stehendes Software-Entwicklungsteam am ehesten versucht, bei der Qualitätssicherung (beim Testen) Zeit zu sparen.

Es sollte das Ziel jeder Testplanung sein, die Effektivität der Testdaten, und damit des Tests, zu maximieren. Dafür müssen jedoch *gezielt* Testfälle generiert werden, deren Entwurf nur durch genaue Kenntnis der internen Abläufe des vorliegenden Programms erfolgen kann. Diese Überlegungen führen zum White-Box-Testen.

White-Box-Test

White-Box-Testen (*structural testing*) ist eine Teststrategie, die auf der Kenntnis der internen Struktur der zu testenden Programme beruht. Der Tester kann also Fehler im internen Verhalten des Programms durch den Entwurf der Testdaten entdecken.

Das bekannteste Beispiel für diese Methode ist das *vollständige Pfadtesten*, bei dem man ein Programm dann als getestet betrachtet, wenn man alle möglichen Pfade des Datenstromes, die durch das Programm führen, mindestens einmal mit Testdaten ausgeführt und die erwarteten Ergebnisse erhalten hat. Dabei gibt es zwei Schwierigkeiten:

- Es kann unwirtschaftlich oder sogar praktisch unmöglich sein, *alle* im Programm möglichen Pfade des Datenstromes zu durchlaufen, da – aus denselben Gründen wie beim vollständigen Eingabetest – eine extrem große Anzahl solcher Pfade existieren kann.

- Auch ein Programm, bei dem alle Pfade einmal ausgeführt (durchlaufen) wurden, kann noch viele unentdeckte Fehler enthalten, weil z. B. erforderliche Pfade überhaupt fehlen können oder Pfade, die mit bestimmten Eingabedaten getestet wurden und korrekte Resultate geliefert haben, bei anderen (nicht getesteten) Daten fehlerhaft arbeiten.

Eine weitere Strategie des White-Box-Testens besteht in der *systematischen Erfassung von Programmteilen* (vgl. Abschnitt 6.3).

Zusammenfassend kann man sagen, daß *vollständige* Black-Box- und White-Box-Tests nur in Spezialfällen sinnvoll sind.

6.3 Statische Testverfahren

Bei dieser großen Gruppe von Testverfahren wird das zu testende Programm *nicht* ausgeführt (zum „Laufen" gebracht), d. h., man kommt ohne Eingabedaten aus. Dabei können nur syntaktische Fehler und strukturelle Mängel aufgezeigt werden. Die wichtigsten Fehler, die mit statischen Verfahren entdeckt werden können, sind Fehler und Anomalien des Ablaufgraphs eines Programms. Im *Ablaufgraph* eines Programms werden Anweisungen als Knoten und die zeitliche Abfolge ihrer Ausführung durch (gerichtete) Kanten dargestellt. Im Gegensatz zum Programmablaufplan (Flußdiagramm) besteht das Hauptinteresse beim Ablaufgraph im Kontrollfluß (den Verzweigungen) und nicht in den Details der Berechnungsvorgänge.

6.3.1 Compiler

Streng genommen führt bereits ein Compiler einen statischen Test durch, da er ein Programm auf syntaktische Fehler und undeklarierte Variablen untersucht.

6.3.2 Pfadtests

Pfadtests sind Teststrategien, die den Kontrollfluß eines Programms untersuchen und ihn auf Unzulänglichkeiten hin überprüfen. Sie sind eines der ältesten Testverfahren und Grundlage für viele andere Methoden (z. B. für die Erfassung von Programmteilen).

Im Rahmen eines Pfadtests wird ein zu testendes Programm in *Blöcke* untergliedert. Ein Block ist dabei eine Folge von Anweisungen, die weder Verzweigungen noch Schleifen enthält. Durch dieses Zusammenfassen eines Programms in Blöcke und das daraus resultierende Betonen von Verzweigungen bieten sich natürlich graphische Modelle zur Darstellung an: Die entstandenen Blöcke bilden die Knoten des *Kontrollgraphen*, die Verzweigungen und Schleifen seine Kanten.

Ein *Kontrollgraph* ist ein gerichteter Graph. Jeder Kontrollgraph hat einen *Eingangsknoten* (ohne eingehende Kante) und einen *Endknoten* (ohne wegführende Kante). Ebenso soll für jeden Knoten eine Kantenfolge existieren, sodaß man den Knoten vom Eingangsknoten durch Ablaufen dieser Kantenfolge erreichen kann. Eine solche Kantenfolge heißt *gerichteter Pfad*. Zusätzlich soll von jedem Knoten ein gerichteter Pfad zum Endknoten existieren. Einen Graphen, der diese Bedingungen erfüllt, nennt man einen *wohlgeformten gerichteten Graphen*.

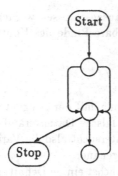

ABBILDUNG 6.5   Wohlgeformter gerichteter Graph

Bei Testmethoden mit Hilfe von Kontrollgraphen wird besonderes Augenmerk auf die *Entscheidungspunkte* eines Programms gelegt. Dies sind Verzweigungen (z. B. IF-THEN-ELSE-Konstrukte) oder Schleifen (z. B. DO-WHILE- oder FOR-Konstrukte). Beim Test eines Kontrollgraphen wird nun davon ausgegangen, daß beim Durchlaufen des Programms durch einen Programmierfehler (z. B. IF (a) THEN statt IF (.NOT. a) THEN) ein falscher Pfad des Kontrollgraphen gewählt wird. Dazu trifft Howden [71] folgende Fehlereinteilung:

1. Das Programm weist einen *Funktionsfehler* auf, wenn ein falsches Resultat auf das Durchlaufen eines falschen Programmpfades zurückzuführen ist.

   • Bei einem *Fehler bei der Pfadwahl* wurde ein falscher Pfad gewählt, obwohl ein Pfad existiert, der das richtige Ergebnis liefern würde.

      – Ein *Aussagefehler* ist der einfachste Fehler bei der Pfadwahl, der durch einen Fehler bei einer Aussage (z. B. IF (a < 3) THEN) hervorgerufen wird.

      – Ein Fehler in der Aussage kann durch einen *Fehler in einer Zuweisung* bewirkt worden sein. Daher sind auch Zuweisungsfehler Funktionsfehler.

   • Bei einem *fehlenden Pfad* gibt es keinen entsprechenden Pfad für diese Testdatenkombination.

2. Das Programm enthält einen *Berechnungsfehler*, wenn zwar der richtige Pfad durchlaufen wurde, aber durch falsche Berechnungen entlang dieses Pfades ein falsches Resultat zustande kommt.

Weiters wird jeder Kontrollpfad (ein gerichteter Pfad vom Eingangsknoten zum Endknoten) auf seine Ausführbarkeit hin untersucht. Dabei heißt ein Kontrollpfad *ausführbar*, wenn es eine Kombination von Eingabedaten gibt, sodaß er durchlaufen wird. Andernfalls heißt er *nicht ausführbar*. Bei diesem Verfahren werden alle nicht ausführbaren und damit für einen weiteren Test uninteressanten Kontrollpfade ausgeschieden bzw. aus dem Programm entfernt.

Nach einem derartigen Test kann ausgeschlossen werden, daß nicht wohlgeformte gerichtete Graphen oder nicht ausführbare Pfade des Kontrollgraphen im Programm enthalten sind.

6.3.3 Datenflußanalyse

Die Datenflußanalyse ist eine Testmethode, mit der geeignete Kontrollpfade ausgewählt werden, um nicht wünschenswerte oder falsche Datenveränderungen (*Datenflußanomalien*) zu entdecken. Dieses Verfahren untersucht also die Variablen und deren Veränderungen entlang eines Programmpfades genauer.

Zum besseren Verständnis seien zunächst einige Definitionen gegeben (Beizer [62]):

- Eine *Definition* einer deklarierten Variablen erfolgt, wenn sie auf der linken Seite einer Anweisung auftritt. Symbol: *D* (*definition*).

- Eine Variable wird *rückgesetzt*, wenn sie gelöscht oder auf andere Art unzugänglich gemacht wird oder wenn ihr Inhalt nicht mehr eindeutig bestimmt werden kann. Symbol: *K* (*killed*).

- Eine *Rechenvariable* tritt auf der rechten Seite einer Anweisung, als Zeiger- oder als Ausgabevariable auf. Symbol: *C* (*computational use*).

- Sie wird als *Prädikatvariable* verwendet, wenn sie in einem Prädikat (z. B. (a > 3)) oder als Zählvariable einer Schleife auftritt. Symbol: *P* (*predicate use*).

- Wird eine Variable ohne besondere Bestimmung gebraucht, gilt sie einfach als *verwendet*. Symbol: *U* (*use*).

Um Datenflußanomalien zu entdecken, werden entlang eines Programmpfades die verschiedenen Zustände einer Variablen anhand obiger Kriterien untersucht. Dabei gibt es folgende *richtige* Kombinationen:

DU: Eine Variable wird zuerst definiert und dann verwendet.

KD: Eine Variable wird zuerst rückgesetzt und dann definiert.

UK: Eine Variable wird zuerst verwendet und dann rückgesetzt.

UU: Eine Variable wird mehrmals verwendet.

Andere Kombinationen wiederum beschreiben Datenflußanomalien, die entweder Fehler oder mögliche Fehlerquellen darstellen, oder einfach nur Zeichen eines schlechten Programmentwurfes sind.

DK: Diese Kombination deutet auf einen möglicherweise versteckten Fehler hin. Warum wird eine Variable definiert, ohne verwendet zu werden?

DD: Eine möglicherweise harmlose, aber ungewöhnliche Kombination. Warum wird eine Variable zweimal definiert, ohne verwendet zu werden?

KK: Eine nicht notwendige, vielleicht falsche Kombination.

UD: Diese Kombination stellt keinen Fehler dar, da eine Programmiersprache üblicherweise eine Definition ohne vorhergehende Rücksetzung erlaubt.

KU: Dies ist sicher ein Fehler. Der Wert einer Variablen ist undefiniert, sie soll aber verwendet werden.

Nach einem derartigen Test kann ausgeschlossen werden, daß Variablenanomalien im Programm enthalten sind. Daneben bietet diese effiziente und kostengünstige Methode auch eine gute Dokumentationsmöglichkeit.

In der Literatur werden einige Systeme zur effizienten Bestimmung von Variablenanomalien beschrieben. Diese informieren den Benutzer, wie man den zugrundeliegenden Programmfehler schnell beheben kann. DAVE (Fosdick, Osterweil [69]) ist z. B. ein derartiges System. Neben speziellen Programm-Analysesystemen übernehmen auch manche (optimierenden) Compiler derartige Aufgaben.

6.3.4 Symbolische Auswertung

Die Grundidee dieser Methode besteht darin, daß die Eingangsvariablen symbolische Werte annehmen und die Ausgangsvariablen durch diese Werte formelmäßig ausgedrückt werden können. Durch eine Untersuchung dieser Ausdrücke kann dann festgestellt werden, ob das Programm die gewünschten Funktionen ausführt.

Die Schwäche dieses Verfahrens liegt darin, daß die symbolischen Ausdrücke nicht zu groß werden dürfen, da sonst deren Analysierbarkeit und Aussagekraft eingeschränkt wird (Clarke, Richardson [64]).

6.3.5 Statische Testwerkzeuge

Statische Testwerkzeuge sind Hilfsprogramme, die ein zu testendes Programm auf verschiedene Fehler hin untersuchen, ohne es auf einem Computer auszuführen. Alle diese Hilfsmittel dienen der Untersuchung der Struktur eines Programms. Für verschiedene Fehlerarten gibt es eigene Hilfsprogramme, so z. B.

Datenfluß-Analyseprogramme (*flow analysers*) für die Kontrolle der Konsistenz des Datenstroms von der Eingabe bis zur Ausgabe.

Pfadtester (*path testers*), um nicht verwendete oder widersprüchliche Teile zu finden.

Vollständigkeits-Analyseprogramme (*coverage analysers*), um sicherzustellen, daß alle logischen Pfade getestet werden (vgl. Abschnitt 6.3.2).

Schnittstellen-Analyseprogramme (*interface analysers*) für die Überprüfung von globalen Variablen und Daten, die zwischen zwei Modulen ausgetauscht werden.

Beispiel: [Statische Überprüfung]

```
INTEGER :: a, b, c, d, e
a = 0
DO
    READ *, c
    IF (c < 0) EXIT
    b = b + c
    d = b/a
END DO
STOP
PRINT *, b, d
```

Statische Testwerkzeuge würden entdecken, daß

- b vor der Verwendung nicht initialisiert wird,
- e nie verwendet wird,
- durch Null dividiert wird (wegen a = 0),
- das Kommando PRINT *, b, d nie durchlaufen wird.

Es gibt eine Reihe derartiger Hilfsprogramme. Zwei der umfangreichsten sind MALPAS (MALvern Program Analysis Suite) und SPADE (Southampton Program Analysis Development Environment; Smith [81]).

6.4   Dynamische Testverfahren

Bei dieser Gruppe von Testverfahren wird das zu testende Programm auf einem Computer ausgeführt. Dazu werden Eingabedaten konstruiert, um geeignete Testfälle festzulegen. Dabei muß versucht werden, alle das Programm betreffenden Informationen zu verwenden, um repräsentative Fälle zu kreieren und auf diese Weise die Wirtschaftlichkeit der Tests zu erhöhen.

6.4.1   Lösbarkeitsprobleme

Da die Wirtschaftlichkeit beim Programmtesten eine große Rolle spielt, ist es wichtig, zu wissen, welche der auftretenden Probleme grundsätzlich nicht lösbar sind, um dafür nicht unnötigen Aufwand zu verschwenden. Mit diesen Fragen beschäftigt sich die Theorie der Lösbarkeit.

Ein Problem wird als *unlösbar* (nicht berechenbar, nicht entscheidbar) bezeichnet, wenn bewiesen werden kann, daß grundsätzlich kein Algorithmus für seine allgemeine Lösung existiert (vgl. Abschnitt 3.1.3). Für folgende Probleme wurde der Beweis für ihre Unlösbarkeit erbracht:

- Die Äquivalenz (Funktionsgleichheit) von zwei Programmen: Es gibt keinen Algorithmus, der als Eingabe zwei beliebige Programme, Programmeinheiten oder Programmteile erhält und entscheidet, ob beide dasselbe leisten.

- Die Konstruktion einer ausreichenden endlichen Testdatenmenge, die in zuverlässiger Weise für ein beliebiges Programm für alle Eingabedaten dessen korrektes Funktionieren nachweist.

- Das Problem der Erreichbarkeit eines Kontrollpfades: Es ist nicht immer möglich, für einen beliebigen Kontrollpfad die entsprechenden Eingabedaten zu finden. Dieses Problem ist einem unlösbaren System von Ungleichungen äquivalent. Auch das Problem der Erreichbarkeit einer Anweisung ist in allgemeiner Form unlösbar.

- Das Problem der Ausführung von *allen* Kontrollpfaden, Anweisungen etc. durch geeignet zu konstruierende Datenkonstellationen.

Obwohl diese für den Bereich des Testens fundamentalen Probleme durch allgemeine algorithmische Methoden unlösbar sind, gibt es in vielen Fällen trotzdem Verfahren und Techniken, die für die Praxis ausreichend gute Lösungen liefern.

6.4.2 Erfassung von Programmteilen

Im Abschnitt 6.2.4 wurden einige dieser Methoden bereits als Beispiele für White-Box-Tests besprochen. Diese Idee soll nun weitergeführt werden, um zu zeigen, daß diese Methoden ein systematisches Testen ermöglichen. Viele Fehler werden sich ihrer Erkennung trotzdem entziehen.

Die folgenden Abschnitte behandeln Methoden der logischen Erfassung (engl. *coverage*) von Programmteilen.

Erfassung von Anweisungen

Nach dem Prinzip der Erfassung von Anweisungen (*statement coverage*) sind die Testdaten so auszuwählen, daß jede Anweisung im Programm mindestens einmal ausgeführt wird. Abgesehen von der grundsätzlichen Unmöglichkeit, derartige Testdaten nach einem *allgemeinen* (algorithmischen) Verfahren zu konstruieren, handelt es sich dabei um eine sinnvolle Forderung.

Der Nachteil dieses Prinzips zur Testdaten-Konstruktion liegt darin, daß fehlende Programmteile damit nicht erfaßt werden.

Beispiel: [Fehlender Programmteil] Bei der Anweisung

```
IF (x < 0) EXIT
```

existiert kein ELSE-Zweig. Falls dieser jedoch für einen korrekten Programmablauf notwendig sein sollte und beim Programmieren vergessen wurde, enthält das Programm einen Fehler, der mit dieser Methode nicht entdeckt werden kann.

Verzweigungstesten

Beim Verzweigungstesten (*decision coverage*) müssen die Testdaten so gewählt werden, daß jede Aussage während des Tests mindestens einmal .TRUE. und einmal .FALSE. liefert. Dies löst das oben beschriebene Problem des fehlenden ELSE-Zweiges. Trotzdem hat auch diese Testmethode Nachteile:

Wenn z. B. ein Programm zwei verschachtelte IF-THEN-ELSE-Konstrukte enthält und die Tests so ausgewählt werden, daß einmal die beiden THEN- und dann die beiden ELSE-Zweige ausgeführt werden, so ist dieses Kriterium erfüllt. Die gemischte

THEN-ELSE-Kombination wird jedoch nicht berücksichtigt und evtl. vorhandene Fehler werden nicht entdeckt.

Erfassung von Bedingungen

Eine andere Schwäche des Verzweigungs-Tests tritt bei Aussagen wie z. B.

```
IF ((a > 0) .AND. (b < 5)) THEN
```

auf. Beim Verzweigungstesten wird der *gesamte* logische Ausdruck auf .TRUE. und .FALSE. getestet. Dabei wird nicht berücksichtigt, daß das Ergebnis von *zwei* Booleschen Ausdrücken herrührt. Beim Erfassen von Bedingungen wird gefordert, daß *jede Bedingung* alle möglichen Ausgänge zumindest einmal annehmen muß.

Mehrfache Erfassung von Bedingungen

Bei dieser Art der Erfassung, die strenger ist als Verzweigungstesten oder die einfache Erfassung von Bedingungen, wird gefordert, daß während eines Testlaufs alle möglichen Kombinationen der Bedingungen in jeder Aussage mindestens einmal auftreten.

Schleifen

Bei der Behandlung von Schleifen gibt es mehrere Möglichkeiten. Manchmal wird einfach gefordert, daß Schleifen *mindestens* einmal durchlaufen werden müssen. Eine andere Möglichkeit besteht darin, zu fordern, daß Schleifen *genau* einmal durchlaufen werden müssen. Diese beiden Kriterien berücksichtigen jedoch nicht die interne Struktur der Schleife. Da sie außerdem auf keiner theoretischen Grundlage aufbauen, sind sie i. a. unbefriedigend. Andere Vorgangsweisen, die auch theoretisch abgesichert sind, werden in den folgenden Abschnitten besprochen.

Datenflußtest

Viele Autoren empfehlen den Einsatz einer Datenflußanalyse als Grundlage für das dynamische Testen. Die darauf beruhenden Methoden kann man als Verallgemeinerung der logischen Erfassung von Programmteilen betrachten. Dabei werden Testdaten gewählt, die eines oder mehrere der folgenden Kriterien erfüllen:

- Das *Definitions*-Kriterium fordert, daß jede deklarierte Variable im Programm auch zur Verwendung kommt (definiert wird).
- Das *Verwendungs*-Kriterium fordert, daß das Programm einen Weg von jeder Definition (Wertzuweisung) einer Variablen zu *jeder* ihrer Verwendungen enthält.
- Das *Berechnungs*-Kriterium ist erfüllt, wenn alle numerischen Variablen in Anweisungen verwendet werden.
- Das *Aussagen*-Kriterium ist erfüllt, wenn alle Aussagen erreicht werden.
- Das *Pfad*-Kriterium stellt sicher, daß alle Pfade durchlaufen werden.

- Das *Definitions-Verwendungs*-Kriterium stellt sicher, daß die Variablen in allen Wegen zuerst definiert und dann verwendet werden.

- Das *Knoten*-Kriterium entspricht der Erfassung von Anweisungen.

- Das *Kanten*-Kriterium entspricht dem Verzweigungstesten.

6.4.3 Mutations-Analyse

Bei der Mutations-Analyse wird das Hauptaugenmerk nicht auf die *Erzeugung* von Testdaten, sondern auf deren *Bewertung* gelegt. Es wird versucht, herauszufinden, wie gut gegebene Testdaten zur Fehlerentdeckung geeignet sind. Dabei werden durch systematisches Modifizieren des zu testenden Programms verschiedene fehlerhafte Programmversionen – *Mutanten* – erzeugt. Durch Testläufe wird experimentell (in Black-Box-Tests) überprüft, ob die Testdaten geeignet sind, diese bewußt angebrachten Programmfehler zu entdecken. Falls sich die vorhandenen Testdaten als unzulänglich herausstellen, liefert die Mutations-Analyse Hinweise zu deren sukzessiver Verbesserung.

Es sei ein zu testendes Programm P und eine Menge von Testfällen T gegeben. Das Programm P wird nun mit T ausgeführt. Es wird angenommen, daß keine Fehler entdeckt werden. Mit Hilfe kleiner Veränderungen in P, die mit sogenannten *Mutations-Operatoren* durchgeführt werden, entstehen alternative Programmvarianten, die als *Mutanten* von P bezeichnet werden. Dann wird jeder Mutant mit T ausgeführt. Die biologische Analogie wird fortgesetzt: Man sagt, ein Mutant „stirbt", wenn er für irgendeinen Testfall eine andere Ausgabe als P erzeugt. Er „überlebt" hingegen, wenn identische Ausgabewerte erhalten werden.

Überlebt eine große Anzahl von Mutanten, dann ist T unzulänglich, und verbesserte Testfälle werden benötigt. Wenn die Anzahl der überlebenden Mutanten jedoch klein ist und die vordefinierten Mutations-Operatoren in ausreichendem Maß angewendet wurden, so folgert man, daß die Testfälle zur Eliminierung der Mutanten effektiv waren.

Die überlebenden Mutanten vermitteln dem Tester eine neue Methode zur Erzeugung von Testdaten, nämlich durch die Eliminierung der Mutanten. Dies führt zu einem iterativen Testprozeß, der terminiert, wenn „beinahe alle" Mutanten eliminiert werden.

Die Erzeugung von Mutanten

Die Mutanten werden, wie bereits angedeutet wurde, durch die kombinierte Anwendung verschiedener Mutations-Operatoren auf das ursprüngliche Programm erzeugt. Diese Operatoren führen in dem Programm u. a. folgende Veränderungen durch: die Veränderung einer Addition zu einer Subtraktion, die Addition einer Eins zu einem arithmetischen Ausdruck oder den Austausch zweier Variablen. Das System EXPER für Fortran 77 - Programme enthält 22 unterschiedliche Operatoren. In ihrer Beschreibung zeigt Budd [63], daß bei der Mutations-Analyse die gleichen Testeffekte wie bei Anweisungs-, Verzweigungs-, Datenfluß-, Prädikat- oder Wertebereichstests auftreten.

Eine Hauptschwierigkeit bei der Mutations-Analyse ist die Erzeugung und Verarbeitung der großen Anzahl der Mutanten, da die Anzahl der Mutanten wie $O(L^2)$ wächst, wobei L die Länge (Zeilenanzahl) des Programms bezeichnet.

Mutanten heißen bezüglich eines gegebenen Programms P äquivalent, wenn sie die gleichen Eingangs-Ausgangs-Reaktionen wie P aufweisen. Diese Mutanten können von P nicht unterschieden werden und überleben deshalb immer. In der Praxis sind ca. 4% bis 10% der erzeugten Mutanten äquivalent zu P (Budd [63]).

Wie bereits erwähnt, ist die Fragestellung nicht entscheidbar, ob zwei Programme äquivalent sind. Daher ist es theoretisch unmöglich, bei der Mutationsanalyse festzustellen, ob zwei überlebende Mutanten äquivalent sind, oder ob sie durch geeignete erweiterte Testdaten unterschieden werden können. Oft können überlebende äquivalente Mutanten mit Hilfe einfacher praktischer Überlegungen erkannt werden. Trotzdem bleibt dies ein ernstes theoretisches und praktisches Problem der Mutations-Analyse.

Der schwache Mutations-Test

Eine der Mutations-Analyse ähnliche Teststrategie ist die *schwache Mutations-Analyse*. Diese unterscheidet sich vom Mutations-Test in folgenden Punkten:

1. Beim Mutations-Test wird die Funktion ganzer Programme getestet und mit jener von Mutanten verglichen. Bei der schwachen Mutations-Analyse dagegen wird das Hauptaugenmerk auf Ausdrücke und Anweisungen in Programmen gelegt.

2. Bei der Mutations-Analyse müssen die Mutations-Operatoren an die Programmiersprache angepaßt werden, damit man eine ausreichende Vielfalt von Mutanten erhält. Bei der schwachen Mutations-Analyse hängen die Veränderungen hingegen nicht so stark von der verwendeten Programmiersprache ab.

Die Fehlerklassen, für die Mutations-Tests erfolgreich sind, sind wohldefiniert. Es gibt aber keine Möglichkeit, Tests zu konstruieren, die Fehler bestimmter Klassen entdecken. Nur durch Abschwächung der globalen Möglichkeiten der Fehlerentdeckung kann man die lokale Entdeckung von Fehlern bestimmter Klassen verbessern.

Es gibt einige Vorteile des schwachen Mutations-Tests gegenüber dem eigentlichen Mutations-Test. Der erstgenannte ist der effizientere, da es nicht notwendig ist, ein separates Programm für jede Mutation herzustellen. Ein weiterer Vorteil besteht darin, daß die Testdaten, mit denen eine Mutation ausgeführt werden muß, a priori spezifiziert werden können, um einen unterschiedlichen Ausgangswert zu erhalten. Das bedeutet, daß der Anwender entscheidet, welche Testart auf die Komponente angewendet wird. Ein Nachteil der schwachen Mutations-Analyse ist, daß der Fall eintreten kann, daß das gesamte Programm mit den verschiedenen Mutations-Testdaten korrekt arbeitet und immer dieselbe Ausgabe liefert.

6.4.4 Funktionales Testen

Eine im kommerziellen und industriellen Bereich häufig angewendete Methode ist das funktionale Testen. Bei dieser Teststrategie handelt es sich um einen Black-Box-Test. Dabei wird in erster Linie untersucht, ob sich ein Programm hinsichtlich seiner funktionalen Eigenschaften den Spezifikationen entsprechend verhält. In dieser Hinsicht werden auch die Testdaten gewählt.

Bei dieser Methode treten verschiedene Schwierigkeiten auf. Die erste besteht darin, daß ein zu testendes Programm eine wesentlich umfassendere Funktionalität besitzen kann, als in der Spezifikation beschrieben wird. Mangelhafte Spezifikationen sind überhaupt sehr oft ein Hindernis für das sorgfältige Testen von Programmen.

Von Howden ([72, 73]) stammt eine Theorie für das funktionale Testen. Dabei wird nicht nur die in der Spezifikation festgelegte Funktionalität des gesamten Programms berücksichtigt, sondern auch jene Funktionen, die den verschiedenen Teilen des Programms entsprechen. Dies spiegelt den Prozeß wider, nach dem das Programm aus einfachen Funktionen zu einem komplexen System wächst.

Howden [72] hat Test-Experimente mit statistischen und numerischen Routinen der IMSL-Bibliothek durchgeführt und dabei acht schwere Fehler gefunden.

6.4.5 Pfadorientiertes Testen

Pfad- oder wegorientiertes Testen basiert auf der Verwendung des Datenflusses im Programm. Bereits im Abschnitt 6.3.2 wurde darauf hingewiesen, daß beim wegorientierten Testen das Programm auf einer Vielzahl von Pfaden durchlaufen werden muß, die mit bestimmten Kriterien ausgewählt werden. Es muß dabei eine Methode gefunden werden, die jene Eingangstestdaten bestimmt, die bewirken, daß diese Wege in den Testläufen ausgeführt werden.

Aufgrund der Existenz von Iterationsschleifen gibt es eine potentiell unbegrenzte Zahl von Wegen in einem Programm. Sogar in einem Programm ohne Schleifen wächst die Anzahl der Wege mit den Prädikaten exponentiell. Daher ist es *nicht* sinnvoll, in einem komplexen Programm Testdaten für *alle* Wege zu generieren.

Teil II

Fortran 90

Kapitel 7

Die Programmiersprache Fortran

Fortran ist die älteste und im technisch-naturwissenschaftlichen Bereich mit Abstand am weitesten verbreitete höhere Programmiersprache. Obwohl Fortran oft totgesagt und als großes Übel angesehen wurde, hat es 40 Jahre überlebt. Wie so oft im Computerbereich ist auch das Überleben von Fortran eng mit Akzeptanz und Standardisierung verbunden. Die Sprachdefinition von Fortran wurde bisher dreimal einer internationalen Normung unterzogen: 1966, 1978 und 1991. Die jeweiligen Sprachen werden *Fortran 66*, *Fortran 77* und *Fortran 90* genannt.

7.1 Fortran 66

Anfang der fünfziger Jahre erfolgte die Programmierung ausschließlich in Assemblersprachen und wurde von Personen ausgeführt, die Spezialisten für einen bestimmten Computertyp und die entsprechende maschinenorientierte Sprache waren. Eines der wichtigsten Qualitätskriterien der damaligen Programme war die optimale Ausnützung der teuren Hardware (durch möglichst sparsame Verwendung des vorhandenen Speicherplatzes und durch möglichst kurze Laufzeiten der Programme).

Es wurde bald erkannt, daß der Programmieraufwand für technisch-naturwissenschaftliche Problemlösungen (die damals das einzige Anwendungsgebiet der Computer waren) gesenkt werden kann, wenn man die Assemblersprachen um arithmetische Formelausdrücke erweitert. Dies war der Ausgangspunkt der Entwicklung der ersten höheren Programmiersprache: Fortran steht für „For*mula* tran*slating system.*"

Die wichtigste Forderung beim Entwurf von Fortran war, die optimale Hardware-Nutzung von Assemblerprogrammen zu erreichen oder allenfalls geringfügig zu unterschreiten. Dieses vorrangige Entwurfsziel der Laufzeit- und Speichereffizienz führte zu einer Reihe von Sprachelementen, die heute als besonders nachteilig angesehen werden, aber immer noch in Fortran enthalten sind.

John Backus [24] und andere IBM-Mitarbeiter begannen 1953 mit der Entwicklung von Fortran. Die Sprache wurde konzipiert, um optimalen Objekt-Code für die IBM 704 zu liefern. Konstrukte, die schwer zu optimieren waren (z. B. beliebige Indexausdrücke bei Feldern) oder die nicht der IBM 704-Hardware angemessen waren (z. B. negative Inkremente bei Schleifen), wurden nicht in die Sprache aufgenommen. 1957 wurde der erste Fortran-Compiler für die IBM 704 freigegeben.

Aus mehreren Überarbeitungen der ersten Sprachdefinition resultierte 1962 eine Fortran-Version, die später als Fortran IV bezeichnet wurde. Fortran IV beschreibt einen Sprachumfang, der über Jahre hinweg unverändert blieb und auf manchen Anlagen heute noch Anwendung findet.

Da beim Entwurf von Fortran die Effizienz und damit die Ausnutzung spezieller Hardwarebesonderheiten eine dominierende Rolle spielten, waren andere Hardwarehersteller gezwungen, eigene Fortran-Versionen zu entwickeln. Dies hatte einen beträchtlichen Wildwuchs zur Folge, sodaß die Portabilität von Fortran-Programmen äußerst gering war. Aus diesem Grund setzten relativ früh Normierungsbestrebungen ein.

Nach vierjähriger Arbeit wurde ein Normdokument (ANSI X3.9–1966) veröffentlicht, das im wesentlichen eine Beschreibung von Fortran IV war. Damit war Fortran die erste genormte Programmiersprache. Im üblichen Sprachgebrauch wird diese Sprache als *Fortran 66* bezeichnet.

Fortran entstand als lochkartenorientierte Sprache. Grundsätzlich mußte jede Anweisung in einer neuen Zeile (bzw. auf einer eigenen Lochkarte) beginnen. In jeder Zeile mußten strenge Anordnungsvorschriften eingehalten werden (Anweisungstext war nur in den Spalten 7–72 erlaubt etc.).

Die zur Benennung von Variablen und Programmeinheiten erlaubten Namen durften aus maximal *sechs* Buchstaben oder Ziffern bestehen – eine Einschränkung, die die Lesbarkeit von Fortran 66 und 77-Programmen stark behindert, da die Verwendung von selbsterklärenden Namen nahezu ausgeschlossen ist.

In Fortran 66 gab es bereits die Möglichkeit zum separaten Übersetzen von Unterprogrammen. Dadurch wurde die Entwicklung von Programmbibliotheken sehr gefördert. So begannen die zwei heute größten mathematischen Software-Organisationen – IMSL und NAG (vgl. Abschnitt 5.3) – im Jahre 1970 ihre Entwicklungsarbeit auf der Basis von Fortran 66.

7.2 Fortran 77

Nach siebenjähriger Arbeit wurde 1978 ein Normdokument (ANSI X3.9–1978) veröffentlicht, das eine überarbeitete Fortran-Sprachdefinition enthielt. Der damit festgelegte Sprachumfang, der als *Fortran 77* bezeichnet wird, definiert die heute am weitesten verbreitete Programmiersprache im technisch-naturwissenschaftlichen Sektor.

Fortran 77 brachte gegenüber Fortran 66 keine fundamentalen Änderungen. Das Normdokument war eher eine Festschreibung ohnehin bestehender Spracherweiterungen von Fortran 66, die von den Computerfirmen bzw. deren Compilerautoren vorgenommen worden waren.

Die große Bedeutung von Fortran 77 liegt in der außerordentlich großen Menge bestehender Programme. Diese stellen eine Investition dar, deren Auswirkungen – wie z.B. die Tatsache, daß der *vollständige* Sprachumfang von Fortran 77 in Fortran 90 enthalten ist – noch Jahre bis Jahrzehnte zu spüren sein werden. Man mußte bei der Weiterentwicklung von Fortran auf die vielen bestehenden und in Verwendung befindlichen Fortran 77-Programme Rücksicht nehmen.

7.3   Fortran 90

Unmittelbar nach Abschluß der Arbeiten an der Definition von Fortran 77 wurde vom Fortran-Normenausschuß (ANSI-Komitee X3J3) mit der Weiterentwicklung begonnen. 1982 sollte ein neuer Standard fertiggestellt sein. Nach langen Verzögerungen, die hauptsächlich durch die Kontroverse zwischen Verfechtern einer möglichst umfangreichen Reform und einem eher konservativen Flügel verursacht waren, wurde 1987 ein Entwurf veröffentlicht („Fortran 8X"). Die Reaktionen waren eher negativ. 1988 legte das ISO-Komitee ISO/IEC JTC1 SC22/WG5 fest, welche Änderungen es für eine Norm-Sprachdefinition forderte. Nach einem längeren Einigungsvorgang zwischen ANSI und ISO wurde schließlich im August 1991 die ISO-Norm ISO/IEC 1539 [101] veröffentlicht. Weil der Inhalt dieser Sprachdefinition bereits 1990 abgeschlossen war, bekam diese neue Programmiersprache den Namen *Fortran 90*. 1992 wurde diese Sprachdefinition auch von der ANSI zur Norm erhoben (X3.198 – 1992) [97].

Datenobjekte

Neben einfachen Datenobjekten kann man Felder und Datentypen (*records*) selbst definieren. Für die selbstdefinierten Typen kann man auch die vorhandenen Operatorsymbole verwenden und ihre Bedeutung selbst festlegen (*operator overloading*).

Die Genauigkeit der REAL-, COMPLEX- und INTEGER-Daten kann durch Anforderung festgelegt werden. Die passende maschineninterne Zahlendarstellung wird automatisch gewählt.

Steuerstrukturen

Die Steuerstrukturen von Fortran 90 wurden auf einen Stand gebracht, wie er in allen modernen imperativen Programmiersprachen gegeben ist (WHILE-Schleifen, EXIT-und CYCLE-Anweisung, CASE-Anweisung etc.) und der ein strukturiertes Programmieren (ohne GOTO etc.) ermöglicht.

Feldverarbeitung

Die verschiedensten Arten der Bearbeitung von Feldern (z. B. die Lösung linearer Gleichungssysteme, die Berechnung von Eigenwerten, Eigenvektoren, Singulärwerten etc., die Lösung von Ausgleichsproblemen ...) spielen eine zentrale Rolle in der Numerischen Datenverarbeitung. Man kann ohne Übertreibung sagen, daß Fortran 90 für diese Problemlösungen die derzeit besten Sprachelemente zur Verfügung stellt.

Programmeinheiten, Module

Fortran 90 ermöglicht den rekursiven Unterprogramm-Aufruf. Es gibt Schlüsselwort-Parameter und optionale Parameter.

Unterprogramme können in Programmeinheiten enthalten sein (interne Unterprogramme werden von Fortran 90 unterstützt).

Module ermöglichen die Bereitstellung von Daten, Typdefinitionen und Unterprogrammen. Damit ist die Möglichkeit gegeben, abstrakte Datentypen in Fortran 90 zu implementieren.

7.4   Weitere Entwicklungen

Fortran 90 ist eine Programmiersprache, die keine Konstrukte enthält, die für die explizite Nutzung von Parallelrechnern geeignet sind. Das Fortran-Komitee X3J3 entschied bereits 1983, in die in Arbeit befindliche Norm-Definition keine Sprachelemente für Parallelrechner aufzunehmen, da der Zeitpunkt für zu früh erachtet wurde, zu einer einheitlichen Definition zu gelangen.

1987 wurde mit dem PCF (*Parallel Computing in Fortran*) ein separates Komitee gegründet, das einige Entwürfe veröffentlichte, die primär für *shared memory computers* gedacht sind.

1992 wurde das HPFF (*High Performance Fortran Forum*) gegründet, von dem die Definition von HPF (*High Performance Fortran*) stammt. HPF enthält als Obermenge von Fortran 90 spezielle Sprachelemente, die der Aufteilung von Feldern auf die Prozessoren eines *distributed memory computers* dienen.

Ende 1992 wurde das ANSI-Komitee X3J3 von der ISO beauftragt, an einer Erweiterung der Fortran-Norm zu arbeiten, mit dem Ziel, 1995 einen neuen Norm-Text zu veröffentlichen. Schwerpunkte dieser Weiterentwicklung sollen u. a. Objektorientierung, Eignung für Parallelrechner, Behandlung von Ausnahmesituationen (*exception handling*) und Zeichenketten mit flexibler Länge (*varying strings*) sein.

Kapitel 8

Die lexikalische Struktur von Fortran 90 - Programmen

Jedes Programm in einer höheren Programmiersprache muß in eine Form gebracht werden, die als Eingabe von einem Übersetzer akzeptiert wird, sodaß dieser ein lauffähiges Programm in Maschinencode oder in einer anderen Programmiersprache erzeugen kann.

Programme bestehen aus einer endlichen Aneinanderreihung von Zeichen (*Zeichenfolge* oder *Zeichenkette*). Die einzelnen Zeichen fügen sich zu Symbolen zusammen; aus diesen werden wiederum Befehle gebildet, und aus einer Folge von Befehlen entsteht schließlich das Programm.

8.1   Der Zeichensatz

Ein *Zeichen* ist ein Element aus einer zur Darstellung von Information vereinbarten endlichen Menge, die *Zeichenvorrat* oder *Zeichensatz* genannt wird.

Zur Codierung von Zeichen werden auf Digitalrechnern Bitfolgen verwendet. Die Größe des Zeichenvorrats hängt von der (konstanten) Länge dieser Bitfolgen ab. Eine Bitfolge der Länge 8 (ein *Byte*) erlaubt einen Vorrat von $2^8 = 256$ Zeichen.

Normen

Für die Codierung und Speicherung von Zeichen haben sich in erster Linie zwei Formen durchgesetzt:

ASCII[1]-Code: Eine genormte Codierungsvorschrift, die von einem Byte nur 7 Bit zur Zeichendarstellung verwendet, was einen effektiven Zeichenvorrat von 128 Zeichen bedeutet. Das freie achte Bit dient als Prüfbit. Zur Codierung werden Ziffern, Buchstaben und Sonderzeichen numeriert. Die Dualdarstellung ihrer Ordnungsnummer belegt die sieben signifikanten Bits.

---

[1] ASCII (*American Standard Code for Information Interchange*) ist die nationale amerikanische Ausformung der internationalen Norm ISO 646 : 1983 (*Information processing – ISO 7-bit coded character set for information interchange*); die deutsche Ausformung wird in der DIN-Norm 66003 (mit Umlauten) festgelegt (vgl. Engesser, Claus, Schwill [3]).

EBCDI²-Code (EBCDIC): Die Zeichen werden in Gruppen eingeteilt. Die erste Tetrade (Bitfolge der Länge 4) kennzeichnet die Gruppe eines Zeichens. Innerhalb der Gruppe werden die Zeichen durchnummeriert. Die zweite Tetrade enthält die Dualdarstellung der Nummer des Zeichens.

Ordnungsrelationen

Durch den ASCII- und den EBCDI-Code werden die zwei wichtigsten Alphabete für Rechenanlagen definiert.

Ein *Alphabet* ist eine Menge von Zeichen

$$A = \{a_1, a_2, \ldots, a_m\}$$

mit einer *Ordnungsrelation* (*collating sequence*)

$$a_1 < a_2 < \cdots < a_m.$$

ASCII- und EBCDI-Code unterscheiden sich im wesentlichen durch Art und Anzahl der in der Menge A enthaltenen Sonderzeichen und bezüglich der Ordnungsrelation. So gilt z. B. beim ASCII-Code (⊔ symbolisiert das Leerzeichen)

$$⊔ < 0 < 1 < \cdots < 9 < A < B < \cdots < Z < a < b < \cdots < z,$$

während beim EBCDI-Code die Relation

$$⊔ < a < b < \cdots < z < A < B < \cdots < Z < 0 < 1 < \cdots < 9$$

festgelegt wurde. Die Ordnungsrelation des Alphabets wird auf Zeichenketten lexikographisch angewendet.

Beispiel: [Ordnungsrelation] Im ASCII-Code gilt

    FORTRAN < Fortran,

im EBCDI-Code dagegen

    Fortran < FORTRAN.

In beiden Codes gilt die Beziehung

    Fortran⊔⊔ < Fortran90.

Um die Portabilität von Fortran 90 - Programmen zu erreichen, d. h., um die Möglichkeit zu schaffen, daß Fortran 90 - Programme sowohl auf Anlagen ablaufen können, die den ASCII-Code verwenden, als auch auf solchen, die mit dem EBCDI-Code arbeiten, beschränkt sich die Norm auf die Forderung der folgenden Ordnungsrelationen:

---

²Der EBCDI- (*Extended Binary Coded Decimal Interchange*) Code wird z. B. sehr oft auf IBM-Rechenanlagen eingesetzt.

1. $A < B < \cdots < Z$
2. $0 < 1 < \cdots < 9$
3. $_\sqcup < A < \cdots < Z < 0 < \cdots < 9$ *oder* $_\sqcup < 0 < \cdots < 9 < A < \cdots < Z$

und, sofern ein Rechnersystem auch Kleinbuchstaben zur Verfügung stellt,

4. $a < b < \cdots < z$
5. $_\sqcup < a < \cdots < z < 0 < \cdots < 9$ *oder* $_\sqcup < 0 < 1 < \cdots < 9 < a < \cdots < z.$

Die Norm schreibt also nicht vor, ob die Ordnungszahlen der Ziffern größer oder kleiner als die der Buchstaben sein sollen. Auch die Position der Sonderzeichen wird nicht festgelegt. Damit ist durch die Ordnungsrelation keine der beiden Codierungsformen bevorzugt; allerdings gibt es in Fortran 90, wie im Abschnitt 16.5 gezeigt wird, vordefinierte Funktionen zum lexikographischen Vergleich, die auf die Norm ISO 646:1983 Bezug nehmen.

Programme sollten stets so geschrieben werden, daß keine anderen Ordnungsrelationen als die der Fortran 90 - Norm vorausgesetzt werden.

Der Fortran 90 - Zeichensatz

Die Wahl der in einem Programm zugelassenen Zeichen ist eine der fundamentalen Entscheidungen beim Entwurf einer Programmiersprache.

Der Zeichensatz von Fortran 90 besteht aus den *Großbuchstaben* des lateinischen Alphabets, den arabischen Ziffern von 0 bis 9 und den sogenannten Sonderzeichen. Buchstaben und Ziffern werden zusammen *alphanumerische Zeichen* genannt.

Die Fortran 90 - Norm zählt aus Gründen der Vereinfachung der Syntaxregeln auch die Unterstreichung _ zu den alphanumerischen Zeichen.

Buchstaben:	A B C D E F G H I J K L M N O P Q R S T U V W X Y Z
Ziffern:	0 1 2 3 4 5 6 7 8 9
Unterstreichung:	_

Sonderzeichen:	+	Plus	-	Minus
	*	Stern	/	Schrägstrich
	=	Gleichheitszeichen	%	Prozentzeichen
	(	linke Klammer	)	rechte Klammer
	,	Beistrich (Komma)	.	Punkt
	;	Strichpunkt	:	Doppelpunkt
	?	Fragezeichen	!	Rufzeichen
	'	Hochkomma (Apostroph)	"	Anführungszeichen
	<	Kleiner-Zeichen	>	Größer-Zeichen
	$	Währungszeichen	&	Et-Zeichen (kaufm. Und)
	⊔	Leerzeichen (*blank*)		

Das Währungssymbol kann variieren; statt des hier verwendeten Dollarzeichens werden auch Symbole für andere Währungen, z. B. £ für Englische Pfund, von der Norm zugelassen. Diese Regelung vermindert die Portabilität von Fortran 90 - Programmen und erhöht die Fehleranfälligkeit (vgl. Hahn [27]).

Von der Verwendung des Währungssymbols ist abzuraten.

Sofern ein Rechnersystem auch Kleinbuchstaben bereitstellt, sind sie als Bestandteile der Syntax gleichbedeutend mit den Großbuchstaben, nicht aber in Zeichenketten (vgl. Abschnitt 9.3.5) sowie in Zeichenketten-Formatbeschreibern (vgl. Abschnitt 15.3.5).

Beispiel: [Groß- und Kleinschreibung] Die folgenden *Namen* (vgl. Abschnitt 8.2.2) sind äquivalent, sie werden von einem Fortran-System nicht unterschieden.

```
DETERMINANTE    ↔  Determinante  ↔  determinante
CHARACTER       ↔  Character     ↔  character
Mittellinie     ↔  MittelLinie   ↔  MITTELlinie
```

Hingegen sind die folgenden *Zeichenketten* (vgl. Abschnitt 9.3.5) *nicht* äquivalent.

```
"FORTRAN"          ↮  "Fortran"          ↮  "fortran"
"Mittellinie"      ↮  "MittelLinie"      ↮  "MITTELlinie"
"Funktionsaufrufe" ↮  "FunktionsAufrufe" ↮  "FunktionSaufrufe"
```

Die Verwendung von Groß- und Kleinbuchstaben wird generell empfohlen.

Falls es aus Gründen der Portabilität erforderlich sein sollte, kann mit Hilfe einfacher Hilfsprogramme jederzeit eine Programmversion erstellt werden, in der nur Großbuchstaben auftreten.

Beispiel: [UNIX] Der UNIX-Befehl

```
tr [a-z] [A-Z] < file-kleinbuchstaben > file-GROSSBUCHSTABEN
```

wandelt alle Kleinbuchstaben in Großbuchstaben um.

Die Sonderzeichen haben bis auf das Fragezeichen und das Währungssymbol eine spezielle Bedeutung, beispielsweise als Operatoren oder als Information für den Compiler.

Die im Deutschen verwendeten Zeichen ß, Ä/ä, Ö/ö und Ü/ü sind *nicht* im Fortran 90 - Zeichensatz enthalten und dürfen daher an den meisten Stellen in Programmen nicht verwendet werden. Sie sind durch ss, Ae/ae, Oe/oe und Ue/ue zu ersetzen.

Die Norm erlaubt die Zeichen ß, Ä/ä, Ö/ö und Ü/ü – so wie andere, nicht im Zeichensatz enthaltene Sonderzeichen – nur in Kommentaren, in Zeichenketten, als Daten bei der Ein- und Ausgabe sowie in Zeichenketten-Formatbeschreibern (vgl. Abschnitt 15.3.5).

Da das Vorhandensein der Umlaute und des ß systemabhängig ist, also nicht auf allen Rechnersystemen vorausgesetzt werden kann, mindert ihre Verwendung die Portabilität der Programme und ist daher nicht zu empfehlen.

8.2   Lexikalische Elemente

So wie menschliche Sprachen verschiedene Wortarten kennen, die z. B. Gegenstände, Eigenschaften oder Tätigkeiten beschreiben, unterscheidet man auch in Fortran 90 mehrere Verwendungsarten von „Wörtern" bzw. Symbolen (lexikalischen Elementen, *tokens*). Symbole sind Zeichen oder Zeichenfolgen, die zur Darstellung von Begriffsinhalten oder Sachverhalten verwendet werden. Sie sind vom Gesichtspunkt der Sprachdefinition aus nicht weiter unterteilbare Bedeutungsträger; aus ihnen setzt sich das Programm wie aus Elementar-Bausteinen zusammen.

Die lexikalischen Elemente von Fortran 90 sind Schlüsselwörter (vgl. Abschnitt 8.2.1), Namen (vgl. Abschnitt 8.2.2), Anweisungsmarken (vgl. Abschnitt 8.4.6), literale Konstanten (vgl. Abschnitt 9.1; nicht jedoch komplexe Literale, vgl. Abschnitt 9.3.3), Operatorsymbole (vgl. Abschnitt 8.3), Trennzeichen (vgl. Abschnitt 8.2.3) sowie die Zeichenfolgen

$$= \quad => \quad : \quad :: \quad ; \quad \%$$

Beispiel: [Token] Die Zeichenfolge READ ist das Symbol für den Beginn einer Eingabe-Anweisung.

Um die lexikalischen Elemente, die sich in einer Zeichenfolge des Quellprogramms verbergen, zu erkennen, muß der Übersetzer vor der eigentlichen Übersetzung eine *lexikalische Analyse* durchführen. Jenen Teil des Übersetzers, der diese „Übersetzung" des Quellprogramms in eine Folge von lexikalischen Elementen vornimmt, nennt man *scanner*. Die lexikalische Analyse ist somit das Bindeglied zwischen dem Quellprogramm und dem „eigentlichen" Übersetzer (*compiler*), der die syntaktische und die semantische Analyse, die Codegenerierung und die Codeoptimierung vornimmt.

Namen, Konstanten und Anweisungsmarken müssen von angrenzenden Namen, Konstanten, Marken oder Schlüsselwörtern durch Leerzeichen oder durch ein Zeilenende (*line feed, carriage return*) getrennt werden. Leerzeichen dürfen *nicht* innerhalb von lexikalischen Elementen vorkommen. Ausnahmen bilden einige Schlüsselwörter; z. B. kann das Schlüsselwort ELSEIF auch ELSE IF geschrieben werden.

8.2.1 Schlüsselwörter

In den meisten Programmiersprachen sind besondere Zeichenfolgen definiert, die eine in der Sprache genau festgelegte Bedeutung haben, wie in Fortran 90 z. B. die Zeichenfolgen „READ", „EXIT", „ALLOCATE", „POINTER", „MODULE" usw. Solche Zeichenfolgen bezeichnet man als *Schlüsselwörter* der Programmiersprache. Sie stellen Befehle, Teile von Befehlen, Funktionsnamen oder Operatoren dar.

In einigen Programmiersprachen werden Schlüsselwörter speziell gekennzeichnet, z. B. indem man sie mit Großbuchstaben schreibt, während andere Symbole mit Kleinbuchstaben geschrieben werden. Dies ist in Fortran 90 *nicht* der Fall. Es gibt auch *keine* reservierten (Schlüssel-) Wörter in Fortran 90, d. h., Schlüsselwörter haben nur dann ihre fest vorgegebene Bedeutung, wenn sie an ganz bestimmten Stellen innerhalb einer Anweisung auftreten: Fortran 90 hat *kontextabhängige* Schlüsselwörter.

In diesem Buch werden Schlüsselwörter sowohl in den Programmbeispielen als auch im Text stets mit *großen* und andere Symbole mit *kleinen* Buchstaben geschrieben, was Schlüsselwörter eindeutig erkennbar macht und die Lesbarkeit erhöht.

Beispiel: [Groß- und Kleinschreibung]

```
INTEGER :: variable_1
IF (anfang == ende) EXIT
summe = 0.5*(SIN (a) + SIN (b))
END PROGRAM beispiel
```

Die Verwendung von Großbuchstaben für Schlüsselwörter und von Kleinbuchstaben für alle anderen Symbole in Programmen wird generell empfohlen.

8.2.2 Namen

Namen (*Bezeichner*, engl. *identifier*) sind Zeichenfolgen in einem Programm, die zur eindeutigen Bezeichnung von Variablen, Programmeinheiten, Datentypen usw. verwendet werden.[3] Die Bedeutung eines Namens ist – im Gegensatz zu Schlüsselwörtern – nicht mit der Syntax der Programmiersprache festgelegt, sondern sie wird vom Programmierer selbst durch eine *Deklaration* (Vereinbarung) definiert. Ein Name darf innerhalb einer Programmeinheit (vgl. Kapitel 13) nur einmal deklariert werden. Namen sind frei wählbar; es gelten lediglich die folgenden Beschränkungen:

1. Ein Name darf nur aus Buchstaben, Ziffern und Unterstreichungen bestehen.

2. Das erste Zeichen eines Namens muß ein Buchstabe sein.

3. Ein Name darf höchstens 31 Zeichen enthalten.

Der *Geltungsbereich* (*Bindungsbereich*) eines Namens umfaßt alle Stellen im Programm, an denen das zum Namen gehörende Datenobjekt mit der gleichen, vereinbarten Bedeutung existiert. Namen, deren Geltungsbereich sich über mehrere Geltungseinheiten erstreckt, werden als *globale Namen*, Namen, deren Geltungsbereich auf eine Geltungseinheit beschränkt ist, als *lokale Namen* bezeichnet (vgl. Abschnitt 13.6).

In Fortran 90 gibt es auch spezielle Situationen, wo der Geltungsbereich eines Namens nur eine einzige Anweisung bzw. nur einen bestimmten Teil einer einzigen Anweisung umfaßt (vgl. z. B. Gehrke [99]).

Ein und derselbe Name kann verschiedene Größen bezeichnen, sofern diese getrennte Geltungsbereiche haben.

Namen sind für den Programmierer auch Mittel zur Speicherung und Weitergabe von Information über die Bedeutung von Objekten. Die Wahl geeigneter Namen kann die Qualitätsmerkmale Lesbarkeit und Wartbarkeit eines Programms wesentlich beeinflussen. Namen sollten es daher gestatten, einen Bezug zur Bedeutung der von ihnen benannten Objekte herzustellen.

Beispiele: [Namen] Die folgenden Zeichenketten können als Namen (denen man die Bedeutung der benannten Objekte entnehmen kann) verwendet werden:

determinante	diskriminante
kruemmung	grad_polynom
abweichung_2_norm	mittel_geometrisch

---

[3] Die Begriffe „Name" und „Bezeichner" werden hier im Gegensatz z. B. zu Hahn [27] synonym gebraucht.

Die folgenden Zeichenketten sind als Namen *nicht* erlaubt:

     `mittelpunkt_einer_kurve_zweiter_ordnung`   (zu lang)
     `quantil_0.05`   (Punkt ist nicht erlaubt)
     `3_D`   (erstes Zeichen ist kein Buchstabe)
     `wurzel_aus-1`   (Minus ist nicht erlaubt)

Namen dürfen, da es in Fortran 90 keine reservierten Wörter gibt, mit Schlüsselwörtern identisch sein.

Beispiel: [Schlüsselwörter als Namen]

    `DO end = begin, exit`   (BEGIN ist *kein* Schlüsselwort)
    `...`
       `IF (then) if = else`
    `...`
    `END DO`

Aus Gründen der Programmklarheit wird empfohlen, von dieser Möglichkeit keinen Gebrauch zu machen.

8.2.3 Trennzeichen

Trennzeichen (*Begrenzer*, engl. *delimiter*) sind Zeichen oder Zeichenfolgen, die bestimmte lexikalische Elemente einfassen. In Fortran 90 sind das die Zeichen(folgen)

    `(...)`   `/.../`   `(/.../)`

8.3 Operatoren

Operatorsymbole werden benötigt, um in einer Programmiersprache Befehle zur Datenmanipulation formulieren zu können, was in Kapitel 11 detailliert dargestellt wird. In Fortran 90 gibt es die folgenden *vordefinierten* Operatoren:

numerische Operatoren: `+`   `-`   `*`   `/`   `**`

Vergleichsoperatoren: `>`   `>=`   `<`   `<=`   `==`   `/=`
  oder äquivalent: `.GT.` `.GE.` `.LT.` `.LE.` `.EQ.` `.NE.`

logische Operatoren: `.NOT.` `.AND.` `.OR.` `.EQV.` `.NEQV.`

Zeichenverkettungsoperator: `//`

Zuweisungsoperator: `=`

Die vordefinierten Operatoren haben einen *globalen* Geltungsbereich, d. h., man kann davon ausgehen, daß sie überall, wo es die Syntax erlaubt, mit der gleichen Bedeutung benützt werden können.

In Fortran 90 gibt es auch die Möglichkeit, weitere Operatoren selbst zu definieren sowie die vordefinierten Operatoren in ihrer Bedeutung zu erweitern. Im letzteren Fall spricht man vom *Überladen* (*overloading*) der Operatoren. Genauer werden diese Techniken in Abschnitt 11.9 erläutert.

8.4   Programmzeilen

8.4.1   Anweisungen

Programme sind, so wie geschriebene Prosa, aus Zeilen aufgebaut. In diesen Programmzeilen stehen *Anweisungen* (*Befehle*, engl. *statements*), die den vom Programm auszuführenden Algorithmus beschreiben. Eine Analogie zum Begriff der Anweisung in
Programmiersprachen bildet der Satz der menschlichen Sprache, der aus Wörtern und
Satzzeichen besteht und je nach den verwendeten Sprachelementen verschiedene Bedeutung haben kann.

Anweisungen in Programmiersprachen bestehen aus Schlüsselwörtern, Namen, Sonderzeichen, Operatoren und anderen Elementen, die erst später behandelt werden. Um
nicht vorzugreifen, wird jetzt noch nicht auf die Regeln eingegangen, nach denen Anweisungen zusammengesetzt werden; da aber der Begriff „Anweisung" im folgenden
öfters gebraucht wird, seien einige einfache Beispiele für die Zuweisung der Ergebnisse
von Berechnungen an eine Variable angeführt:

Beispiel: [Anweisungen]

```
y = SIN (x)
c_quadrat = a**2 + b**2
wurzel_aus_x = SQRT (x)
pi = 4.*ATAN (1.)
dreieck_flaeche = 0.5*(x_1*(y_2 - y_3) + x_2*(y_3 - y_1) + x_3*(y_1 - y_2))
```

8.4.2   Länge einer Zeile

Eine Programmzeile darf aus bis zu 132 Zeichen bestehen. Führende Leerzeichen sowie
Leerzeichen zwischen lexikalischen Elementen werden zwar mitgezählt, sind aber ohne
Bedeutung für den Übersetzer; daher können z. B. die Anweisungen beliebig eingerückt
werden, um bessere Übersichtlichkeit zu erhalten.

Wegen der Einschränkungen mancher Ausgabegeräte (Bildschirme, Drucker etc.)
ist eine Beschränkung auf 80 Zeichen pro Zeile empfehlenswert.

8.4.3   Trennung von Anweisungen

Eine Fortran 90 - Programmzeile enthält im Normalfall genau eine Anweisung; die Anweisungen sind dann durch das Zeilenende getrennt. Will man aber mehrere Anweisungen in eine Zeile schreiben, so müssen sie durch einen Strichpunkt getrennt werden.

Beispiel: [Mehrere Anweisungen pro Zeile]

```
a = 0;   b = 0;   c = 0
```

Es wird empfohlen, nur sehr einfache Anweisungen zusammen in eine Zeile zu schreiben,
da sonst die Lesbarkeit des Programms leidet.

8.4.4 Kommentare

Für Klarheit und Wartbarkeit eines Programms ist es unerläßlich, den Programmverlauf zu kommentieren.

Kommentare können an eine Programmzeile angefügt werden oder eigene Zeilen bilden. Sie haben *keinen* Einfluß auf den Programmablauf. Sie werden mit einem Rufzeichen eingeleitet, das den Übersetzer anweist, den Rest der Zeile ab dem Rufzeichen zu ignorieren. Kommentare dürfen auch Zeichen enthalten, die *nicht* im Fortran 90-Zeichensatz enthalten sind (insbesondere Umlaute und ß).

Da das Vorhandensein der Umlaute und des ß systemabhängig ist, also nicht generell vorausgesetzt werden kann, mindert ihre Verwendung die Portabilität der Programme und ist daher auch in Kommentaren nicht zu empfehlen.

Beispiel: [Kommentarformen]

```
      y = SIN (x)        ! Das ist ein angefuegter Kommentar ...
!                        ... und das ist eine eigene Kommentarzeile.
```

In Zeichenketten oder Zeichenketten-Formatbeschreibern sind Kommentare nicht möglich, weil dort beliebige Zeichen (und daher auch das Rufzeichen) vorkommen können.

Beispiel: [Zeichenkette]

```
      "Achtung! Das ist KEIN Kommentar."
```

Kommentare dürfen noch vor der ersten Anweisung eines Programms stehen, aber nicht nach der letzten.

In Kommentaren sollte Groß- und Kleinschreibung verwendet werden.

Zur Erhöhung der Übersichtlichkeit von Programmen können und sollen auch Leerzeilen verwendet werden.

8.4.5 Zeilenfortsetzung

Anweisungen, die man nicht in einer einzigen Zeile unterbringen kann oder möchte, können auf mehrere (höchstens 40) aufeinanderfolgende Zeilen aufgeteilt werden. Dabei muß jede fortzusetzende Zeile als letztes nichtleeres Zeichen vor einem allfälligen Kommentar ein & aufweisen; die Fortsetzungszeile *kann* mit einem & beginnen.

Beispiel: [Zeilenfortsetzung]

```
      wurzel_aus_x = &
      SQRT (x)
```

oder

```
      wurzel_aus_x = &        ! Hier ist ein Kommentar zulaessig
      & SQRT (x)
```

Falls eine Zeile innerhalb eines lexikalischen Elements endet und fortgesetzt wird, *muß* die Fortsetzungszeile mit einem & beginnen, das unmittelbar (d.h. ohne eingefügte Leerzeichen) vom Rest des lexikalischen Elements gefolgt wird.

Derartige Zeilenfortsetzungen sollten unbedingt vermieden werden.

Beispiel: [schlechte Zeilenfortsetzung]

```
      wurzel_aus_x = SQ&
      &RT (x)                 ! Kommentar ueberfluessig
```

Zeichenketten (vgl. Abschnitt 9.3.5) können ebenfalls fortgesetzt werden; einer fort-
zusetzenden Zeile darf dann jedoch kein Kommentar angefügt werden, und die Fortsetzungszeile *muß* mit einem & beginnen.

Beispiel: [Zeilenfortsetzung bei Zeichenketten]

```
   "Zeichen&
      &kette"      ! Hier ist wieder ein Kommentar zulaessig
```

Kommentare können *nicht* fortgesetzt werden, da in ihnen ja beliebige Zeichen (und
daher auch &) vorkommen dürfen. Man kann Kommentare aber nach Belieben nach
oder zwischen Programmzeilen setzen, wodurch es unnötig wird, sie fortzusetzen.

8.4.6 Anweisungsmarken

Jede Anweisung kann, sofern sie nicht Teil einer Verbundanweisung (eines *compound
statements*, vgl. Abschnitt 12.1) ist, durch Voranstellen einer Anweisungsmarke gekennzeichnet werden. Anweisungsmarken bestehen in Fortran 90 aus ein bis fünf Ziffern[4],
wobei mindestens eine Ziffer von Null verschieden sein muß. Jeder Marke muß genau
eine Programmzeile entsprechen.

Beispiel: [Marke]

```
    100   y = SIN (x)
```

Auf markierte Anweisungen kann lokal, d.h. in der jeweiligen Programmeinheit,
Bezug genommen werden. Sie werden in Fortran 90 primär als Sprungziele (vgl.
Abschnitt 17.6.1) und für die Identifikation von Format-Anweisungen (vgl. Ab-
schnitt 15.3.2) verwendet.

*Wie in Abschnitt 17.6.1 erläutert wird, erschweren Sprünge das Verständnis, die
Lesbarkeit und die Strukturierung von Programmen. Sprünge – und damit auch Anweisungsmarken zur Kennzeichnung von Sprungzielen – sollten daher so weit wie
möglich vermieden werden. Sofern sie doch verwendet werden (z. B. bei FORMAT-
Anweisungen), sollten nur solche Anweisungen mit Marken versehen werden, auf die
tatsächlich Bezug genommen wird.*

Unnötige Marken wirken sich negativ auf die Laufzeit-Effizienz des betreffenden
Programms aus, da unter Umständen bestimmte Optimierungen des Compilers verhin-
dert werden.

---

[4]Anweisungsmarken dürfen also im Gegensatz zu Namen nur *numerisch* sein!

Kapitel 9

Datentypen

9.1 Datenobjekte

Programme bilden auf mehr oder weniger hohem Abstraktionsniveau Prozesse unserer Erfahrungswelt nach, ob es sich nun um die Lösung naturwissenschaftlicher Probleme handelt oder um die Verwaltung einer Datenbank. Zu diesem Zweck manipuliert ein Programm Datenobjekte. Datenobjekte sind *Modelle* von Größen der Erfahrungswelt, beispielsweise für Zahlen, für Texte, für Mengen oder sogar für Personen[1]. Was man sich unter einem Datenobjekt vorzustellen hat, soll durch einen zweiten Abstraktionsschritt verdeutlicht werden, durch den ein „Modell für das Modell" definiert wird:

Ein Datenobjekt kann aus einem externen und einem internen (Teil-) Objekt bestehend gedacht werden. Das *externe Objekt* besteht aus einem oder mehreren *Bezeichnern* (*Namen*, engl. *identifiers*). Es ist das, was der Programmierer von dem Datenobjekt „sieht" und worauf er direkten Zugriff hat (z. B. durch Schreiben, d. h. Verwenden, dieser Namen in einem Programm). Das *interne Objekt* ist die rechnerinterne Darstellung des Objekts, die i. a. verborgen bleibt. Es besteht aus einem oder mehreren Werten und einer oder mehreren *Referenzen* (*Adressen*[2]). Eine Referenz gibt an, *wo* die Werte des Objekts während der Programmlaufzeit im Speicher des Rechners zu finden sind, stellt also die Verbindung zwischen Namen und Wert dar. Das interne Objekt kann im Lauf der Abarbeitung eines Programms einem oder mehreren externen Objekten zugeordnet sein und wird üblicherweise während der Laufzeit verändert. Interne Objekte sind also *dynamisch*, während externe Objekte *statisch* sind.

Im folgenden werden Veranschaulichungen dieses Modells für einige grundlegende Arten von Datenobjekten gezeigt.

Variablen sind Datenobjekte, deren Wert während des Programmablaufs verändert werden kann.

Dieser Gebrauch des Wortes unterscheidet sich von dem in der Mathematik üblichen Variablenbegriff. Eine *mathematische* Variable ist ein Zeichen für ein beliebiges (aber *festes*) Element aus einer vorgegebenen Menge. In diesem Sinn ist die mathematische

---

[1] Ein krasses Beispiel für Abstraktion, das verdeutlicht, daß ein Modell nie das Wesen der zu modellierenden Größe erfassen kann, sondern lediglich Teilaspekte.

[2] Eine *Adresse* ist eine Zahl zur eindeutigen Kennzeichnung einer Speicherzelle oder einer Gruppe von Speicherzellen. Meist laufen Adressen von 0 bis $2^n - 1$, wobei $n = 32$ ein üblicher Wert ist.

Variable ein Platzhalter, der durch irgendeinen Wert des zulässigen Wertebereichs der Variablen ersetzt werden darf. Der *informatische* (dynamische) Begriff der Variablen mit der damit verbundenen zeitlichen Veränderbarkeit des Werts hat in der Mathematik kein Gegenstück.

Wenn im folgenden von Variablen die Rede ist, so sind – sofern nichts anderes gesagt wird – sowohl *Skalarvariablen*, deren Wert *ein* Skalar ist, als auch *Feldvariablen* (vgl. Abschnitt 9.5), deren Wert ein n-Tupel von Skalaren ist, gemeint.[3] Dieser Sprachgebrauch trägt der hervorstechenden Eigenschaft von Fortran 90 Rechnung, daß für viele Operationen sowohl Skalare als auch Felder ohne Notationsunterschiede als Operanden zulässig sind. Weitere Informationen über Felder und Operationen auf Feldern enthalten die Abschnitte 9.5 und 11.7.

Eine Variable kann im beschriebenen Modell so dargestellt werden:

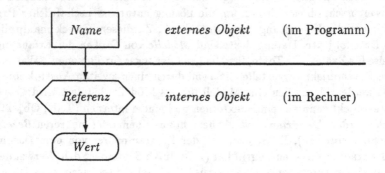

Konstanten sind Datenobjekte mit einem während des gesamten Programmablaufs festen Wert.

Diese Definition ist *nicht* selbstverständlich, entspricht sie doch weitgehend dem *mathematischen* (statischen) Begriff der *Variablen* (vgl. obige Definition).

Man kann einer Konstanten einen Namen geben; sie wird dann als *benannte Konstante* (*Namenkonstante*, engl. *named constant*) bezeichnet. Konstanten, die keinen Namen haben, sind *eigentliche Konstanten* oder *Literale* (*literal constants*).

Im oben beschriebenen Modell haben benannte Konstanten dieselbe Struktur wie Variablen, aber unveränderbare Werte. Das externe Objekt unbenannter Konstanten (Literale) ist, da sie keinen Namen haben, eine den Regeln der Programmiersprache gemäße Notation für ihren Wert. Literale haben i. a. keine Referenz im obigen Sinn.

---

[3] Der Sonderfall eines Feldes, das nur ein Element hat und dessen Wert daher ebenfalls nur *ein* Skalar ist, sei fürs erste ausgeklammert.

Beispiel: [Literal] Die Unterscheidung zwischen externem und internem Objekt bei Literalen ist schon deshalb notwendig, weil wegen der binären rechnerinternen Darstellung von Datenobjekten z. B. bei numerischen Literalen i. a. der (dezimale) Wert des externen nicht mit dem (binären) Wert des internen Objekts übereinstimmt. So ist etwa der binäre Wert von 0.1_{10} ein periodischer Binärbruch $0.000\overline{1100}_2$, der in *keiner* dualen Arithmetik exakt darstellbar ist[4]. Bei 24stelliger Dualdarstellung (Gleitpunktzahlendarstellung durch 4 Bytes) unterscheidet sich z. B. der *Wert* von 0.1 (das interne Objekt) vom externen Objekt 0.1 um einen Differenzbetrag der Größenordnung $5 \cdot 10^{-9}$. Ob das interne Objekt größer oder kleiner als 0.1 ist, hängt von den speziellen Rundungsmechanismen ab (vgl. dazu Kapitel 2).

Noch deutlicher tritt der Unterschied zwischen externem und internem Objekt bei *Zeichen* hervor, deren interne Repräsentation ja, wie in Abschnitt 8.1 gezeigt, die Binärdarstellung ihres Codes ist.

Ein Datenobjekt kann auch mehrere Referenzen besitzen. Dazu gibt es in Fortran 90 zwei Hauptmöglichkeiten:

1. Der Programmierer kann mehreren Variablen (oder Teilen von Variablen) ausdrücklich denselben Speicherplatz zuweisen. Das geschieht z. B. mit der EQUIVALENCE-Anweisung (vgl. Abschnitt 17.5.2 und Hahn [27]).
   Diese Programmiertechnik ist nicht empfehlenswert, weil sie schwer durchschaubar und fehleranfällig ist.
2. Der Programmierer kann die Referenz einer benannten Variablen auf die Referenz einer anderen benannten Variablen oder eines unbenannten Speicherplatzes weisen lassen. Die verweisende Variable heißt dann *Zeiger* (*pointer*).[5] Wozu man Zeiger verwendet und wie man mit ihnen umgeht, wird in den Abschnitten 9.7 und 11.10 erläutert.

Im Modell haben Zeiger die in Abb. 9.1 dargestellte Struktur. Im linken Teilbild weist der Zeiger, der durch *Zeigername* und *Z-Referenz* dargestellt ist, auf unbenannten Speicherplatz, der die Adresse *V-Referenz* und den Wert *Wert* hat. Im rechten Teilbild weist der Zeiger auf eine benannte Variable. Man beachte, daß der Zeiger keinen selbständigen Wert hat, sondern stets auf den Wert seiner Zielvariablen weiterverweist.

Als *Datenobjekte* im Sinn der Fortran 90 - Norm gelten Variablen, Konstanten sowie Teilobjekte von Konstanten. *Teilobjekte* sind Teile benannter Objekte, die unabhängig von den anderen Teilen angesprochen werden können. Dazu zählen Teilfelder, Feldelemente, Teilzeichenketten sowie Strukturkomponenten.

---

[4] Die rationale Zahl a/b (reduzierte Bruchdarstellung) hat dann und nur dann eine *endliche* p-adische Entwicklung, wenn es eine natürliche Zahl n gibt derart, daß b ein Teiler von p^n ist.

[5] In vielen Programmiersprachen definieren Zeiger einen eigenen Datentyp (vgl. Hahn [27]), der auch *dynamischer Datentyp* genannt wird. In Fortran 90 hingegen bilden Zeiger keinen eigenen Datentyp.

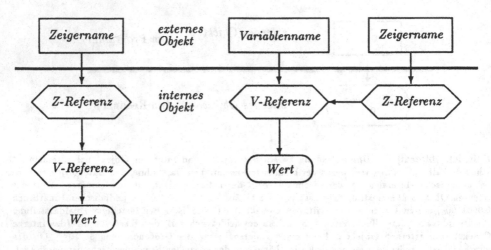

ABBILDUNG 9.1   Struktur von Zeigern

9.2   Das Konzept des Datentyps

Interne Objekte werden als Bitmuster kodiert, die meistens zu Bytes (Folgen von 8 Bits) zusammengefaßt werden. In Maschinen- und Assemblersprachen werden Objekte auch lediglich auf dieser niedrigen Ebene betrachtet und manipuliert; es gibt nur bit-, byte- und wortweise[6] Operationen. Die einzigen Datenobjekte, die auf Maschinenebene zur Verfügung stehen, sind also Zahlen und Zeichen. Daher kann von der angestrebten Anpassung an gegebene Problemstellungen durch Modellierung von Objekten der Wirklichkeit nur sehr eingeschränkt die Rede sein; alle zu manipulierenden Größen müssen durch (binäre) Zahlen, d. h. Bitmuster, dargestellt werden. Schon die Nachbildung einer einfachen Multiplikation oder gar Exponentiation zweier reeller Zahlen bereitet dem Programmierer erheblichen Aufwand: Maschinen- und Assemblersprachen eignen sich hauptsächlich für hardwarenahe Anwendungen.

Viele höhere Programmiersprachen stellen daher mehrere *vordefinierte Datentypen*[7] (*intrinsic data types*) zur Verfügung, denen die einzelnen Datenobjekte zugeordnet werden. In Fortran 90 geschieht diese Zuordnung für benannte Datenobjekte durch Anweisungen, die *Vereinbarungen* (*Deklarationen*) genannt werden (vgl. Kapitel 10). Meist modellieren die vordefinierten Datentypen Zahlen, Zeichen oder Wahrheitswerte der Booleschen Logik[8]. Der Datentyp eines Objekts legt dessen interne Repräsentation

---

[6] Ein *Wort* ist eine Folge von i. a. 4 Bytes, die z. B. bei Speicherzugriff als eine Einheit behandelt wird. In diesem Zusammenhang treten auch *Halbwörter* (2 Bytes) und *Doppelwörter* (8 Bytes) auf.

[7] Hahn [27] unterscheidet *built-in types*, die feste Bestandteile der Sprache sind (was in Fortran 90 der Fall ist), von *predefined types*, die durch „Bibliotheksprogramme" realisiert werden.

[8] Bei dem entsprechenden vordefinierten Datentyp in Fortran 90 handelt es sich um eine Unteralgebra einer Booleschen Algebra (nach George Boole, 1815-1864) mit der Trägermenge {0, 1} (in Fortran 90 {.FALSE., .TRUE.}) und den Verknüpfungen nicht-ausschließende Disjunktion (.OR.), Konjunktion (.AND.) und Negation (.NOT.), vgl. die Abschnitte 9.3.4 und 11.5.

und deren Interpretation fest und und weist ihm bestimmte Eigenschaften zu.
Zu einem Datentyp gehören

1. ein *Name*, der den Datentyp charakterisiert;

2. ein *Wertebereich* (eine Menge von Objekten);

3. eine *Notation für Literale* dieses Typs[9] und

4. eine Menge von *Operationen und Relationen* für Objekte dieses Typs.

Von Objekten eines Datentyps, der die ganzen Zahlen modelliert, wird man z. B. erwarten, daß sie den aus der Mathematik vertrauten arithmetischen Gesetzen gehorchen und daß Literale dieses Datentyps auch optisch als ganze Zahlen erkennbar sind.

Durch die Einführung von Datentypen wird eine bessere Anpassung an ein vorgegebenes Problem erreicht. So kann man beispielsweise den Namen einer Person demjenigen Datentyp zuordnen, der Zeichenketten repräsentiert, den Umfang eines Kreises hingegen dem, der reelle Zahlen approximiert. Datentypen ermöglichen es dem Programmierer, auf einer höheren Abstraktionsebene zu arbeiten.

Für viele Problemstellungen reichen die vordefinierten Datentypen jedoch nicht aus: Komplexere Strukturen wie z. B. die Menge der Quaternionen[10], geometrische Objekte oder Einträge in eine Bibliothekskartei mit Autor, Buchtitel, Verlag und Erscheinungsjahr sind durch sie nur mit größerem Programmieraufwand modellierbar. Deswegen ist es in Fortran 90 (wie auch in einigen anderen Programmiersprachen) möglich, aus den vordefinierten Datentypen neue zu konstruieren. Solche *selbstdefinierten Datentypen* (*programmer defined types* oder *derived types*) erhalten vom Programmierer einen Namen und einen Wertebereich, und man kann darüber hinaus in Fortran 90 auf ihren Objekten neue Operationen definieren oder bestehende (vordefinierte) Operationen auf Objekte selbstdefinierten Typs erweitern.

Fortran 90 legt auch eine Schreibweise für die Literale von selbstdefinierten Datentypen fest, bietet aber keine integrierte Möglichkeit zu deren Ein- bzw. Ausgabe.

Die Unterscheidung von Datentypen bietet also Vorteile:

• Durch die Steigerung des Abstraktionsniveaus der Programme werden diese leichter schreib-, les- und wartbar.

• Der Übersetzer (Compiler) kann die korrekte Verwendung von Datentypen und Operatoren überprüfen und falsche Anwendungen als Fehler melden. Dadurch werden Programmierfehler verringert.

Fortran 90 bietet

• fünf vordefinierte Datentypen (*intrinsic data types*):
INTEGER, REAL, COMPLEX, CHARACTER und LOGICAL;

---

[9]Das impliziert, daß der Typ von Literalen durch ihre Schreibung eindeutig festgelegt ist.
[10]Quaternionen (zuerst behandelt von Sir William Hamilton, 1805-1865) sind Zahlenquadrupel, auf denen das Gesetz der Kommutativität für die Multiplikation ($ab = ba \; \forall a, b$) *nicht* gilt. Man nennt solche Strukturen *Schiefkörper*. Quaternionen gelangen z. B. im Bereich der Graphischen Datenverarbeitung zum praktischen Einsatz.

• die Möglichkeit, aus ihnen komplexere Datentypen (*derived types*) abzuleiten;

• das Konzept der Parametrisierung von Datentypen, d. h., es ist möglich, innerhalb eines Datentyps Unter- und Nebenarten zu unterscheiden.

9.3 Vordefinierte Datentypen

Von den fünf vordefinierten Datentypen (*intrinsic data types*), die Fortran 90 kennt, sind drei numerisch; ein Datentyp modelliert Zeichen und ein weiterer Boolesche Wahrheitswerte.

9.3.1 Ganzzahliger Datentyp

Name: Der ganzzahlige Datentyp trägt als Namen das Schlüsselwort INTEGER.

Wertebereich: Sein Wertebereich ist eine endliche Teilmenge der ganzen Zahlen, die durch den kleinsten (negativen) und größten (positiven) Wert charakterisiert wird. Diese Grenzen werden von der Norm nicht festgelegt; der konkrete Wertebereich ist daher systemabhängig. Es gibt in Fortran 90 vordefinierte Funktionen, die den Wertebereich der jeweiligen Implementation angeben (vgl. Kapitel 16).

Darstellung von Literalen ist die übliche dezimale Darstellung für ganze Zahlen, d. h., ganzzahlige Literale bestehen aus einer wahlweise[11] mit einem Vorzeichen versehenen (dezimalen) Ziffernfolge:[12]

>   [±] *ziff_folge*

>   **Beispiel:** [INTEGER-Literale]
>
>   -32768   -0   1000   +12345   7   007

Die vorzeichenbehaftete Null hat für alle numerischen Typen den Wert Null.

Fortran 90 kennt – allerdings nur in der DATA-Anweisung (vgl. Abschnitt 17.4.4) und bei der Ein- und Ausgabe (vgl. Abschnitt 15.3.3) – auch ganzzahlige Größen in binärer, oktaler und hexadezimaler Darstellung.

Der angegebenen Form von ganzzahligen Literalen könnte man entnehmen, daß eine Zahl beliebig groß sein kann. Dies ist jedoch nicht der Fall, weil die Arithmetik eines Rechners immer auf einer festgelegten internen Darstellungsform mit beschränkter Stellenanzahl beruht. Sie ist so gewählt, daß sie für die meisten Anwendungen ausreichend ist und ökonomisch realisiert werden kann.

Bei den meisten Fortran-Implementierungen erfolgt die interne Zahlendarstellung beim ganzzahligen Typ unter vollständiger Ausnutzung von 4 Bytes (= 32 Bit). Dies bedeutet, daß der Wertebereich größer als $[-2 \cdot 10^9, 2 \cdot 10^9]$ ist. Dieser Bereich ist für viele, aber nicht alle Anwendungen ausreichend. Zum Beispiel kann man die österreichischen Staatsschulden mit solchen INTEGER-Größen nicht mehr ausdrücken, man benötigt doppelt genaue REAL-Größen.

---

[11]Vorzeichenlose Literale werden für alle numerischen Datentypen als positiv (im Fall des Literals 0 als weder positiv noch negativ) interpretiert.

[12]Mit [...] werden *optionale* Sprachelemente charakterisiert.

9.3.2 Gleitpunkt-Datentyp

Namen: Als Namen für den Gleitpunkt-Datentyp (vgl. Kapitel 2) sind die Schlüsselwörter REAL und DOUBLE PRECISION vorgesehen.

Wertebereich: Die Gleitpunktzahlen bilden die reellen Zahlen der Mathematik nach.
Während diese aber beliebig (auch unendlich) viele Dezimalstellen haben können,
handelt es sich bei den Gleitpunktzahlen in Fortran 90 wegen des physischen (endlichen) Speicherplatzes in Wirklichkeit um eine endliche Teilmenge der rationalen
Zahlen. Ihre Darstellungsgenauigkeit ist also begrenzt (vgl. Kapitel 2).

Auf jedem Fortran 90 - System müssen mindestens zwei sich durch ihre Dezimalauflösung (und damit Genauigkeit), eventuell auch durch ihren Exponentenbereich, unterscheidende REAL-Arten verfügbar sein.[13] Die Variante mit der geringeren Genauigkeit trägt den Namen REAL. Sie wird im folgenden auch *gewöhnliche* oder *normale* REAL-Art (*default real*) genannt. Die Norm legt weder Dezimalauflösung noch Exponentenbereich fest; übliche Werte liegen z. B. auf einem
Computer mit IEEE-Arithmetik (vgl. Abschnitt 2.2) bei etwa sieben gültigen Dezimalstellen und einem Exponentenbereich von ± 38. Die Gleitpunktspecies mit
größerer Genauigkeit wird mit DOUBLE PRECISION bezeichnet. Hier legt die
Norm lediglich fest, daß die Dezimalauflösung größer als die der gewöhnlichen
REAL-Art sein muß. Die tatsächliche Genauigkeit und der Exponentenbereich
dieses „doppelt genauen" Datentyps sind nicht vorgeschrieben. Fortran 90 hat jedoch vordefinierte Abfragefunktionen, mit denen diese Kenngrößen festgestellt
werden können (vgl. Abschnitt 16.7).

Durch die Parametrisierung des Datentyps REAL (vgl. Abschnitt 9.4.2) wird der
aus Fortran 77 übernommene Untertyp DOUBLE PRECISION überflüssig.

*Der Datentyp DOUBLE PRECISION sollte vermieden und durch den parame-
trisierten REAL-Typ ersetzt werden.*

Darstellung von Literalen: Zwei Arten der Schreibung von Literalen können unterschieden werden. Die erste Schreibweise entspricht der üblichen Dezimaldarstel-
lung rationaler Zahlen; sie besteht aus zwei durch einen Dezimal*punkt* getrennten
Ziffernfolgen, von denen eine fehlen kann. Die Dezimalzahl kann mit einem Vorzeichen versehen werden.

$$[\pm] \quad [ziff\text{-}folge] \; . \; ziff\text{-}folge \qquad\qquad (9.1)$$

$$[\pm] \quad ziff\text{-}folge \; . \; [ziff\text{-}folge] \qquad\qquad (9.2)$$

Die zweite Darstellungsart hat zusätzlich zu dieser Dezimalzahl – der *Mantisse* –

---

[13] Damit liegt bereits eine Aufgliederung in Untertypen vor. Von manchen Autoren (z. B. Gehrke [99])
wird der Gleitpunkt-Untertyp mit der Bezeichnung DOUBLE PRECISION als selbständiger Typ angesehen. Da dieser Typ aber in Fortran 90 ebenso durch die Parametrisierung des Typs REAL (vgl. Abschnitt 9.4) beschrieben werden kann, die Bezeichnung DOUBLE PRECISION also redundant ist, liegt
die Betrachtung des Gleitpunkt-Typs DOUBLE PRECISION als Untertyp des gewöhnlichen REAL-
Typs nahe.

einen Exponententeil, der aus einem Exponentenbuchstaben *expbuchst*, einem fakultativen Vorzeichen und einer ganzzahligen Ziffernfolge besteht:

$$expbuchst \ [\pm] \ ziff\_folge$$

Der Exponentenbuchstabe ist ein E, falls es sich um ein Literal des gewöhnlichen REAL-Typs handeln soll, oder ein D für ein DOUBLE PRECISION-Literal. Bei dieser Schreibung darf der Dezimalpunkt der Mantisse auch fehlen, d. h., die Mantisse darf auch ganzzahlig sein, wenn ein Exponententeil folgt.

$$dezzahl \ \text{E} \ [\pm] \ ziff\_folge \ \Longleftrightarrow \ dezzahl \times 10^{[\pm]ziff\_folge} \qquad (9.3)$$
$$[\pm] \ ziff\_folge \ \text{E} \ [\pm] \ ziff\_folge \ \Longleftrightarrow \ [\pm] \ ziff\_folge \times 10^{[\pm]ziff\_folge} \qquad (9.4)$$

Dabei steht *dezzahl* für eine Gleitpunktzahl der ersten Schreibart (9.1) bzw. (9.2).

Beispiel: [REAL-Literale]

    1.   0.1   .1   -.1   5.67E-8   1E12

Gleitpunkt-Literale *ohne* Exponententeil sind vom vordefinierten Typ REAL.

Bei der Schreibweise von Gleitpunkt-Literalen mit Exponententeil sollten irreführende Darstellungen vermieden werden. So ist z. B. 1E6 der Schreibweise 10E5 vorzuziehen.

Beispiel: [Genauigkeit von Literalen] Die Zahl 0.1 ist vom vordefinierten Typ REAL. Es hängt von der internen Zahlendarstellung des jeweils verwendeten Computers ab, wie stark sich der Wert von 0.1 (das interne Objekt) vom externen Objekt 0.1 unterscheidet. Sofern, unabhängig von der zugrundeliegenden Zahlendarstellung, mit einfach genauer Rechnung das Auslangen gefunden wird, ist die Verwendung von 0.1 gerechtfertigt. Besteht jedoch die Absicht, die Rechengenauigkeit vom Rechner unabhängig zu machen, so empfiehlt sich die Literalform mit KIND-Parameter (vgl. Abschnitt 9.4.2). Möchte man in jedem Fall die Berechnungen in doppelter Genauigkeit ausführen, so *muß* die Form 0.1D0 bzw. 1D-1 gewählt werden. Das Auftreten einfach genauer Literale wie z. B. 0.1 in doppelt genauen Programmen kann zu dramatischen Genauigkeitsverlusten führen. Unter Umständen erhält man Resultate, die nur einfach genauer Rechnung entsprechen.

Es ist erlaubt, mehr Dezimalstellen anzugeben, als dem Datentyp entsprechen würde. Die Gleitpunktzahl wird dann gerundet.

Beispiel: [Übergenaue Literale] Die Zahl 3.14159265358979323846 2643 ist aufgrund ihrer Schreibweise eine *einfach* genaue Gleitpunktzahl und wird daher systemabhängig, z. B. in IEEE-Arithmetik auf ca. 7 Dezimalstellen, gerundet. Die Zahl 3.141592653589793238462643D0 ist vom Typ DOUBLE PRECISION und wird z. B. auf ca. 16 Dezimalstellen gerundet.

9.3.3 Komplexe Zahlen

Name: Der Datentyp der komplexen Zahlen hat den Bezeichner COMPLEX.

Wertebereich: Der komplexe Datentyp in Fortran 90 bildet eine Teilmenge der komplexen Zahlen. Er hat wie diese einen Real- und einen Imaginärteil. Jeder Teil ist ein Objekt des Gleitpunkttyps und übernimmt daher dessen Wertebereich.

Darstellung von Literalen: COMPLEX-Literale werden als in runde Klammern eingeschlossene Zahlenpaare dargestellt. Die erste Zahl wird als *Realteil*, die zweite als *Imaginärteil* bezeichnet. Real- und Imaginärteil sind durch ein Komma getrennt. In Literalen dürfen Real- oder Imaginärteil (oder beide) auch als ganzzahlige Literale angegeben werden; das innere Objekt des betreffenden Teils wird dann in den Gleitpunkttyp umgewandelt.

(realteil , imaginärteil)

mit

realteil, imaginärteil = gleitpunktzahl (9.1 bis 9.4) oder [±] *ziff_folge*

Beispiel: [COMPLEX-Literale]

        (2., 176.82463)   (1E-11, 5)   (0, 0.)   (-1E1, 1D0)

Komplexe Zahlen – die es als vordefinierten Datentyp in keiner anderen Programmiersprache gibt – spielen in vielen mathematischen und technisch-naturwissenschaftlichen Anwendungen eine bedeutende Rolle. In komplexer Darstellung läßt sich z. B. in Wechselstromnetzwerken genauso rechnen wie bei Gleichstrom. Komplexe Zahlen sind daher für viele elektrotechnische Anwendungen ein nahezu unverzichtbarer Datentyp.

9.3.4 Logischer Datentyp

Name: Der Name für den logischen Datentyp ist das Schlüsselwort LOGICAL.

Wertebereich und Darstellung von Literalen: Der logische Datentyp kennt nur zwei Werte, nämlich die *Wahrheitswerte* (Werte, die eine Aussage annehmen kann) *wahr* und *falsch* der zweiwertigen Logik. Die Literale des logischen Datentyps besitzen eine spezielle Form:

    .TRUE.   (wahr) und
    .FALSE.   (falsch)

Die Punkte sind Teil der Literale und nicht verzichtbar.

Neben dem System der zweiwertigen Logik gibt es noch formale Systeme *mehrwertiger Logiken*, bei denen man meist eine beliebige Menge *M* vorgibt, deren Elemente Wahrheitswerte genannt werden. Für einige mehrwertige Systeme gibt es inhaltliche Vorstellungen von gewissen Wahrheitswerten; es gibt z. B. dreiwertige Logiken, die neben *wahr* und *falsch* als dritten Wahrheitswert *unbestimmt* oder *undefiniert* verwenden. Die *Fuzzy-Logik* (*fuzzy*: engl. unscharf, verschwommen) ist eine spezielle mehrwertige Logik, deren Wahrheitswerte reelle Zahlen $w \in [0,1]$ sind, die als Wahrscheinlichkeiten für das Eintreten des in einer Aussage formulierten Sachverhalts interpretiert werden. Diese Wahrheitswerte können dazu benutzt werden, um das Operieren mit unscharfen Mengen (engl. *fuzzy sets*) formal-logisch zu beschreiben.

Weder dreiwertige Logiken noch die Fuzzy-Logik (die in vielen technischen Anwendungen von Bedeutung ist) werden in Fortran 90 durch vordefinierte Datentypen und Operatoren unterstützt. Es gibt aber die Möglichkeit, eigene Datentypen und dazugehörige Operatoren selbst zu definieren (vgl. die Abschnitte 9.6, 11.8 und 11.9).

9.3.5 Zeichenketten

Name: Der Zeichenketten-Datentyp wird mit CHARACTER bezeichnet.

Wertebereich: Eine Zeichenkette ist eine Folge einzelner Schriftzeichen, die links beginnend mit 1, 2, 3, ..., *n* durchnumeriert werden. Die Anzahl *n* der Zeichen heißt die *Länge* der Zeichenkette; sie ist größer oder gleich Null. Die Länge einer Zeichenkette ist die vom Programmierer festgelegte Obergrenze für die Anzahl der Zeichen, die ein bestimmtes Datenobjekt vom Typ CHARACTER enthalten kann. Die maximale Länge der Zeichenketten ist systemabhängig. Der *Wert* einer Zeichenkette wird durch die in ihr enthaltenen Zeichen bestimmt. Zeichenketten sind nicht auf den Fortran 90 - Zeichensatz beschränkt, sondern dürfen jedes Zeichen enthalten, das das Rechnersystem bereitstellt. Es kann allerdings in einem Fortran 90 - System Zeichen geben, die zwar rechnerintern, aber nicht graphisch darstellbar sind, z. B. sogenannte Steuerzeichen[14]. Es ist möglich, daß ein System das Vorkommen solcher Zeichen in Zeichenketten verbietet.[15]

Da das Vorhandensein von Zeichen, die nicht im Fortran 90 - Zeichensatz enthalten sind (man denke insbesondere an Umlaute, das ß und Steuerzeichen), systemabhängig ist, mindert ihre Verwendung die Portabilität der Programme und ist daher nicht zu empfehlen.

---

[14]Steuerzeichen bewirken, wenn sie an eine Peripherieeinheit (Drucker, Bildschirm etc.) gesendet werden, bestimmte Aktionen (Wagenrücklauf, Papiervorschub, Löschung des letzten geschriebenen Zeichens, akustisches Signal etc.) oder haben Signalwirkung für die Datenübertragung (etwa als Synchronisierungssignal, positive oder negative Rückmeldung oder Signal für das Ende der Übertragung). In Dateien werden sie für die Formatierung verwendet (Ende der Datei, Tabulator etc.). Steuerzeichen haben keine festgelegte graphische Darstellung (am Bildschirm oder Drucker), d. h., es ist *systemabhängig*, ob und wie sie dargestellt werden.

[15]Diese Regelung hängt damit zusammen, daß Zeichen, die nicht dem gewöhnlichen CHARACTER-Typ (vgl. Abschnitt 9.4) angehören, oft mit Hilfe von Steuerzeichen gebildet werden. Laut Fortran 90 - Norm [101] wäre es für Übersetzer beinahe unmöglich, solchen Gebrauch der Steuerzeichen vom Gebrauch als selbständige Zeichen zu unterscheiden. Die prinzipielle Möglichkeit des Vorkommens von Steuerzeichen in Zeichenketten wird aber um der Kompatibilität mit Fortran 77 willen aufrechterhalten.

Darstellung von Literalen: Zeichenketten müssen von begrenzenden Zeichen (*Begrenzern*, engl. *delimiters*) eingefaßt werden, um die Möglichkeit zu schaffen, auch (signifikante) Leerzeichen in Zeichenketten verwenden zu können. In Fortran 90 werden Zeichenketten entweder von Hochkommata (') oder von Anführungszeichen (") eingeschlossen. Die Begrenzer einer Zeichenkette beeinflussen weder ihren Wert noch ihre Länge. Eine Zeichenkette, die nur aus zwei unmittelbar aufeinanderfolgenden Begrenzern besteht, hat die Länge Null.

Beispiel: [CHARACTER-Literale]

```
"ganzahlige Loesungen von x**4 + y**4 = z**4"
'!$%&/()=?*'
""      ! Zeichenkette der Laenge 0 (leere Zeichenkette)
''      ! Zeichenkette der Laenge 0 (leere Zeichenkette)
" "     ! Zeichenkette der Laenge 1 (ein Leerzeichen)
' '     ! Zeichenkette der Laenge 1 (ein Leerzeichen)
```

Gelegentlich ist es notwendig, daß die als Begrenzer verwendeten Zeichen (' und ") innerhalb einer Zeichenkette vorkommen. In diesem Fall kann man entweder die Zeichenkette in Begrenzer der jeweils anderen Art einschließen wie im folgenden

Beispiel: [Begrenzer in CHARACTER-Literalen]

```
"y' = f(t,y)"
'y" = f(t,y)'
```

oder an der Stelle, an der ein Begrenzerzeichen aufscheinen soll, zwei solche Zeichen direkt hintereinander schreiben. Der Compiler interpretiert ein verdoppeltes Begrenzerzeichen als eines; das bedeutet insbesondere, daß dieses „Doppelzeichen" nur die Länge 1 hat.

Beispiel: [Begrenzer in CHARACTER-Literalen]

```
'y" = f(t,y,y'')'    ! Wert: y" = f(t,y,y')
""""""               ! Wert: "
```

Wie schon in Abschnitt 8.4.5 erwähnt, muß bei Zeichenketten, die sich über mehrere Zeilen erstrecken, jede Fortsetzungszeile mit einem & beginnen, und an fortzusetzende Zeilen darf kein Kommentar angefügt werden.

Beispiel: [Zeilenfortsetzung bei CHARACTER-Literalen]

```
" Der Mathematiker verlangt sehr oft,&
& fuer einen tiefen Denker gehalten zu werden,&
& ob es gleich darunter die groessten Plunderkoepfe gibt,&
& untauglich zu irgendeinem Geschaeft, das Nachdenken erfordert,&
& wenn es nicht unmittelbar durch jene&
& leichte Verbindung von Zeichen geschehen kann,&
& die mehr das Werk der Routine als des Denkens sind.&
&            Georg Christoph Lichtenberg" ! (Aphorismen)
```

Während Leerzeichen zwischen lexikalischen Elementen bedeutungslos sind, haben Leerzeichen in Zeichenketten die gleiche Signifikanz wie andere Zeichen.

Beispiel: [signifikante Leerzeichen] Die Werte der folgenden Zeichenketten sind *verschieden*:

```
"Taylorreihe"
"Taylor reihe"
"T a y l o r r e i h e"
```

9.3.6 Nicht vorhandene Datentypen

Die vordefinierten Datentypen von Fortran 90 stellen (in Verbindung mit der Möglichkeit, eigene Datentypen zu definieren – vgl. Abschnitt 9.6) eine gute Grundlage für die Entwicklung mathematisch-naturwissenschaftlicher Software dar. Dennoch gibt es gelegentlich Situationen, wo eine größere Vielfalt an Datentypen, wie es sie in anderen Programmiersprachen gibt, wünschenswert wäre.

Mathematisch orientierte Datentypen

In Fortran 90 gibt es *keine* Festpunkt-Datentypen, die gelegentlich – um z. B. maximal mögliche Geschwindigkeit zu erreichen – wünschenswert wären.

Manchmal wird nur ein eingeschränkter Wertebereich eines Datentyps benötigt. In solchen Fällen wäre es vorteilhaft, wenn eine effiziente Implementierung hinsichtlich des benötigten Speicherplatzes vom Programmierer bestimmt werden könnte.

Beispiel: [Speicher-Effizienz] In der digitalen Bildverarbeitung werden (pro Kanal und Pixel) üblicherweise nur 256 Graustufen berücksichtigt. Bei einer Speicherung mit 1 Byte/Pixel benötigt man zur Speicherung eines 1024 × 1024 - Farbbildes (Rot-, Grün- und Blaukanal) 3 MByte. Werden jedoch INTEGER- oder REAL-Daten mit 4 Byte pro Wort verwendet, benötigt man 12 MByte: 9 MByte werden unnötig beansprucht.

Maschinenorientierte Datentypen

Eigene maschinenorientierte Datentypen, wie z. B. BYTE, WORD etc., gibt es in Fortran 90 *nicht*. Dafür gibt es bei den vordefinierten Funktionen (*intrinsic procedures*) eine Reihe von Bit-Manipulationsfunktionen (vgl. Abschnitt 16.6).

Aufzählungstypen, Mengentypen

Datentypen wie den SET-Datentyp der Programmiersprache Pascal gibt es in Fortran 90 *nicht*. Als Ersatz kann man z. B. eine INTEGER-Codierung verwenden.

Beispiel: [Wochentage] Die Wochentage, die man in Pascal durch einen SET-Datentyp sehr einfach beschreiben und verarbeiten kann, muß man in Fortran 90 z. B. durch eine Zuordnung der Form

Montag ⟶ 1,   Dienstag ⟶ 2,   ...,   Sonntag ⟶ 7

charakterisieren. Dies erfordert jedoch eine Reihe von Kontrollmaßnahmen, wenn man unzulässige Code-Zahlen (z. B. 0 oder 8) vermeiden will.

9.4 Parametrisierung vordefinierter Datentypen

Die Existenz der bisher beschriebenen *Standarddatentypen*, die ab nun auch *gewöhnliche Typen* genannt werden, kann auf jedem Fortran 90 - System vorausgesetzt werden. Die Norm sieht darüber hinaus vor, daß es innerhalb der vordefinierten Datentypen eine systemabhängige Anzahl von Unterarten mit unterschiedlichen Eigenschaften geben kann, die sich vom Standardtyp unterscheiden, z. B. numerische Typen mit verschiedenen Wertebereichen oder den Datentyp Zeichenketten mit anderen Zeichensätzen.

Diese Auswahlmöglichkeiten sind beispielsweise dann sinnvoll, wenn Berechnungen größere Wertebereiche oder Genauigkeiten erfordern als die der Standardtypen oder wenn Texte einer Sprache verarbeitet werden sollen, die ein anderes Alphabet hat als das unsere.

Da die Manipulation von Zahlen mit größerer Genauigkeit oder größerem Wertebereich mehr Speicherplatz und fallweise auch größeren Rechenaufwand und damit mehr Rechenzeit erfordert, ist es nicht sinnvoll, bei Berechnungen stets mit maximaler Genauigkeit und größtem Wertebereich zu operieren. Man wird - speziell bei sehr großen Problemen - numerische Erfordernisse und Speicher- bzw. Rechenaufwand gegeneinander abzuwägen haben.

Die einzelnen Untertypen werden voneinander durch eine Kennzahl, den sogenannten *Typparameter* (*kind type parameter*), unterschieden. Existenz und Beschaffenheit solcher Unterarten sind allerdings systemabhängig (ebenso der konkrete Wert des dazugehörigen Typparameters); der Programmierer darf also *nicht* damit rechnen, daß ein Datentyp, der seinen Wünschen entsprechen würde, auf einem bestimmten Rechner tatsächlich vorhanden ist.

Im allgemeinen wird versucht, Systemabhängigkeiten soweit wie möglich zu vermeiden. Die Systemabhängigkeit, die mit der Verwendung der Typparameter ins Spiel kommt, ist aber eine kontrollierbare: Es gibt, wie im folgenden gezeigt wird, vordefinierte Sprachelemente, die es gestatten, festzustellen, ob zu einem gewünschten Wertebereich auf dem konkreten System, auf dem ein Programm laufen soll, ein Untertyp existiert oder nicht, sodaß der weitere Programmablauf dem Rechnung tragen kann. Der Vorteil der erreichten Anpassungsfähigkeit überwiegt bei der Parametrisierung von Datentypen den Nachteil einer gewissen Systemabhängigkeit derart, daß die Parametrisierungsmöglichkeit als eine der Haupterrungenschaften von Fortran 90 gilt.

Bei den bisher besprochenen Systemabhängigkeiten wäre hingegen ein Programm auf einem System, das die verwendeten rechnerabhängigen Sprachelemente nicht kennt, entweder nicht lauffähig oder würde unter Umständen unerwartete Resultate bringen.

Die Verwendung von Typparametern verändert die in den Abschnitten 9.3.1 bis 9.3.5 vorgestellte Schreibung der Literale, die nur für Literale der Standardtypen gilt.

In den folgenden Abschnitten wird erläutert, wie man feststellen kann, ob Untertypen mit den gewünschten Eigenschaften auf einem Rechner verfügbar sind, und wie man Literale solcher parametrisierter Typen schreibt.

9.4.1 Parametrisierung von INTEGER-Größen

Unterarten des ganzzahligen Typs INTEGER unterscheiden sich voneinander durch den jeweils dem Betrag nach größten Wert ihres Zahlenbereichs.

Bedarf an solchen Untertypen kann sich einstellen, wenn man mit sehr großen ganzen Zahlen zu tun hat, sodaß der Wertebereich des gewöhnlichen INTEGER-Typs zu klein wird, oder wenn große Mengen betragsmäßig kleiner ganzer Zahlen zu verarbeiten sind, sodaß die Verwendung eines kleineren Wertebereichs Speicherplatz spart.

Hat man geklärt, welcher Wertebereich benötigt wird, muß man feststellen, ob ein entsprechender Untertyp auf dem Rechnersystem vorhanden ist. Dazu benützt man die Abfragefunktion

SELECTED_INT_KIND (R)

die als Resultat den Typparameterwert jener INTEGER-Art liefert, die den geforderten Wertebereich $[-10^R, 10^R] \subset \mathbb{Z}$ möglichst knapp umfaßt. Erfüllt kein INTEGER-Typ die Anforderung, ist der Wert der Abfragefunktion -1. Hat man einen passenden Datentyp ermittelt, kann man Datenobjekte dieses Typs festlegen. Wenn kein numerischer Datentyp gefunden werden kann, der den Ansprüchen genügt, wird das Programm diesem Umstand Rechnung tragen und seinen weiteren Ablauf entsprechend modifizieren müssen, etwa indem es mit einer entsprechenden Fehlermeldung abbricht oder mit jenem verfügbaren Datentyp weiterrechnet, der den Anforderungen am nächsten kommt.

Literale eines beliebigen numerischen Datentyps – nicht nur des Typs INTEGER – werden, wenn ein Typparameter angegeben werden soll, wie folgt notiert:

literal_typparameter

Dabei ist *literal* ein Literal in der bis jetzt (Abschnitte 9.3.1 bis 9.3.3) verwendeten Schreibweise; *typparameter* ist der Wert des Typparameters. Er kann als ganzzahliges (nichtnegatives) *Literal* oder durch den Namen einer skalaren, ganzzahligen (ebenfalls nichtnegativen) benannten *Konstanten* angegeben werden.

Beispiel: [parametrisierte INTEGER-Literale] Ist param_6 eine (gewöhnliche) INTEGER-Konstante, der man mit Hilfe der Funktion SELECTED_INT_KIND (vgl. Abschnitt 16.9) den Parameterwert eines INTEGER-Typs mit einem Wertebereich, der eine Obermenge von $[-10^6, 10^6]$ ist, zugewiesen hat, dann gehören die Literale

```
999999_param_6
-5_param_6
```

ebenfalls diesem Typ an. Weiß man, daß der gewünschte Typparameter z. B. den Wert 2 hat, kann man die Literale auch so schreiben:

```
999999_2
-5_2
```

Da die Typparameterwerte systemabhängig sind, kann es sein, daß ein konkreter (literaler) Wert eines Typparameters auf einem anderen System einen anderen Datentyp bezeichnet oder gar kein zugehöriger Typ existiert. Die Schreibweise mit einem Literal als Angabe des Typparameters wäre also nicht ohne weiteres auf andere Fortran 90 - Systeme übertragbar.

Die Norm legt außer der Vorschrift, daß Typparameterwerte nicht negativ sein dürfen, nicht fest, nach welchen Gesichtspunkten sie zugewiesen werden. Metcalf und Reid [102] erwarten jedoch, daß vielfach die Anzahl der für die Speicherung eines Datentyps benötigten Bytes verwendet werden wird.

Die vordefinierte Funktion

    KIND (X)

(vgl. Abschnitt 16.9) liefert den Typparameterwert ihres Arguments.

Beispiel: [INTEGER-Typparameter] Mit

    KIND (1)

erhält man den Typparameterwert des gewöhnlichen ganzzahligen Typs.

Die vordefinierte Funktion

    RANGE (X)

(vgl. Abschnitt 16.7) gibt für ganzzahlige Argumente X an, wieviele Dezimalstellen eine Zahl jenes Typs, dem das Argument angehört, höchstens haben kann.

Beispiel: [Wertebereich]

```
RANGE (1)            ! max. Dezimalstellenanzahl des gewoehnlichen ganzzahligen Typs
RANGE (-5_param_6)   ! max. Dezimalstellenanzahl des Untertyps aus dem Beispiel
                     ! (mindestens 6).
```

9.4.2 Parametrisierung von REAL-Größen

Innerhalb des Datentyps REAL können Unterarten nach ihrem Exponentenbereich und ihrer Dezimalauflösung unterschieden werden. Die Standardabfragefunktion

    SELECTED_REAL_KIND (P,R)

liefert den Typparameterwert jener REAL-Unterart, die eine Dezimalauflösung von mindestens P gültigen Stellen[16] und einen Exponentenbereich[17] von mindestens $[-R, R]$ aufweist. Ausgewählt wird derjenige Typ, der die Anforderungen am knappsten erfüllt. Falls es keine entsprechende Unterart gibt, ergibt die Abfragefunktion -1.

Beispiel: [parametrisierte REAL-Literale] Hat die Konstante mit dem Namen genau den Typparameterwert einer REAL-Unterart mit mindestens zwölf gültigen Stellen und einem Exponentenbereich von ± 99, so können mit

    0.5_genau
    127.832942602E-98_genau

Literale mit ebendiesen Eigenschaften geschrieben werden.

---

[16] Die durch P spezifizierte Anzahl der Dezimalstellen entspricht der Definition der vordefinierten Funktion PRECISION; vgl. Abschnitt 16.7.

[17] Der durch R festgelegte dezimale Exponentenbereich entspricht jenem der Funktion RANGE; vgl. Abschnitt 16.7.

ACHTUNG: Die Anzahl der in einem Literal verwendeten Dezimalstellen beeinflußt den
Typparameter *nicht*!

Wie beim ganzzahligen Datentyp kann für den Typparameterwert auch ein Literal
eingesetzt werden, allerdings auf Kosten der Portabilität.

Beispiel: [parametrisiertes REAL-Literal]

```
0.5_3
```

Da der doppelt genaue Gleitpunkttyp DOUBLE PRECISION bereits ein Untertyp des
Typs REAL ist, darf für doppelt genaue Größen *kein* Typparameter angegeben werden.

Wie für den ganzzahligen Datentyp gibt die vordefinierte Funktion KIND den Typparameterwert ihres Arguments an.

Beispiel: [REAL-Typparameter]

```
KIND (1.)        ! Typparameterwert des gewoehnlichen REAL-Typs
KIND (1D0)       ! Typparameterwert des doppelt genauen REAL-Typs
KIND (1._genau)  ! Wert der Konstanten genau
```

Für REAL-Größen sind weiters die vordefinierten Abfragefunktionen PRECISION und
RANGE vorgesehen, die die Dezimalauflösung und den Exponentenbereich ihres Arguments angeben.

Beispiel: [Wertebereich]

```
PRECISION (1._genau)  ! gueltige Stellen   (Resultat >= 12)
RANGE (1._genau)      ! Exponentenbereich (Resultat >= 99)
```

9.4.3 Parametrisierung von COMPLEX-Größen

Der Typparameterwert einer komplexen Größe richtet sich nach dem ihrer Komponenten. Er gilt sowohl für den Real- als auch für den Imaginärteil. Allerdings können in
einem komplexen *Literal* Real- und Imaginärteil verschiedene Typen und Typparameter
aufweisen. Der Typparameter des Literals wird dann folgendermaßen festgelegt:

- Wenn in einem Literal sowohl Real- als auch Imaginärteil vom Typ INTEGER
  sind, ist der Typparameterwert der COMPLEX-Größe gleich dem des gewöhnlichen
  REAL(!)-Typs (vgl. Abschnitt 9.3.3).

- Falls ein Teil vom Typ REAL und der andere vom Typ INTEGER ist, so hat die
  COMPLEX-Größe den Typparameterwert des REAL-Teils.

- Sind beide Teile vom Typ REAL, dann bestimmt die Komponente mit der größeren
  Dezimalauflösung den Typparameterwert.

- Haben beide Komponenten gleiche Dezimalauflösung, aber verschiedene Typparameterwerte, so ist der Typparameterwert der COMPLEX-Größe der größere der
  Typparameterwerte der Teile.

Die Abfragefunktionen KIND, PRECISION und RANGE sind auch auf COMPLEX-Größen anwendbar.

Beispiel: [parametrisierte COMPLEX-Literale]

```
(1_param_6, 1.)
(7.41_genau, 0.38_genau)
```

9.4.4 Parametrisierung von LOGICAL-Größen

Für den logischen Datentyp ist zwar die Abfragefunktion KIND verfügbar, es gibt aber keine Analogien zu SELECTED_INT_KIND und SELECTED_REAL_KIND und daher keine auf andere Rechner übertragbaren Möglichkeiten der Definition von Nichtstandard-Größen des logischen Datentyps. Trotzdem kann es (wenn auch systemabhängige) Typparameter geben, die es erlauben, z.B. logische Größen bitweise zu speichern, was bei größeren Feldern dieses Datentyps beträchtliche Einsparungen von Speicherplatz bedeuten kann. Für solche Fälle sind die Schreibweisen

.TRUE._*typparameter*
.FALSE._*typparameter*

vorgesehen.

9.4.5 Parametrisierung von CHARACTER-Größen

Der Fortran 90 - Zeichensatz ist auf jedem konkreten Rechner Teil eines umfassenderen Zeichensatzes.[18] Dieser Zeichensatz wird hier *Standardzeichensatz* oder *gewöhnlicher Zeichensatz* genannt. Ein Fortran 90 - System kann auch Zeichen bereitstellen, die *nicht* im Standardzeichensatz enthalten sind, zum Beispiel Schriftzeichen eines fremden Alphabets oder (mathematische) Symbole. Solche Zeichen bilden dann eine Unterart des Typs CHARACTER, die sich vom Standardtyp durch den Typparameterwert unterscheidet. Auch hier gilt, daß sowohl das Vorhandensein solcher Typen als auch ihre Typparameterwerte systemabhängig sind. Literale von Nichtstandard-CHARACTER-Typen werden so geschrieben:

typparameter_literal

ACHTUNG: Bei CHARACTER-Literalen steht der Typparameter *vor* der Konstanten!

Beispiel: [parametrisierte CHARACTER-Literale]

```
griech_"π"
hebr_"א"
math_"∫"
math_"∂"
```

griech, hebr und math sind dabei Konstanten, die den Wert des Typparameters für griechische und hebräische Schrift bzw. mathematische Symbole haben. Dieser Wert müßte ihnen zuvor zugewiesen worden sein – wie, wird Kapitel 11 zeigen.

---

[18] Die Norm legt nicht fest, welche Zeichen dieser umfassendere Zeichensatz tatsächlich enthält. Üblicherweise wird es sich dabei aber um den ASCII- (ISO 646:1983) oder den EBCDIC-Zeichensatz handeln, allenfalls um eine systemabhängige Erweiterung eines der beiden.

9.5 Felder

Felder (*arrays*) sind Datenverbunde von Komponenten des gleichen Datentyps. Man spricht daher auch davon, daß das Feld selbst vom gleichen Typ ist wie seine Komponenten. Die einzelnen *Komponenten* (*Elemente*) eines Feldes werden mit Hilfe eines *Index* identifiziert. Als Indexmenge wird ein Unterbereich (eine lückenlose Folge) oder ein kartesisches Produkt von Unterbereichen des ganzzahligen Datentyps benutzt. Besteht die Indexmenge nur aus *einem* Unterbereich

$$[ugr, ogr] \subset \text{INTEGER-Zahlen} \quad (ugr < ogr),$$

so wird das Feld als *eindimensional* bzw. als (*Spalten-*) *Vektor* bezeichnet. Es ist eine Folge der Länge $ogr - ugr + 1$

$$v_{ugr}, v_{ugr+1}, \ldots, v_{ogr-1}, v_{ogr}.$$

Ist die Indexmenge das kartesische Produkt

$$[ugr_1, ogr_1] \times [ugr_2, ogr_2] \times \cdots \times [ugr_n, ogr_n],$$

so heißt das Feld *n-dimensional*.

Zweidimensionale Felder werden üblicherweise in Matrixform notiert:

$$\begin{pmatrix} a_{ugr_1 \, ugr_2} & a_{ugr_1 \, ugr_2+1} & \cdots & a_{ugr_1 \, ogr_2} \\ \vdots & \vdots & & \vdots \\ a_{ogr_1 \, ugr_2} & a_{ogr_1 \, ugr_2+1} & \cdots & a_{ogr_1 \, ogr_2} \end{pmatrix},$$

wobei die in der Mathematik gebräuchliche Annahme $ugr_1 = ugr_2 = 1$ einen bevorzugten Sonderfall darstellt (vgl. Abschnitt 10.4.2).

Felder können in Fortran 90 maximal sieben Dimensionen haben ($1 \leq n \leq 7$). Die Anzahl der Elemente in jeder Dimension wird durch die Sprachdefinition nicht begrenzt. Man beachte jedoch, daß es rechnerbedingte Einschränkungen geben kann.

Beispiel: [**PC-Speicher**] Auf vielen (älteren) PCs hat der Hauptspeicher eine maximale Kapazität von 640 KByte, was z. B. eine Speicherung einer 400×400-Matrix (mit einfach genauen REAL-Elementen) ermöglichen würde. Durch den Speicherbedarf von Systemprogrammen und des eigenen Programms verringert sich die Maximalgröße der speicherbaren Matrizen aber noch weiter.

Die Form (*shape*) eines Feldes ist bestimmt durch die Anzahl seiner Dimensionen (*rank*[19]) und die Anzahl der Elemente in den einzelnen Dimensionen (*Ausdehnung*, engl. *extent*). Die *Größe* (*size*) eines Feldes ist die Gesamtzahl seiner Elemente, also gleich dem Produkt aller Ausdehnungen.

Die Anzahl der Dimensionen eines Feldes ist konstant; die Ausdehnungen sind im Normalfall ebenso konstant. In Fortran 90 gibt es jedoch auch *dynamische Felder*, d. h. Felder, denen während des Programmablaufs verschiedene Ausdehnungen zugeordnet werden können.

---

[19] ACHTUNG: Der in der Fortran 90 - Norm [101] verwendete Terminus *rank* hat *nichts* mit dem mathematischen Begriff *Rang* einer Matrix (engl. *rank of a matrix*) zu tun!

Die Komponenten eines Feldes werden als *Elemente* bezeichnet. Feldelemente sind *Skalare*[20], die in Typ und Typparameter übereinstimmen. Das bedeutet insbesondere, daß ein Feld keine weiteren Felder als Elemente enthalten kann.

9.5.1 Darstellung von Literalen

In Fortran 90 können nur eindimensionale Felder (Vektoren) als Literale dargestellt werden. Literale höherer Dimension können durch Umformen eindimensionaler Literale gebildet werden. Das geschieht mit der vordefinierten Funktion RESHAPE (vgl. Abschnitt 16.8).

Die Literale werden als Werteliste geschrieben. Die einzelnen Werte werden durch Kommata getrennt und zwischen den Begrenzern (/ und /) eingeschlossen:

(/ *wert* [, *wert*] ... /)

Die einzelnen Werte *wert* in der Werteliste können entweder Ausdrücke (vgl. Abschnitt 11.1), d. h. im einfachsten Fall Konstanten oder Variablen[21], oder aber sogenannte implizite Schleifen sein. In jedem Fall müssen Typ und Typparameter aller Einzelwerte übereinstimmen.

Beispiel: [Einfache Feldliterale]

```
(/ 70, 18, -5, 7, 8, 1 /)
(/ 64.47, 57.957, 945.442 /)
(/ .TRUE., .TRUE., .FALSE. /)
(/ 45.145_genau, 347.456_genau /)
```

Wenn die Anordnung oder die Werte von Feldelementen Gesetzmäßigkeiten aufweisen, sodaß sie sich als Folge von Funktionswerten einer oder mehrerer ganzzahliger Variablen darstellen lassen, die einen bestimmten Wertebereich durchlaufen, so kann man die Feldkonstante auch mit Hilfe sogenannter *impliziter Schleifen* angeben. Die implizite Schleife (*implied do*) wird ebenso eingesetzt wie ein Einzelwert *wert*, steht aber für mehrere Elemente des Feldes. Sie hat die Form

(*werteliste*, *schleifensteuerung*)

In der *werteliste* sind wieder Ausdrücke oder weitere (verschachtelte) implizite Schleifen zulässig. Die *schleifensteuerung* besteht aus einer ganzzahligen Schleifenvariablen sowie einer Ober- und einer Untergrenze, zwischen denen sich der Wert der Variablen bewegen soll. Weiters kann eine Schrittweite für die Wertänderung der Schleifenvariablen angegeben werden.

---

[20] Als *Skalare* gelten in Fortran 90 alle Datenobjekte, die keine Felder sind, also von vordefiniertem oder selbstdefiniertem Typ sind und *nicht* das Attribut DIMENSION (vgl. Abschnitt 10.4.2) tragen. Man beachte jedoch, daß ein Datenobjekt in Fortran 90 auch dann als Skalar gilt, wenn es einem selbstdefinierten Datentyp (vgl. Abschnitt 10.3) angehört, der Felder als Komponenten aufweist.

[21] Die Beispiele beschränken sich auf Skalare, es können aber auch Felder (Variablen, Konstanten, Ausdrücke) in die Werteliste eingesetzt werden. In diesem Fall werden die Elemente des zu bildenden Feldes mit den Elementen des in der Werteliste angegebenen Feldes belegt, und zwar jeweils ihrer Reihenfolge (vgl. Abschnitt 11.7.1) entsprechend.

Die allgemeine Form der *Schleifensteuerung* ist:

    variable = *ugrenze*, *ogrenze*[, *schritt*]

Die vollständige implizite Schleife hat somit folgendes Aussehen:

    (*werteliste*, *variable* = *ugrenze*, *ogrenze*[, *schritt*])

Dabei muß für die Untergrenze *ugrenze*, die Obergrenze *ogrenze* und die Schrittweite *schritt* jeweils ein ganzzahliger Ausdruck eingesetzt werden.[22] Für jeden Wert der ebenfalls ganzzahligen Schleifenvariablen *variable* wird, beginnend bei der Untergrenze, der Wert der in *werteliste* enthaltenen Ausdrücke berechnet und als Feldelementwert eingesetzt. Wenn keine Schrittweite angegeben ist, wird der Wert der Schleifenvariablen solange um 1 erhöht, bis die Obergrenze erreicht ist; sonst wird der Wert der Schleifenvariablen so lange um den Wert der Schrittweite erhöht (erniedrigt), wie es möglich ist, ohne die Obergrenze *ogrenze* zu überschreiten (unterschreiten).

Beispiel: [Implizite Schleifen]

```
(/ (0, i = 1,5) /)          ! Trivialfall; entspricht (/ 0, 0, 0, 0, 0 /)
(/ (i, i = 1,10) /)         ! entspricht (/ 1, 2, 3, ..., 9, 10 /)
(/ 18, (5, i*n, i = 1,10) /) ! entspricht (/ 18, 5, 1*n, 5, 2*n,..., 5, 10*n /)
```

Die folgenden impliziten Schleifen liefern *keine* Werte; das resultierende Feld ist eindimensional und hat die Größe Null.

Beispiel: [Felder mit Größe Null]

```
(/ (i, i = 1, 10, -1) /)
(/ (i*i, i = 5, 1, 3) /)
```

Verschachtelte implizite Schleifen werden von innen nach außen ausgewertet. Die Schleifenvariablen verschachtelter Schleifen müssen verschiedene Bezeichner haben.

Beispiel: [verschachtelte implizite Schleifen]

```
(/ (0, (i*j, j = 1, 3), i = 1, 5, 2) /)
            ! entspricht (/ 0, 1, 2, 3, 0, 3, 6, 9, 0, 5, 10, 15 /)
```

In jeder Schreibweise – ob als Aufzählung von Elementen oder unter Verwendung impliziter Schleifen – müssen alle Feldelemente gleichen Typ und Typparameter haben.

9.6 Strukturen (Records)

In Fortran 90 besteht die Möglichkeit, *selbstdefinierte* oder *abgeleitete Datentypen* (*derived types*) zu konstruieren, d. h. aus Komponenten zusammenzusetzen, sowie geeignete Operationen auf ihnen zu definieren.

Objekte solcher selbstdefinierter Datentypen werden *Strukturen* oder *Datensätze* (*records*) genannt. Sie sind Datenverbunde einer vom Programmierer festzulegenden Anzahl von *Komponenten* (*components, fields*), welche – im Unterschied zu Feldern –

---

[22] Die Schrittweite *schritt* darf, weil ganzzahlig, auch negativ sein, aber nicht gleich Null.

verschiedenen Datentypen angehören können. Als Datentypen für Strukturkomponenten kommen sowohl vor- als auch selbstdefinierte Typen in Frage; Felder sind ebenso zulässig wie Skalare. Strukturen gelten stets als *Skalare*, auch dann, wenn sie Felder als Komponenten enthalten.

Der Wertebereich eines selbstdefinierten Datentyps ist das kartesische Produkt der Wertebereiche der einzelnen Komponenten.

Beispiel: [Literaturdaten] Eine selbstdefinierte Datenstruktur, die ein Buch aus einer Bibliographie repräsentieren soll, kann aus Zeichenketten (für Buchtitel, Name des Autors und Verlag) und numerischen Komponenten (für das Erscheinungsjahr) zusammengesetzt werden.

Beispiel: [Quaternionen] Ein Typ zur Modellierung von Quaternionen (vgl. Fußnote S. 153) kann aus vier Gleitpunkt-Zahlen bestehen. Auch geeignete Operationen kann man definieren.

Selbstdefinierte Datentypen haben ebenso einen (allerdings nach den Syntaxregeln frei wählbaren) Namen wie vordefinierte, sodaß man ihnen unter diesem Namen in einer Deklaration (vgl. Kapitel 10) Datenobjekte zuordnen kann. Diese Datenobjekte kann man dann als Einheit unter ihrem Namen ansprechen. Man kann aber auch ihre Komponenten einzeln manipulieren. Diese Zugriffsart nennt man *Selektion* (*component selection*, vgl. Abschnitt 11.8). Falls ein Datenverbund weitere Verbunde als Komponenten enthält, kann diese Selektion über mehrere Ebenen reichen.

Näheres über Strukturen enthalten die Abschnitte 10.3 und 11.8.

Darstellung von Literalen

Die Darstellung von Strukturliteralen erfolgt durch Aufzählung der Literale ihrer Komponenten, die durch Kommata getrennt werden. Die Liste der Literale wird in runde Klammern eingeschlossen; vor der öffnenden Klammer steht der Name des selbstdefinierten Datentyps, dem das Literal angehören soll (damit ist die eindeutige Erkennbarkeit des Datentyps eines Literals durch seine Schreibung gewährleistet).

Beispiel: [Buchdaten] Ein Literal des Typs buch ließe sich so schreiben:
```
buch("M. Metcalf, J. Reid", "Fortran 90 Explained", &
     "Oxford University Press", 1990)
```
Beispiel: [Quaternionen] Ein Quaternion sähe so aus:
```
quaternion(647.45, 567.41, 947.479, -45.47)      ! vier Gleitpunktzahlen
```

9.7 Zeiger

Zeiger (*pointer*) sind Variablen, die als *Verweise* auf andere Variablen eingesetzt werden, d. h., ein Zeiger kann als Wert Bezeichner anderer Variablen annehmen. Man kann Zeiger daher gewissermaßen als Pseudonyme (*aliases*) für andere Variablen ansehen.[23]

Beispiel: [Telefonbuch] Schlägt man das Wiener Amtliche Telefonbuch unter dem Stichwort „Bahnhöfe" auf, so findet man statt einer Telefonnummer den lapidaren Verweis „s Österreichische Bundesbahnen". Erst wenn man unter diesem Begriff nachschlägt, findet man die gesuchten Telefonnummern.

In informatische Terminologie übertragen hieße das: Eine Bezugnahme auf ein Objekt mit dem Bezeichner „Bahnhöfe" bewirkt einen Verweis auf das Objekt mit dem Bezeichner „Österreichische Bundesbahnen". Erst dessen Wert wird im ursprünglichen Aufruf ausgewertet.

---

[23]Brainerd, Goldberg und Adams [98] sprechen von *free-floating names*.

Zeiger bilden in Fortran 90 eigentlich keinen eigenen Datentyp, sondern sind *Variablen beliebigen Typs*, die das POINTER-Attribut (vgl. Abschnitt 10.4.3) tragen. Sie werden trotzdem in diesem Kapitel behandelt, weil sie im folgenden immer wieder erwähnt werden. Außerdem sind auf ihnen, wie Abschnitt 11.10 zeigen wird, spezielle Operationen definiert, was sie in einem gewissen Sinn doch zu einem eigenen Typ macht.[24]

Zeiger können auf Variablen beliebigen Typs verweisen. Als Pseudonyme dieser Variablen müssen sie selbst vom gleichen Typ sein wie diese.

Die Variable, deren Pseudonym der Zeiger zu einem gegebenen Zeitpunkt während des Programmablaufs ist, heißt *Ziel* (*target*) des Zeigers. Man sagt: Der Zeiger *weist* auf die Zielvariable. Zeiger- und Zielvariable heißen miteinander *verbunden* (*verknüpft* oder *assoziiert*, engl. *associated*). Zeiger können während des Programmablaufs nacheinander mit verschiedenen Zielen (oder auch mit gar keinem Ziel) verbunden sein; ein Zeiger kann von einem Ziel gelöst und mit einem anderen assoziiert werden.

Solange die Verbindung in Kraft ist, werden alle für den betreffenden Datentyp zulässigen Operationen, in denen der Name der Zeigervariablen aufscheint, auf der Zielvariablen durchgeführt.

Ziele von Zeigern haben das TARGET-Attribut zu tragen (vgl. Abschnitt 10.4.4) oder selbst Zeiger zu sein.

Zeiger können auf mehrere Arten mit Zielen verbunden werden:

1. Assoziierung mit bereits existierenden Variablen:
   Ein Zeiger kann mit einer bereits existierenden Variablen verbunden werden.

2. Assoziierung zwischen Zeigern:
   Das Ziel einer Assoziierung kann auch ein anderer Zeiger sein. Dann wird, sofern dieser andere Zeiger selbst assoziiert ist, das Ziel des zweiten Zeigers übernommen.

3. Belegung neuen Speicherplatzes:
   Einem Zeiger kann als Ziel neuer, bis dahin unbenannter Speicherplatz zugewiesen werden. Dadurch entsteht eine neue Variable desselben Typs wie der Zeiger, die dann unter dessen Namen ansprechbar ist. Wird der Zeiger später mit einem anderen Ziel assoziiert, so kann auf den Speicherplatz nicht mehr zugegriffen werden (sofern nicht ein anderer Zeiger mit ihm verbunden ist).

Für Zeiger kann man in Fortran 90 *keine Literale* angeben.

Diese Einführung möge vorläufig zur Begriffsbildung genügen. Genauere Informationen über den Umgang mit Zeigern enthält Abschnitt 11.10.

---

[24] Das Zeigerkonzept in Fortran 90 unterscheidet sich vom Zeigerkonzept in anderen Programmiersprachen, wo man zwischen dem *Wert des Zeigers* selbst (der als Adresse aufgefaßt wird) und dem *Wert des Ziels* unterscheiden muß, die beide separat verändert werden können. In Fortran 90 benötigt man daher keine Operation zur sogenannten *Dereferenzierung*, d. h. zur Herstellung des Übergangs von einem Zeiger zu seinem Zielobjekt.

Kapitel 10

Vereinbarung von Datenobjekten

Kapitel 9 hat gezeigt, was Datenobjekte sind und welche Datentypen in Fortran 90 zur Verfügung stehen. In diesem Kapitel wird erläutert, wie die einzelnen Datenobjekte einem Datentyp zugeordnet werden und wie man ihre sonstigen Eigenschaften festlegt.

10.1 Vereinbarungen (Deklarationen)

Die Zuordnung von Datenobjekten zu Datentypen geschieht durch spezielle Anweisungen, die *Vereinbarungen (Deklarationen)* genannt werden. Vereinbarungen liefern dem Übersetzer jedoch nicht nur Information über den Datentyp, sondern auch über andere Eigenschaften der Datenobjekte, beispielsweise, ob es sich um einen Skalar oder ein Feld handelt. Die Gesamtheit aller dieser Angaben nennt man *statische Information*. Der Übersetzer kann dadurch bei seiner Analyse, also noch vor der Ausführung des Programms, z. B. überprüfen, ob der Programmierer die Eigenschaften (*Attribute*) der Objekte beachtet hat und ob die auf sie angewendeten Operationen zulässig sind. Vereinbarungsanweisungen gehören zu den *nicht ausführbaren* Anweisungen, weil sie lediglich Information enthalten, aber keine Aktionen veranlassen. Sie stehen in den Programmeinheiten (vgl. Kapitel 13) vor den ausführbaren Anweisungen.

Wichtige statische Informationen, die von Vereinbarungen geliefert werden, sind:

Name: Ist der Name von Datenobjekten durch Vereinbarungen festgelegt, so kann der Übersetzer falsche Schreibungen eines Namens ebenso feststellen wie die Verwendung nicht vereinbarter Namen.

Datentyp und Speicherbedarf: Im allgemeinen ist mit der Wahl des Datentyps und des Typparameters festgelegt, wieviel Speicherplatz ein Datenobjekt belegt, sodaß der Übersetzer bereits bei der Übersetzung die Speichereinteilung planen kann. Es gibt jedoch auch Datenobjekte, deren Größe erst während des Programmablaufs festgelegt wird oder sich im Lauf der Abarbeitung ändern kann; auch kann, sofern die Deklaration nichts anderes besagt, der für ein Datenobjekt bereitgestellte Speicherplatz wieder freigegeben werden, sobald die Programmabarbeitung den Geltungsbereich des Objekts verläßt.

Zugriffsart: Deklarationen in Fortran 90 legen fest, ob es sich bei dem vereinbarten Datenobjekt um eine Variable oder um eine benannte Konstante handelt. Davon hängt ab, ob sein Wert während des Programmablaufs verändert werden kann.

Geltungsbereich: Durch die Deklaration wird festgelegt, in welchen Teilen eines Programms auf das vereinbarte Datenobjekt zugegriffen werden kann (vgl. Abschnitt 13.6.1).

Anfangswert: In der Vereinbarung kann einer Variablen ein Anfangswert zugewiesen werden. Konstanten *müssen* in der Vereinbarung einen (Anfangs-) Wert erhalten.

10.1.1   Explizite Vereinbarungen

Der Typ eines Datenobjekts kann *explizit* oder *implizit* festgelegt werden.

Explizite Vereinbarungen werden mit Vereinbarungsanweisungen vorgenommen. Diese *type declaration statements* bestehen in Fortran 90 aus drei Teilen: einem *Typbezeichner*, der den Typ und die Typparameter der in dieser Anweisung vereinbarten Datenobjekte festlegt; einem *Attributteil*, der weitere Eigenschaften (Attribute) der Datenobjekte bestimmt, und einer Liste jener Datenobjekte, auf die die vereinbarten Eigenschaften zutreffen sollen.

Vereinbarungen können nicht nur für Variablen und Konstanten, sondern auch für Funktionen getroffen werden. Darauf wird hier jedoch nicht eingegangen; man vergleiche dazu die Fortran 90 - Norm [97, 101] sowie das Kapitel 13 über Programmeinheiten.

Vereinbarungsanweisungen haben die allgemeine Form

   typbez [,*attr₁*] [,*attr₂*] ...   [::]   *obj-liste*

Der zweifache Doppelpunkt *muß* aufscheinen, wenn Attribute vereinbart werden oder wenn ein Anfangswert angegeben wird, sonst *kann* er geschrieben werden.

Beispiel: [Einfache Vereinbarungen] (ohne Attribute und ohne Anfangswerte)

```
INTEGER  ::  anzahl_datenpunkte, dimension, rang_numerisch
REAL     ::  kondition, residuum_norm, fehler_relativ
COMPLEX  ::  impedanz_eingang, impedanz_leerlauf
```

10.1.2   Implizite Vereinbarungen

Implizite Deklarationen (vgl. auch Abschnitt 17.4.1) sind Vereinbarungen, die nicht durch Vereinbarungsanweisungen, sondern durch Konventionen, die in der Sprachbeschreibung definiert sind, oder durch spezielle Anweisungen erzielt werden. Fortran hat eine standardmäßige Typzuordnung (Typkonvention) eines Datenobjekts nach dem Anfangsbuchstaben seines Bezeichners: Wenn der Name des Objekts mit einem der Buchstaben von I bis N beginnt, nimmt der Fortran 90 - Übersetzer an, daß das Objekt vom Typ INTEGER ist, bei allen anderen Anfangsbuchstaben wird das Datenobjekt dem

Typ REAL zugerechnet. Diese implizite Typdeklaration (Typkonvention) ist die „Voreinstellung" des Übersetzers, d. h., sofern der Programmierer nichts anderes festlegt, wird der Typ aller Datenobjekte nach dieser Regel bestimmt.

Vor der Ausnutzung der Fortran-Typkonvention wird gewarnt.

Durch die Anweisung IMPLICIT NONE kann die implizite Typfestlegung abgeschaltet werden, sodaß *alle* Datenobjekte *explizit* vereinbart werden müssen.

ACHTUNG: *Es wird dringend empfohlen, in allen Programmeinheiten durch IMPLICIT NONE eine explizite Typdeklaration aller Datenobjekte sicherzustellen.*

10.2 Vereinbarung von Variablen vordefinierter Datentypen

10.2.1 Vereinbarung von numerischen und logischen Variablen

Vereinbarungen für einfache skalare Variablen numerischen oder logischen Typs – ohne Attribute – haben die Form

INTEGER	[([KIND=] *typparameter*)]	[::] *obj-liste*
REAL	[([KIND=] *typparameter*)]	[::] *obj-liste*
DOUBLE PRECISION		[::] *obj-liste*
COMPLEX	[([KIND=] *typparameter*)]	[::] *obj-liste*
LOGICAL	[([KIND=] *typparameter*)]	[::] *obj-liste*

Für den gewünschten Typparameter *typparameter* kann ein (ganzzahliges) Literal, der Bezeichner einer ganzzahligen Variablen oder Konstanten oder ein ganzzahliger Initialisierungsausdruck (eine spezielle Form eines konstanten Ausdrucks, vgl. Abschnitt 11.4.4) eingesetzt werden. Der Typparameter *typparameter* muß skalar sein.

Beispiel: [Vereinbarungen mit Typparametern]

```
INTEGER, PARAMETER  ::  r_genau = SELECTED_REAL_KIND (P = 14, R = 100)
INTEGER, PARAMETER  ::  i_genau = SELECTED_INT_KIND (10)
...
INTEGER (KIND = i_genau)               ::  knoten
REAL (KIND = r_genau)                  ::  spannung
REAL (KIND = SELECTED_REAL_KIND (P = 10)) ::  strom
COMPLEX (KIND = r_genau)               ::  impedanz
```

Wenn der Typparameter nicht explizit angegeben wird, hat die vereinbarte Variable den Typparameter des jeweiligen Standardtyps. Der Typ DOUBLE PRECISION läßt keine Angabe eines Typparameters zu.

10.2.2 Vereinbarung von Zeichenketten-Variablen

Die Vereinbarung für Variablen des Typs CHARACTER hat folgende Form:

CHARACTER [*char-beschr*] [::] *obj-liste*

Dabei kann *char-beschr* die Länge der Zeichenkette, ihren Typparameter oder beides festlegen. Zulässig sind folgende Schreibungen:

([LEN=] *laenge1*)
(LEN= *laenge1*, KIND= *typparameter*)
(*laenge1*, [KIND=] *typparameter*)
(KIND= *typparameter* [, LEN= *laenge1*])
*laenge2

Für *laenge1* kann eingesetzt werden:

- ein ganzzahliger Initialisierungsausdruck (d.i. ein spezieller konstanter Ausdruck, also im einfachsten Fall eine Konstante; vgl. Abschnitt 11.4.4) oder

- ein Stern *;

laenge2 kann angegeben werden durch

- ein ganzzahliges Literal,

- einen in runde Klammern eingeschlossenen ganzzahligen Initialisierungsausdruck (*init_ausdr*) oder

- einen in Klammern eingeschlossenen Stern (*).

Ein Stern darf nur in zwei Fällen als Längenbeschreiber eingesetzt werden: erstens, wenn eine benannte Konstante vereinbart wird (deren Länge muß nicht als Zahl angegeben werden, weil sie unmittelbar aus dem in der Vereinbarung anzugebenden Wert der Konstanten abgelesen werden kann, vgl. Abschnitt 10.4.1), und zweitens, wenn es sich bei der zu vereinbarenden Zeichenkette um einen Formalparameter eines Unterprogramms handelt, da in diesem Fall die Länge vom zugehörigen Aktualparameter übernommen wird (vgl. Abschnitt 13.3.4).

Der Typparameter wird so wie die Länge durch einen ganzzahligen Initialisierungsausdruck angegeben.

Wenn die Längenangabe fehlt, wird als Länge 1 angenommen (einzelnes Zeichen); ist kein Typparameter angegeben, wird der des gewöhnlichen Zeichensatzes (entsprechend KIND ('A')) verwendet. Falls der die Länge beschreibende Ausdruck negativ wird, ist die Länge der Zeichenkettenvariablen Null.

Beispiel: [Vereinbarung von CHARACTER-Variablen]

```
CHARACTER                        ::  buchst_deutsch  ! gewoehnl. Zeichensatz
CHARACTER (KIND = griech)        ::  buchstabe_griechisch
CHARACTER (LEN = 15)             ::  vorname
CHARACTER (25)                   ::  nachname      ! Laengenangabe: 25 Zeichen
CHARACTER (LEN = 35, KIND = griech) ::  wort1_griechisch
CHARACTER (35, griech)           ::  wort2_griechisch
CHARACTER *6                     ::  fortran_77_name
```

In Fortran 90 gibt es *keine* Zeichenketten mit variabler Länge (*varying strings*)! Wird für die Angabe der Länge ein Ausdruck verwendet, so muß er konstant sein[1], und auch ein Stern beschreibt eine Zeichenkette, deren Länge zwar nicht immer von vornherein feststeht, aber nach ihrer Festsetzung konstant bleibt, solange die Zeichenkette existiert.

Die Länge einer Zeichenketten-Variablen ist die feste Anzahl der Zeichen, die ein Wert hat, der dieser CHARACTER-Variablen zugeordnet ist. Werte (konkrete Zeichenketten), die eine geringere Anzahl von Zeichen besitzen, als der Zeichenketten-Variablen entspricht, werden rechts mit Leerzeichen (*trailing blanks*) ergänzt.

Beispiel: [Vereinbarung von **CHARACTER**-Variablen] Einer Zeichenketten-Variablen sollen die Namen verschiedener Diskretisierungsverfahren für partielle Differentialgleichungen zugewiesen werden:

```
5 POINT STAR        7 POINT STAR 3D
HERMITE COLLOCATION COLLOCATION
HODIE HELMHOLTZ     HODIE ACF
SPLINE GALERKIN     ...
```

Für die aufgelisteten Namen müßte mindestens die Länge 19 gewählt werden. Um auch für künftige Verfahrensnamen gerüstet zu sein, empfiehlt sich eine großzügigere Vereinbarung, z. B.

```
CHARACTER (LEN = 30) ::  diskretisierung
```

Damit ist die Obergrenze für die Länge von Namen, die in dieser Variablen gespeichert werden können, mit 30 Zeichen festgelegt.

10.3   Selbstdefinierte Datentypen (Strukturen)

Damit Datenobjekte eines selbstdefinierten Typs in einer Vereinbarungsanweisung deklariert werden können, müssen dem System zunächst die Eigenschaften des Typs (Name, Wertebereich) bekannt gemacht werden.

Das geschieht, indem zunächst – noch vor der Vereinbarung der Objekte – der selbstdefinierte Datentyp deklariert wird.

10.3.1   Definition des Typs

Die Definition (Vereinbarung, Deklaration) eines selbstdefinierten Daten*typs* (des Typs selbst, nicht eines Daten*objekts* dieses Typs!) hat (ohne Vereinbarung von Attributen) die Form

```
TYPE [ :: ] typname
            komponentenvereinbarung₁
            ...
            komponentenvereinbarungₙ
END TYPE [typname]
```

---

[1]Nicht konstante Ausdrücke für die Länge sind nur in Unterprogrammen (vgl. Abschnitt 13.3) möglich, und selbst dann wird der Ausdruck beim Eintritt in das Unterprogramm ausgewertet und als fixe Länge verwendet, sodaß während der weiteren Abarbeitung des Unterprogramms eine Veränderung des Ausdruckswertes keine Auswirkung auf die Länge der Zeichenkette mehr hat.

Der Name des Typs muß sich von allen vordefinierten Typnamen und von allen anderen selbstdefinierten Typnamen, die in seinem Geltungsbereich stehen, unterscheiden. Wenn im END TYPE-Befehl ein Typname aufscheint, muß es derselbe sein wie im zugehörigen TYPE-Befehl.

Durch die Typdefinition wird eine Datenstruktur Record (vgl. Abschnitt 9.6) durch Aggregation der Datenstrukturen der n Komponenten gebildet. Im Gegensatz zu den Feldern (vgl. Abschnitt 9.5) können die Komponenten eines Records verschiedenen Typen mit verschiedenen Attributen angehören.

Die Komponenten einer Struktur dürfen jedem vordefinierten Typ sowie jedem schon vorher vereinbarten selbstdefinierten Typ angehören. Auch Felder jedes Typs sowie Zeiger sind als Komponenten zulässig.

Jene Komponenten, die von vordefiniertem Typ sind, heißen *letzte* oder *endgültige Komponenten* der Struktur (*ultimate components*), weil sie keine weiteren Komponenten mehr'enthalten.

Der Typ einer Zeigerkomponente einer Struktur kann vor- oder selbstdefiniert sein. Es darf sich sogar um denselben Typ handeln, dessen Komponente sie ist. Man spricht dann von *rekursiven Datentypen* (vgl. Abschnitt 11.8.1).

Der zweifache Doppelpunkt in der Typvereinbarung ist vorgeschrieben, sofern ein Feld oder ein Zeiger vereinbart wird, ansonsten ist seine Verwendung nicht zwingend.

Da die Komponentenvereinbarungen Vereinbarungsanweisungen sind, können in einer einzelnen Komponentenvereinbarung mehrere Datenobjekte, also mehrere Komponenten, vereinbart werden.

Beispiel: [Buchdaten] Der selbstdefinierte Datentyp buch wird durch folgende Deklaration festgelegt:

```
TYPE buch
    CHARACTER (LEN = 50)   ::  autor, titel, verlag
    INTEGER                ::  erscheinungsjahr
END TYPE buch
```

Beispiel: [Quaternionen] Der Typ quaternion kann durch folgende Deklaration eingeführt werden:

```
TYPE quaternion
    REAL  ::  x_1, x_2, x_3, x_4
END TYPE quaternion
```

Es ist vorteilhaft, statt eines Feldes

```
REAL, DIMENSION (4) :: x   ! eindimensionales Feld mit 4 Elementen
```

den selbstdefinierten Typ quaternion zu verwenden, da man für diesen z. B. die Quaternionenmultiplikation als eigene Operation einführen und mit dem Operatorsymbol ∗ versehen kann.

Auch der Datentyp einer Menge, der in Fortran 90 im Unterschied zu anderen Programmiersprachen nicht vordefiniert ist, läßt sich als selbstdefinierter Typ einführen:

Beispiel: [Mengen]

```
TYPE menge
    INTEGER ::  maechtigkeit   ! Maechtigkeit der Menge (max. 200)
    INTEGER ::  element(200)   ! eindimensionales Feld mit 200 Elementen
END TYPE menge
```

Bei diesem Beispiel würde ein Typparameter, der die Mächtigkeit der Menge angibt, die praktische Verwendung stark vereinfachen. Bei selbstdefinierten Datentypen (Strukturen) gibt es in Fortran 90 jedoch *keine Typparameter*.

10.3.2 Vereinbarung von Datenobjekten

Variablen eines selbstdefinierten Typs werden in der Form

TYPE (*typname*) [::] *obj-liste*

vereinbart. TYPE (*typname*) nimmt für selbstdefinierte Datentypen die Stelle des vordefinierten Typbezeichners ein.

Beispiel: [Strukturobjekte]

```
TYPE (buch), DIMENSION (300)  ::  kartei  ! Feld-Deklaration (300 Buecher)
TYPE (menge)                  ::  menge1  ! skalare Variable
```

ACHTUNG: Vordefinierte Datentypen können überall in einem Fortran 90 - Programm verwendet werden. Selbstdefinierte Datentypen hingegen sind i. a. *nicht* innerhalb des gesamten Programms verfügbar, sondern nur innerhalb eines bestimmten Geltungsbereichs, der aus jenen Programmteilen besteht, die zur Deklaration des selbstdefinierten Typs Zugang haben (vgl. Abschnitt 13.6).

10.3.3 Gleichheit von selbstdefinierten Datentypen

Zwei Datenobjekte selbstdefinierten Typs haben zunächst dann gleichen Typ, wenn sich ihre Deklarationen auf ein und dieselbe Typvereinbarung beziehen.

Es besteht jedoch auch die Möglichkeit, daß Datenobjekte, die keinen gemeinsamen Zugriff auf eine Typdefinition haben, vom selben selbstdefinierten Typ sind.

Das ist dann der Fall, wenn die Datenobjekte und die jeweils zugehörigen Typdeklarationen in verschiedenen Geltungseinheiten stehen (eine Geltungseinheit ist, grob gesagt, ein Teil eines Gesamtprogramms, in dem i. a. die Datenobjekte und die Vereinbarungen anderer Geltungseinheiten nicht verfügbar sind; näheres in Abschnitt 13.6) und wenn die Typvereinbarungen folgende Bedingungen erfüllen:

- Die Namen der Typdeklarationen müssen übereinstimmen,
- die Typvereinbarungen müssen das SEQUENCE-Attribut (vgl. Abschnitt 10.4.5) aufweisen,
- die Strukturkomponenten dürfen *nicht* das Attribut PRIVATE (vgl. Abschnitt 13.12.5) tragen.
- die Strukturkomponenten müssen in Namen, Reihenfolge und Eigenschaften übereinstimmen.

10.4 Attribute

Wenn man Datenobjekte mit speziellen Eigenschaften (z. B. Konstanten, Felder oder Zeiger) zu vereinbaren wünscht, so müssen im Attributteil der Vereinbarung

typbez [, *attr₁*] [, *attr₂*] ... [::] *obj-liste*

Attribute *attr₁*, *attr₂*, ... angegeben werden, die diese Eigenschaften spezifizieren. Von den in Fortran 90 möglichen Attributen werden hier nur die wichtigsten behandelt; die restlichen folgen in den kommenden Kapiteln an geeigneter Stelle.

10.4.1 Vereinbarung von Konstanten

Das Attribut PARAMETER macht Datenobjekte, die in der betreffenden Vereinbarungsanweisung aufscheinen, zu (benannten) Konstanten. Einer Konstanten *muß* in der Vereinbarung ein Wert zugewiesen werden, der während des Programmablaufs nicht verändert werden darf. Die Zuweisung dieses *Anfangswertes* an ein Datenobjekt erfolgt, wie in Abschnitt 10.5 nochmals gezeigt wird, durch Erweiterung der Vereinbarungsanweisung mit dem an den Objektnamen angefügten Zusatz

> = *anfangswert*

Beispiel: [Benannte Konstanten]

```
INTEGER, PARAMETER  ::  max_iteration = 10000
INTEGER, PARAMETER  ::  genau = SELECTED_REAL_KIND (12,99)
REAL,    PARAMETER  ::  pi = 3.14159265358979323846263, g = 9.80665
COMPLEX, PARAMETER  ::  i = (0,1)
```

Hier und bei allen Vereinbarungen, in denen ein Anfangswert angegeben wird, darf der Anfangswert auch als Initialisierungsausdruck (vgl. Abschnitt 11.4.4) angegeben werden, der benannte Konstanten und bestimmte Funktionen enthalten kann. Benannte Konstanten müssen bereits vorher (d. h. in einer früheren Vereinbarung oder in derselben Vereinbarungsanweisung *vor* der Konstanten, für die der Anfangswert gilt) deklariert worden sein.[2]

Beispiel: [Ausdruck als Anfangswert]

```
REAL, PARAMETER  ::  pi = 4.*ATAN (1.), pi_2 = 2.*pi
```

Eine Besonderheit bei Zeichenketten-Konstanten ist, daß ihre Länge in der Vereinbarung nicht explizit angegeben werden muß, weil sie vom (konstanten) Anfangswert direkt ablesbar ist. Als Längenbeschreiber wird dann ein Stern eingesetzt.

Beispiel: [CHARACTER-Konstante]

```
CHARACTER (LEN = *), PARAMETER  ::  tu      = 'Technische Universitaet Wien'
CHARACTER * (*),     PARAMETER  ::  warnung = "Achtung, Eingabefehler!"
```

Formalparameter, Funktionen (vgl. Abschnitt 13.3) und Datenobjekte in COMMON-Blöcken (vgl. Abschnitt 17.5.3) dürfen das PARAMETER-Attribut *nicht* tragen.

10.4.2 Vereinbarung von Feldern

Felder sind die Zusammenfassung mehrerer skalarer Datenobjekte des gleichen Typs unter einem Namen. Sie können mit Hilfe des Attributs DIMENSION vereinbart werden. Ihm folgt, in runde Klammern eingeschlossen, eine Beschreibung der Form des Feldes. Im einfachsten Fall ist das eine Liste, die die Anzahl der Elemente (die Ausdehnung) in jeder Dimension angibt:

> *typname*, DIMENSION ($ausd_1, \ldots, ausd_n$) :: *feldliste*

---

[2]Zulässig ist auch, daß die im Ausdruck verwendete Konstante durch Benützung eines Moduls oder *host association* zugänglich ist, vgl. Kapitel 13.

Wenn die Ausdehnung eines Feldes in der Vereinbarung explizit angegeben wird, spricht
man von einem Feld mit expliziter Form (*explicit shape array*). Im einfachsten Fall
geschieht das, indem man für jede Dimension die jeweilige Elementanzahl schreibt.

Wie bereits aus Abschnitt 9.5 bekannt ist, werden die Elemente eines Feldes durch
einen *Index* $[ugr_1, ogr_1] \times [ugr_2, ogr_2] \ldots$ identifiziert. Bei der einfachsten Schreibweise
werden die Indexuntergrenzen ugr_i vom Übersetzer als 1 angenommen, sodaß die Indexobergrenze gleich der Anzahl der Elemente in der jeweiligen Dimension ist.

Beispiel: [Vereinbarung von Feldern]

```
COMPLEX, DIMENSION (20)      ::  feld0  ! eindimensionales Feld (20 Elemente)
INTEGER, DIMENSION (10,10)   ::  feld1  ! zweidimensionales 10x10-Feld
REAL,    DIMENSION (5,5,5)   ::  feld2  ! dreidimensionales 5x5x5-Feld
INTEGER, DIMENSION (j,k)     ::  feld3  ! j, k ganzzahlige Konstanten
```

Die Indexgrenzen können durch Konstanten oder Initialisierungsausdrücke angegeben
werden (vgl. Abschnitt 11.4.4).

Ein Feld, bei dem mindestens eine der Ausdehnungen eine Variable ist, darf nur
als Formalparameter oder als Funktionsresultat vorkommen oder in einer Prozedur
vereinbart sein. Im letzteren Fall spricht man von einem *automatischen Feld*.

Die unteren Indexgrenzen müssen nicht 1 sein; der Programmierer kann sowohl
Ober- als auch Untergrenzen beliebig festsetzen. Die Beschreibung der Form eines Feldes

$$(ausd_1, ausd_2, \ldots, ausd_n)$$

hat allgemein folgendes Aussehen:

$$([ugr_1 :] \ ogr_1 \ [,[ugr_2 :] \ ogr_2 \ ] \ \ldots \ [,[ugr_n :] \ ogr_n \ ])$$

Beispiel: [Vereinbarung von Feldern]

```
REAL, DIMENSION (-4:0, -10:-6, 5) ::  feld2a    ! 5x5x5-Feld
REAL, DIMENSION (1985:1995, 12)   ::  einkommen ! 11x12-Feld
```

Das so vereinbarte Feld feld2a hat so wie das Feld feld2 in jeder Dimension die Ausdehnung 5, die
Indizes bewegen sich aber in den ersten beiden Dimensionen zwischen anderen Grenzen, sodaß das erste
Element des Feldes feld2a den Index -4,-10,1 hat, das letzte Element den Index 0,-6,5.

Wenn eine Obergrenze ogr_i kleiner als die zugehörige Untergrenze ugr_i ist, so ist die
Ausdehnung des Feldes in der betreffenden Dimension i Null, ebenso die Größe des
gesamten Feldes, d. h., das Feld enthält *keine* Elemente.

Schließlich können auch Felder vereinbart werden, deren Ausdehnungen nicht
ausdrücklich deklariert werden, also nicht von vornherein feststehen, sondern erst
während der Ausführung des Programms bestimmt werden. Solche Felder können als
Feldzeiger (vgl. Abschnitt 10.4.3), als dynamische Felder (vgl. Abschnitt 14.3.2) oder
als Formalparameter eines Unterprogramms (vgl. z.B. Abschnitt 13.4.3) verwendet
werden. Alle diese Felder haben gemeinsam, daß in der Vereinbarung nur die Anzahl
ihrer Dimensionen aufscheint, jedoch keine Indexgrenzen angegeben werden. Statt der
Indexgrenzen wird in jeder Dimension ein Doppelpunkt geschrieben.

Beispiel: [Feld ohne explizite Indexangabe]

```
INTEGER, DIMENSION (:,:)  ::  ganzzahl_matrix
```

Ein derart vereinbartes Feld, das als Formalparameter verwendet wird, übernimmt seine Ausdehnung von einem anderen Datenobjekt, nämlich von dem ihm zugeordneten Aktualparameter. Man spricht deshalb von einem *Feld mit übernommener Form* (*assumed shape array*).

Das Attribut DIMENSION hat, im Gegensatz zu anderen Programmiersprachen, keine Auswirkungen auf den Datentyp. Felder sind in Fortran 90 nur Strukturierungsmethoden, und ein Feld besitzt den Datentyp seiner Elemente.

10.4.3 Vereinbarung von Zeigern

Zeiger sind Variablen beliebigen Typs, die das Attribut POINTER tragen.

Beispiel: [Vereinbarung eines Zeigers]

```
REAL, POINTER :: aktueller_wert
```

Wenn das POINTER-Attribut angegeben wird, dürfen die Attribute INTENT und EXTERNAL (vgl. Abschnitte 13.4.4 und 17.8.6) nicht verwendet werden.

Da Variablen beliebigen Typs als Zeiger verwendet werden können, ist das auch für Felder möglich. Man spricht dann von einem *array pointer*. Solch ein Feldzeiger muß zusätzlich zu DIMENSION das Attribut POINTER tragen. Bei der Vereinbarung eines Feldzeigers wird nur die Anzahl der Dimensionen festgelegt; die Indexgrenzen werden bei der Assoziation mit einer Zielvariablen von dieser übernommen. Als Symbol dafür wird in der Vereinbarungsanweisung statt der Ausdehnungen in jeder Dimension je ein Doppelpunkt gesetzt.

Beispiel: [Feldzeiger-Vereinbarung]

```
REAL, DIMENSION (:,:,:), POINTER :: feld6
CHARACTER, DIMENSION (:), POINTER :: spruch_des_tages
```

Wenn ein Feld das POINTER-Attribut trägt, darf es nicht gleichzeitig das ALLOCATABLE-Atrribut tragen.

Solange ein Feldzeiger nicht mit einem Zielfeld verbunden ist, sind Größe, Form und Indexgrenzen nicht definiert.

Feldzeiger zählen zusammen mit den dynamischen Feldern (vgl. Abschnitt 14.3.2) zu den sogenannten *deferred-shape arrays*.

10.4.4 Vereinbarung von Zielvariablen

Nur wenn für eine benannte Variable das TARGET-Attribut angegeben ist oder wenn sie selbst ein Zeiger ist, kann sie als Ziel für einen Zeiger dienen (vgl. Abschnitt 11.10.2). Die Attribute EXTERNAL, INTRINSIC und PARAMETER dürfen nicht zusammen mit TARGET vorhanden sein, was insbesondere bedeutet, daß eine Konstante kein Ziel eines Zeigers sein kann.

Beispiel: [Vereinbarung von Zielvariablen]

```
CHARACTER (100),      TARGET :: spruch_1
REAL, DIMENSION (3,5,7), TARGET :: ziel_von_feld6
```

10.4.5 Die SEQUENCE-Anweisung

Im allgemeinen steht die Reihenfolge, in der die Komponenten einer Struktur im Speicher abgelegt werden, nicht fest.

Die SEQUENCE-Anweisung innerhalb der Vereinbarung eines selbstdefinierten Typs legt jedoch fest, daß die Reihenfolge der Aufzählung der Komponenten zur Reihenfolge der Speicherung wird. Auf diese Weise ist eine der Voraussetzungen dafür gegeben, daß zwei physisch verschiedene Typdeklarationen logisch denselben Strukturtyp festlegen können. Die SEQUENCE-Anweisung steht unmittelbar nach dem TYPE-Befehl der Typvereinbarung, also noch vor den Komponentenvereinbarungen (SEQUENCE ist daher *kein* Attribut im eigentlichen Sinn).

Wenn SEQUENCE in der Vereinbarung eines selbstdefinierten Datentyps aufscheint, muß die SEQUENCE-Anweisung auch in der Vereinbarung jener Komponenten dieser Struktur stehen, die ebenfalls von selbstdefiniertem Typ sind.

Beispiel: [SEQUENCE-Anweisung]

```
TYPE buch
    SEQUENCE
    CHARACTER (LEN = 50) :: autor, titel, verlag
    INTEGER              :: erscheinungsjahr
END TYPE buch
```

10.5 Initialisierung (Anfangswerte)

Für Variablen kann in der Objektliste ein Anfangswert angegeben werden (für benannte Konstanten *muß* er, wie in Abschnitt 10.4.1 erläutert, aufscheinen). Man nennt die erstmalige Wertzuweisung an eine Variable *Initialisierung*. Wenn ein Anfangswert eingesetzt wird, muß in der Vereinbarungsanweisung vor der Objektliste der zweifache Doppelpunkt stehen.

Beispiel: [Anfangswerte von Variablen]

```
INTEGER              :: grad_polynom = 3
REAL (KIND = genau)  :: kelvin = 273.15
REAL, DIMENSION (5)  :: real_feld = (/ 7.4, 4.3, 6.7, 9.2, 1. /)
```

Kein Anfangswert darf angegeben werden, wenn es sich bei dem vereinbarten Datenobjekt um einen Formalparameter einer Prozedur oder einen Zeiger handelt.[3] Eine Variable oder ein Teil einer Variablen darf in einem Gesamtprogramm nur einmal einen Anfangswert erhalten. Wenn eine Variable durch Angeben eines Anfangswertes initialisiert wird, erhält sie automatisch das Attribut SAVE (vgl. Abschnitt 13.6.4).

---

[3]Weitere Einschränkungen betreffen Namen von externen Funktionen, Variablen in COMMON-Blöcken, automatische Objekte, externe Objekte sowie dynamische Felder.

Kapitel 11

Belegung und Verknüpfung von Datenobjekten

11.1 Ausdrücke

In imperativen Programmiersprachen wie Fortran 90 ist die Aufgabe von Programmen die zielgerichtete Manipulation von Daten, d. h. die Veränderung und Verknüpfung der Werte von Datenobjekten durch einen der Problemstellung entsprechenden Algorithmus. Die Verknüpfung von Datenobjekten geschieht in *Ausdrücken* (*expressions*). Ausdrücke sind formelartige Verarbeitungsvorschriften, deren Ausführung einen Wert liefert. Sie bestehen aus *Operanden* (das sind Konstanten, Variablen, Funktionsaufrufe oder andere Ausdrücke), *Operatoren* und *Klammern*. Ihr Resultat (ihr Wert) kann durch eine Wertzuweisung Variablen zugewiesen oder mit anderen Werten verglichen werden etc. Der Wert eines Ausdrucks hat einen Typ, einen Typparameter sowie eine Form, d. h., er kann ein Skalar oder ein Feld sein.

Beispiel: [Ausdrücke]
```
2*radius*pi
SIN (phi)/SQRT (2.)
"nicht"//"singulaer"
a*(1 + COS (phi))
r*COS (phi)
r*SIN (phi)
```

In Ausdrücken dürfen nur *definierte Variablen* verwendet werden.

11.2 Definierte und undefinierte Variablen

Die Vereinbarung einer Variablen bewirkt – sofern ihr nicht in der Vereinbarung ein Anfangswert zugewiesen wird – lediglich, daß der Compiler für die Reservierung eines entsprechend großen Speicherplatzes sorgt, den der Programmierer unter dem Namen der Variablen ansprechen kann. Der *Wert* der Variablen aber ist zunächst unbestimmt und bleibt es auch, bis eine Wertzuweisung für die Variable vollzogen wurde. Solange Variablen keinen gültigen Wert haben, wie es z. B. unmittelbar nach einer Vereinbarung ohne Anfangswertzuweisung der Fall ist, heißen sie *undefiniert*. Eine Variable gilt auch dann als undefiniert, wenn nur *Teile* der Variablen (einzelne Feldelemente, Zeichen einer Zeichenkette oder Komponenten einer Variablen selbstdefinierten Typs)

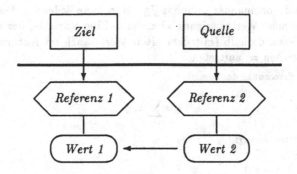

ABBILDUNG 11.1   Wertzuweisung

nicht definiert sind. Sogenannte lokale Variablen in Unterprogrammen, das sind solche, die innerhalb eines Unterprogramms vereinbart sind und nur dort Gültigkeit haben (vgl. Abschnitt 13.6), sind i. a. nur in diesem Unterprogramm definiert und werden undefiniert, sobald das Unterprogramm verlassen wird. Zeiger sind undefiniert, wenn sie nicht mit einem *definierten* Ziel assoziiert oder explizit als disassoziiert erklärt sind (eine genaue Beschreibung folgt in Abschnitt 11.10).

Konstanten sind stets definiert, weil sie bei der Deklaration einen Anfangswert erhalten müssen.

11.3   Wertzuweisung

Durch eine Wertzuweisung (*assignment*) wird eine Variable oder ein Teil einer Variablen mit einem Wert belegt. Die Variable wird dadurch *definiert* oder – wenn sie schon vorher einen gültigen Wert hatte – *redefiniert*, vorausgesetzt, daß die Variable nicht noch andere undefinierte Teile hat. Die Wertzuweisung ist ein *ausführbarer Befehl*. Sie erfolgt dadurch, daß der Wert eines (i. a. anderen) Datenobjekts (eines Literals, einer benannten Konstanten, einer Variablen oder eines Ausdrucks) in den eigenen Wertebereich kopiert wird (vgl. Abb. 11.1). Der Wert der Quelle bleibt dabei erhalten. Eine Zuweisung hat syntaktisch die Form

  variable = ausdruck

Dabei ist *variable* der Name einer Skalarvariablen (die von vordefiniertem oder selbstdefiniertem Typ sein kann), einer Feldvariablen oder eines Teilobjekts einer Variablen (das kann ein Feldelement, ein Teilfeld, eine Komponente einer Variablen selbstdefinierten Typs oder ein Teil einer Zeichenkette sein).

Das Gleichheitszeichen bedeutet in einer Zuweisung keineswegs mathematische Gleichheit, sondern ist ein (Zuweisungs-) *Operator*. In einem Programm kann beispielsweise für eine numerische Variable a die – als mathematische Gleichung sinnlose – Wertzuweisung a = a + 1 stehen. Der definierende *ausdruck* und der links stehende

Variablenname sind voneinander unabhängig. Man kann jederzeit den Wert der Variablen durch eine neue Wertzuweisung abändern. Eine Variable, der ein neuer Wert zugewiesen wird, kann deshalb (mit dem alten Wert) auch im Ausdruck, d.h. rechts vom Zuordnungszeichen =, auftreten.

Beispiel: [Summe] Berechnung der Summe

$$s = \sum_{i=1}^{3} a_i$$

durch wiederholte Wertzuweisung:

```
s = 0
s = s + a_1  ! s = a_1
s = s + a_2  ! s = a_1 + a_2
s = s + a_3  ! s = a_1 + a_2 + a_3
```

Nach der letzten Wertzuweisung hat s den Zahlenwert der Summe.

Beispiel: [Polynomwert] Berechnung eines Polynomwertes mittels des Horner-Schemas

$$P(x) = a_0 + a_1 x + a_2 x^2 + a_3 x^3 = ((a_3 x + a_2)x + a_1)x + a_0$$

durch wiederholte Wertzuweisung:

```
p = a_3
p = p*x + a_2  ! p = a_3*x + a_2
p = p*x + a_1  ! p = (a_3*x + a_2)*x + a_1
p = p*x + a_0  ! p = ((a_3*x + a_2)*x + a_1)*x + a_0
```

Nach der letzten Wertzuweisung hat p den Zahlenwert $P(x)$.

Der Ausdruck, dessen Wert der Variablen *variable* zugewiesen wird, muß folgenden Übereinstimmungsregeln genügen:

Typ der Variablen	Typ des Ausdrucks
INTEGER	INTEGER, REAL, COMPLEX
REAL	INTEGER, REAL, COMPLEX
COMPLEX	INTEGER, REAL, COMPLEX
LOGICAL	LOGICAL
CHARACTER	CHARACTER (gleicher Typparameter)
selbstdefinierter Typ	gleicher selbstdefinierter Typ

Ist die Variable ein *Feld*, so muß auch der Ausdruck ein Feld gleicher Form ergeben. Wenn die Variable ein *Zeiger* ist, muß sie mit einem (nicht notwendig definierten!) Ziel verbunden sein, und die Übereinstimmungsregeln müssen für die Zielvariable und den Ausdruck erfüllt sein. Für Variablen vom Typ CHARACTER muß zwar der Typparameter, nicht aber die Länge mit dem Ausdruck übereinstimmen.

Man kann sich die Wertzuweisung als einen Operator niedrigster Priorität vorstellen, der kein Ergebnis liefert. Stattdessen hat die Ausführung einer Zuweisung einen Effekt: Sie ändert den Wert einer Variablen und damit den *Zustand* eines Datenobjekts. Die Ausführung eines Programms einer imperativen Programmiersprache kann schrittweise durch die Zustandsänderungen einzelner Datenobjekte beschrieben werden.

11.4   Numerische Datentypen

11.4.1   Arithmetische Operatoren und Ausdrücke

Die vordefinierten arithmetischen Operatoren auf den numerischen Typen sind:

Operator	Funktion	Priorität
**	Exponentiation	1
*	Multiplikation	2
/	Division	2
+	*Identität*	3
-	*Negation*	3
+	Addition	4
-	Subtraktion	4

Die Symbole + und - stehen nicht nur für Addition bzw. Subtraktion, die je zwei Operanden miteinander verknüpfen – man nennt sie daher *zweiwertige* (*binäre* oder *dyadische*) Operationen –, sondern können auch nur einen Operanden haben, d. h. Vorzeichen bilden. Man spricht dann von *einwertigen* (*unären* oder *monadischen*) Operationen. Die unäre Operation + heißt *Identität*, die unäre Operation - *Negation*.

Operatoren haben *Prioritäten*, die die Reihenfolge ihrer Abarbeitung bestimmen. Unter den vordefinierten numerischen Operatoren hat die Exponentiation die höchste Priorität (1); es folgen Multiplikation und Division (Priorität 2), Identität und Negation (Priorität 3) sowie mit der geringsten Priorität (4) Addition und Subtraktion.

Beispiel: [Exponentation] Im Ausdruck

```
5*2 + 3**4      ! = (5*2) + (3**4)
```

werden zuerst Exponentiation (Priorität 1) und Multiplikation (Priorität 2) ausgewertet und dann erst deren Resultate addiert (Priorität 4), was für den Ausdruck den Wert 91 ergibt.

```
4.1 - 3**2      ! = 4.1 - 9 = -4.9
(4.1 - 3)**2    ! = 1.1 ** 2 = 1.21

3.2**2 + 5.3    ! = 10.24 + 5.3 = 15.54
1.2**(2 + 5.3)  ! = 3.2**7.3 = 4870.7388

-4**2           ! = -16
(-4)**2         ! = 16

5**2*3          ! = 25*3 = 75
5**(2*3)        ! = 5**6 = 15625
```

Die Reihenfolge der Abarbeitung eines Ausdrucks kann durch *Klammern* beeinflußt werden: In Klammern eingeschlossene (Teil-) Ausdrücke haben die höchste Priorität, d. h., sie werden zuerst ausgewertet. Bei verschachtelten Klammern werden die Ausdrücke im jeweils innersten Klammerpaar zuerst berechnet.

Die Prioritäten sind so gewählt, daß im Normalfall möglichst wenige Klammern gesetzt werden müssen.

In Zweifelsfällen oder zur Erhöhung der Lesbarkeit schadet es nie, Klammern zu verwenden, auch wenn sie eigentlich überflüssig sind.

Beispiel: [Prioritäten] Der Ausdruck

```
5*(2+3)**4        ! = 5*((2+3)**4)
```

wird ausgewertet als $5 \cdot 5^4 = 3125$,

```
(5*(2+3))**4
```

als $25^4 = 390625$.

Im Falle *nicht*-assoziativer Operationen dürfen Klammern selbstverständlich *nicht* weggelassen werden.

Beispiel: [Nicht-Assoziativität] Die Ausdrücke

```
r - (s - t)
u/(v/w)
```

sind *nicht* äquivalent zu

```
(r - s) - t
(u/v)/w
```

Im Falle assoziativer Operationen können Klammern weggelassen werden.

Beispiel: [Assoziativität]

```
r + s + t    ! = (r + s) + t = r + (s + t)
u*v*w        ! = (u*v)*w     = u*(v*w)
```

Kommen in einem Ausdruck mehrere aufeinanderfolgende Verknüpfungen durch Operatoren mit gleicher Priorität vor, so werden sie *von links nach rechts* abgearbeitet, sofern nicht Klammern vorhanden sind, die etwas anderes vorschreiben[1]. Eine Ausnahme bildet die Exponentiation, die von rechts nach links ausgewertet wird.

Beispiel: [Reihenfolge der Auswertung]

```
1 + 2 - 3 + 4    ! = ((1+2)-3)+4
1*2*3*4          ! = ((1*2)*3)*4
2**3**4          ! = 2**(3**4)          Ausnahme
(3*((-1)))       ! ueberfluessige Klammerung ist zulaessig
```

Neben den soeben vorgestellten vordefinierten Operatoren gibt es in Fortran 90 auch die Möglichkeit, weitere Operatoren selbst zu definieren oder die Bedeutung der vordefinierten Operatoren zu erweitern. Abschnitt 11.9 wird sich damit beschäftigen.

Als *Operanden* in numerischen Ausdrücken sind Literale, benannte Konstanten, Variablen, Funktionsaufrufe[2] sowie aus ihnen gebildete (numerische) Ausdrücke zulässig.

Jeder Operand muß einen definierten Wert besitzen (Zeiger als Operanden müssen mit einem *definierten* Ziel verbunden sein), und eine Verknüpfung muß im mathematischen Sinn erlaubt sein. Unzulässig sind beispielsweise Divisionen durch Null oder

---

[1] Ein Fortran 90 - System darf in bestimmten Fällen numerische Ausdrücke zur Auswertung intern in äquivalente Ausdrücke umformen, z. B. a+b in b+a oder a/b/c in a/(b*c). Klammern müssen jedoch auf alle Fälle vom System beachtet werden. Näheres dazu findet sich in der ISO-Norm [101].

[2] Durch (vordefinierte) Funktionen werden u. a. mathematische Operationen wie die Berechnung der Quadratwurzel oder eines Logarithmus vorgenommen.

Exponentiation von Null mit einem nichtpositiven Exponenten. Auch die Exponentiation eines negativen REAL-Ausdrucks mit einem REAL-Exponenten ist verboten.

In einem numerischen Ausdruck sind Operanden jedes numerischen Typs und Typparameters – auch vermischt – zulässig. Typ und Typparameter des Resultats eines Ausdrucks richten sich nur nach denen der Operanden. Wenn zwei numerische Operanden durch einen vordefinierten Operator verknüpft werden, so ergibt sich der Typ des Resultats nach folgender Tabelle:

Typ der Operanden	Ergebnistyp
INTEGER , INTEGER	INTEGER
INTEGER , REAL	REAL
INTEGER , COMPLEX	COMPLEX
REAL , REAL	REAL
REAL , COMPLEX	COMPLEX
COMPLEX , COMPLEX	COMPLEX

Aus dieser Aufstellung geht insbesondere hervor, daß das Ergebnis einer Division von zwei INTEGER-Zahlen stets ganzzahlig ist; es wird auf die nächstkleinere ganze Zahl abgerundet. Man beachte auch, daß die Exponentiation eines ganzzahligen Operanden x_1 mit einem *negativen* ganzzahligen Exponenten x_2, äquivalent ist zu $\frac{1}{x_1**|x_2|}$ und somit den Regeln der ganzzahligen Division gehorcht.

Beispiel: [INTEGER- und REAL-Division] Die Werte *aller* folgenden Ausdrücke sind gleich Null!

```
 3/4
-2/5
 5**(-2)     ! = 1/(5**2) = 1/25 = 0
```

Hingegen wird in den folgenden Ausdrücken zunächst eine Typ-Konversion von INTEGER auf REAL vorgenommen:

```
 3./4       ! =  3./4.= 0.75
-2/5.       ! = -0.4
 5.**(-2)   ! = 1/(5.**2) = 1/25. = 0.04
```

Das Ergebnis von Ausdrücken ist nicht kontextabhängig.

Beispiel: [Syntaxfehler]

```
SQRT (1/2)
```

Hier wird eine Funktion, die nur für REAL- oder COMPLEX-Argumente definiert ist, unzulässigerweise auf einen Ausdruck mit einem INTEGER-Resultat angewendet. Der Compiler kümmert sich nicht darum, daß der Ausdruck 1/2 an einer Stelle steht, wo nur ein REAL- oder COMPLEX-Wert zulässig ist. Es wird keine automatische Typkonversion von INTEGER nach REAL vorgenommen.

Für den Typparameter des Wertes einer Verknüpfung zweier Operanden gilt:

- Sind beide Operanden vom selben Typ und haben gleiche Typparameter, so hat ihre Verknüpfung denselben Typparameter (auch bei der Verknüpfung eines COMPLEX- mit einem REAL-Operanden, wenn beide Typparameter gleich sind!)

- Sind beide Operanden vom Typ INTEGER, haben aber verschiedene Typparameter, so hat der Wert der Verknüpfung den Typparameter des Operanden mit dem größeren Wertebereich.

- Ist ein Operand vom Typ INTEGER und der andere vom Typ REAL oder COMPLEX, so ist der Typparameter der des REAL- bzw. COMPLEX-Operanden.

- Sind beide Operanden vom Typ REAL oder COMPLEX, so ist der Typparameter ihrer Verknüpfung der des Operanden mit der größeren Dezimalauflösung.

11.4.2 Numerische Wertzuweisung

Bei numerischen Variablen steht in

variable = ausdruck

ausdruck für Konstanten, Variablen oder Ausdrücke beliebigen numerischen Typs.

Beispiel: [Wertzuweisungen]

```
integer_variable = 0
real_variable    = andere_real_variable * 2
complex_variable = (74.3,-5)
integer_variable = -764.974
complex_variable = 2
real_variable    = .447E642_param_6

r = a*(1. + COS (phi))        ! Punkt einer Kardioide
x = r*COS (phi)
y = r*SIN (phi)

kugel_volumen = 0.75*pi*(r**3)
```

Man beachte, daß es *keine* Möglichkeit gibt, die Zahl π als eine „vordefinierte Konstante" (vergleichbar der π-Taste auf Taschenrechnern) in numerischen Ausdrücken zu verwenden. Die beste Lösung besteht darin, eine benannte Konstante pi bei Bedarf einzuführen (vgl. Abschnitt 10.4.1).

Beispiel: [Syntaxfehler] Die folgenden (*mathematisch* sinnvollen) Zeilen stellen *keine* syntaktisch korrekten numerischen Wertzuweisungen dar:

```
c**2     = a**2 + b**2
arth (x) = 0.5*LOG ((1.+x)/(1.-x))
SIN (-x) = -SIN (x)
```

In allen drei Fällen steht keine Variable auf der linken Seite des Zuweisungsoperators.

Typ und Typparameter des Ausdrucks werden bei der Zuweisung auf die Eigenschaften der Variablen, auf die zugewiesen wird, abgestimmt; d. h., es findet eine Typumwandlung nach folgender Tabelle statt:

Typ der Variablen	zugewiesener Wert[3]
INTEGER	INT (*ausdruck*, KIND (*variable*))
REAL	REAL (*ausdruck*, KIND (*variable*))
COMPLEX	CMPLX (*ausdruck*, KIND (*variable*))

Eine etwaige Typumwandlung bei einer Zuweisung sollte um der Klarheit und der Fehlervermeidung willen stets explizit erfolgen. Es gibt dazu vordefinierte Funktionen (vgl. Abschnitt 16.3). Man beachte:

- Bei der Zuweisung von REAL-Ausdrücken an INTEGER-Variablen werden etwa vorhandene Nachkommastellen abgeschnitten.

- Bei Zuweisung von COMPLEX-Ausdrücken an INTEGER- oder REAL-Variablen wird nur der Realteil berücksichtigt und (für INTEGER-Variablen) ggf. abgerundet.

- Bei Zuweisung von INTEGER- oder REAL-Ausdrücken an COMPLEX-Variablen wird das Ergebnis des (reellen) Audrucks dem Realteil der COMPLEX-Variablen zugewiesen. Der Imaginärteil erhält den Wert 0. zugewiesen.

Beispiel: [Typumwandlung bei Zuweisungen]

```
INTEGER  ::  ganzzahl
REAL     ::  gleitzahl
COMPLEX  ::  komplexzahl
...
ganzzahl    = -7345.746813        ! Wert :  -7345
ganzzahl    = 5E-7                ! Wert :      0
gleitzahl   = (8645.7328,-738.981) ! Wert :  8645.7328
ganzzahl    = (8645.7328,-738.981) ! Wert :   8645
komplexzahl = 4                   ! Wert :    (4.,0.)
```

11.4.3 Vergleichsoperatoren

In Fortran 90 sind zweiwertige Operatoren vorgesehen, die die Werte ihrer beiden Operanden miteinander vergleichen. Als *numerische*[4] Operanden sind für die Vergleichsoperatoren nur Objekte bestimmter Typen zulässig.

Operator		Typ der Operanden	Art des Vergleichs
<	.LT.	INTEGER, REAL	kleiner als
<=	.LE.	INTEGER, REAL	kleiner als oder gleich
==	.EQ.	INTEGER, REAL, COMPLEX	gleich
/=	.NE.	INTEGER, REAL, COMPLEX	ungleich
>	.GT.	INTEGER, REAL	größer als
>=	.GE.	INTEGER, REAL	größer als oder gleich

---

[3]INT, REAL und CMPLX sind Umwandlungsfunktionen, die das Argument *ausdruck* auf den Typ INTEGER, REAL oder COMPLEX mit dem Typparameter von *variable* umformen. Eine genaue Beschreibung erfolgt in Abschnitt 16.3.

[4]Vergleichsoperatoren sind nicht nur auf numerische Operanden, sondern auch auf Zeichenketten (und bei Erweiterung ihrer Bedeutung auch auf Objekte selbstdefinierten Typs) anwendbar.

Haben die zu vergleichenden Operanden verschiedenen (numerischen) Typ oder verschiedene Typparameter, so werden die internen Objekte beider Operanden vor dem
Vergleich in den Typ ihrer Summe (vgl. die Tabelle in Abschnitt 11.4.1) umgewandelt,
was aber nach außen nicht sichtbar ist und auch keine „dauernden" Auswirkungen auf
die inneren Objekte der Operanden selbst hat.

Die Resultate von Ausdrücken, die mit Vergleichsoperatoren gebildet werden, sind
vom (gewöhnlichen) Typ LOGICAL: Das Ergebnis ist .TRUE., wenn durch den Vergleich eine wahre Aussage zustandekommt, sonst .FALSE.

Beispiel: [Vergleiche]

```
5 <= 5                      ! Wert: .TRUE.

(/ 5, 56, 89, 11 /) > (/ 2.7, 1E-2, 89.1, 0. /)
                     ! Wert: (/ .TRUE., .TRUE., .FALSE., .TRUE. /)
```

Die *Priorität* der Vergleichsoperatoren untereinander ist gleich. Wenn in einem Ausdruck sowohl arithmetische als auch Vergleichsoperatoren vorkommen, so haben die
arithmetischen Operatoren höhere Priorität.

Beispiel: [Priorität von Vergleichsoperatoren]

```
LOGICAL  ::  bedingung_1, bedingung_2
REAL     ::  a, b, c
INTEGER  ::  i, j
...
bedingung_1 = a <= b*c        ! = a <= (b*c)
bedingung_2 = a + i == c**j   ! = (a + i) == (c**j)
```

ACHTUNG: Die in der Mathematik gebräuchlichen Kurzformen wie z. B.

$$a \leq x \leq b, \quad x_1 < x_2 < x_3 < x_4, \quad \ldots$$

sind in Fortran 90 *nicht* zugelassen. Es müssen die einzelnen Vergleiche mit $\wedge$ (logischem
Und, vgl. Abschnitt 11.5) verknüpft werden:

$$a \leq x \ \wedge \ x \leq b, \quad x_1 < x_2 \ \wedge \ x_2 < x_3 \ \wedge \ x_3 < x_4, \quad \ldots$$

bzw.

```
(a <= x) .AND. (x <= b)
(x(1) < x(2)) .AND. (x(2) < x(3)) .AND. (x(3) < x(4))
...
```

*Der Vergleich zweier REAL-Operanden mit dem Operator == sollte vermieden werden.
Zwei Gleitpunkt-Operanden sollten nur auf jenen Grad von Übereinstimmung geprüft
werden, der unter den gegebenen Umständen (Art der Berechnungen, Größe der Rundungsfehler, Größe der Datenfehler etc.) als „Gleichheit" zu werten ist.*

Beispiel: [Nullstellen-Bestimmung] Die Bestimmung einer Stelle z^*, an der ein durch seine Koeffizienten gegebenes Polynom den Wert 0 annimmt, kann z. B. auf iterative Weise mit Hilfe des Newton-Verfahrens vorgenommen werden. Wird auf exakte Übereinstimmung $P(x) = 0$ geprüft, so wird ein derartiges Verfahren in den meisten Fällen überhaupt nicht abbrechen. Eine sinnvolle Abfrage, ob x eine Nullstelle von P ist, könnte z. B. die Form

    ABS (p(x)) < eps_p

haben. Der Wert von eps_p muß dabei in Abhängigkeit vom Grad des Polynoms, der Genauigkeit der Koeffizienten etc. bestimmt werden.

11.4.4 Initialisierungsausdrücke

In manchen Zusammenhängen, z. B. bei der Typparameter-Angabe in Vereinbarungen, verlangt die Fortran-Norm [101] eine spezielle Form von Ausdrücken, nämlich sogenannte *Initialisierungsausdrücke*. Ein Initialisierungsausdruck ist ein konstanter Ausdruck, für den folgendes gilt:[5]

- Jeder Operand im Initialisierungsausdruck muß eine Konstante oder ein Teilobjekt einer Konstanten sein.

- Die allfälligen Grenzen der Teilobjekte dürfen nur durch Initialisierungsausdrücke und implizite Schleifen beschrieben werden.

- In Initialisierungsausdrücken dürfen nur folgende vordefinierte Funktionen verwendet werden:

  - Elementarfunktionen, deren Resultate und Argumente den Typen INTEGER oder CHARACTER angehören,
  - Die Funktionen REPEAT, RESHAPE, SELECTED_INT_KIND, SELECTED_REAL_KIND, TRANSFER und TRIM,
  - die Abfragefunktionen LBOUND, SHAPE, SIZE und UBOUND, BIT_SIZE, LEN, KIND sowie numerische Abfragefunktionen.

Die Argumente aller vordefinierten Funktionen in Initialisierungsausdrücken müssen selbst Initialisierungsausdrücke sein.

11.5 Logischer Datentyp

Logische Ausdrücke werden aus logischen Variablen, Konstanten und Funktionen sowie den folgenden vordefinierten *logischen Operatoren* gebildet:

Operator	Funktion	Priorität
.NOT.	Negation $\neg$	1
.AND.	Konjunktion $\wedge$	2
.OR.	Disjunktion $\vee$	3
.EQV.	Äquivalenz $\Leftrightarrow$	4
.NEQV.	Nicht-Äquivalenz $\not\Leftrightarrow$	4

---

[5] Die hier angeführten Regeln sind vereinfacht; in Zweifelsfällen konsultiere man z. B. die Fortran 90-Norm [101] oder Gehrke [99].

Die Operatoren sind nach fallender Priorität aufgelistet; nur .EQV. und .NEQV. haben gleiche Priorität. Bis auf die logische Negation, die eine unäre Operation ist, haben alle logischen Operatoren zwei Operanden.

Die Wahrheitstabellen der Aussagenoperationen (*Wahrheitsfunktionen*) lauten:

a	b	.NOT. a	a .AND. b	a .OR. b	a .EQV. b	a .NEQV. b
wahr	*wahr*	*falsch*	*wahr*	*wahr*	*wahr*	*falsch*
wahr	*falsch*	*falsch*	*falsch*	*wahr*	*falsch*	*wahr*
falsch	*wahr*	*wahr*	*falsch*	*wahr*	*falsch*	*wahr*
falsch	*falsch*	*wahr*	*falsch*	*falsch*	*wahr*	*falsch*

Als *Operanden* für logische Operatoren sind logische Ausdrücke zulässig. Dazu zählen insbesondere Variablen des Typs LOGICAL und Resultate von Vergleichsoperationen.

Beispiel: [Logische Wertzuweisungen]

```
LOGICAL  ::  in_den_grenzen, ungleich_null, zulaessig
REAL     ::  a, b, x
...
ungleich_null   = ABS (x) > 10.*TINY (x)
in_den_grenzen  = (x >= a) .AND. ( x <= b)
zulaessig       = in_den_grenzen .AND. ungleich_null
```

Logische Ausdrücke haben die Eigenschaft, daß ihr Wert bereits feststehen kann, bevor der gesamte Ausdruck ausgerechnet ist.

Beispiel: [Auswertung von logischen Ausdrücken] Für $x = -3$ steht der Wert des Ausdrucks

```
(x >= 0) .AND. (x <= 1)
```

bereits nach der Auswertung von x >= 0 mit .FALSE. fest. Der zweite Vergleich muß vom Fortran-System nicht mehr durchgeführt werden.

Ob der gesamte Ausdruck in solchen Fällen ausgewertet wird oder nicht (*short circuit evaluation*), ist systemabhängig. Man darf sich also weder darauf verlassen, daß die Auswertung abgebrochen wird, sobald der Wert des logischen Ausdrucks feststeht, noch darauf, daß der gesamte Ausdruck ausgewertet wird.

Beispiel: [Short Circuit Evaluation] Die Auswertung von

```
(h > 0) .AND. (1./h < max_anzahl)
```

kann für $h = 0$ in manchen Fällen gut gehen und in anderen zu einer Division durch Null und einem Abbruch führen.

In den logischen Ausdrücken mit mehreren logischen Operatoren bestimmt die Priorität der logischen Operatoren die Zuordnung der Operanden zu den Operatoren, soweit diese nicht durch Klammerung erfolgt.

Beispiel: [Priorität] Der logische Ausdruck

```
.NOT. konv .OR. maxfun .AND. error
```

wird interpretiert wie

```
(.NOT. konv) .OR. (maxfun .AND. error)
```

Ausdrücke mit mehreren logischen Operatoren gleichen Ranges werden von links nach rechts interpretiert.

Zwischen den Aussagenoperationen bestehen vielfältige Zusammenhänge. Für beliebige Aussagen a, b sind z.B. folgende Aussagen gleichwertig, d.h. logisch äquivalent:

$$\texttt{a .OR. b} \quad\Leftrightarrow\quad \texttt{.NOT. ((.NOT. a) .AND. (.NOT. b))}$$

Man kann logische Ausdrücke nach den Gesetzen der Booleschen Algebra umformen:

Kommutativgesetze:	$a \wedge b = b \wedge a$	$a \vee b = b \vee a$
Assoziativgesetze:	$(a \wedge b) \wedge c = a \wedge (b \wedge c)$	$(a \vee b) \vee c = a \vee (b \vee c)$
Verschmelzungsgesetze:	$(a \wedge b) \vee b = b$	$(a \vee b) \wedge b = b$
Distributivgesetze:	$a \wedge (b \vee c) = (a \wedge b) \vee (a \wedge c)$	$a \vee (b \wedge c) = (a \vee b) \wedge (a \vee c)$
Neutralitätsgesetze:	$(a \wedge \neg a) \vee b = b$	$(a \vee \neg a) \wedge b = b$
de Morgansche Gesetze:	$\neg(a \wedge b) = \neg a \vee \neg b$	$\neg(a \vee b) = \neg a \wedge \neg b$
Involutionsgesetz:	$\neg(\neg a) = a$	

Es sollten solche Formen angestrebt werden, aus denen sich die Intentionen des Programmentwicklers und die algorithmische Bedeutung am besten ablesen lassen.

Vergleichsausdrücke (vgl. Abschnitt 11.4.3) treten nur in logischen Ausdrücken auf, denn die Auswertung eines Vergleichausdrucks ergibt ein logisches Resultat mit dem Wert *wahr* oder *falsch*. Die Umformung von logischen Ausdrücken, die Vergleichsausdrücke enthalten, ist unter Berücksichtigung folgender Äquivalenzen möglich:

$$
\begin{aligned}
u < v \quad &\Leftrightarrow\quad \neg(u \geq v) \\
u \leq v \quad &\Leftrightarrow\quad \neg(u > v) \\
u \neq v \quad &\Leftrightarrow\quad \neg(u = v) \\
u > v \quad &\Leftrightarrow\quad \neg(u \leq v) \\
u \geq v \quad &\Leftrightarrow\quad \neg(u < v)
\end{aligned}
$$

Beispiel: [Äquivalenz] Die folgenden beiden Ausdrücke

```
        (s_1 + s_2 > s_3) .AND. (s_1 + s_3 > s_2) .AND. (s_2 + s_3 > s_1)
  .NOT. ((s_1 + s_2 <= s_3) .OR. (s_1 + s_3 <= s_2) .OR. (s_2 + s_3 <= s_1))
```

sind nach den de Morganschen Gesetzen äquivalent.

11.6   Zeichenketten

11.6.1   Wertzuweisung

Einer CHARACTER-Variablen muß ein Ausdruck des gleichen Typs und mit gleichem Typparameter zugewiesen werden. Ist der zugewiesene Ausdruck kürzer als die vereinbarte Länge der Variablen, der er zugewiesen wird, so wird die Variable rechts mit Leerzeichen (*trailing blanks*) aufgefüllt; ist der Ausdruck länger als die Variable, wird sein Wert linksbündig in die Variable kopiert, und die rechts überzähligen Zeichen des Ausdrucks werden ignoriert.

Beispiel: [CHARACTER-Zuweisung] Mit den Vereinbarungen

```
    CHARACTER (LEN = 30)  ::  diskretisierung
    CHARACTER (LEN =  8)  ::  methode
```

ergibt die Zuweisung

```
    diskretisierung = "Spline Galerkin"
```

den Wert

```
    Spline⊔Galerkin⊔⊔⊔⊔⊔⊔⊔⊔⊔⊔⊔⊔⊔⊔⊔
```

und die Zuweisung

```
    methode = diskretisierung
```

den Wert

```
    Spline⊔G
```

Die aktuelle Anzahl der Zeichen in einer Zeichenketten-Variablen ohne Berücksichtigung von *trailing blanks* erhält man mit Hilfe der vordefinierten Funktion LEN_TRIM (vgl. Abschnitt 16.5).

Beispiel: [Länge von Zeichenketten] Im Programmteil

```
    CHARACTER (LEN = 30)  ::  diskretisierung
    ...
    diskretisierung       = "Spline Galerkin"
    laenge_diskretisierung = LEN_TRIM (diskretisierung)
```

erhält die INTEGER-Variable laenge_diskretisierung den Wert 15 zugewiesen.

11.6.2   Teilbereiche von Zeichenketten

Teile von Zeichenketten (*substrings*) können in der Form

$$zeichenkette \; ([anfpos] : [endpos])$$

angesprochen werden, wobei *zeichenkette* eine Konstante oder eine Variable vom Typ CHARACTER ist und *anfpos* und *endpos* positive ganzzahlige Ausdrücke sind, die die Position des ersten und des letzten Zeichens des angesprochenen Teils der Zeichenkette bedeuten. Wenn *anfpos* gleich *endpos* ist, so ist die Länge der Teilzeichenkette 1; wenn *anfpos* größer ist als *endpos*, so ist die Länge Null.

Beispiel: [Teilzeichenkette] Nach der Zuordnung

```
    CHARACTER (LEN = 15) definitheit
    ...
    definitheit = "positiv definit"
```

hat die (Teil-) Zeichenkette definitheit(1:7) den Wert "positiv".

Soll nur ein einzelner Buchstabe der Zeichenkette angesprochen werden, z. B. der i-te, muß man definitheit(i:i) schreiben. Wird *anfpos* weggelassen, beginnt die Teilzeichenkette bei Position 1 der Zeichenkette; für eine weggelassene *endpos* wird die Position des letzten Zeichens der Zeichenkette angenommen.

Beispiel: [Teilzeichenketten]

```
"semidefinit"(1:4)  ! Teil eines Literals (Wert: "semi")
wort(i:j)           ! i, j INTEGER-Variablen mit i <= j
definitheit(:3)     ! Wert: "pos"
definitheit(11:)    ! Wert: "finit"
definitheit(:)      ! Wert: "positiv definit"
```

Die Positionen der in einer Zuweisung zu kopierenden Zeichen können mit den Zielpositionen überlappen; dann werden die alten Werte als Block in die neuen Positionen eingesetzt, so als würde das Ergebnis vorerst in einer Hilfsvariablen gespeichert und die Zuweisung erst anschließend stattfinden.

Beispiel: [Überlappung von Quell- und Zielpositionen]

```
CHARACTER (LEN = 12)  ::  wort = "Realisierung"
wort(4:6) = wort(3:5)              ! ergibt den Wert "Reaaliierung"
```

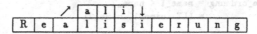

11.6.3   Operatoren

Der ausschließlich für Zeichenketten geeignete vordefinierte Operator

//

bewirkt die Aneinanderfügung (Verkettung, engl. *concatenation*) seiner beiden Operanden, die den gleichen Typparameter aufweisen müssen, zu einer einzigen Zeichenkette.

Beispiel: [Verkettung von Zeichenketten]

```
definitheit(:8)//"semi"//definitheit(9:)  ! ergibt "positiv semidefinit"
```

Für CHARACTER-Ausdrücke können weiters die Vergleichsoperatoren

      <   <=   ==   /=   >   >=

.LT.   .LE.   .EQ.   .NE.   .GT.   .GE.

verwendet werden. Auf Zeichen(ketten) gelten nämlich, wie bereits aus Abschnitt 8.1 bekannt, die lexikographisch anzuwendenden Ordnungsrelationen

1. $A < B < \cdots < Z$

2. $0 < 1 < \cdots < 9$

3. $\sqcup < A < \cdots < Z < 0 < \cdots < 9$ *oder* $\sqcup < 0 < \cdots < 9 < A < \cdots < Z$

und, sofern ein Rechnersystem auch Kleinbuchstaben zur Verfügung stellt,

4. $a < b < \cdots < z$

5. $\sqcup < a < \cdots < z < 0 < \cdots < 9$ *oder* $\sqcup < 0 < \cdots < 9 < a < \cdots < z.$

Die Typparameter der zu vergleichenden Zeichenketten müssen gleich sein. Falls die
Operanden verschieden lang sind, wird der kürzere als rechts mit Leerzeichen aufgefüllt
betrachtet.

Um auch lexikographische Zeichenkettenvergleiche nach der internationalen Norm
ISO 646 (nach dem amerikanischen ASCII-Code) zu ermöglichen, gibt es in Fortran 90
die vordefinierten Funktionen

```
LLT   LLE   LGT   LGE
```

Beispiel: [Vergleich]

```
LOGICAL  ::  leer, schreibfehler, lexikographische_ordnung, ascii_ordnung
CHARACTER (LEN = 25)  ::  name_1, name_2, wort
...
leer = wort == ''
schreibfehler              = wort /= 'vorlage'
lexikographische_ordnung = name_1 < name_2
ascii_ordnung              = LLT (name_1, name_2)
```

11.7   Felder

11.7.1   Speicherung von Feldern

Die rechnerinterne Art der Speicherung von Feldern ist für den Programmierer im allgemeinen belanglos. In manchen Fällen, z. B. bei der Ein- und Ausgabe ganzer Felder
oder für die Entwicklung effizienter Programme, ist es dennoch wichtig, die Abspeiche-
rungsmethode zu kennen. Aus technischen Gründen werden Felder rechnerintern meist
in einer eindimensionalen Anordnung (als *lineare Felder*) abgespeichert.

Um das Speicherungskonzept von Feldern in einer maschinenunabhängigen Form
zu beschreiben, wird im folgenden eine Art *Speicherungsmodell* entwickelt. Bei dieser
Modellvorstellung ist es nicht möglich, die Besonderheiten spezieller Speichertechniken
und Implementierungen[6] durch konkrete Fortran-Systeme zu berücksichtigen.

Die Elemente eines Feldes haben eine (gedachte) *Reihenfolge* (*array element order*),
die durch ihre Indizes festgelegt ist. Hat ein Feldelement den Index $(i_1, i_2, \ldots, i_n)$, so
ist das nächste Element jenes mit dem Index $(i_1 + 1, i_2, \ldots, i_n)$. Ist in der ersten Dimension das letzte Element mit dem Index $(ogr_1, i_2, \ldots, i_n)$ erreicht (wobei ogr_1 die
obere Indexgrenze in der ersten Dimension bedeutet), so folgt ihm das Element mit
dem Index $(1, i_2 + 1, \ldots, i_n)$ (sofern $i_2 < ogr_2$ gilt).

Beispiel: [Reihenfolge der Matrix-Elemente] Ist gemäß

```
REAL, DIMENSION (3,4)  ::  a
```

a eine 3 × 4 - Matrix, d. h. ein zweidimensionales Feld mit der Ausdehnung 3 in der ersten und der
Ausdehnung 4 in der zweiten Dimension, so haben seine Elemente die Reihenfolge

```
a(1,1), a(2,1), a(3,1), a(1,2), a(2,2), ..., a(2,4), a(3,4)
```

---

[6] Die Implementierung der Parameterweitergabe von Teilfeldern (vgl. Abschnitt 14.4) kann auf verschiedene Arten erfolgen. Man darf sich dabei nicht darauf verlassen, daß aus der Sicht des Unterprogramms eine Speicherung vorliegt, die dem hier zugrundegelegten Speicherungsmodell entspricht.

$$\begin{matrix} a(1,1) & a(1,2) & a(1,3) & a(1,4) \\ a(2,1) & a(2,2) & a(2,3) & a(2,4) \\ a(3,1) & a(3,2) & a(3,3) & a(3,4) \end{matrix}$$

Matrizen werden in Fortran 90 also *spaltenweise* gespeichert.[7]

Ein Feld mit der Indexerstreckung (vgl. Abschnitt 10.4.2)

$$(ugr_1 : ogr_1, ugr_2 : ogr_2, \dots, ugr_n : ogr_n)$$

umfaßt insgesamt

$$K = k_1 \cdot k_2 \cdots k_n$$

Elemente, wobei

$$k_j := ogr_j - ugr_j + 1$$

die Ausdehnung des Feldes in der j-ten Dimension ist (sofern $ogr_j \geq ugr_j$ gilt; andernfalls ist $k_j := 0$). Die *Speicherabbildungsfunktion*

$$
\begin{aligned}
p(i_1, i_2, \dots, i_n) = 1 \; &+ \; (i_1 - ugr_1) + \\
&+ \; (i_2 - ugr_2) \cdot k_1 + \\
&+ \; (i_3 - ugr_3) \cdot k_1 \cdot k_2 + \\
&\cdots \\
&+ \; (i_n - ugr_n) \cdot k_1 \cdot k_2 \cdots k_{n-1} +
\end{aligned}
$$

liefert die Position des Feldelementes mit dem Index $(i_1, i_2, \dots, i_n)$ relativ zum Anfang des Feldes.

Beispiel: [Speicherabbildungsfunktion] Bei der Matrix

```
REAL, DIMENSION (12, 1970:1993) :: temperatur
```

lautet die Speicherabbildungsfunktion

$$p(i_1, i_2) = 1 + (i_1 - 1) + (i_2 - 1970) \cdot 12,$$

während im Fall der Matrix

```
REAL, DIMENSION (1970:1993, 12) :: niederschlag
```

die Funktion

$$\bar{p}(i_1, i_2) = 1 + (i_1 - 1970) + (i_2 - 1) \cdot 24$$

die Position eines Feldelements liefert. Die Werte für Temperatur und Niederschlag im November 1975 sind gemäß

$$p(11, 1975) = 71 \quad \text{und} \quad \bar{p}(1975, 11) = 246$$

auf der 71sten bzw. 246sten Position der jeweils $K = 288$ Elemente umfassenden Felder temperatur und niederschlag gespeichert.

Die Art der Speicherung, ausgedrückt durch die Speicherabbildungsfunktion, ist zu beachten, wenn Daten mit Programmen anderer Programmiersprachen ausgetauscht werden sollen.

---

[7]Im Englischen spricht man von *column mayor order* im Gegensatz zur zeilenweisen Speicherung (*row mayor order*), die bei vielen anderen Programmiersprachen, z. B. C oder Pascal, verwendet wird.

Beispiel: [C, Pascal] In C und Pascal wird die Speicherabbildungsfunktion

$$p(i_1, i_2, \ldots, i_n) = 1 \quad + \quad (i_1 - ugr_1) \cdot k_2 \cdot k_3 \cdots k_n +$$
$$+ \quad (i_2 - ugr_2) \cdot k_3 \cdots k_n +$$
$$\cdots$$
$$+ \quad (i_{n-1} - ugr_{n-1}) \cdot k_n +$$
$$+ \quad (i_n - ugr_n)$$

verwendet, die im Fall von zweidimensionalen Feldern (Matrizen) eine *zeilenweise* Speicherung bewirkt.

Will man von einem C- oder Pascal-Programm aus z. B. ein Fortran-Programm (LA-PACK, IMSL etc.) zur Lösung eines linearen Gleichungssystems $Ax = b$ verwenden, so muß man – aus der Sicht des C- oder Pascal-Programms – die transponierte Matrix A^T als Parameter (vgl. Abschnitt 13.3.4) übergeben.

11.7.2   Zugriff auf Felder

Man kann auf ganze Felder, auf Teilfelder oder auf einzelne Feldelemente zugreifen. Ein Zugriff auf das ganze Feld erfolgt durch den Feldnamen. Ein einzelnes Element eines Feldes (eine *indizierte Variable*) wird durch Angabe des Feldnamens, gefolgt von einem Index, ausgewählt. Der Index eines Elements eines n-dimensionalen Feldes wird als n-Tupel

$$(i_1, \ldots, i_n)$$

geschrieben. Feldelemente werden durch Angeben ihres Index eindeutig identifiziert.

Der Index muß innerhalb der Grenzen der Indexerstreckung in der zugehörigen Vereinbarung bleiben. Auf Indexpositionen können auch Ausdrücke (Formeln) mit skalarem, ganzzahligem Ergebnis stehen.

Beispiel: [Zugriff]
```
INTEGER                    :: i, j, k
REAL, DIMENSION (100)      :: vektor
REAL, DIMENSION (100, 100) :: matrix
...
vektor(10) = vektor(i+j) + matrix(j,j+1)
vektor(k)  = SIN (matrix(k,k))/3.
matrix     = SQRT (ABS (matrix))   ! elementweiser Zugriff auf das ganze Feld
```
Die Auswertung des Ausdrucks SQRT (ABS (matrix)) kann man sich so vorstellen, daß zunächst jene Matrix ermittelt wird, deren Elemente aus den Beträgen der Elemente von matrix bestehen. Anschließend wird wieder elementweise die Quadratwurzelfunktion angewendet (vgl. Abschnitt 11.7.5).

Teilfelder

Ein *Teilfeld* (*array section*) ist ein Ausschnitt aus einem Feld und daher selbst wieder ein Feld. Während zur Bestimmung eines einzelnen Feldelements in jeder Dimension nur die Angabe eines einzelnen skalaren Indexwertes nötig ist, muß, um ein Teilfeld zu bilden, in mindestens einer der n Dimensionen ein *Indexbereich* angegeben werden, sodaß mehrere Feldelemente ausgewählt werden:

$$feldname\ (bereich_1, \ldots, bereich_n)$$

Als Indexbereich *bereich*ᵢ kann im einfachsten Fall so wie für die Auswahl eines Elementes ein ganzzahliger skalarer Ausdruck verwendet werden.

Ein Indexbereich im eigentlichen Sinn kann zunächst durch Angeben einer Bereichsober- und -untergrenze in der jeweiligen Dimension festgelegt werden, was bedeutet, daß alle Elemente, die in dieser Dimension einen Indexwert aus dem ausgewählten Bereich aufweisen, zum angesprochenen Teilfeld gehören. Man kann zusätzlich eine Schrittweite bestimmen, was bewirkt, daß nicht alle Indexwerte im Bereich berücksichtigt werden, sondern nur jene, deren Differenz zur Indexuntergrenze ein Vielfaches der Schrittweite beträgt. Die allgemeine Form eines Indexbereiches *bereich*ᵢ sieht folgendermaßen aus:

$$([ugrenze_i] : [ogrenze_i] [: schritt_i])$$

Wird die Indexuntergrenze *ugrenze*ᵢ weggelassen, nimmt der Übersetzer die Indexuntergrenze des Mutterfeldes in dieser Dimension – im einfachsten Fall 1 – an, für eine weggelassene Indexobergrenze *ogrenze*ᵢ die Indexobergrenze des Mutterfeldes.[8] Die angegebenen Indexgrenzen müssen innerhalb der Indexgrenzen des Mutterfeldes liegen.

Läßt man sowohl die Obergrenze als auch die Untergrenze weg, so wird der gesamte Indexbereich des Mutterfeldes in der betreffenden Dimension angesprochen. Der Doppelpunkt, der Ober- und Untergrenze trennt, muß jedoch auch in diesem Fall geschrieben werden.

Beispiel: [Teilfelder]

```
REAL, DIMENSION (10,10,10) :: feld9
REAL, DIMENSION (5,10)     :: feld10
REAL, DIMENSION (5)        :: feld11
...
feld10 = feld9(6, 3:7, 1:10)
feld10 = feld9(1:10:2, :, 10)
feld11 = feld9(6:, 4, 3)
```

Wird keine Schrittweite *schritt* angegeben, so wird *schritt* = 1 angenommen, d.h. in der betreffenden Dimension werden die Elemente des Mutterfeldes mit den Indizes *ugrenze*, *ugrenze*+1, ..., *ogrenze* angesprochen. Die Schrittweite darf auch negativ sein, aber nicht Null.[9]

Beispiel: [Änderung der Reihenfolge]

```
REAL, DIMENSION (100) :: reihe_steigend, reihe_fallend
...
reihe_fallend = reihe_steigend (100:1:-1)
```

Eine weitere Möglichkeit zur Angabe eines Indexbereichs ist der *Vektorindex* (*vector subscript*). Er besteht aus einem eindimensionalen, feldförmigen, ganzzahligen Ausdruck (das ist im einfachsten Fall ein Feldliteral, das per Definition eindimensional ist).

---

[8]Ist das Mutterfeld ein Formalparameterfeld mit übernommener Form, so darf in einem Teilfeld davon die Indexobergrenze der letzten Dimension nicht weggelassen werden.

[9]Das angesprochene Teilfeld hat Größe Null, wenn bei positiver Schrittweite die Obergrenze kleiner als die Untergrenze oder bei negativer Schrittweite die Obergrenze größer als die Untergrenze ist.

Durch einen Vektorindex *bereich*,

   (/ *wert* [, *wert*] ... /)

werden aus dem Mutterfeld diejenigen Elemente ausgewählt, deren Index in der betreffenden Dimension gleich dem Wert eines Elementes im Vektorindex ist.

Beispiel: [Vektorindex]

```
CHARACTER, DIMENSION (10)  ::  mutterfeld = &
                               ( (/'M','U','T','T','E','R','F','E','L','D'/) )
CHARACTER, DIMENSION (6)   ::  teilfeld
...
teilfeld = mutterfeld ( (/6,5,4,4,5,6/) )  ! Wert: (/'R','E','T','T','E','R'/)
```

Daß einzelne Indizes des Mutterfeldes – wie im Beispiel – mehrmals auftreten, ist erlaubt, allerdings *nicht* auf der linken Seite einer Zuweisung, da sonst der Wert der
entsprechenden Elemente nicht eindeutig bestimmt wäre.

Beispiel: [Syntaxfehler]

```
feld10(3, (/1,9,9,3/) ) = (/1,9,8,4/)       ! nicht erlaubt
```

Ein mittels Vektorindex beschriebenes Teilfeld darf *nicht* als Ziel eines Zeigers verwendet werden.[10]
   Teilfelder dürfen nicht in der Weise wie selbständige Felder behandelt werden, daß
man Elemente in ihnen gleichsam durch relative Koordinaten ansprechen könnte.[11]

Beispiel: [Teilfelder]

```
feld11(2:4)(2:3)       ! kein erlaubter Ausdruck (Syntaxfehler)
feld11(3:4)            ! richtig
```

Wenn ein Feld aus *Zeichenketten* aufgebaut ist, können zusätzlich Teilbereiche dieser
Zeichenketten ausgewählt werden:

   bereich$_i$: ([*ugrenze$_i$*] : [*ogrenze$_i$*] [: *schritt$_i$*]) [([*anfpos$_i$*] : [*endpos$_i$*])]

Beispiel: [Teilbereiche von Zeichenketten-Feldern]

```
CHARACTER (LEN = 8) ::  woerter (7,7)
! vereinbart ein Feld aus 49 Zeichenketten der Laenge 8

woerter(1,2)            ! einzelne Zeichenkette der Laenge 8
woerter(1,2)(3:6)       ! Teilzeichenkette der Laenge 4
woerter(:,2)(3:6)       ! eindimensionales Feld aus  7 Teilzeichenketten (Laenge 4)
woerter(:,:)(3:6)       ! zweidimensionales Feld aus 49 Teilzeichenketten (Laenge 4)
```

---

[10] Ein mittels Vektorindex beschriebenes Teilfeld darf auch nicht als interne Datei (vgl. Kapitel 15)
oder als Aktualparameter verwendet werden, dessen Formalparameter durch das Unterprogramm umdefiniert wird.
   [11] Eine Ausnahme von dieser Feststellung ist in Unterprogrammen gegeben, denen Teilfelder als Parameter übergeben werden (vgl. Kapitel 13).

11.7.3 Wertzuweisung

Man kann Feldern elementweise Werte zuweisen (wobei zu beachten ist, daß das Feld
als *ganzes* erst definiert ist, d. h. in einem Ausdruck verwendet werden darf, wenn jedes
seiner Elemente definiert ist).

Beispiel: [elementweise Wertzuweisung]

```
INTEGER, DIMENSION (6)  ::  prim
...
prim(1) = 2
prim(2) = 3
...
prim(6) = 13
```

Eindimensionalen Feldern können auch Feldliterale zugewiesen werden.

Beispiel: [Wertzuweisung durch ein Literal]

```
prim = (/ 2, 3, 5, 7, 11, 13 /)
```

Felder höherer Dimension können mit Hilfe der vordefinierten Funktion RESHAPE
(vgl. Abschnitt 16.8) konstruiert werden. Durch sie werden eindimensionale Felder wie
das obige in mehrdimensionale umgeformt.

Weiters besteht die Möglichkeit, alle Elemente eines Feldes mit ein und demselben
Skalar zu belegen, indem der Skalar dem Feld zugewiesen wird.

Beispiel: [Belegung eines Feldes mit einem Skalar]

```
REAL, DIMENSION (100,100)  ::  a
...
a = 0.
```

Weisen die Elemente eines Feldes Gesetzmäßigkeiten auf, so kann das Feld auch mit
Hilfe impliziter Schleifen (vgl. Abschnitt 9.5) mit Werten belegt werden.

Beispiel: [Wertzuweisung mit impliziter Schleife]

```
INTEGER                 :: i
REAL, DIMENSION (6)     :: wurzel
...
wurzel = (/ (SQRT (REAL (i)), i = 2, 7 /)
```

11.7.4 Feldüberschreitungen

Wird beim Zugriff auf Feldelemente oder Teilfelder die definierte Indexerstreckung über-
schritten, so kommt es zu einem fehlerhaften Programmablauf.

Wie erwähnt, werden Felder rechnerintern eindimensional gespeichert. Jedem de-
finierten Feld ist demgemäß ein Adreßbereich zugeordnet. Wird beim Zugriff auf ein
Feldelement oder Teilfeld nicht nur die definierte Indexerstreckung, sondern gar dieser
Adreßbereich verlassen, so kann es zu „dramatischen" Laufzeitfehlern kommen.

Beispiel: [Feldüberschreitung]

```
REAL, DIMENSION (50,12)  ::  matrix
...
matrix(10,15) = 1. ! Ueberschreitung der Indexerstreckung
matrix(51,12) = 1. ! Ueberschreitung von Indexerstreckung und Adressbereich
```

Im Normalfall wird (aus Effizienzgründen) von Fortran-Systemen *keine* automatische Feldgrenzenüberprüfung vorgenommen.

In der Entwicklungs- und Testphase sollte durch die Wahl einer geeigneten Compiler-Option stets eine automatische Feldgrenzenüberprüfung aktiviert werden.

11.7.5 Operatoren

Ein wesentliches Merkmal von Fortran 90 ist, daß *alle* vordefinierten (unären und binären) Operatoren sowie viele vordefinierte Funktionen nicht nur skalare Ausdrücke, sondern auch Felder (d. h. ganze Felder, Teilfelder, durch implizite Schleifen konstruierte Felder, Feldliterale oder Funktionsaufrufe mit einem Feld als Ergebnis) als Operanden zulassen. Die Operation bzw. Funktion wird dann *elementweise* durchgeführt, d. h., jedes Element des einen Operanden wird mit dem entsprechenden Element des zweiten Operanden verknüpft; das Resultat ist ein Feld, dessen Elemente die Werte dieser Verknüpfungen haben. Die Operanden müssen gleiche Form haben (*konform* sein).

Wird ein Feld mit einem Skalar verknüpft, so ist das Resultat ebenfalls ein Feld, dessen Elemente die Werte der Verknüpfungen des Skalars mit den einzelnen Feldelementen haben.

Beispiel: [Verknüpfung konformer Felder]

```
REAL, DIMENSION (5,10)  :: a, b
REAL, DIMENSION (5)     :: v
...
a*b                      ! 5x10-Matrix mit den Elementen a(i,j)*b(i,j)
a + 3.14                 ! Matrix mit den Elementen a(i,j) + 3.14
1./v                     ! Vektor mit den Elementen 1./v(i)
b(:, 3) = v              ! Spalte 3 von b wird durch v ersetzt
a(2:5,4:7) - b(1:4,7:10) ! ergibt eine 4x4-Matrix mit den Elementen
                         ! a(i+2,j+4) - b(i+1,j+7) mit i, j = 0,...,3
a = 0                    ! a(i,j) = 0,  i = 1,...,5, j = 1,...,5
```

ACHTUNG: Die Operation a*b bewirkt die *elementweise* Produktbildung, also *keine* Matrixmultiplikation (im Sinne der Linearen Algebra). Für die Matrixmultiplikation gibt es die vordefinierte Funktion MATMUL (vgl. Abschnitt 16.8).

Analog zur Regel für Teile von Zeichenketten gilt: Wenn sich bei einer Zuweisung zwischen (Teil-)Feldern Ziel und Quelle überschneiden, erhält man ein solches Ergebnis, als würde das Resultat des Ausdrucks (auf der rechten Seite der Zuweisung) vorerst in einer Hilfsvariablen gespeichert und die Zuweisung erst anschließend stattfinden.

Beispiel: [Überschneidung bei Teilfeld-Zuweisung]

```
c(2:4) = c(1:3)    ! Die Elemente c(2) bis c(4) erhalten die Werte,
                   ! die c(1) bis c(3) vor der Zuweisung hatten
```

Fortran 90 ist reich an Möglichkeiten im Umgang mit Feldern. Wegen des großen Umfangs dieser *array features* werden sie im Kapitel 14 noch ausführlicher dargelegt. Die vordefinierten Funktionen für Felder werden im Abschnitt 16.8 erläutert.

11.8   Strukturen

11.8.1   Komponenten von Objekten selbstdefinierten Typs

Objekte eines selbstdefinierten Datentyps bestehen aus einzelnen Komponenten, die ihrerseits von vordefiniertem oder von selbstdefiniertem Datentyp sein können.

Beispiel: [geometrische Struktur] (Metcalf, Reid [102])

```
TYPE punkt                      ! Vereinbarung des Typs 'punkt'
    REAL        :: x,y          ! (jeder Punkt hat zwei Koordinaten)
END TYPE punkt
TYPE dreieck                    ! Vereinbarung des Typs 'dreieck'
    TYPE (punkt) :: a, b, c     ! (jedes Dreieck hat drei Eckpunkte)
END TYPE dreieck
...
TYPE (dreieck) :: figur1       ! Vereinbarung einer Variablen des Typs 'dreieck'
```

Die Komponenten eines Struktur-Objekts lassen sich mit Hilfe des Symbols[12] % ansprechen, und zwar in der Form

> *obj-name* [% *komp-name*] ...

Dabei bedeutet *obj-name* den Namen des Objekts und *komp-name* den Bezeichner der ausgewählten Komponente. Da ein Objekt selbstdefinierten Typs weitere Strukturen enthalten kann, kann sich auch die Komponentenauswahl (*component selection*) über mehrere Ebenen erstrecken. In solchen Fällen enthält der Selektionsausdruck mehrere Selektoren der Form % *komp-name*, wobei der am weitesten rechts stehende (letzte) *komp-name* der Bezeichner einer Strukturkomponente vordefinierten Typs sein kann, wenn die Selektion bis zu den endgültigen Komponenten reicht; alle anderen bezeichnen Strukturkomponenten selbstdefinierten Typs.

Jedes mit % *komp-name* referenzierte Objekt ist eine Strukturkomponente des links neben ihm stehenden, seines *Mutterobjekts* (*parent object*).

Beispiel: [Selektion]

```
figur1 % a % x   ! Selektion der x-Koordinate des Eckpunktes a von figur1
figur1 % b       ! Selektion des Punktes b
```

Leerzeichen ⊔ *vor und nach dem Zeichen* % *erhöhen die Lesbarkeit von Programmen und sollten daher generell eingesetzt werden.*

Objekte selbstdefinierten Typs können Felder als Komponenten enthalten.

Komponenten eines Objekts von selbstdefiniertem Typ können auch Zeiger sein. Dadurch ist u. a. die Konstruktion von *rekursiven Datenstrukturen* möglich, das sind selbstdefinierte Datentypen, die weitere Objekte vom selben Typ als Komponenten enthalten und so *verkettete Listen* (*linked lists*) von gleichartigen Objekten bilden.

---

[12]Die in anderen Programmiersprachen (z. B. Pascal) übliche *Punkt*schreibweise zur Selektion von Komponenten einer Struktur (z. B. figur1.a.x) konnte in Fortran 90 *nicht* verwendet werden, da Punkte in Fortran andere syntaktische Bedeutung haben (vgl. z. B. .TRUE., .FALSE., .EQ., .LT. etc.).

Beispiel: [Verkettete Listen] (Metcalf, Reid [102])

```
TYPE eintrag
  REAL wert
  INTEGER nummer
  TYPE (eintrag), POINTER :: naechster_eintrag
END TYPE eintrag
```

Jedes Objekt vom Typ eintrag hat eine Komponente % wert und eine Ordnungszahl % nummer. Die Komponente % naechster_eintrag ist ein weiteres Objekt vom selben Typ.

Typ und Typparameter einer Strukturkomponente richten sich nach dem im Selektionsausdruck ganz rechts stehenden Objekt. Ebenso ist eine Komponente dann ein Zeiger, wenn das am weitesten rechts stehende Objekt das POINTER-Attribut trägt.

Die Attribute INTENT, TARGET und PARAMETER hingegen übernimmt eine Komponente von ihrem Mutterobjekt (Gehrke [99]).

11.8.2 Wertzuweisung

Wertzuweisungen an Variablen selbstdefinierten Typs können entweder komponentenweise erfolgen, indem jede Komponente einen ihrem Typ entsprechenden Wert zugewiesen erhält, oder aber indem dem Gesamtobjekt ein Ausdruck des gleichen Typs – im einfachsten Fall ein Literal (vgl. Abschnitt 9.6) – zugewiesen wird.

Beispiel: [Wertzuweisung]

```
figur1 % a % y = 2.
figur1 % b % x = 10.8    ! komponentenweise Wertzuweisung
...
figur1 = dreieck (1.5, 2., 10.8, 9.4, 0.3, 6.7) ! Zuweisung an Gesamtobjekt
```

Für selbstdefinierte Datentypen gibt es außer der Zuweisung = keine *vordefinierten* Operatoren. Man kann aber Operatoren sowohl für vordefinierte Datentypen als auch für Strukturen selbst definieren, was im folgenden Abschnitt beschrieben wird.

11.9 Selbstdefinierte Operatoren

Das Studium dieses Abschnitts setzt die Kenntnis von Kapitel 13 über Programmeinheiten und Funktionen voraus.

Zur Festlegung eines selbstdefinierten Operators benötigt man erstens ein Operatorsymbol, zweitens eine Operatorfunktion, die die Arbeitsweise des Operators festlegt, und drittens eine Schnittstelle, die dem Compiler mitteilt, welches Operatorsymbol wie mit welcher Operatorfunktion zu verbinden ist.

11.9.1 Operatorsymbole

Als Operatorsymbol kann man entweder das Symbol eines vordefinierten Operators oder aber eine zwischen zwei Punkte eingeschlossene Buchstabenfolge mit einer maximalen Länge von 31 wählen (lediglich die Zeichenfolgen .TRUE. und .FALSE. sind nicht zulässig).

Verwendet man ein vordefiniertes Operatorsymbol, so kommt das einer Erweiterung der Bedeutung des Symbols gleich; man spricht dann vom *Überladen* (*overloading*) des Operators. Die ursprüngliche Bedeutung bleibt jedoch stets bestehen. Darum ist die Verwendung eines vordefinierten Operatorsymbols nur dann zulässig, wenn die Operanden, die mit der neuen Operatorfunktion verknüpft werden sollen, einen anderen Typ (oder zumindest andere Typparameter) haben als jene, die für die vordefinierte Funktion des Operators zulässig sind. Man kann beispielsweise das Additionssymbol + dazu verwenden, eine Addition von Intervallen oder eine Vereinigung von Mengen zu symbolisieren, nicht aber, um die gewöhnliche Addition der vordefinierten numerischen Typen umzudefinieren.

Auch das Zuweisungssymbol = kann so in seiner Bedeutung erweitert werden. Vordefinierte Funktionssymbole, die keine Operatorsymbole sind, dürfen jedoch nicht verwendet werden.

Wird ein vordefinierter Operator erweitert, der mehr als eine Schreibweise hat (z. B. <= und .LE.), so gilt die Erweiterung des einen Symbols auch für das andere.

11.9.2 Operatorfunktionen

Eine Operatorfunktion gibt an, auf welche Weise die Operanden zu verknüpfen sind. Sie kann als externe Funktion oder als Modulfunktion definiert werden. Will man einen vordefinierten Operator erweitern, so muß die selbstdefinierte Operatorfunktion, die dem vordefinierten Operatorsymbol zugeordnet wird, gleich viele Argumente haben wie die vordefinierte; die Argumente müssen allerdings von anderem Typ sein (oder zumindest einen anderen Typparameter besitzen) als die der vordefinierten Funktion.

Beispiel: [Mengen] (Fortran-Norm [101])
Es wird ein Modul angenommen, das die Typdeklaration des Typs menge sowie die Definition der Abfragefunktion element enthält:

```
MODULE mengenlehre
...
TYPE menge
    INTEGER                    :: maechtig
    INTEGER, DIMENSION (200) :: element
END TYPE menge
...
CONTAINS
...
LOGICAL FUNCTION element(x,m)
            ! Die Funktion darf den gleichen Namen
            ! haben wie die Strukturkomponente element
    INTEGER    :: x
    TYPE (menge) :: m
    element = ANY (m % element(1:m % maechtig) == x)
            ! Die vordefinierte Funktion ANY ergibt .TRUE.,
            ! wenn ein Element von m gleich x ist
END FUNCTION element
...
END MODULE mengenlehre
```

11.9.3 Schnittstellenblöcke

Der Schnittstellenblock ist das Bindeglied zwischen Operatorsymbol und -funktion: Er teilt dem Compiler mit, welche Funktion zu welchem Symbol gehört.

Beispiel: [Mengen] Der im Modul mengenlehre enthaltene Schnittstellenblock für das Beispiel sähe so aus:

```
MODULE mengenlehre
    ...
    INTERFACE OPERATOR (.elem.)
        MODULE PROCEDURE element
    END INTERFACE
    ...
    CONTAINS
    ...
END MODULE mengenlehre
```

Nun sind Abfragen folgenden Typs möglich:

```
LOGICAL       ::  enthalten
INTEGER       ::  zahl
TYPE (menge)  ::  primzahlen
...
enthalten = zahl .elem. primzahlen
```

Die INTERFACE-Anweisung wird in Abschnitt 13.9 genauer beschrieben.

11.10 Zeiger

11.10.1 Zustand eines Zeigers

Zeiger sind, wie schon in Abschnitt 9.7 gesagt, benannte Variablen, die als Pseudonyme für andere Variablen verwendet werden können, wenn sie mit diesen verbunden (assoziiert) sind. Ein Zeiger wird entweder durch eine Zeigerzuweisung oder durch Allokation mit einem Ziel verbunden. Ein Zeiger darf weder in einem Ausdruck verwendet noch definiert („mit einem Wert belegt") werden, solange er nicht mit einem Ziel assoziiert ist, das definiert oder angesprochen werden kann.

Man unterscheidet bei Zeigern einen *Zuordnungsstatus* (*pointer association status*) und einen *Definitionsstatus* (*pointer definition status*).

Für den Zuordnungsstatus gilt:

- Ein Zeiger kann *undefiniert* sein.
  Das ist insbesondere unmittelbar nach seiner Vereinbarung der Fall, solange der Zeiger noch nicht mit einem definierten Ziel verbunden ist. Der Zuordnungsstatus eines Zeigers ist auch dann undefiniert, wenn der Zeiger mit einem dynamischen Ziel verbunden ist, das nicht allokiert ist, d. h. zur Zeit keinen Speicherplatz belegt. Undefiniert ist ein Zeiger in diesem Sinn schließlich, wenn sein Ziel ein Datenobjekt in einem Unterprogramm ist, das nach dem Verlassen des Unterprogramms undefiniert wird.

- Ein Zeiger kann mit einem Ziel *assoziiert* sein.
  Er ist dann mit einem Ziel verbunden, das entweder selbst ein assoziierter Zeiger ist oder das TARGET-Attribut trägt. Wenn es sich dabei um ein dynamisches Feld handelt, muß es Speicherplatz zugewiesen bekommen haben (existieren). Ein Zeiger ist auch dann assoziiert, wenn er durch Ausführung eines ALLOCATE-Befehls mit bis dahin unbenanntem Speicherplatz verbunden ist.

- Ein Zeiger ist *disassoziiert*,
  wenn seine Verbindung mit einem Ziel durch Ausführung eines NULLIFY- oder eines DEALLOCATE-Befehls aufgelöst wurde oder wenn der Zeiger mit einem anderen, disassoziierten Zeiger verbunden wird.

Seinen *Definitionsstatus* übernimmt der Zeiger von seinem Ziel. Zum Beispiel ist ein Zeiger, der mit einer noch nicht definierten Variablen verbunden ist, vom Definitionsstatus her undefiniert, vom Zuordnungsstatus her jedoch definiert (assoziiert); ebenso ein Zeiger, der soeben mit unbenanntem Speicherplatz verbunden wurde.

11.10.2 Assoziierung mit benannten Variablen

Nach ihrer Vereinbarung sind Zeiger so wie alle anderen Variablen noch undefiniert. Sie werden erst definiert (d. h. dürfen erst in Ausdrücken verwendet werden), sobald sie mit einer Zielvariablen verknüpft sind, die folgende Bedingungen erfüllt:

- Sie muß entweder das TARGET- oder das POINTER-Attribut tragen oder ein Teilobjekt eines Objekts mit dem TARGET-Attribut sein;
- wenn sie das TARGET-Attribut aufweist, muß sie selbst definiert sein und, wenn sie auch das Attribut ALLOCATABLE hat, zur Zeit Speicherplatz belegen;
- wenn sie das POINTER-Attribut trägt, muß sie mit einem Ziel assoziiert sein, das die obigen Voraussetzungen erfüllt.

Die Assoziierung eines Zeigers mit einem Ziel hat die Form

    zeigervariable => *zielvariable*

Die Zielvariable muß vom gleichen Typ sein wie der Zeiger und gleichen Typparameter haben. Falls es sich bei Ziel und Zeiger um Felder handelt, müssen beide gleich viele Dimensionen haben. Die Zielvariable darf keine Konstante und kein Teilfeld mit einem Vektorindex (vgl. Abschnitt 11.7.2) sein.

Beispiel: [Zeiger-Assoziierung]

```
TYPE (karteikarte), POINTER  ::  erster_zeiger
TYPE (karteikarte), POINTER  ::  zweiter_zeiger
TYPE (karteikarte), TARGET   ::  ziel
...
zweiter_zeiger => ziel
erster_zeiger => zweiter_zeiger  ! Beide Zeiger weisen auf die Variable ziel
```

Weist die Zielvariable selbst das POINTER-Attribut auf, ist sie also selbst ein Zeiger, so zeigen nach der Assoziierung beide Zeiger auf dasselbe Ziel, sofern der Zeiger *zielvariable* selbst mit einem nach den obigen Bedingungen gültigen Ziel verbunden ist. Ist sie aber undefiniert oder disassoziiert, so wird dieser Zustand auf die Zeigervariable übertragen, d. h., der Zeiger wird selbst undefiniert oder disassoziiert.

Wird ein bereits assoziierter Zeiger mit einem neuen Ziel verbunden, so wird die alte Assoziierung dadurch automatisch gebrochen.

Beispiel: [Assoziierung mit neuem Ziel]

```
zweiter_zeiger => ziel_2
```

Die Verbindung zwischen zweiter_zeiger und ziel existiert nicht mehr.

11.10.3   Allokation

Man kann einem Zeiger auch neuen, bis dahin unbenannten Speicherplatz mit einer seinem Datentyp entsprechenden Größe zuweisen. Das geschieht durch die Anweisung

> ALLOCATE (*zeigervariablenliste* [,STAT=*statusvariable*])

Die Zeiger in der Zeigervariablenliste können auch Komponenten einer Strukturvariablen sein. Ist ein Zeiger vor der Ausführung des ALLOCATE-Befehls mit einem Ziel assoziiert, so wird diese Verbindung gelöst. Ist ein Ziel durch Allokation entstanden, so kann man nach Lösen der Verbindung nicht mehr darauf zugreifen, sofern nicht noch ein anderer Zeiger mit ihm verbunden ist.

Beispiel:

```
ALLOCATE (erster_zeiger, zweiter_zeiger)
! Beide Zeigervariablen weisen nun auf neuen, bisher unbenannten Speicherplatz
```

Falls der Zusatz [,STAT=*statusvariable*] verwendet wird, muß die Statusvariable skalar und ganzzahlig sein. Sie wird Null, falls die ALLOCATE-Anweisung erfolgreich durchgeführt wurde. Tritt während der Abarbeitung des Befehls eine Fehlerbedingung auf (z. B. wenn nicht genügend Speicherplatz vorhanden ist), so erhält die Statusvariable einen (systemabhängigen) positiven Wert. Tritt ein Fehler auf, und es ist keine Statusvariable angegeben, so wird der Programmablauf beendet.

Auch die Zuweisung von Speicherplatz an dynamische Felder (vgl. Abschnitt 14.3.2) geschieht mit einer ALLOCATE-Anweisung.

11.10.4   Deallokation

Der Befehl

> NULLIFY (*zeigervariablenliste*)

bewirkt, daß die Zeiger in der Zeigervariablenliste von einem etwaigen Ziel gelöst werden und daher disassoziiert (d. h. nicht mit einem Ziel verbunden, aber trotzdem definiert) sind. Das Objekt, auf das der Zeiger gewiesen hat, bleibt erhalten; falls es sich dabei um „anonymen" Speicherplatz handelt und kein weiterer Zeiger darauf weist, kann man jedoch nicht mehr darauf zugreifen.

Der Befehl

DEALLOCATE (*zeigervariablenliste* [,STAT=*statusvariable*])

(wobei jedes Objekt der Zeigervariablenliste ein Zeiger ist, der momentan mit einer Zielvariablen assoziiert ist, die durch Ausführung eines ALLOCATE-Befehls zustande gekommen ist) bewirkt hingegen, daß der solcherart belegte Speicherplatz wieder frei-gegeben wird. Gleichzeitig werden die Zeiger in der Zeigervariablenliste disassoziiert. Man beachte aber, daß andere Zeiger, die vielleicht auf das gleiche Ziel gezeigt haben und nicht in der Liste aufscheinen, nun undefiniert werden!

Falls der Zusatz [,STAT=*statusvariable*] verwendet wird, muß die Statusvariable skalar und ganzzahlig sein. Ihr wird, falls die DEALLOCATE-Anweisung erfolgreich durchgeführt wurde, der Wert Null zugewiesen. Tritt während der Abarbeitung des Befehls eine Fehlerbedingung auf – etwa weil das Ziel eines Zeigers in der Zeigervaria-blenliste gar nicht durch Allokation entstanden ist –, so erhält die Statusvariable einen (systemabhängigen) positiven Wert. Tritt ein Fehler auf, und es ist keine Statusvariable angegeben, wird der Programmablauf beendet.

Es wird empfohlen, vor allem größere durch Allokation entstandene Datenobjekte explizit durch DEALLOCATE zu zerstören, sobald man sie nicht mehr braucht. Es könnte sonst zu unnötigem Verbrauch von Laufzeit und Speicherplatz kommen.

Ferner ist zu beachten, daß mehrere freigegebene Speicherbereiche i. a. keinen zusammenhängenden freien Speicherbereich bilden. Durch diese *Fragmentierung* des freien Speicherbereiches kann es zu unnötigem Verbrauch von Speicherplatz kommen. Wird nämlich ein zusammenhängender Speicherbereich angefordert, der länger ist als der längste zusammenhängend zurückgegebene Speicherplatz, so muß dieser Speicher-platz auch dann neu allokiert werden, wenn der gesamte zurückgegebene (aber frag-mentierte) Speicherplatz ausreichend wäre. Das System führt i. a. keine automatische Verknüpfung von freigegebenen Speicherbereichen (*garbage collection*) durch.

11.10.5 Operatoren

Ist ein Zeiger mit einem Ziel verbunden, so hat das Aufscheinen seines Namens im Pro-gramm dieselbe Bedeutung, als ob der Name seines Ziels dort stünde: Eine Zuweisung, in der der Name des Zeigers vorkommt, bewirkt eine Zuweisung an seine Zielvariable; tritt ein Zeiger in einem Ausdruck auf, so wird der Wert seines Ziels verwendet. Der Zeiger hat keinen selbständigen Wert, sondern alle Operationen, die mit ihm und auf ihm vorgenommen werden, betreffen in Wahrheit seine Zielvariable.

Beispiel: [Zeigeroperationen]

```
REAL, DIMENSION (10,10), TARGET  ::  feld12
REAL, DIMENSION (:), POINTER     ::  spalte, reihe  ! Feldzeiger
...
spalte => feld12(:,1)
reihe  => feld12(1,:)
spalte = 0        ! erste Spalte auf Null setzen
reihe  = spalte   ! erste Spalte auf erste Reihe kopieren
```

Kapitel 12

Steuerkonstrukte

12.1 Allgemeines

Ein *Programm* ist die Formulierung eines Algorithmus (und der dazugehörigen Datenstruktur) in einer bestimmten Programmiersprache. Es definiert eine Funktion f_P, die die Menge der Eingabedaten[1] E auf die Menge der Ausgabedaten A abbildet: $f_P : E \to A$.

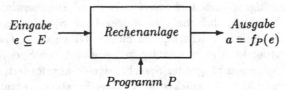

Ein *Algorithmus* löst i. a. eine *Klasse* von Problemen. Die Auswahl eines einzelnen Problems erfolgt durch die Eingabedaten e. Innerhalb ein und desselben physischen (geschriebenen) Programms, das die Lösung einer Problemklasse ermöglicht, muß daher i. a. die Möglichkeit für verschiedene Programmabläufe (entsprechend den Einzelproblemen) bestehen.

Beispiel: [Kugelvolumen] Der Ablauf eines Programmteils, der aus einem gegebenen Radius das Volumen der zugehörigen Kugel

```
volumen_kugel = (4.*pi/3.)*radius**3
```

berechnet, ist – abgesehen davon, daß die Datenobjekte je nach der Größe des Radius verschiedene Werte annehmen – stets gleich, sofern sich Ein- und Ausgabedaten innerhalb der zulässigen Wertebereiche bewegen.

Beispiel: [Quadratische Gleichung] Ein Programm, das die Lösung einer quadratischen Gleichung $x^2 + px + q = 0$ bestimmen soll, wird je nach der Größe der Diskriminante $D = p^2/4 - q$ einen anderen Verlauf nehmen müssen, um zu unterscheiden, ob die Gleichung eine reelle Doppellösung ($D = 0$), zwei reelle ($D > 0$) oder zwei konjugiert komplexe Lösungen ($D < 0$) hat, und die Ausgabe des Resultats entsprechend zu gestalten.

---

[1] Eingabedaten können aus dem internen Speicher des Rechners, von externen Speichern (Diskette, Band, CD-ROM etc.) oder von speziellen Eingabegeräten (Tastatur, Meßwerterfassungs- und -umwandlungseinrichtungen, Streifencodeleser usw.) stammen.

Ein Algorithmus kann auch verlangen, eine Folge von Anweisungen mehrfach zu wiederholen. Es wäre mühsam, die Anweisungen ebensooft untereinander schreiben zu müssen, ganz abgesehen davon, daß sich auch die Anzahl der Wiederholungen in Abhängigkeit von den Eingabedaten ändern kann.

Beispiel: [ggT] Der euklidische Algorithmus berechnet den größten gemeinsamen Teiler (ggT) zweier natürlicher Zahlen a und b, indem die Anweisungen

```
r = MOD (a, b)
a = b
b = r
```

solange wiederholt werden, bis r Null wird. Der momentane Wert von a ist dann der gesuchte größte gemeinsame Teiler von a und b. Offensichtlich muß die obige Anweisungsfolge eine von a und b abhängige Anzahl von Malen wiederholt werden.

Von einer höheren Programmiersprache werden also Sprachelemente verlangt, die es gestatten, den Programmablauf je nach den Erfordernissen zu ändern, d. h., in Abhängigkeit von den Eingabedaten einerseits bestimmte Anweisungen auszuführen und andere nicht sowie andererseits Anweisungsfolgen wiederholt auszuführen. Solche Befehle nennt man *Steueranweisungen* (*control statements*).

Eine Anweisungsfolge, über deren Ausführung in einer Steueranweisung entschieden wird, heißt *Verbundanweisung* (*compound statement*). Verbundanweisungen werden als syntaktische Einheit angesehen. Sie werden im folgenden auch *Anweisungsblöcke* oder kurz *Blöcke* genannt.

Einzelne Anweisungen in einer Verbundanweisung dürfen nicht mit Anweisungsmarken versehen werden.

Verbundanweisungen werden durch Schlüsselwörter eingerahmt, die für die jeweilige Steueranweisung charakteristisch sind. Man nennt diese Schlüsselwörter daher *Anweisungsklammern* (*statement brackets*).

Beispiel: [ggT] Um zu kennzeichnen, daß die Verbundanweisung für die Ausführung des euklidischen Algorithmus wiederholt werden muß, wird sie in die – später erläuterten – Anweisungsklammern DO WHILE und END DO eingeschlossen:

```
r = MOD (a, b)
DO WHILE (r > 0)
   a = b
   b = r
   r = MOD (a, b)
END DO
```

12.2 Aneinanderreihung (Sequenz)

Die einfachste Kontrollstruktur, die jedoch nicht durch Steueranweisungen gebildet wird, ist die Aneinanderreihung von Teilalgorithmen (Strukturblöcken). Durch die Aneinanderreihung wird die zeitlich *sequentielle* Abarbeitung von Strukturblöcken $S_1, \ldots, S_n$ in der Reihenfolge der Niederschrift festgelegt.

12.3 Auswahl (Selektion)

Bedingte Anweisungen ermöglichen es in imperativen Programmiersprachen wie Fortran 90, Anweisungen in Abhängigkeit von den Werten Boolescher Ausdrücke auszuführen oder zu überspringen. Die Booleschen Ausdrücke, welche die Abarbeitungsreihenfolge in einem Programm direkt beeinflussen, nennt man *Bedingungen*.

12.3.1 Einseitig bedingte Anweisungen

Die IF-Anweisung

Die einfachste Form der bedingten Anweisung ist die *einseitig bedingte Anweisung* (IF-Anweisung). Sie gestattet die Ausführung genau einer Anweisung in Abhängigkeit von einer Bedingung und hat die Form

IF (*skalar_log_ausdruck*) *anweisung*

Wenn der skalare logische Ausdruck *skalar_log_ausdruck*, der die Ausführungsbedingung darstellt, den Wert .TRUE. hat, wird die Anweisung *anweisung* ausgeführt, andernfalls hat die IF-Anweisung (außer der Auswertung des logischen Ausdrucks) keinen Effekt: Die Programmabarbeitung setzt beim folgenden Befehl fort.

Die Anweisung *anweisung* darf *keine* weitere IF-Anweisung sein. Auch END PRO-GRAM-, END FUNCTION-, END SUBROUTINE-Befehle (vgl. Abschnitt 13.1) sowie einige andere Anweisungen sind an dieser Stelle verboten.

Beispiel: [IF-Anweisungen]

```
IF (a < b) a = 1./b
IF ((bedingung_1 .OR. bedingung_2) .AND. a==b) feld10(i,j) = 0
IF (x > 0) y = LOG (x)
IF (ABS (term) < toleranz) EXIT
```

Der einseitige IF-Block

Der IF-Block (*block if*) erlaubt die bedingte Ausführung eines Anweisungsblocks.

[*if-name*:]   IF (*skalar_log_ausdruck*) THEN
                        anweisungsblock
                 END IF [*if-name*]

Der *if-name* steht entweder sowohl vor dem IF ... THEN-Befehl als auch nach dem END IF-Befehl oder aber bei keinem von beiden. Es muß sich um denselben Namen handeln, und er muß den Syntaxregeln für Namen (vgl. Abschnitt 8.2.2) entsprechen.

Die Abarbeitung des einseitigen IF-Blocks erfolgt so: Zunächst wird der Ausdruck *skalar_log_ausdruck* ausgewertet. Hat er den Wert .TRUE., so werden die im Anweisungsblock enthaltenen Befehle ausgeführt; wenn der Wert des Ausdrucks .FALSE. ist, so wird der Anweisungsblock übersprungen, und die Programmausführung wird mit der auf den END IF-Befehl folgenden Anweisung fortgesetzt.

Beim IF-Block ist es, wie bei den noch folgenden Blöcken, ratsam, den Anweisungs-
block etwas einzurücken, um die Lesbarkeit des Programms zu verbessern.

Beispiel: [Kalender] Schachtelung von IF-Blöcken

```
                    schaltjahr    = .FALSE.
                    tage_jahr     = 365
                    tage_februar  = 28
                    IF (jahr > 1582) THEN            ! Gregorianischer Kalender
                        IF (MOD (jahr, 4)   == 0) schaltjahr = .TRUE.
                        IF (MOD (jahr, 100) /= 0) schaltjahr = .FALSE.
                        IF (MOD (jahr, 400) == 0) schaltjahr = .TRUE.
    schaltjahr_tage:    IF (schaltjahr) THEN        ! ein Tag mehr
                            tage_jahr    = 366
                            tage_februar = 29
                        END IF schaltjahr_tage
                    END IF
```

12.3.2   Der zweiseitige IF-Block

Häufig tritt in Algorithmen der Fall auf, daß abhängig von den Daten verschiedene Programmabschnitte ausgeführt werden sollen. Die *Auswahl* zwischen diesen *Alternativen*
erfolgt aufgrund einer Bedingung.

Der zweiseitig bedingte IF-Block ist eine Erweiterung des einseitigen. Er gestattet es,
in Abhängigkeit von einer Bedingung einen von zwei Anweisungsblöcken abzuarbeiten.

```
[if-name:]   IF (skalar_log_ausdruck) THEN
                 anweisungsblock 1
             ELSE [if-name]
                 anweisungsblock 2
             END IF [if-name]
```

Wenn der Wert des logischen Ausdrucks *skalar_log_ausdruck* .TRUE. ergibt, wird die
Anweisungssequenz *anweisungsblock 1* ausgeführt, sonst *anweisungsblock 2*. In beiden
Fällen setzt der Programmablauf nach der Abarbeitung des entsprechenden Blocks bei
der dem END IF-Befehl folgenden Anweisung fort.

Die beiden alternativen Abschnitte (Anweisungsblöcke) werden häufig nach den
Schlüsselwörtern, die sie einleiten, THEN-Teil (bzw. THEN-Zweig) oder ELSE-Teil
(bzw. ELSE-Zweig) genannt.

Der *if-name* kann entweder sowohl vor dem IF ... THEN-Befehl als auch nach dem
END IF-Befehl stehen oder aber bei keinem von beiden. Wenn der ELSE-Befehl einen
Namen trägt, muß es derselbe sein wie jener der IF ... THEN- und END IF-Befehle.

Beispiel: [Distanzfunktion] Durch den folgenden IF-Block wird ein – vom Parameter *a* abhängen-
des – robustes Abstandsmaß berechnet:

```
IF (ABS (u - v) < a) THEN
    dist_a = (u - v)**2              ! Quadratische Abstandsfunktion
ELSE
    dist_a = a*(2.*ABS (u - v) - a)  ! "Lineare Fortsetzung"
END IF
```

12.3.3 Der mehrseitige IF-Block

Eine weitere Variante der Auswahl unterscheidet zwischen mehreren Alternativen. Jede ist durch eine Bedingung gekennzeichnet.

Die mehrseitig bedingte Anweisung arbeitet in Abhängigkeit von mehreren Bedingungen einen der zugehörigen Anweisungsblöcke ab. Sie hat die Form

```
[if-name:]   IF (skalar_log_ausdruck 1) THEN
                 anweisungsblock 1
             [ELSE IF (skalar_log_ausdruck 2) THEN [if-name]
                 anweisungsblock 2]
                 ...
             [ELSE [if-name]
                 anweisungsblock n]
             END IF [if-name]
```

Bei der Ausführung des mehrseitigen IF-Blocks werden die logischen Ausdrücke *skalar_log_ausdruck i* nacheinander ausgewertet, bis einer davon .TRUE. ergibt. Der zu diesem Ausdruck gehörende Anweisungsblock wird abgearbeitet. Danach wird das Programm mit jener Anweisung fortgesetzt, die dem END IF-Befehl folgt. Falls keiner der logischen Ausdrücke .TRUE. ergibt, wird der Anweisungsblock einer allenfalls vorhandenen ELSE-Anweisung ausgeführt. Von einem mehrseitigen IF-Block wird also höchstens ein Anweisungsblock ausgeführt. Man nennt diese Form der Auswahl auch *Abfragekette* oder *Auswahlkette*.

Die Alternativen einer Auswahlkette müssen einander nicht ausschließen, da ihre Bedingungen *nacheinander* überprüft werden.

Der *if-name* steht entweder sowohl vor dem IF ... THEN-Befehl als auch nach dem END IF-Befehl oder aber bei keinem von beiden. Wenn ein ELSE IF- oder der ELSE-Befehl einen Namen trägt, muß es derselbe sein wie der des IF ... THEN-Befehls und des END IF-Befehls.

Beispiel: [Schadstoffe] Ein Meßwert der SO_2-Konzentration in der Luft [mg SO_2/m^3], soll nach den von der österreichischen Akademie der Wissenschaften erarbeiteten wirkungsbezogenen SO_2-Immissions-Grenzkonzentrationswerten eingestuft werden:

```
IF (so_2 > 0.2) THEN
    ausgabe_text = "Schaedigung von Menschen und Pflanzen"
ELSE IF (so_2 > 0.07) THEN
    ausgabe_text = "Schaedigung von Pflanzen"
ELSE IF (so_2 >= 0) THEN
    ausgabe_text = "keine Beeintraechtigung"
ELSE
    ausgabe_text = "fehlerhafter Messwert"    ! so_2 < 0
END IF
```

Man beachte, daß hier von der Möglichkeit einander *nicht* ausschließender Bedingungen Gebrauch gemacht wird. Trotzdem erfolgt die Blockauswahl eindeutig. So wird z. B. für Werte aus dem Intervall (0.07, 0.2] der Text Schaedigung von Pflanzen und für Werte aus [0, 0.07] der Text keine Beeintraechtigung zugewiesen.

12.3.4 Die Auswahlanweisung

Die Auswahlanweisung ist der mehrseitig bedingten Anweisung von der Funktion her sehr ähnlich.[2] So wie beim IF-Block wird auch hier höchstens einer von mehreren (möglichen) Anweisungsblöcken ausgeführt. Es bestehen jedoch folgende Unterschiede:

- Während beim mehrseitigen IF-Block mehrere voneinander unabhängige *Bedingungen* ausgewertet werden, richtet sich die Abarbeitung einer Auswahlanweisung nach dem Wert eines einzigen *Ausdrucks*.

- Die Bedingungen eines IF-Blocks können einander überschneiden wie im obigen Beispiel. Die Alternativen einer Auswahlanweisung müssen jedoch disjunkt sein.

Die Auswahlanweisung (im folgenden auch CASE-Block genannt) hat die Form

```
[case-name:]   SELECT CASE (case-ausdruck)
               [CASE fall 1 [case-name]
                       anweisungsblock 1]
               [CASE fall 2 [case-name]
                       anweisungsblock 2]
               ...
               [CASE DEFAULT [case-name]
                       anweisungsblock n]
               END SELECT [case-name]
```

Wenn die SELECT CASE-Anweisung einen Namen *case-name* trägt, so muß die END SELECT-Anweisung denselben Namen aufweisen. Hat die SELECT CASE-Anweisung keinen Namen, so darf auch die END SELECT-Anweisung nicht benannt werden. Ein CASE-Befehl innerhalb des Blocks darf nur gemeinsam mit SELECT CASE und END SELECT mit einem Namen versehen werden.

Der Ausdruck *case-ausdruck* muß skalar sein und einem der Typen INTEGER, CHARACTER oder LOGICAL angehören. Er wird ausgewertet und anschließend mit den Selektoren *fall i* verglichen. Ein Selektor kann einen einzelnen Wert, einen Wertebereich oder eine Liste von Werten und Wertebereichen angeben und muß vom selben Typ sein wie *case-ausdruck*. Liegt der Wert des Ausdrucks *case-ausdruck* in einem der von den Selektoren angegebenen Wertebereiche, so wird der zu diesem Selektor gehörige Anweisungsblock abgearbeitet.

Ein Selektor, der einen Einzelwert angibt, hat die Form

    (*einzelwert*)

Werte*bereiche* werden ähnlich wie Teilzeichenketten notiert:

    (*ugrenze* :)   oder

    (: *ogrenze*)   oder

    (*ugrenze* : *ogrenze*)

---

[2]Auswahlanweisungen können grundsätzlich durch Kombinationen mehrerer IF-Blöcke ersetzt werden. In Fortran 77 war diese Vorgangsweise sogar unumgänglich, da es keine Auswahlanweisung gab. Deren Vorteil liegt jedoch neben der einfacheren Schreibweise in der Möglichkeit, in wesentlich effizienteren Maschinencode umgewandelt zu werden (Engesser, Claus, Schwill [3]).

Selektoren können auch die Form von Listen haben. Die Elemente einer Liste werden durch Beistriche voneinander getrennt:

$$(wert_1, wert_2, \ldots, wert_n)$$

Alle jene Fälle, die von den Selektoren nicht erfaßt werden, können durch die CASE DEFAULT-Anweisung abgedeckt werden. Sie entspricht dem ELSE-Befehl des IF-Blocks: Wenn keine der von den Selektoren abgetesteten Bedingungen zutrifft und somit keiner der entsprechenden Anweisungsblöcke abgearbeitet wurde, wird der Anweisungsblock der CASE DEFAULT-Anweisung ausgeführt.

Beispiel: [Kalender]

```
SELECT CASE (monat)
    CASE (4, 6, 9, 11)
        tage = 30
    CASE (1, 3, 5, 7:8, 10, 12)
        tage = 31
    CASE (2)
        tage = 28
        IF (schaltjahr) tage = tage + 1
    CASE DEFAULT
        PRINT *, monat, "entspricht keinem Monat!"
END SELECT
```

Beispiel: [Schadstoffe]

```
REAL     :: so_2
INTEGER  :: so_2_mikrogramm
...
so_2_mikrogramm = INT (so_2*1000)
SELECT CASE (so_2_mikrogramm)
    CASE (0:70)
        ausgabe_text = "keine Beeintraechtigung"
    CASE (71:200)
        ausgabe_text = "Schaedigung von Pflanzen"
    CASE (201:)
        ausgabe_text = "Schaedigung von Menschen und Pflanzen"
    CASE DEFAULT
        ausgabe_text = "fehlerhafter Messwert"
END SELECT
```

12.4   Wiederholung (Repetition)

Eines der wichtigsten Konstruktionsmittel, das es in imperativen Programmiersprachen zur Formulierung von Algorithmen gibt, ist die *Wiederholung*. Sie erlaubt die wiederholte Ausführung einer Anweisungsfolge, ohne daß man gezwungen ist, die entsprechenden Anweisungen mehrmals zu schreiben.

Die *Wiederholungsanweisung* (*Iteration*, *Schleife*, engl. *loop*) dient dazu, einen Anweisungsblock, der *Schleifenrumpf* (*loop body*) oder *Laufbereich* genannt wird, mehrere Male zu wiederholen. Die Anzahl der Wiederholungen wird durch den *Schleifenkopf* bestimmt. Je nach Art der Wiederholungssteuerung unterscheidet man *Endlosschleifen*, *Zählschleifen* und *bedingte Schleifen*.

12.4.1 Die Endlosschleife

Die Endlosschleife enthält keine Abbruchbedingung. Der zu wiederholende Schleifenrumpf wird von den Schlüsselwörtern DO und END DO eingeschlossen.

> [*do-name*:]   DO
>
>   *anweisungsblock*
>
>   END DO [*do-name*]

Die Endlosschleife ist das Basiskonstrukt für die anderen Schleifenformen. Sie kann in Verbindung mit EXIT-Anweisungen, die das Verlassen der Schleife gestatten, sinnvolle Anwendungen finden (siehe auch Seite 219).

Beispiel: [Einlesen einzelner Zeichen]

```
DO
    READ *, zeichen
    IF (zeichen == ">") EXIT
    PRINT *, zeichen
END DO
```

12.4.2 Die Zählschleife

Bei dieser Form der Wiederholungsanweisung kann man angeben, wie oft eine Wiederholung ausgeführt werden soll. Die blockförmige[3] Zählschleife hat die Form

> [*do-name*:]   DO *schleifensteuerung*
>
>   *anweisungsblock*
>
>   END DO [*do-name*]

Wenn die Schleife mit einem Namen *do-name* versehen wird, was vor allem bei Schleifenschachtelungen von Nutzen ist (vgl. Abschnitt 12.4.4), muß dieser sowohl vor dem DO-Befehl als auch nach dem END DO-Befehl aufscheinen.

Die Anzahl der Wiederholungen wird durch die *Schleifensteuerung* bestimmt. Die Schleifensteuerung besteht aus einer ganzzahligen[4], skalaren *Laufvariablen* (*Zählvariablen, Schleifenvariablen*), einem Anfangs- und einem Endwert sowie eventuell einer Schrittweite für die Laufvariable:

> *laufvariable* = *anfwert*, *endwert* [, *schritt*]

---

[3] Als Relikt aus Fortran 77 gibt es in Fortran 90 auch eine nichtblockförmige Zählschleife. Da sie den heutigen Kriterien für guten Programmierstil nicht entspricht, wird sie erst in Kapitel 17 behandelt.

[4] Die Norm läßt auch Laufvariablen des vordefinierten REAL-Typs oder des Typs DOUBLE PRECISION zu. *Von der Verwendung solcher Laufvariablen wird jedoch abgeraten, da der Rundungsfehler der internen Objekte bei solchen Schleifen eine gefährliche Fehlerquelle darstellt.*

Beispiel:

```
DO i = 1, 10, 2
    summe = summe + i
END DO
```

summe wird durch die Zählschleife um 25 (= $1 + 3 + 5 + 7 + 9$) erhöht.

Man kann sich an diesem einfachen Beispiel eine wichtige Eigenschaft der Steuerstruktur Wiederholung klarmachen: Im Rumpf der Wiederholung wird zwar immer derselbe Anweisungsblock ausgeführt, aber jedesmal mit anderen Werten.

Bei jeder Iteration werden zwar die gleichen Zustands*änderungen* vorgenommen, das heißt aber *nicht*, daß die jeweiligen Zustände nach jeder Iteration in dem Sinn gleich sind, daß alle Objekte immer den gleichen Wert haben. Es ist ein wichtiges Prinzip für den Aufbau korrekt arbeitender Schleifen, daß im Rumpf Anweisungen stehen, die die nächste Iteration vorbereiten. Eine Zählschleife wird auf folgende Weise abgearbeitet:

Initialisierung

1. Die skalaren numerischen Ausdrücke *anfwert, endwert* und *schritt*, die Anfangs- und Endwert sowie gegebenenfalls die Schrittweite für die Laufvariable angeben, werden ausgewertet und, wenn nötig, an den Typparameter der Laufvariablen angepaßt. Ihre Werte werden ab nun mit m_1, m_2 und m_3 bezeichnet. Ist keine Schrittweite angegeben, so nimmt der Übersetzer $m_3 = 1$ an. Variablen, die in den Ausdrücken *anfwert, endwert* bzw. *schritt* vorkommen, können im Schleifenrumpf verändert werden, was jedoch keinen Einfluß auf die Anzahl der Schleifendurchgänge und die Laufvariable hat.

2. Die Laufvariable wird mit dem Anfangswert m_1 belegt. Die Anzahl der Schleifendurchläufe (im folgenden kurz *Durchlaufzahl* genannt) wird ermittelt durch den Ausdruck

$$\max\left(\left\lfloor \frac{m_2 - m_1 + m_3}{m_3} \right\rfloor, 0\right).$$

Sie ist Null, wenn bei positiver Schrittweite *anfwert* $\geq$ *endwert* oder bei negativer Schrittweite *endwert* $\geq$ *anfwert* gilt.

Ausführung

1. Ist die Durchlaufzahl gleich Null, wird die Kontrolle an die dem abschließenden END DO folgende Anweisung übergeben. Falls der Wert der Durchlaufzahl größer als Null ist, werden die Anweisungen im Schleifenrumpf ausgeführt.

2. Anschließend wird der Wert der Durchlaufzahl um 1 erniedrigt und die Laufvariable um die Schrittweite m_3 erhöht bzw. erniedrigt. (Außer dieser automatischen Veränderung der Laufvariablen ist keine Änderung ihres Wertes, z.B. durch eine Zuweisung innerhalb der Schleife, zulässig.)

Diese Schritte werden solange wiederholt, bis die Durchlaufzahl Null wird.

Beispiel: [Sortieren] Sei zahl ein eindimensionales Feld mit n beliebigen Elementen des Typs INTEGER. Dann ordnet das folgende Programmfragment die Feldelemente in aufsteigender Reihenfolge, indem wiederholt je zwei benachbarte Elemente vertauscht werden, wenn das erste der beiden größer als das zweite ist.

```
DO i = 1, n-1
    DO j = 1, n-i
        IF (zahl(j) > zahl(j+1)) THEN
            speicher = zahl(j)
            zahl(j)   = zahl(j+1)
            zahl(j+1) = speicher
        END IF
    END DO
END DO
```

Die Sortiermethode dieses Beispiels beruht auf einem sehr ineffizienten Sortieralgorithmus (Aufwand: $O(n^2)$). Es gibt wesentlich effizientere – aber auch kompliziertere – Sortieralgorithmen (Aufwand $O(n \cdot \log n)$).

CYCLE-Anweisung: Der Befehl

CYCLE [*do-name*]

bewirkt eine Verzweigung zur END DO-Anweisung jener Schleife, deren Namen er trägt, oder – wenn kein Name angegeben ist – jener Schleife, in deren Rumpf er steht. Dadurch wird unter Überspringen der weiteren Anweisungen des Schleifenrumpfes unmittelbar zu Punkt 2 der Ausführung der Schleife übergegangen.

Beendigung

1. Im Normalfall endet die Abarbeitung einer Zählschleife durch Nullwerden der Durchlaufzahl.
2. **EXIT-Anweisung:** Eine Zählschleife (mit dem Namen *do-name*) kann auch durch die Ausführung eines EXIT-Befehls abgebrochen werden. Er hat die Form

   EXIT [*do-name*]

   Beispiel: [Suchen] In einem eindimensionalen Feld (Vektor) soll nach dem ersten Auftreten eines bestimmten Wertes gesucht werden:

```
INTEGER, DIMENSION (1000) :: kenn_nr
...
DO i = 1, 1000
    IF (kenn_nr(i) == wert_gesucht) THEN
        wert_vorhanden = .TRUE.
        wert_index = i
        EXIT
    END IF
END DO
```

Tritt der gesuchte Wert bei einem der 1000 Feldelemente auf, so wird die Schleife verlassen, ohne daß ihre Durchlaufzahl den Wert 0 erreicht. Die Laufvariable i hat nach der Schleife den Wert jenes Index, an dem wert_gesucht das erste Mal im Feld kenn_nr aufgetreten ist. Falls *kein* Feldelement mit dem gesuchten Wert übereinstimmt, wird die Schleife vollständig abgearbeitet, und i hat nach Beendigung der Schleife den Wert 1001.

Die *Laufvariable* einer Zählschleife muß ebenso wie andere Variablen deklariert werden. Sie behält nach Beendigung der Schleife ihren definierten Wert. Dadurch läßt sich feststellen, wie oft die Schleife durchlaufen wurde, d. h., man kann darauf schließen, ob eine Schleife ordnungsgemäß beendet oder vorzeitig abgebrochen wurde.

Wurde der *Anweisungsblock* einer Zählschleife überhaupt nicht ausgeführt, so behält die Laufvariable den Wert von m_1.

Wird die Schleife verlassen, ohne daß ihre Durchlaufzahl den Wert 0 erreicht hat, behält die Laufvariable ihren letzten Wert. Sonst besitzt sie nach der vollständigen Abarbeitung der Schleife den Wert der Durchlaufzahl zuzüglich des Werts von m_3.

12.4.3   Die bedingte Schleife

Bei der bedingten Schleife (WHILE-Schleife) hängt die Anzahl der Durchläufe von einer logischen Bedingung im Schleifenkopf ab. Die Bedingung wird bei jedem Schleifendurchlauf neu ausgewertet. Solange („*while*") die Auswertung des logischen Ausdrucks den Wert .TRUE. ergibt, wird der Schleifenrumpf ausgeführt. Sobald die Bedingung den Wert .FALSE. liefert, wird der Schleifenrumpf übersprungen, und die Abarbeitung des Programms setzt beim nächsten auf die Schleife folgenden Befehl fort. Falls die Bedingung bereits bei der Initialisierung der Schleife nicht erfüllt ist, so wird der Rumpf überhaupt nicht durchlaufen. Man nennt die WHILE-Schleife daher auch *abweisende Schleife*. Sie hat die Form

```
[do-name:]   DO WHILE (skalar_log_ausdruck)
                anweisungsblock
             END DO [do-name]
```

Diese Schleife ist äquivalent zu folgender Endlosschleife:

```
[do-name:]   DO
                IF (.NOT. (skalar_log_ausdruck)) EXIT
                anweisungsblock
             END DO [do-name]
```

Dabei ist es wichtig, daß im *anweisungsblock* Anweisungen enthalten sind, die den Wert der Bedingung so verändern, daß ein Abbruch der Schleife möglich wird.

Das über die Abarbeitung der Zählschleife Gesagte gilt sinngemäß auch für die WHILE-Schleife. Es gibt aber hier *keine* Durchlaufzahl, da die Anzahl der Durchläufe nicht von vornherein feststeht. Die anderen Möglichkeiten zum Abbruch der Schleife sind jedoch die gleichen.

Beispiel: [Euklidischer Algorithmus]

```
    r = MOD (a, b)
    DO WHILE (r > 0)
       a = b
       b = r
       r = MOD (a, b)
    END DO
```

Die in manchen Programmiersprachen (z. B. Pascal) vorhandene *nichtabweisende*
Schleife (UNTIL-Schleife) gibt es in Fortran 90 *nicht*. Einen derartigen Schleifentyp
kann man jedoch mit Hilfe einer Endlosschleife und einer EXIT-Anweisung

    EXIT [*do-name*]

realisieren:

    [*do-name*:] DO
                      anweisungsblock
                      IF (*skalar_log_ausdruck*) EXIT
                  END DO [*do-name*]

Bei der nichtabweisenden Schleife wird die Bedingung, die über die weitere Abarbeitung der Schleife entscheidet, am Ende des Schleifenrumpfes geprüft. Die Schleife wird
abgebrochen, wenn die Bedingung (die deswegen *Abbruchbedingung* heißt) erfüllt ist.
Die Schleife hat ihren Namen von der Eigenschaft, daß ihr Rumpf mindestens einmal
durchlaufen wird.

Mit der EXIT-Anweisung können auch Mischformen (Wiederholung mit Abbruch
in der Mitte) realisiert werden:

    [*do-name*:] DO
                      anweisungsblock 1
                      IF (*skalar_log_ausdruck*) EXIT
                      anweisungsblock 2
                  END DO [*do-name*]

Bedingte Zählschleifen

Bedingte Schleifen werden benötigt, wenn die genaue Anzahl der Wiederholungen nicht
bekannt ist. In vielen Fällen kann die Programmqualität erhöht werden, wenn man sich
zusätzlich zur Abbruchbedingung eine sinnvolle Obergrenze für die Anzahl der Wiederholungen überlegt und eine *Zählschleife* in Verbindung mit einer EXIT-Anweisung
verwendet. Bei der Summation von Reihen ist es oft aus numerischer Sicht nicht sinnvoll, eine beliebige (a priori nicht abschätzbare) Anzahl von Termen zuzulassen.

Beispiel: [Reihensummation] Eine Schleife wie z. B.

```
DO WHILE (ABS (term) > EPSILON (summe)*ABS (summe))
    term = ...
    summe = summe + term
END DO
```

sollte durch eine Zählschleife mit Abbruchbedingung

```
DO i = 1, max_term
    term = ...
    summe = summe + term
    IF (ABS (term) < EPSILON (summe)*ABS (summe)) EXIT
END DO
```

ersetzt werden. Die Obergrenze max_term muß in Abhängigkeit von den Charakteristika der zu summierenden Reihe sorgfältig festgelegt werden. Ein Erreichen dieser Obergrenze, d. h. ein vollständiges Abarbeiten der Schleife, hat die Bedeutung *numerischer* Nicht-Konvergenz und muß als Sonderfall behandelt werden.

```
IF (i > max_term) THEN    ! keine numerische Konvergenz
...
END IF
```

12.4.4 Geschachtelte Schleifen

Eine Schleifenschachtelung liegt vor, wenn eine Schleife im Anweisungsblock einer anderen enthalten ist.

Beispiel: [Zahlenlotto „6 aus 45"] Beim Zahlenlotto muß man aus 45 Zahlen 6 Richtige auswählen. Die Anzahl der Möglichkeiten beträgt

$$\binom{45}{6} = \frac{45 \cdot 44 \cdot 43 \cdot 42 \cdot 41 \cdot 40}{1 \cdot 2 \cdot 3 \cdot 4 \cdot 5 \cdot 6} = 8\,145\,060.$$

Um alle zu erzeugen (jede Möglichkeit genau einmal), kann folgende Schleifenschachtelung verwendet werden:

```
DO i = 1, 40
   DO j = i+1, 41
      DO k = j+1, 42
         DO l = k+1, 43
            DO m = l+1, 44
               DO n = m+1, 45
                  PRINT *, i, j, k, l, m, n
               END DO
            END DO
         END DO
      END DO
   END DO
END DO
```

Dieses Beispiel zeigt, daß man mit Hilfe geschachtelter Schleifen durch kurze Programmabschnitte riesige Mengen von Daten verarbeiten bzw. produzieren kann. Schreibt man (mit einer modifizierten PRINT-Anweisung) jeweils 1 000 Möglichkeiten auf eine Seite (dies entspricht ungefähr der „Druckdichte" des Wiener Telefonbuchs), so entsteht ein Druckwerk mit einem Umfang von über 8 000 Seiten (es hätte damit ungefähr die doppelte Dicke des vierbändigen Wiener Telefonbuchs).

Beispiel: [Summation] In vielen Fällen, wo Schleifen zur Bearbeitung von Feldern verwendet werden, wie bei der folgenden Mittelbildung

```
summe = 0.
DO jahr = 1980, 1989
   DO monat = 1, 12
      summe = summe + temperatur(monat, jahr)
   END DO
END DO
temp_mittel = summe/120.
```

führen die *array features* von Fortran 90 (vgl. Kapitel 14) oft zu kürzeren und weniger fehleranfälligen Programmteilen:

```
temp_mittel = SUM (temperatur(:, 1980:1989)) / SIZE (temperatur(:, 1980:1989))
```

Auch geschachtelte Schleifen können mit EXIT-Befehlen verlassen werden.

Wenn ein *do-name* angegeben ist, so gehört der EXIT-Befehl (bei verschachtelten Zählschleifen) zu der Schleife, deren Namen er trägt, ansonsten zur innersten Schleife, in der er physisch steht. Der EXIT-Befehl darf nicht an jeder beliebigen Stelle eines Programms, sondern nur in einem Schleifenrumpf stehen. Eine Schleife wird durch einen EXIT-Befehl beendet, wenn er zur betreffenden Schleife selbst oder zu einer äußeren Schleife gehört.

Durch den EXIT-Befehl können geschachtelte Schleifen auch aus der innersten Schleife heraus mit Namensangabe abgebrochen werden.

Beispiel: [Auswertung von Versuchsdaten] Im Rahmen einer experimentellen Untersuchung soll eine a priori unbekannte Anzahl von Versuchen durchgeführt werden. Jeder Versuch liefert eine a priori unbekannte Anzahl von Werten.

```
versuche:   DO
              ...
resultate:    DO
                READ *, wert
                IF (wert < -1E10) EXIT versuche
                IF (wert < 0.)    EXIT resultate
                IF (wert == 0.)   CYCLE resultate
              END DO resultate
            END DO versuche
```

Kapitel 13

Programmeinheiten und Unterprogramme

13.1 Allgemeines

Bereits in früheren Kapiteln wurde die Zusammensetzung von Datenverbunden (Felder, selbstdefinierte Datenobjekte) aus einfachen Datenobjekten beschrieben. So wie Datenverbunde in bestimmten Anweisungen als Einheit auftreten können (und so eine „Datenabstraktion" darstellen), ist es auch möglich, mehrere Anweisungen zu einer Einheit – einem *Unterprogramm* (einer *Prozedur*) – zusammenzufassen, die von außen als eine neue Anweisung verwendbar ist und damit eine „algorithmische Abstraktion" ermöglicht. Das Unterprogramm-Konzept – eines der wichtigsten Konzepte imperativer Programmiersprachen (vgl. auch Abschnitt 13.3) – wird vor allem verwendet, wenn

- ein Programmteil (Teilalgorithmus) benannt und als *Black-Box* verwendet werden soll: Der Programmierer kann diesen Teilalgorithmus einsetzen, ohne sich um seinen inneren Aufbau kümmern zu müssen;

- ein bis auf eventuelle Parameter identischer Programmteil an verschiedenen Stellen im Programm auftritt: Der Programmierer spart Schreibarbeit und reduziert die Fehlerwahrscheinlichkeit;

- (lokale) Datenobjekte nur für die Dauer der Ausführung des Unterprogramms angesprochen und benutzt werden sollen;

- Programmteile rekursiv sein sollen.

Ein ausführbares Programm besteht aus einem *Hauptprogramm*, das ein oder mehrere Unterprogramme aufrufen kann, die ihrerseits Unterprogramme aufrufen können etc. Hinsichtlich der gegenseitigen Verwendung gibt es eine *Aufrufhierarchie*, die man als Graph darstellen kann. Die Knoten dieses Graphen symbolisieren die Unterprogramme. Der Wurzelknoten stellt das Hauptprogramm dar.

Die Kanten symbolisieren die Verwendung (den Aufruf) eines untergeordneten durch ein übergeordnetes Unterprogramm (bzw. Hauptprogramm). Direkt oder indirekt *rekursive* Aufrufe werden durch nach oben gerichtete Kanten ausgedrückt:

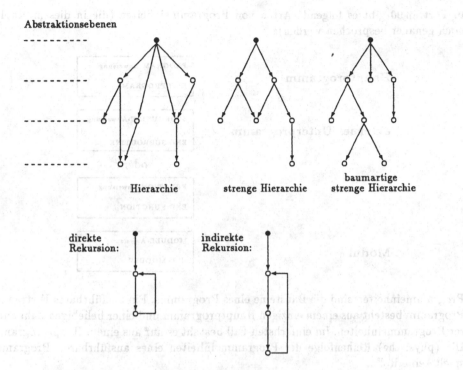

Hierarchie   strenge Hierarchie   baumartige
strenge Hierarchie

direkte
Rekursion: indirekte
Rekursion:

Das Hauptprogramm kann sich in keinem Fall selbst aufrufen.

Die durch obige Graphen dargestellten Beziehungen zwischen Haupt- und Unterprogrammen.symbolisieren die gegenseitige *Verwendung* („*wer* ruft *wen* auf"). Die Struktur des Programmtextes, also die Frage, *wo* Haupt- und Unterprogramme im Programmtext stehen, ist davon zu unterscheiden. Ein Fortran 90 - Programm(text) besteht aus einer Folge von *Programmeinheiten* (*program units*):

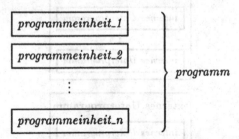

Eine Programmeinheit ist die Zusammenfassung von Vereinbarungen, ausführbaren Anweisungen und anderen Befehlen zu einer geschlossenen Einheit, die für sich übersetzt, getestet und gespeichert werden kann.

Anfang und Ende von Programmeinheiten werden durch die speziellen Anweisungen PROGRAM, SUBROUTINE, FUNCTION und MODULE sowie die zugehörigen END-Anweisungen (die *syntaktischen Klammern* der Programmeinheiten) gekennzeichnet.

In Fortran 90 gibt es folgende Arten von Programmeinheiten (die in diesem Kapitel noch genauer besprochen werden):

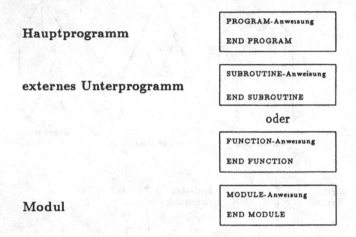

Hauptprogramm

> PROGRAM-Anweisung
>
> END PROGRAM

externes Unterprogramm

> SUBROUTINE-Anweisung
>
> END SUBROUTINE

oder

> FUNCTION-Anweisung
>
> END FUNCTION

Modul

> MODULE-Anweisung
>
> END MODULE

Programmeinheiten sind die Bausteine eines Programms. Ein ausführbares Fortran 90-Programm besteht aus einem einzigen Hauptprogramm und einer beliebigen Zahl anderer Programmeinheiten. Im einfachsten Fall besteht es nur aus einem Hauptprogramm. Die (physische) Reihenfolge der Programmeinheiten eines ausführbaren Programms spielt keine Rolle.

In Fortran ist es üblich, mit dem Hauptprogramm zu beginnen und Unterprogramme z. B. in alphabetischer Reihenfolge anzuordnen.

Das Hauptprogramm sowie externe SUBROUTINE- oder FUNCTION-Unterprogramme können auch *interne Unterprogramme* (*internal subprograms*) enthalten:

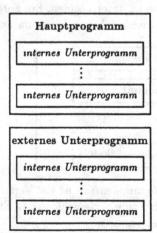

Ein Modul kann Modul-Unterprogramme enthalten, die ihrerseits interne Unterprogramme umfassen können.

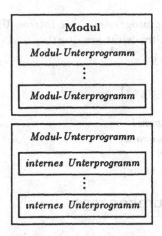

Interne Unterprogramme und Modul-Unterprogramme sind *keine* Programmeinheiten; sie können nur mit der sie umgebenden Programmeinheit zusammen übersetzt werden.

Interne Unterprogramme dürfen zwar physisch (in ihrem Programmtext) keine weiteren Unterprogramme enthalten, dürfen aber andere interne Unterprogramme der sie umgebenden Programmeinheit aufrufen.

13.2 Das Hauptprogramm

Das Hauptprogramm (*main program*) ist jene Programmeinheit, die den „Eingangspunkt" eines ausführbaren Programms darstellt.

Die Ausführung eines vollständigen Fortran 90 - Programms beginnt mit der ersten ausführbaren Anweisung seines Hauptprogramms und endet im allgemeinen mit der Ausführung des END PROGRAM-Befehls dieses Hauptprogramms.

Das Hauptprogramm ist in sich abgeschlossen; es bildet eine *Programmeinheit* (*program unit*) und kann daher für sich allein übersetzt werden.

Jedes Fortran 90 - Programm muß genau ein Hauptprogramm enthalten; im einfachsten Fall gibt es weder externe noch interne Unterprogramme.

```
PROGRAM [ prog_name ]
    [ vereinbarungen ]
    [ ausfuehrbare_anweisungen ]
END PROGRAM [ prog_name ]
```

In der END PROGRAM-Anweisung des Hauptprogramms darf nur derselbe Programmname *prog_name* aufscheinen wie in der PROGRAM-Anweisung;[1] wenn er dort fehlt, darf auch in der END PROGRAM-Anweisung kein Programmname stehen.

Der Name des Hauptprogramms ist für das gesamte ausführbare Programm global und darf daher keinem Namen einer anderen Programmeinheit oder irgendeinem anderen lokalen Namen im Hauptprogramm gleichen.

---

[1] In der Fortran-Norm ist vorgesehen, daß die PROGRAM-Anweisung auch fehlen darf. *Von dieser Möglichkeit sollte kein Gebrauch gemacht werden.*

Das Syntaxschema eines Hauptprogramms, das interne Unterprogramme enthält, ist gegenüber dem oben vorgestellten leicht erweitert:

PROGRAM [prog_name]
    [vereinbarungen]
    [ausfuehrbare_anweisungen]
    CONTAINS
    internes_unterprogramm_1
    [internes_unterprogramm_2]
    ...
END PROGRAM [prog_name]

13.3   Unterprogrammkonzept

13.3.1   Einleitung

Unterprogramme sind ein sehr mächtiges Hilfsmittel zur Komplexitätsbewältigung. Die Komplexität größerer Softwareprojekte überfordert sehr rasch die Fähigkeiten eines menschlichen Bearbeiters. Das Grundprinzip der Komplexitätsbewältigung besteht in der *Zerlegung* des Gesamtproblems in Teilaufgaben geringerer Komplexität. Obwohl sich dadurch die Gesamtkomplexität selbstverständlich nicht verringern läßt, erhält man bewältigbare Teilaufgaben, die zusammen die gewünschte Gesamtlösung ergeben.

Daß die Aufgliederung eines Programms in Unterprogramme vorteilhaft ist, gilt bereits für relativ kleine Programme; sie wird aber bei umfangreicheren Programmen, die aus mehreren zigtausend Zeilen bestehen können, zur absoluten Notwendigkeit. Das Konzept der meisten imperativen Programmiersprachen begünstigt solch eine Realisierung eines Programms als Sammlung in sich abgeschlossener Unterprogramme oder Prozeduren (*subprograms*, *subroutines*, *procedures*) und Datenstrukturen, aus denen sich das Gesamtprogramm wie aus Bausteinen zusammensetzt.

Die Problemzerlegung durch Definition und Verwendung von Unterprogrammen sollte folgende Gesichtspunkte berücksichtigen:

- Die einzelnen Unterprogramme sollte man *unabhängig* voneinander entwickeln können, sonst wird das Ziel der Reduktion der Gesamtkomplexität nicht erreicht.

- Für den Anwender eines Unterprogramms sollte es nicht erforderlich sein, dessen interne Struktur zu kennen (*information hiding*).

- Unterprogramme sollten nach Möglichkeit so konzipiert werden, daß nachträgliche Änderungen oder Erweiterungen der Funktionalität einfach durchführbar sind.

- Die „Beziehungskomplexität", die durch gegenseitige Aufrufe von Unterprogrammen gegeben ist, sollte so gering wie möglich gehalten werden.

- *Schnittstellen* (alle von außen sichtbaren Informationen, die von außen benötigten und abrufbaren Größen von Unterprogrammen) sollten möglichst einfach sein.

- Die *Größe* eines Unterprogramms sollte so gewählt werden, daß die beabsichtigte Komplexitätsreduktion erreicht wird (also nicht „zu groß"; als Richtwert für eine obere Grenze können etwa 100 – 200 Anweisungen angenommen werden).

Bei einem Unterprogramm ist zwischen Deklaration und Aufruf zu unterscheiden:

Deklaration (*Vereinbarung, Definition*) ist der (statische) Programmtext, der eine Formulierung des entsprechenden Algorithmus in einer höheren Programmiersprache darstellt. In der Deklaration wird ein Name (Bezeichner) mit dem Unterprogramm identifiziert.

Aufruf eines Unterprogramms ist eine Anweisung (i. a. außerhalb des Unterprogramms), welche die Ausführung des in der Deklaration festgelegten Algorithmus bewirkt. Beim Aufruf eines Unterprogramms müssen neben dem Namen des Unterprogramms auch Werte für die Parameter des Algorithmus angegeben werden.

Ein Haupt- oder Unterprogramm, das ein anderes Unterprogramm aufruft, wird als *aufrufendes (Unter-) Programm* bezeichnet, während das andere Unterprogramm als *aufgerufenes Unterprogramm* bezeichnet wird. Das aufrufende Programm und das aufgerufene Unterprogramm können Daten miteinander austauschen. Das aufrufende Programm kann über Parameter (vgl. Abschnitt 13.3.4) und/oder über gemeinsame Speicherbereiche (die durch Module definiert werden) Daten an das aufgerufene Unterprogramm übergeben. Diese Daten können im aufgerufenen Unterprogramm verarbeitet werden. Das aufgerufene Unterprogramm kann auf denselben Wegen Ergebnisse der dort stattgefundenen Berechnungen an das aufrufende Unterprogramm zurückliefern.

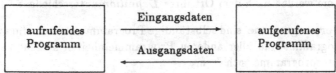

Beispiel: [Norm-Atmosphäre] Für verschiedene technische Anwendungen (z. B. im Flugzeugbau) verwendet man den folgenden Zusammenhang zwischen Höhe h [km] und Luftdruck p [bar]:

$$p = 1.0536 \left(\frac{288 - 6.5h}{288} \right)^{5.255}.$$

Das mit der folgenden Deklaration spezifizierte Unterprogramm liefert für die Eingangsgröße hoehe_km den Ausgangswert druck_bar.

```
FUNCTION norm_druck_bar (hoehe_km) RESULT (druck_bar)
    REAL, INTENT (IN) :: hoehe_km        ! Eingangswert
    REAL              :: druck_bar       ! Ausgangswert
    druck_bar = 1.0536*((288. - 6.5*hoehe_km)/288.)**5.255
END FUNCTION norm_druck_bar
```

Durch einen Aufruf dieses FUNCTION-Unterprogramms, z. B.

```
    druck_lhasa = norm_druck_bar (3.7)
```

wird der berechnete Wert, in diesem Fall der Luftdruck am Flughafen von Lhasa (0.6663 bar), an die Variable druck_lhasa geliefert.

13.3.2 Programmablauf

Ein Programm, das Unterprogramme verwendet, wird folgendermaßen abgearbeitet:

1. Die Abarbeitung beginnt mit der ersten ausführbaren Anweisung des Hauptprogramms und wird bis zum ersten Aufruf eines Unterprogramms den Steuerstrukturen entsprechend fortgesetzt.

2. Der Aufruf eines Unterprogramms bewirkt, daß die Abarbeitung der Anweisungen des aufrufenden Programms vorübergehend unterbrochen wird.

3. Die Anweisungsfolge des Unterprogramms wird ausgeführt.

4. Ist die Anweisungsfolge des Unterprogramms beendet, so wird der Ablauf des aufrufenden Programmteils mit dem auf den Unterprogrammaufruf folgenden Befehl bzw. Befehlsteil fortgesetzt. Dabei versteht man unter der Beendigung des Unterprogramms das Erreichen des logischen Endes.[2]

5. Unterprogramme können ihrerseits weitere Unterprogramme aufrufen. Ein derartig geschachtelter Aufruf von Unterprogrammen bringt für den Programmierer keine neuen Gesichtspunkte, da sich das Verhältnis zwischen rufendem und gerufenem Programm nicht ändert.

6. Ruft ein Unterprogramm sich selbst direkt oder indirekt, d. h. auf dem Umweg über andere Unterprogramme, auf, so spricht man von einer *Rekursion*.

7. Dasselbe Unterprogramm kann von verschiedenen Stellen aus aufgerufen werden.

13.3.3   Ort der Unterprogramme

Unterprogramme werden nach dem Ort ihrer *Definition* unterschieden:

Externe Unterprogramme sind selbständige Programmeinheiten, die außerhalb des Hauptprogramms und aller anderen Programmeinheiten stehen; sie können interne Unterprogramme enthalten.

Interne Unterprogramme sind in das Hauptprogramm, externe Unterprogramme oder Modul-Unterprogramme eingebettet; sie können selbst keine weiteren Unterprogramme enthalten.

Modul-Unterprogramme sind in Module eingebettet und können interne Unterprogramme enthalten.

Vordefinierte Unterprogramme sind Teil des Fortran-Systems und brauchen vom Programmierer nicht mehr definiert werden. Alle anderen Unterprogramme müssen vom Benutzer definiert oder in anderer Form (z. B. durch die Programmbibliotheken IMSL, NAG etc.) bereitgestellt werden.

Externe Unterprogramme

Oft haben die Aufgaben von Unterprogrammen den Charakter größerer Selbständigkeit, sodaß sie unverändert in verschiedenen Programmen Verwendung finden können, z. B. zum Lösen von Gleichungssystemen. Solche Unterprogramme können als Programmeinheiten getrennt von jenem Hauptprogramm, mit dem zusammen sie verwendet werden, geschrieben, gespeichert und übersetzt werden,[3] sodaß man aus ih-

---

[2] Das logische Ende eines Unterprogramms kann nach der Ausführung der statisch letzten Anweisung erreicht sein, es ist aber auch eine Rückkehr ins aufrufende Programm an früheren Stellen möglich.

[3] Es können sogar Unterprogramme in Fortran 90 - Programme eingebunden werden, die in einer anderen Programmiersprache (z. B. C oder Assembler) geschrieben wurden.

nen *Programmbibliotheken* (Dateien von oft verwendeten Programmen oder Unterprogrammen) bilden kann. Derartige Unterprogramme nennt man *externe Unterprogramme*
(*external subprograms*).

Interne Unterprogramme

Unterprogramme können physisch (in Form eines Programmtextes) in das Hauptprogramm oder in ein externes bzw. Modul-Unterprogramm eingebettet sein. Solche Unterprogramme heißen *interne Unterprogramme* (*internal subprograms*).

Unterprogramme in Modulen

Neben dem Hauptprogramm und den externen Unterprogrammen ist die dritte Art
von Programmeinheiten das *Modul* (*module*). Auch Module können Unterprogramme
enthalten, die dann *Modul-Unterprogramme* (*module subprograms*) heißen und weitere, interne Unterprogramme enthalten sowie andere Modulunterprogramme aufrufen dürfen. Die Hauptbedeutung der Module liegt darin, daß sie abstrakte Datentypen
anderen Programmeinheiten zugänglich machen können. Beispielsweise können Definitionen von in Fortran 90 nicht vorhandenen Datentypen (z. B. Quaternionen, Mengen
oder dynamische Zeichenketten) in einem Modul definiert werden und Operationen auf
Objekten dieses Typs durch die Modul-Unterprogramme realisiert werden.[4] Module
können ebenso wie das Hauptprogramm oder externe Unterprogramme unabhängig
von anderen Programmeinheiten geschrieben, gespeichert und übersetzt werden.

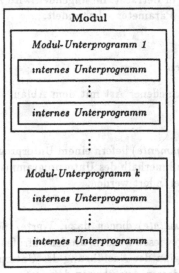

---

[4]In manchen Programmiersprachen werden Spezialfunktionen und Spracherweiterungen wie etwa
Graphikfähigkeiten in *Standardmodulen* geliefert.

13.3.4   Parameter

Die Wiederverwendbarkeit von Unterprogrammen hängt stark von ihrer Flexibilität ab. Hierzu gehört insbesondere die Fähigkeit, nicht nur *ein* Problem, sondern eine ganze Klasse von Problemen lösen zu können, von denen jedes durch Parameter eindeutig charakterisierbar ist: Ein flexibles Unterprogramm muß die Eigenschaft besitzen, daß der implementierte Algorithmus mit unterschiedlichen Daten in modifizierter Art ablaufen kann. Diese Daten brauchen erst zum Zeitpunkt des Aufrufs (bei der Verwendung) des Unterprogramms endgültig festgelegt zu werden. Bei der Deklaration des Unterprogramms muß der Platz für jene Größen (Datenobjekte) freigehalten werden, die dann beim Aufruf eingesetzt werden. Man verwendet dazu in der Deklaration des Unterprogramms Platzhaltegrößen, die zunächst keinem konkreten Datenobjekt zugeordnet sind. Diese Platzhaltegrößen nennt man *formale Parameter* bzw. *Formalparameter* (*dummy arguments*), die beim Prozedur-Aufruf einzusetzenden korrespondierenden Elemente nennt man *aktuelle Parameter* (bzw. *Aktualparameter*).

Bei der Vereinbarung des Unterprogramms werden die formalen Parameter, beim Aufruf des Unterprogramms die aktuellen Parameter in einer *Parameterliste* zusammengestellt. Die Zuordnung der aktuellen zu den formalen Parametern ergibt sich z. B. aus der Position der Parameter in der Parameterliste.

Beim Aufruf eines Unterprogramms müssen die eingesetzten Aktualparameter mit der Spezifikation (Datentyp, Typparameter etc.) der Formalparameter übereinstimmen.

Als (formale und aktuelle) Parameter eines Unterprogramms kommen auch die Namen von Unterprogrammen in Betracht. Im folgenden wird zunächst nur der einfachere Fall – Variablen als formale Parameter – behandelt.

Funktion von Parametern

Parameter[5] können in verschiedener Art mit dem Ablauf ihres Unterprogramms verbunden sein:

Eingangsparameter (*Argumente*) liefern einem Unterprogramm Werte, Größen oder Ausdrücke und dürfen innerhalb des Unterprogramms hinsichtlich Wert und Definitionsstatus nicht verändert werden.

Ausgangsparameter (*Resultate*) dienen dazu, Werte, die innerhalb des Unterprogramms Variablen zugewiesen wurden, an den aufrufenden Programmteil zu übergeben. Sie sind zu Beginn der Ausführung des Unterprogramms undefiniert und werden erst während dessen Ausführung definiert.

---

[5] Parameter von Unterprogrammen werden oft auch als *Argumente* bezeichnet. Der Gebrauch des Begriffs „Parameter" in der Informatik ist aber, wie die Begriffe „Ausgangsparameter" und „transiente Parameter" zeigen, von dem in der Mathematik üblichen zu unterscheiden. Parameter im mathematischen Sinn beschreiben einen Sachverhalt, ohne redefiniert werden zu können.

Transiente Parameter besitzen sowohl Argument- als auch Resultatcharakter. Sie treten z.B. in Unterprogrammen auf, bei denen sehr viele Eingangs- und Ausgangsparameter, vor allem in Form von Datenverbunden, vorkommen. Sie übermitteln dem Unterprogramm Information und können durch dieses verändert (redefiniert) werden.

Beispiel: [transiente Parameter] Es liegt nahe, Unterprogramme, die Transformationen an Matrizen ausführen, so zu formulieren, daß die Transformation auf der als Argument eingebrachten Matrix durchgeführt wird und die transformierte Matrix auf demselben Feld zurückgeliefert wird. Das Argumentfeld und das Resultatfeld werden mit demselben Parameter bezeichnet.

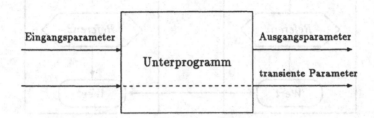

Die drei Arten von Parametern können in Fortran 90 durch eigene Attribute unterschieden werden (INTENT (IN), INTENT (OUT), INTENT (INOUT)), auf die später eingegangen wird (vgl. Abschnitt 13.4.4).

Interne Realisierung von Parametern

Beim Aufruf eines Unterprogramms müssen die formalen Parameter auf festgelegte Art durch die aktuellen Parameter ersetzt werden. In Fortran 90 kann der Übersetzer i. a. zwischen zwei Möglichkeiten – Wertparameter (*call by value-result*) und Referenzparameter (*call by reference*) – wählen.[6]

Wertparameter: Bei der Parameter-Übergabeart *call by value-result* wird nur der *Wert* des aktuellen Parameters an das aufgerufene Unterprogramm übergeben, nicht jedoch die Adresse, unter welcher der Ausdruck im Speicher steht (vgl. Abb. 13.1). Bei der Parameterübergabe werden folgende Schritte ausgeführt:

1. Innerhalb des Prozeduraufrufes wird eine lokale Variable (die nur in diesem Unterprogramm existiert und nach Abarbeitung des Unterprogramms wieder „vernichtet" wird) mit Namen und Typ des entsprechenden formalen Parameters vereinbart.

2. Der aktuelle Parameter (z. B. ein Ausdruck) wird ausgewertet und das Ergebnis der neuen lokalen Variable zugewiesen.

   Wird der formale Parameter im Prozedurrumpf verwendet, so ist damit immer die entsprechende lokale Variable gemeint.

---

[6]In einem korrekten Fortran 90 - Programm kann nicht festgestellt werden, ob *call by value-result* oder *call by reference* vorliegt. Die Art der Parameterübergabe wirkt sich aber unter Umständen sehr deutlich auf das Laufzeitverhalten eines Programms aus.

aufrufendes Programm   **aufgerufenes Programm**

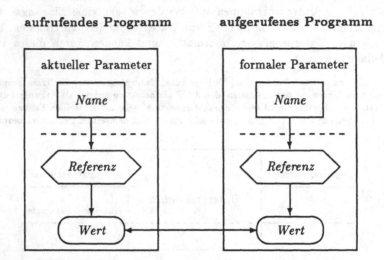

ABBILDUNG 13.1   Wertparameter (*call by value-result*)

Die *call by value-result*-Parameterübergabe wird von Fortran 90-Übersetzern unter anderem dann verwendet, wenn der aktuelle Parameter entweder eine Konstante (benannte Konstante oder Literal) oder ein Ausdruck ist, der nicht ausschließlich aus einer Variablen besteht.

Bei aktuellen Parametern, die aus Ausdrücken mit größeren Datenobjekten (z. B. Feldern) bestehen, ist Vorsicht angebracht: der benötigte Speicherplatz kann unter Umständen zu einer signifikanten Speicher- und Laufzeit-Ineffizienz führen.

Referenzparameter: Bei der Parameter-Übergabeart *call by reference* wird beim Aufruf des Unterprogramms die *Adresse* des aktuellen Parameters übergeben (vgl. Abb. 13.2).

Wird der formale Parameter im aufgerufenen Unterprogramm verwendet, so wird dieser bei der Ausführung durch die Referenz (Speicheradresse) des aktuellen Parameters ersetzt. Veränderungen von Referenzparametern, die in aufgerufenen Unterprogrammen vorgenommen werden, haben daher stets Auswirkungen auf die übergebenen aktuellen Parameter.

Die *call by reference*-Parameterübergabe wird von vielen Fortran 90-Übersetzern dann realisiert, wenn der aktuelle Parameter eine Variable (Skalar, Feld, Teilfeld, Struktur-Komponente etc.) ist.

Bei Feldern wird in diesem Fall nur die *Anfangs*adresse und evtl. Strukturinformation an die aufgerufene Prozedur übergeben.

aufrufendes Programm   **aufgerufenes Programm**

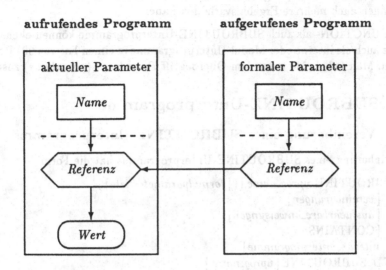

ABBILDUNG 13.2   Referenzparameter (*call by reference*)

Angabe der aktuellen Parameter

Im Normalfall werden die aktuellen Parameter den formalen Parametern durch die entsprechende Position in der Parameterliste zugeordnet, d.h., die aktuellen Parameter müssen in *Anzahl* und *Reihenfolge* den formalen Parametern entsprechen. Aktuelle Parameterlisten mit Positions-Parametern werden jedoch unhandlich und fehleranfällig, wenn viele Parameter verwendet werden oder wenn die Reihenfolge der Parameter nicht offensichtlich ist. In solchen Fällen ist es günstiger, in der Liste der aktuellen Parameter die Namen der formalen Parameter mit anzugeben. Solche Parameter nennt man *Schlüsselwort-Parameter* (*keyword argument*). Werden sie bei einem Aufruf verwendet[7], dann braucht eine bestimmte Reihenfolge nicht eingehalten zu werden, wie das bei Positions-Parametern der Fall ist (vgl. Abschnitt 13.10). Eine Möglichkeit, die in der Numerischen Datenverarbeitung von großer Bedeutung ist, ist die Verwendung von *optionalen Parametern*. Einem optionalen Formalparameter muß bei der Verwendung des Unterprogramms nicht in jedem Fall ein aktueller Parameter zugeordnet werden (vgl. Abschnitt 13.11).

13.3.5   Arten von Unterprogrammen

Nach ihrer *Funktion* unterscheidet man zwei Arten von Unterprogrammen:

FUNCTION-Unterprogramme liefern, ähnlich mathematischen Funktionen, genau einen Ausgangsparameter (der auch ein Feld sein kann) als Resultat.

---

[7]Die Verwendung von Schlüsselwort-Parametern ist nur in bestimmten Situationen möglich; vgl. Abschnitt 13.10.

SUBROUTINE-Unterprogramme führen i. a. komplexere Operationen durch und können auch mehrere Ergebnisvariablen haben.

Sowohl FUNCTION- als auch SUBROUTINE-Unterprogramme können ebenso als externe wie auch als interne oder Modul-Unterprogramme in einem Fortran 90 - Programm auftreten. Man faßt beide unter dem Oberbegriff *Prozeduren* (*procedures*) zusammen.

13.4   SUBROUTINE-Unterprogramme

13.4.1   Vereinbarung eines SUBROUTINE-Unterprogramms

Die Vereinbarung eines SUBROUTINE-Unterprogramms hat die Form

> SUBROUTINE *uprog_name* [([*formalparameterliste*])]
>   [*vereinbarungen*]
>   [*ausfuehrbare_anweisungen*]
>   [CONTAINS
>   *interne_unterprogramme*]
> END SUBROUTINE [*uprog_name*]

Ein SUBROUTINE-Unterprogramm kann als internes, als externes oder als Modul-Unterprogramm verwendet werden. Als externes Unterprogramm definiert es eine eigene Programmeinheit, als internes oder Modul-Unterprogramm findet es sich nach der CONTAINS-Anweisung einer übergeordneten Programmeinheit. Der mit der CONTAINS-Anweisung beginnende Teil *interne_unterprogramme* ist nur bei externen Unterprogrammen und Modulunterprogrammen zulässig, da nur sie interne Unterprogramme enthalten dürfen. Eine mehrfache Schachtelung von Unterprogrammen ist in Fortran 90 *nicht* zulässig: Interne Unterprogramme dürfen ihrerseits keine internen Unterprogramme enthalten.

Ein im END SUBROUTINE-Befehl angegebener Name muß mit jenem im SUBROUTINE-Befehl übereinstimmen.

Beispiel: [Unterprogramm-Vereinbarung] Mit den folgenden Anweisungen wird ein SUBROUTINE-Unterprogramm vereinbart, das die Werte von zwei REAL-Variablen vertauscht.

```
SUBROUTINE  tausche (a, b)
   REAL, INTENT (INOUT)  ::  a, b
   REAL                  ::  speicher
   speicher = a          ! Zwischenspeicherung
   a        = b
   b        = speicher
END SUBROUTINE  tausche
```

13.4.2   Aufruf eines SUBROUTINE-Unterprogramms

Der Aufruf eines SUBROUTINE-Unterprogramms bewirkt, daß die Abarbeitung des aufrufenden Programmteils unterbrochen und stattdessen das aufgerufene Unterprogramm ausgeführt wird. Die Abarbeitung des Unterprogramms wird i. a. mit dessen

END SUBROUTINE-Befehl beendet; anschließend wird der aufrufende Programmteil weiter ausgeführt, und zwar beginnend mit jener (ausführbaren) Anweisung, die dem Aufruf unmittelbar folgt. Beim Aufruf werden die Formalparameter mit Aktualparametern belegt. Er erfolgt durch die CALL-Anweisung

   CALL *uprog_name* ([*aktualparameterliste*])

Beim Aufruf erfolgt die Zuordnung zwischen Formal- und Aktualparametern, sofern nichts anderes angegeben ist (vgl. Abschnitt 13.10), *positionell*: Der n-te Formalparameter wird mit dem n-ten Aktualparameter verbunden. Jedem Element der Formalparameterliste des Prozedurkopfs entspricht genau ein Element der Aktualparameterliste des CALL-Befehls. Die *Namen* der Formal- und der Aktualparameter müssen nicht übereinstimmen.

Beispiel: [Unterprogrammaufruf] Durch den folgenden einfachen Unterprogrammaufruf wird das oben vorgestellte Unterprogramm tausche aufgerufen. Der Formalparameter a dieses Unterprogramms wird mit dem Aktualparameter var_1 belegt, b mit argum_5.

   CALL tausche (var_1, argum_5)

13.4.3 Übereinstimmung zwischen Formal- und Aktualparametern

Beim Aufruf von Unterprogrammen werden die aktuellen mit den formalen Parametern verbunden. Zunächst wird angenommen, daß es sich bei den Parametern stets um Datenobjekte (Konstanten, Variablen) oder Ausdrücke handelt. Unterprogramme als Parameter werden in Abschnitt 13.8 beschrieben. Zwischen einem Formal- und dem zugehörigen Aktualparameter müssen folgende Übereinstimmungen bestehen:

- Beide müssen denselben Typ und Typparameter aufweisen.[8]

- Die *Bezeichner* von Formal- und Aktualparameter müssen nicht notwendig übereinstimmen. Das ist zwar wegen der erhöhten Klarheit wünschenswert, wird jedoch im allgemeinen nicht möglich sein, besonders, wenn das Unterprogramm von verschiedenen Stellen des Gesamtprogramms aus mit verschiedenen Aktualparametern aufgerufen wird.

- Wenn der Formalparameter skalar ist, muß auch der Aktualparameter skalar sein.

- Wenn der Aktualparameter ein Skalar ist, muß es im allgemeinen[9] auch der Formalparameter sein.

- Sind Formal- und Aktualparameter Felder, so müssen ihre Ausdehnungen – sofern sie explizit angegeben werden – in allen Dimensionen übereinstimmen.

---

[8] Denn bei einer Parameterübergabe findet im Unterschied zur Wertzuweisung keine Typumwandlung statt (Wehnes [95], Seite 138).
[9] Diese Regel gilt nicht, wenn der Aktualparameter ein Element eines Feldes ist, bei dem es sich *nicht* um ein Feld mit übernommener Form (vgl. Abschnitt 10.4.2) oder einen Feldzeiger handelt, oder aber eine Teilzeichenkette eines solchen Feldelements.

- Bei skalaren Zeichenketten muß der Aktualparameter mindestens so lang wie der Formalparameter sein. Die Zeichen des Formalparameters werden linksbündig aus dem Aktualparameter übernommen.
  Handelt es sich beim Formalparameter um ein Feld des gewöhnlichen CHARAC-TER-Typs mit übernommener Form, müssen die Längen von Formal- und Aktualparameter sogar übereinstimmen; ebenso bei allen CHARACTER-Parametern, die nicht dem gewöhnlichen Typ angehören.

- Ist der Formalparameter ein Zeiger, so muß auch der Aktualparameter ein Zeiger sein. Die Anzahl der Dimensionen von Formal- und Aktualparameter müssen übereinstimmen. Beim Aufruf nimmt der Formalparameter den Zuordnungsstatus des Aktualparameters an, d. h. insbesondere, daß der Formalparameter mit demselben Ziel verbunden wird wie der Aktualparameter (sofern dieser assoziert ist). Der Zuordnungsstatus kann während der Ausführung des Unterprogramms verändert werden.
  Bei abgeschlossener Abarbeitung des Unterprogramms wird der Zuordnungsstatus des Formalparameters undefiniert, wenn er mit einem anderen Formalparameter des Unterprogramms verbunden ist, welcher das TARGET-Attribut trägt, oder wenn sein Ziel undefiniert wird. Der Zuordnungsstatus des Formalparameters wird schließlich vom Aktualparameter übernommen.
  Umgekehrt darf an einen Formalparameter, der kein Zeiger ist, ein Zeiger als Aktualparameter übergeben werden. Der Formalparameter wird dann mit dem Ziel des Aktualparameters verbunden (welches vorhanden sein muß).

- Handelt es sich bei einem Aktualparameter um eine Zielvariable, so werden auf sie weisende Zeiger *nicht* mit dem zugehörigen Formalparameter verbunden. Trägt ein Formalparameter das TARGET-Attribut, so werden Zeiger, die mit ihm verbunden werden, nach Abarbeitung des Unterprogramms undefiniert.

13.4.4 Definition von Eingangs- und Ausgangsparametern

Aktuelle Parameter eines parametrisierten Unterprogramms können, abgesehen vom Datentyp, sehr unterschiedliche Formen haben. Aktuelle Parameter können Konstanten, Variablen, Prozeduren usw., also prinzipiell fast alle in einem Programm definierbaren Objekte sein.

Abhängig von der Art der aktuellen Parameter sind manche Operationen auf den zugehörigen formalen Parametern in der aufgerufenen Programmeinheit sinnlos, wie z. B. eine Zuweisung an einen Ausdruck oder eine Konstante. Doch auch wenn die „physische" Beschaffenheit eines Parameters seine Verwendbarkeit nicht einschränkt, dient die eindeutige Kennzeichnung eines Formalparameters als Eingangs-, Ausgangs- oder transienter Parameter der Klarheit des Programms und der Verringerung seiner Fehleranfälligkeit. Es ist daher möglich, in Fortran 90 die Art der zulässigen Operationen für formale Parameter festzulegen, indem man den formalen Parameter mit einem INTENT-Attribut versieht.

Eingangsparameter werden dadurch gekennzeichnet, daß man ihnen bei der Vereinbarung das Attribut INTENT (IN) verleiht, Ausgangsparameter durch das Attribut INTENT (OUT). Transiente Parameter erhalten INTENT (INOUT).

Beispiel: [Intention von Parametern]

```
SUBROUTINE transformation (eingangsvariable, transienter_vektor)
    REAL,                   INTENT (IN)     :: eingangsvariable
    REAL, DIMENSION (:), INTENT (INOUT) :: transienter_vektor
```

Wenn ein Formalparameter das Attribut INTENT (IN) trägt, so handelt es sich um einen Eingangsparameter, der durch das Unterprogramm nicht verändert werden darf. Wenn ein Formalparameter das Attribut INTENT (OUT) oder INTENT (INOUT) aufweist, also ein Ausgangs- oder transienter Parameter ist, so muß der zugehörige Aktualparameter definierbar, also eine Variable sein. Bei INTENT (OUT) wird der Wert des Aktualparameters beim Aufruf des Unterprogramms undefiniert und muß durch das Unterprogramm definiert werden.

Für Zeigerparameter darf kein INTENT-Attribut angegeben werden, da nicht eindeutig wäre, ob es sich nur auf den Zuordnungsstatus oder auch auf den Wert des Ziels bezöge.

Wenn für einen Formalparameter kein INTENT-Attribut explizit festgelegt wird, so richtet es sich nach der Art des Aktualparameters. Wenn etwa eine Konstante als Aktualparameter übergeben wird, so kann und darf ihr Wert nicht verändert werden.

13.5 FUNCTION-Unterprogramme

Funktionen (*Funktionsprozeduren*) sind Unterprogramme, die nach ihrer Abarbeitung einen Wert liefern. Im Prozedurkopf oder -rumpf ist der Ergebnistyp anzugeben; im Prozedurrumpf ist dem Bezeichner des Funktionsresultats das Ergebnis zuzuweisen. Funktionen werden durch das Aufscheinen ihres Namens in Ausdrücken (und nicht in Form einer CALL-Anweisung) aufgerufen.

Der Funktionsbegriff in der Mathematik ist ein *statischer*, er bezeichnet eine Teil*menge* des kartesischen Produkts $M_1 \times M_2$ von zwei Mengen, die die Eigenschaft einer rechtseindeutigen Relation besitzt. In den imperativen Programmiersprachen (wie Fortran 90) wird der Funktionsbegriff hingegen in einem *dynamischen* Sinn verwendet. Hier wird in zeitlicher Abfolge eine Funktionsprozedur zunächst mit Argumenten (aktuellen Parametern) versorgt, dann werden algorithmische Berechnungen durchgeführt, und das Resultat dieser Berechnungen wird als Funktionswert geliefert.

13.5.1 Vereinbarung eines FUNCTION-Unterprogramms

Die Vereinbarung eines FUNCTION-Unterprogramms beginnt mit der FUNCTION-Anweisung, die zwei Grundformen haben kann:

ergebnistyp FUNCTION *funkt_name* ([*formalparameterliste*])

FUNCTION *funkt_name* ([*formalparameterliste*]) RESULT (*ergebnis*)

Im ersten Fall wird der Funktionsname *funkt_name* als Ergebnisvariable deklariert und verwendet, im zweiten Fall sind Funktionsname und Ergebnisvariable *ergebnis* getrennt (und dürfen nicht übereinstimmen).

Bei Funktionen sollte stets die Ergebnisvariable getrennt von der Funktionsbezeichnung spezifiziert werden.

Die Vereinbarung eines FUNCTION-Unterprogramms hat folgende Struktur:

> *ergebnistyp* FUNCTION *funkt_name* ([*formalparameterliste*])
>   [*vereinbarungsteil*]
>   [*ausfuehrbare_anweisungen*]
>   [CONTAINS
>   *interne_unterprogramme*]
> END FUNCTION [*funkt_name*]

bzw.

> FUNCTION *funkt_name* ([*formalparameterliste*]) RESULT ([*ergebnis*])
>   [*vereinbarungsteil*]
>   [*ausfuehrbare_anweisungen*]
>   [CONTAINS
>   *interne_unterprogramme*]
> END FUNCTION [*funkt_name*]

Ein im END-Befehl angegebener Name muß mit jenem im FUNCTION-Befehl übereinstimmen.

Beispiel: [Differentialgleichung] Zur numerischen Lösung eines Systems gewöhnlicher Differentialgleichungen $y' = f(y)$, $f : \mathbb{R}^n \to \mathbb{R}^n$ muß die rechte Seite als Unterprogramm implementiert werden. Für

$$y' = \begin{pmatrix} y_1' \\ y_2' \\ y_3' \end{pmatrix} = \begin{pmatrix} y_2 \cdot y_3 \\ -y_1 \cdot y_3 \\ -0.51 \cdot y_1 \cdot y_2 \end{pmatrix} = f(y)$$

könnte die Vereinbarung des FUNCTION-Unterprogramms z. B. folgendermaßen aussehen:

```
FUNCTION f(y) RESULT (rechte_seite)
   REAL, DIMENSION (3), INTENT (IN)  :: y
   REAL, DIMENSION (3),              :: rechte_seite
   rechte_seite_(1) = y(2)*y(3)
   rechte_seite_(2) = -y(1)*y(3)
   rechte_seite_(3) = -0.51*y(1)*y(2)
END FUNCTION rechte_seite
```

13.5.2 Resultat einer Funktion

Das Resultat einer Funktion ist durch den Wert der Ergebnisvariablen der Funktion gegeben. Wenn RESULT angegeben ist, dann ist *ergebnis* die Ergebnisvariable, und *funkt_name* bezeichnet die Funktion. Wenn RESULT nicht spezifiziert ist, dann hat die Ergebnisvariable den gleichen Namen *funkt_name* wie die Funktion.

Der Wert der Ergebnisvariablen wird durch gewöhnliche Wertzuweisungen innerhalb der ausführbaren Anweisungen (des Rumpfes) der Funktion definiert. Er wird an jener Stelle, von der aus die Funktion aufgerufen wurde, also dort, wo der Name der Funktion in einem Ausdruck aufscheint, eingesetzt. Typ und gegebenenfalls Typparameter des Funktionsresultats werden entweder durch die Klausel *ergebnistyp* in der FUNCTION-Anweisung oder durch eine Vereinbarung der Ergebnisvariablen im Vereinbarungsteil des Unterprogramms festgelegt. Andere Attribute, z.B. ob das Resultat ein Feld ist, werden ebenfalls im Vereinbarungsteil deklariert.

Ein Funktionsresultat kann ein Zeiger sein. Solch ein Zeigerresultat muß entweder mit einem bestimmten Ziel verbunden oder als disassoziiert definiert werden. Es kann im aufrufenden Programmteil Teil eines Ausdrucks sein, sodaß der Wert des Ziels in den Ausdruck eingesetzt wird, oder in einer Zeigerzuweisung auf der rechten Seite aufscheinen.

13.5.3 Aufruf einer Funktion

Der Aufruf einer Funktion geschieht durch Verwendung ihres Namens *funkt_name* in einem Ausdruck. Die zugehörige Funktionsprozedur wird im Zuge der Auswertung des Ausdruckes aufgerufen. Die Übereinstimmungserfordernisse für Formal- und Aktualparameter einer Funktion sind dieselben wie bei einem SUBROUTINE-Unterprogramm.

Beispiel: [Differentialgleichung] Die rechte Seite der Differentialgleichung kann z.B. in einem (Unter-)Programm zur Lösung von Anfangswertaufgaben mittels des Runge-Kutta-Verfahrens aufgerufen werden:

```
REAL              :: k, h
REAL, DIMENSION (3) :: f, y, k_1, k_2, k_3, k_4
...
DO
   k_1 = h * f(y)
   k_2 = h * f(y + k_1/2.)
   k_3 = h * f(y + k_2/2.)
   k_4 = h * f(y + k_3)
...
END DO
```

ACHTUNG: Der Funktionsname *funkt_name* muß auch in der aufrufenden Programmeinheit (wie eine Variable) deklariert werden. Diese Deklaration muß mit Typ und Attributen der Ergebnisvariablen in der Vereinbarung des entsprechenden FUNCTION-Unterprogramms übereinstimmen.

Der Aufruf unterbricht die Ausführung des rufenden Programmteils und bewirkt die Ausführung der (ausführbaren) Anweisungen des Unterprogramms. Anschließend wird die Abarbeitung des rufenden Programmteils fortgesetzt.

13.6   Sichtbarkeit von Datenobjekten

13.6.1   Begriffserklärung

In mathematischen Publikationen ist es üblich, örtlich begrenzte Definitionen zu verwenden, um die Bedeutung einzelner Symbole festzulegen. *„Es sei f eine stetige periodische Funktion mit der Periode 2π"* legt z. B. in einem bestimmten Abschnitt eines Buches die Bedeutung des Symbols f fest. An anderen Stellen kann f durchaus andere Bedeutungen besitzen. Obwohl es für die örtliche Bedeutung einer solchen Festlegung keine formalen Regeln gibt, bereitet es bei gut geschriebenen Publikationen keine Schwierigkeiten, den Gültigkeitsbereich einer solchen Definition zu erkennen. Bei Programmiersprachen ist dies anders: Da Compiler keine Intuition besitzen, muß der Gültigkeitsbereich von Bezeichnern, die in einem Programm verwendet werden, formal festgelegt werden. Damit wird eine zentrale Frage aufgeworfen:

> Welche Objekte (Datenobjekte, Unterprogramme) kann ein Programmierer
> von einem bestimmten Punkt des Programms aus ansprechen?

Nicht jedes Datenobjekt ist von jedem Punkt eines Programms aus ansprechbar. Das ist eine Konsequenz der Modularität: Könnte jeder Programmteil auf die Datenobjekte jeder anderen Programmeinheit zugreifen, würden daraus Unübersichtlichkeit und Fehleranfälligkeit resultieren. Die Gesamtheit jener Teile des Programms, in denen ein bestimmtes Datenobjekt „bekannt" ist, also angesprochen werden kann, heißt *Sichtbarkeitsbereich* oder *Gültigkeitsbereich (scope)* des Datenobjekts.

13.6.2   Lokale Größen

Jede Programmeinheit und jedes Unterprogramm haben einen Vereinbarungsteil, in dem die Eigenschaften der darin verwendeten Datenobjekte deklariert werden. Die so vereinbarten Datenobjekte sind innerhalb des betreffenden Programmteils bekannt und können dort verwendet werden. Datenobjekte, die in einer Programmeinheit bzw. in einem Unterprogramm vereinbart sind, heißen *lokal* bezüglich dieses Programmteils. Gleiches gilt für die in einer Programmeinheit enthaltenen internen Unterprogramme: Der Name eines internen Unterprogramms ist eine *lokale* Größe des umgebenden Haupt- oder Unterprogramms. Dementsprechend kann es nur in einer ausführbaren Anweisung oder von einem anderen internen Unterprogramm der umgebenden Programmeinheit bzw. des umgebenden Unterprogramms aus aufgerufen werden.

Man nennt Programmeinheiten und Unterprogramme daher *Geltungseinheiten* (auch *Sichtbarkeits-* oder *Gültigkeitsbereiche*, engl. *scoping units*). Auch die Definition eines abgeleiteten Typs ist eine Geltungseinheit. Eine Geltungseinheit, die eine andere enthält (z. B. ein Hauptprogramm seine internen Unterprogramme), heißt deren *umgebende Geltungseinheit (host scoping unit)*.

Beispiel: [lokale Variable] Ein Hauptprogramm und mehrere externe Unterprogramme:

```
PROGRAM hauptprogramm
    REAL      :: x
    INTEGER   :: i
    ...
END PROGRAM hauptprogramm

SUBROUTINE unterprogramm_1 (p_1, p_2)
    ...
    REAL      :: y
    INTEGER   :: i
    ...
END SUBROUTINE unterprogramm_1

FUNCTION unterprogramm_2 (argument) RESULT (ergebnis)
    ...
    REAL      :: z
    INTEGER   :: i
    ...
END FUNCTION unterprogramm_2
```

Die Variable x ist im hauptprogramm vereinbart und kann dort verwendet werden. Im unterprogramm_1 und unterprogramm_2 ist sie *nicht* sichtbar und kann dort nicht angesprochen und verwendet werden. Analog ist y nur im unterprogramm_1 und z nur im unterprogramm_2 sichtbar.

Unter dem Namen i existiert sowohl im Hauptprogramm als auch in den beiden Unterprogrammen eine *lokale* Variable. Diese drei Variablen haben nichts miteinander zu tun! Ein Austausch von Werten zwischen den drei Programmeinheiten über die Variable i ist *nicht* möglich (dazu müßte i z.B. über ein Modul diesen Programmeinheiten zugänglich gemacht werden).

Zufällige Namensgleichheiten bei lokalen Variablen in verschiedenen externen Unterprogrammen spielen keine Rolle.

Die Namen von externen Unterprogrammen sind in allen anderen Programmeinheiten sichtbar. Externe Unterprogramme können dementsprechend von anderen Programmeinheiten aufgerufen werden.

Beispiel: [Externe Unterprogramme] Bei folgendem Programm

```
PROGRAM hauptprogramm
    ...
    CALL unterprogramm_1 (a_p_1, a_p_2)
END PROGRAM hauptprogramm

SUBROUTINE unterprogramm_1 (p_1, p_2)
    ...
    wert = unterprogramm_2 (akt_para)
END SUBROUTINE unterprogramm_1

FUNCTION unterprogramm_2 (argument) RESULT (ergebnis)
    ...
    CALL unterprogramm_3 (a_p_1, a_p_2)
END FUNCTION unterprogramm_2

SUBROUTINE unterprogramm_3 (q_1, q_2)
    ...
END SUBROUTINE unterprogramm_3
```

erstreckt sich der Gültigkeitsbereich des Namens unterprogramm_1 auf das Hauptprogramm und die zwei anderen Unterprogramme.

13.6.3   Globale Größen

Interne Unterprogramme, Modulunterprogramme und Definitionen abgeleiteter Datentypen haben nicht nur auf ihre lokalen Objekte Zugriff, sondern auch auf die benannten Objekte der sie umgebenden Geltungseinheit. Man nennt diesen Mechanismus *host
association*. Jene Datenobjekte, die außerhalb einer Geltungseinheit liegen, aber – beispielsweise durch *host association* – durch sie angesprochen werden können, heißen
global für die betreffende Geltungseinheit.

Die Objekte der umgebenden Geltungseinheit sind für die in ihr enthaltenen Geltungseinheiten unter demselben Namen verfügbar. Eine Geltungseinheit kann daher
Wert, Definitions- und Zuordnungsstatus von globalen Objekten – z. B. Objekten der
umgebenden Geltungseinheit – verändern. Insbesondere kann ein internes Unterprogramm andere interne Unterprogramme, die in derselben Programmeinheit stehen, aufrufen. Umgekehrt kann jedoch eine umgebende Geltungseinheit *nicht* auf lokale Größen
einer in ihr enthaltenen Geltungseinheit zugreifen. Ein Hauptprogramm kann z. B. zwar
seine internen Unterprogramme aufrufen, aber nicht deren Variablen manipulieren.

Gibt es in der inneren Geltungseinheit ein lokales Objekt, das denselben Namen
trägt wie ein globales – denn in verschiedenen Geltungseinheiten dürfen durchaus Objekte gleichen Namens vorkommen –, so „verdeckt" es das Objekt der umgebenden Geltungseinheit: Der gemeinsame Name beider Objekte bezeichnet innerhalb der inneren
Geltungseinheit nur das lokale Objekt. Insbesondere ist ein vordefiniertes Unterprogramm (vgl. Kapitel 16) innerhalb einer Geltungseinheit nicht mehr verfügbar, sobald
es in derselben Geltungseinheit eine lokale Größe mit dem gleichen Namen gibt.

Beispiel: [Verdeckte vordefinierte Funktionen] Durch ein internes Unterprogramm

```
FUNCTION  sinh (x) RESULT (mein_hyperbel_sinus)
   REAL, INTENT (IN) :: x
   REAL              :: mein_hyperbel_sinus
   mein_hyperbel_sinus = (EXP (x) - EXP (-x))/2.
END FUNCTION sinh
```

wird die vordefinierte Funktion SINH in jedem Programm, das die obige Unterprogramm-Vereinbarung
enthält, global verdeckt. Jeder Aufruf von SINH bezieht sich daher auf die – numerisch ungünstig
formulierte – Eigendefinition der Sinus-Hyperbolicus-Funktion.

Im folgenden externen Unterprogramm

```
SUBROUTINE  unterprogramm (p_1, p_2)
   ...
   REAL, DIMENSION (-100:100) :: sinh
   ...
   p_1 = sinh (1)      ! Zugriff auf Feldelement
   p_2 = sinh (1.)     ! Syntaxfehler
   ...
END SUBROUTINE unterprogramm
```

kann die vordefinierte Funktion SINH lokal nicht verwendet werden, weil sie durch das lokale Feld **sinh**
verdeckt wird.

*Von der Verdeckung vordefinierter Funktionen sollte, außer in Spezialfällen (z. B. bei
bestimmten Testläufen), Abstand genommen werden.*

13.6.4 Datenobjekte in Unterprogrammen

Zu Beginn der Abarbeitung eines Unterprogramms werden i. a. die in seinem Vereinbarungsteil deklarierten Datenobjekte erzeugt, d. h., ihnen wird Speicherplatz zugewiesen. Man sagt auch: Bei jedem Aufruf des Unterprogramms wird ein *Exemplar* (*instance*) des Unterprogramms und seiner Datenobjekte erzeugt. Wenn die Abarbeitung des Unterprogramms beendet ist, ist das System nicht verpflichtet, die Werte der lokalen Datenobjekte weiter „aufzubewahren": es darf den Speicherplatz, den die lokalen Objekte des Unterprogramms belegt haben, freigeben, sodaß er neu belegt werden kann. Im allgemeinen sind deswegen die Werte lokaler Variablen bei einem erneuten Aufruf des Unterprogramms nicht mehr verfügbar.

Fortran 90 kennt allerdings eine Möglichkeit, den Status (Assoziierung, Allokation, Definition) und den Wert lokaler Datenobjekte nach dem Verlassen des Unterprogramms zu erhalten. Sie besteht darin, den zu sichernden Datenobjekten das Attribut SAVE zu verleihen.

Das SAVE-Attribut ist zulässig für Skalar- und Feldvariablen. Datenobjekte, denen bereits in der Vereinbarungsanweisung ein Anfangswert zugewiesen wird, erhalten dieses Attribut automatisch. Datenobjekte in einem Unterprogramm, die das SAVE-Attribut – implizit oder explizit – tragen, bleiben für alle Exemplare des Unterprogramms erhalten.

Beispiel: [Zählen von Aufrufen]

```
SUBROUTINE beispiel (x,y)

    REAL, INTENT (IN)    ::  x
    REAL, INTENT (OUT)   ::  y
    INTEGER              ::  anzahl_der_aufrufe = 0  ! erhaelt SAVE implizit
    REAL, SAVE           ::  letzter_wert
    ...
    IF (anzahl_der_aufrufe = 0) THEN
        letzter_wert = 0
    END IF
    ...
    y = funktion(x) + letzter_wert
    letzter_wert = y
    anzahl_der_aufrufe = anzahl_der_aufrufe + 1
    ...

END SUBROUTINE beispiel
```

Ebenso können Datenobjekte in Modulen dauerhaft gespeichert werden. Ein Datenobjekt in einem Modul, das nicht das SAVE-Attribut aufweist, kann nämlich undefiniert werden, sobald ein Unterprogramm, welches das Modul benützt, beendet wird.

Das Attribut SAVE kann auch für Datenobjekte des Hauptprogramms angegeben werden, was aber keine Wirkung hat, da dessen Objekte ohnehin ständig existieren. Nicht angegeben werden darf es hingegen für Formalparameter, Funktionsresultate und automatische Datenobjekte (vgl. Abschnitt 14.3.1).

13.6.5   Nebeneffekte

Wenn ein Unterprogramm Größen der umgebenden Geltungseinheit oder einer anderen
Geltungseinheit, auf deren Objekte es Zugriff hat, verändert, ohne daß diese ihm als Aktualparameter übergeben wurden, oder wenn eine Funktion ihre Parameter verändert,
so spricht man von sogenannten *Nebeneffekten* oder *Seiteneffekten* (*side effects*), das
sind unerwartete oder versteckte Datenänderungen.[10]

Unterprogramme mit Nebeneffekten sind zu vermeiden.

Der erste Grund dafür ist, daß sie nicht den Kriterien guter (strukturierter) Programmierung entsprechen. Der zweite Grund liegt darin, daß in manchen Fällen die
Auswirkungen nicht vorhersagbar sind und die Programmierung von Nebeneffekten
daher in manchen Fällen überhaupt verboten ist.

Beispiel: [Auswertung von Ausdrücken] Ein Ausdruck muß nicht zur Gänze ausgewertet werden,
wenn sein Wert sich auch anders bestimmen läßt. Der Ausdruck

        (fehler < toleranz) .OR. (noise(integrand))

ergibt .TRUE., wenn fehler kleiner ist als toleranz. Der Funktionsaufruf noise(integrand) braucht
dann nicht mehr ausgeführt werden. Ist die Funktion noise so programmiert, daß bei ihrer Ausführung
Nebeneffekte eintreten – also der Wert des Arguments integrand verändert wird oder die Funktion
andere Datenobjekte verändert –, so kann man nicht sicher sein, ob das auch wirklich geschieht.

Beispiel: [Aufruf von Unterprogrammen]

        REAL, DIMENSION (100) :: vektor
        ...
        summe = funktion(i) + vektor(i)

Wenn funktion ein FUNCTION-Unterprogramm ist, das den Parameter i verändert, so ist die obige
Zuweisung *nicht* äquivalent zu

        summe = vektor(i) + funktion(i)

Achtung: Ein derartiger Unterprogramm-Aufruf ist gemäß Fortran 90 - Norm *nicht* zulässig.

In Fortran 90 ist es weiters verboten, daß ein Aktualparameter auf andere Weise als
durch den mit ihm verbundenen Formalparameter verändert wird, solange die Verbindung aufrecht ist. Beispielsweise darf ein Unterprogramm nicht den Aktualparameter
unter seinem eigentlichen Namen verändern (sofern sich dieser vom Namen des Formalparameters unterscheidet), und ein Formalparameter darf nicht derart verändert
werden, daß ein anderer Formalparameter, der vom selben Aktualparameter abhängt,
mitverändert wird. Dies hat den Grund darin, daß (zur Erzeugung optimalen Codes)
ein Übersetzer die Verschiedenheit je zweier Formalparameter voraussetzen können soll
(Metcalf, Reid [102]).

---

[10]SUBROUTINE-Unterprogramme dürfen zwar ihre Parameter verändern; wenn diese aber nicht
ausdrücklich als Ausgangs- oder transiente Parameter gekennzeichnet sind, kann die Parameterverände-
rung der Aufmerksamkeit des Benützers oder des Programmierers in der Folge entgehen. Es ist daher
sehr empfehlenswert, die Verwendung der Parameter stets explizit zu machen. Man beachte auch, daß
andernfalls Aktualparameter versehentlich verändert werden können, beispielsweise wenn ein Aktualparameter einem Unterprogramm *a* übergeben wird, das ihn zwar nicht selbst verändert, aber an ein
anderes Unterprogramm *b* weitergibt, welches ihn dann modifiziert.

13.7 Rekursion

Allgemein spricht man von *Rekursion*, wenn ein Problem, eine Funktion oder ein Algorithmus „durch sich selbst" definiert ist. Algorithmen oder Programme bezeichnet man als *rekursiv*, wenn sie Funktionen oder Prozeduren enthalten, die sich direkt oder indirekt selbst aufrufen.

Beispiel: [Fakultät] Die Fakultät $n!$ einer natürlichen Zahl n ist ohne Rekursion definiert als das Produkt aller natürlichen Zahlen i, $1 \leq i \leq n$. Rekursiv definiert ist die Fakultät einer natürlichen Zahl n das Produkt der Zahl mit der Fakultät ihrer Vorgängerin, wobei die Fakultät von 1 den Wert 1 habe:

$$n! = \begin{cases} 1 & \text{für} \quad n = 1 \\ n \cdot (n-1)! & \text{für} \quad n > 1 \end{cases}$$

Unterprogramme dürfen sich in Fortran 90 selbst aufrufen, und zwar entweder direkt (wenn das Unterprogramm a das Unterprogramm a aufruft) oder indirekt (wenn z. B. das Unterprogramm a das Unterprogramm b aufruft und dieses wiederum a). Ein rekursives Unterprogramm muß aber in beiden Fällen syntaktisch besonders gekennzeichnet sein, und zwar durch das Schlüsselwort RECURSIVE in der SUBROUTINE- bzw. FUNCTION-Anweisung:

RECURSIVE SUBROUTINE *uprog_name* [([*formalparameterliste*])]

RECURSIVE [*ergebnis_typ*] FUNCTION *funkt_name* [([*formalparameterliste*])]

[*ergebnis_typ*] RECURSIVE FUNCTION *funkt_name* [([*formalparameterliste*])]

(Bei Funktionen darf RECURSIVE vor oder nach einer allfälligen Typangabe stehen.) Der weitere Aufbau der Unterprogramme verändert sich im allgemeinen nicht.

Bei indirekt rekursiven Unterprogrammaufrufen müssen *alle* in die Rekursion involvierten Unterprogramme mit dem Schlüsselwort RECURSIVE gekennzeichnet werden.

Bei direkt rekursiven Funktionen muß die Resultatvariable einen anderen Namen als die Funktion selbst erhalten, denn sonst wäre innerhalb der Funktion unklar, ob es sich beim Auftreten des Funktionsnamens um den Bezeichner der Ergebnisvariable oder um einen rekursiven Funktionsaufruf handelt. Im Kopf der Funktion muß also mit dem Zusatz

RESULT (*ergebnis*)

die Ergebnisvariable bekanntgegeben werden. Die Variable *ergebnis* muß im Vereinbarungsteil der Funktion deklariert werden. Die Verwendung von *funkt_name* bezeichnet dann immer einen rekursiven Aufruf der Funktion.

Beispiel: [Fakultät] Rekursive Berechnung der Fakultät einer natürlichen Zahl

```
RECURSIVE FUNCTION fakultaet(n) RESULT (fakultaet_resultat)
    INTEGER, INTENT (IN)  :: n
    INTEGER               :: fakultaet_resultat
    IF (n == 1) THEN
        fakultaet_resultat = 1
    ELSE
        fakultaet_resultat = n*fakultaet(n - 1)
    END IF
END FUNCTION fakultaet
```

Einem Aufruf fakultaet(3) entsprechen geschachtelte Aufrufe

	Rekursionstiefe
Aufruf: fakultaet(3)	0
↓	
Aufruf: fakultaet(2)	1
↓	
Aufruf: fakultaet(1)	2
↓	
Aufruf: fakultaet(0)	3

Die Anzahl der geschachtelten Aufrufe wird als *Rekursionstiefe* des Unterprogramms bezeichnet. In einem Algorithmus bzw. einem Programm darf nur mit einer *begrenzten Rekursion*, d. h. einer endlichen Rekursionstiefe, gearbeitet werden. Jeder rekursive Unterprogramm-Aufruf muß daher in einer bedingten Anweisung stehen, sodaß er in Spezialfällen *nicht* ausgeführt wird und ein *Abbruch der Rekursion* erfolgt. Bei der Vereinbarung von rekursiven Unterprogrammen ist es nicht immer so offensichtlich wie bei dem obigen Beispiel der Fakultätsfunktion, daß es sich um eine begrenzte Rekursion handelt, die noch dazu den gewünschten Wert liefert. Korrektheitseigenschaften von rekursiven Unterprogrammen können im Zweifelsfall nur durch formale Beweise präzise sichergestellt werden (vgl. z. B. Bauer, Goos [2], Kröger [17]).

Beispiel: [Unbegrenzte Rekursion] (Kröger [17]) Ändert man die Definition von $n!$ etwas ab auf

$$n_{\mathsf{i}} = \begin{cases} 1 & \text{für} \quad n = 1 \\ n \cdot (n+1)_{\mathsf{i}} & \text{für} \quad n > 1 \end{cases},$$

so wird dadurch *keine* Funktion $n_{\mathsf{i}} : \mathbb{N} \to \mathbb{N}$ definiert.

```
RECURSIVE FUNCTION endlos (n) RESULT (endlos_resultat)
    INTEGER, INTENT (IN) :: n
    INTEGER              :: endlos_resultat
    IF (n == 1) THEN
        endlos_resultat = 1
    ELSE
        endlos_resultat = n*endlos(n + 1)
    END IF
END FUNCTION endlos
```

Das FUNCTION-Unterprogramm endlos liefert zwar für endlos(1) das Ergebnis 1, ist aber für $n > 1$ nicht auswertbar, weil kein Abbruch der Rekursion erfolgt. Der Selbstaufruf von endlos ist in einen *circulus vitiosus* geraten:

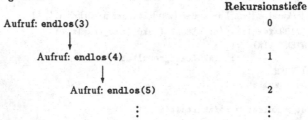

	Rekursionstiefe
Aufruf: endlos(3)	0
↓	
Aufruf: endlos(4)	1
↓	
Aufruf: endlos(5)	2
⋮	⋮

Beispiel: [Unklare Terminierung] Bei folgendem FUNCTION-Unterprogramm ist der Abbruch der Rekursion – die Frage nach der *Terminierung* – nicht trivial (und bisher ungelöst; Kröger [17]):

```
RECURSIVE FUNCTION unklar (n) RESULT (unklar_resultat)
   INTEGER INTENT (IN)  ::  n
   INTEGER              ::  unklar_resultat
   IF (n == 1) THEN
      unklar_resultat = 1
   ELSE IF (MOD (n,2) == 1) THEN
      unklar_resultat = unklar (3*n + 1)
   ELSE
      unklar_resultat = unklar (n/2)
   END IF
END FUNCTION unklar
```

Für $n = 7$ terminiert diese Rekursion (mit der Rekursionstiefe 16) über die Argumentfolge

$$7, 22, 11, 34, 17, 52, 26, 13, 40, 20, 10, 5, 16, 8, 4, 2, 1.$$

Es ist jedoch ein offenes Problem, ob das Unterprogamm unklar für *jedes* $n \in \mathbb{N}$ terminiert.

Beispiel: [Ackermann-Funktion] Die Ackermann-Funktion $a : \mathbb{N}_0 \times \mathbb{N}_0 \to \mathbb{N}_0$ ist rekursiv definiert:

$$a(m,n) = \begin{cases} n+1 & \text{für } m = 0, \\ a(m-1, 1) & \text{für } n = 0, \\ a(m-1, a(m, n-1)) & \text{sonst.} \end{cases}$$

Sie ist ein Beispiel einer berechenbaren Funktion, die *nicht* primitiv-rekursiv ist, d. h., die Ackermann-Funktion kann *nicht* durch eine Prozedur berechnet werden, die als Wiederholungsanweisungen ausschließlich Zählschleifen enthält. Die Ackermann-Funktion wächst sehr rasch. Sie kann von keiner primitiv rekursiven Funktion nach oben beschränkt werden. Es gilt

$$a(1, n) = n + 2$$
$$a(2, n) = 2n + 3$$
$$a(3, n) = 2^{n+3} - 3$$
$$a(4, n) = 2^p - 3 \qquad \text{mit} \quad p = \underbrace{2 \uparrow 2 \uparrow 2 \uparrow \cdots 2}_{(n+2)-\text{mal}}.$$

$a(4, 3)$ ist bereits größer als 10^{21000}.

```
RECURSIVE FUNCTION ackermann (m,n) RESULT (a)
   INTEGER, INTENT (IN)  ::  m, n
   INTEGER               ::  a
   IF (m == 0) THEN
      a = n + 1
   ELSE IF (n == 0) THEN
      a = ackermann (m - 1, 1)
   ELSE
      a = ackermann (m - 1, ackermann (m, n - 1))
   END IF
END FUNCTION ackermann
```

Rekursive Algorithmen können in passenden Anwendungsfällen zu übersichtlichen und effizienten Programmen führen. In manchen Fällen kann die rekursive Problemlösung aber extrem ineffizient sein.

Beispiel: [Fibonacci-Folge] Die Lösung der Differenzengleichung $a_n = a_{n-1} + a_{n-2}$ mit der Anfangsbedingung $a_0 = a_1 = 1$ heißt *Fibonacci-Folge*. Implementiert man diese Differenzengleichung in eleganter Weise in Form eines rekursiven FUNCTION-Unterprogramms, so erhält man für große Werte von n außerordentlich hohe Rechenzeiten.

```
RECURSIVE FUNCTION fibonacci (n) RESULT (a_n)
    INTEGER, INTENT (IN)  :: n
    INTEGER               :: a_n
    ...
    IF (n <= 2) THEN
        a_n = 1
    ELSE
        a_n = fibonacci (n - 1) + fibonacci (n - 2)
    END IF
END FUNCTION fibonacci
```

Die schlechte Effizienz ist auf das exponentielle Ansteigen der Anrufe von fibonacci und damit auf das exponentielle Ansteigen der Rechenzeit zurückzuführen: Jedem Aufruf von fibonacci entsprechen *zwei* weitere Aufrufe!

Löst man die Differenzengleichung *iterativ* und nicht rekursiv, so erhält man ein effizienteres (aber auch weniger elegantes) Unterprogramm. Der Aufwand steigt in diesem Fall nur linear mit n.

Mit jedem Aufruf eines Unterprogramms werden neue *Exemplare* (*instances*) seiner lokalen Datenobjekte erzeugt, sofern sie nicht vermöge des SAVE-Attributs dauerhaft gespeichert sind. Sichtbar – also veränderbar – sind von diesen Datenobjekten bei rekursiven Aufrufen jedoch jeweils nur die zuletzt erzeugten; die Objekte des vorangegangenen Exemplars werden erst durch die Beendigung des später erzeugten wieder „aufgedeckt".

13.8   Unterprogramme als Parameter

Bisher wurden lediglich Datenobjekte als Parameter eines Unterprogramms betrachtet. Man kann jedoch genauso Unterprogramme als Parameter an ein Unterprogramm übergeben. Ein Unterprogrammkopf, in dem ein als Formalparameter verwendetes Unterprogramm vorkommt, unterscheidet sich rein äußerlich nicht von den bisher behandelten. In der Liste der formalen Parameter scheint nämlich nur der Bezeichner des Unterprogramms (ohne seine Formalparameterliste) auf. Wie bei Datenobjekten, die als Parameter auftreten, muß auch bei Unterprogrammen der Bezeichner des Formalparameters nicht mit dem des Aktualparameters übereinstimmen.

Beispiel: [Unterprogramme als Parameter] Im folgenden SUBROUTINE-Befehl ist es (jedenfalls für einen Compiler) nicht offensichtlich, daß mit f ein Unterprogramm bezeichnet wird:

```
SUBROUTINE minimum (f, a, b, toleranz, x_minimum)
```

Sofern ihm nichts Gegenteiliges mitgeteilt wird, nimmt der Übersetzer daher auch an, daß es sich bei einem Formalparameter um ein Datenobjekt handelt. Als Parameter verwendete Unterprogramme müssen daher im Vereinbarungsteil des Unterprogramms, dessen Parameter sie darstellen, ausdrücklich als solche gekennzeichnet werden, so wie auch Datenobjekte samt ihren Eigenschaften vereinbart werden. Auf welche Weise das geschehen kann, ist Gegenstand der folgenden Abschnitte.

Beispiel: [Minimierung] Die Funktion f wird dem folgenden Unterprogramm zur numerischen Minimumbestimmung einer Funktion $f : \mathbb{R} \to \mathbb{R}$ als Parameter übergeben. Damit der Übersetzer den Bezeichner f nicht für den Namen eines Datenobjekts hält, wird er mit einem Schnittstellenblock spezifiziert (vgl. Abschnitt 13.9.4):

```
SUBROUTINE minimum (f, a, b, toleranz, x_minimum)
   REAL, INTENT (IN)   :: a, b, toleranz
   REAL, INTENT (OUT)  :: x_minimum

   INTERFACE        ! Schnittstellenblock fuer die zu minimierende Funktion
      REAL FUNCTION f(x)
         REAL, INTENT (IN)  :: x
      END FUNCTION f
   END INTERFACE
   ...

END SUBROUTINE minimum
```

An dieser Stelle seien nur noch die Bedingungen aufgezählt, die ein als *Aktual*parameter verwendetes Unterprogramm erfüllen muß:

- Es muß ein externes, Modul- oder Formalparameter-Unterprogramm[11] oder eine vordefinierte Funktion sein (vgl. z. B. Gehrke [99]).

- Bei generischen Unterprogrammen muß der spezifische Name (vgl. Abschnitt 13.9.5) eines Unterprogramms verwendet werden.

- Wenn die Schnittstelle (vgl. Abschnitt 13.9) des Formalparameter-Unterprogramms explizit gemacht wurde, müssen die Eigenschaften der Aktualparameter mit denen der Formalparameter des Schnittstellenblocks übereinstimmen.

- Wenn die Schnittstelle implizit ist, aber für den Namen des Unterprogramms ein Typ vereinbart wurde, muß der zugehörige Aktualparameter eine Funktion sein.

13.9 Prozedurschnittstellen

13.9.1 Begriffserklärung

Beim Aufruf eines Unterprogramms benötigt man nicht nur Informationen über seine algorithmische Wirkungsweise, sondern beispielsweise auch über Anzahl und Eigenschaften seiner Parameter oder darüber, ob es sich um eine Funktion handelt. Die Gesamtheit aller Informationen, die es gestatten, die korrekte Form des Aufrufs zu bestimmen, nennt man die *Schnittstelle* (*interface*) des Unterprogramms.[12]

---

[11] Mit Formalparameter-Unterprogramm ist hier ein Unterprogramm gemeint, das von der aufrufenden Einheit über einen Formalparameter übernommen wurde und später als Aktualparameter an ein anderes, untergeordnetes Unterprogramm weitergegeben wird.

[12] Die Schnittstelle eines Unterprogramms dient nicht nur für den Übersetzer, sondern auch für den Anwender eine nützliche Information. (Unter-)Programme, die mehreren Benützern zugänglich gemacht werden sollen, sollten stets eine Schnittstellenbeschreibung in Form von vorangestellten Kommentarzeilen aufweisen. Die Schnittstellenbeschreibung sollte eine allgemeine Funktionsbeschreibung des Unterprogramms sowie eine Beschreibung seiner Parameter und ihrer Eigenschaften enthalten.

Je nach Art der Geltungseinheit, von der aus das Unterprogramm aufgerufen wird, und je nach Art des Unterprogramms selbst sind diese Informationen ihr automatisch zugänglich oder nicht. Die Schnittstelle eines internen Unterprogramms ist innerhalb der umgebenden Programmeinheit beispielsweise stets bekannt. Man sagt: Die Schnittstelle ist *explizit*. Ein externes Unterprogramm hingegen kann separat vom Hauptprogramm übersetzt werden, ja, es kann sogar in einer anderen Programmiersprache (z. B. Assembler) geschrieben sein. Fortran 90 hat daher im allgemeinen keine Möglichkeit, auf den Quelltext eines externen Unterprogramms zuzugreifen. Gleiches gilt für ein Unterprogramm, das als Formalparameter verwendet wird (vgl. Abschnitt 13.8), da es keinen Quelltext *hat*. In diesen beiden Fällen kann die aufrufende Programmeinheit die Schnittstelle des Unterprogramms nicht kennen; sie ist *implizit*. Der Programmierer hat jedoch die Möglichkeit, dem Übersetzer Informationen über die Schnittstelle solcher Unterprogramme bereitzustellen. Das ist zwar nur in bestimmten Fällen wirklich vorgeschrieben (vgl. Abschnitt 13.9.3), aber stets ratsam, damit bei der Übersetzung entsprechende Überprüfungen vorgenommen werden können. Das empfehlenswerteste – wenn auch nicht das einzige – Mittel dazu ist der sogenannte *Schnittstellenblock*, eine spezielle Sequenz von nichtausführbaren Anweisungen, die im folgenden beschrieben wird. Wenn bei Unterprogrammen mit impliziter Schnittstelle kein Schnittstellenblock angegeben wird und der Übersetzer daher die Schnittstelle nicht kennt, werden Fehler bei der Parameterübergabe – wenn überhaupt – erst während der Programmlaufzeit erkannt und können zu fehlerhaften Resultaten oder „Abstürzen", also vorzeitigen (unkontrollierten) Programmabbrüchen, führen.

13.9.2 Explizite Schnittstellen

Die Schnittstelle eines internen Unterprogramms, eines Modulunterprogramms oder einer vordefinierten Funktion ist für eine Geltungseinheit, die Zugriff darauf hat, stets explizit. Für selbstdefinierte Unterprogramme wird sie durch deren FUNCTION- oder SUBROUTINE-Anweisung und durch die Vereinbarungen für Formalparameter und ggf. für das Funktionsresultat festgelegt.

13.9.3 Implizite Schnittstellen

Externe Unterprogramme sowie als Formalparameter verwendete Unterprogramme haben implizite Schnittstellen. In diesen beiden Fällen kann die implizite Schnittstelle durch einen Schnittstellenblock explizit gemacht werden. Diese Vorgangsweise ist sogar vorgeschrieben, wenn das betreffende Unterprogramm eine der folgenden Eigenschaften (oder einige andere Eigenschaften, vgl. Adams et al. [96]) hat:

* das Unterprogramm hat optionale Formalparameter (vgl. Abschnitt 13.11),

* das Unterprogramm ist eine Funktion und hat entweder ein Feld oder einen Zeiger als Resultat,

* das Unterprogramm hat ein Feld mit übernommener Form, einen Zeiger oder eine Zielvariable als Formalparameter,

- das Unterprogramm definiert einen Operator oder eine Zuweisung (vgl. Abschnitt 13.9.5),

- das Unterprogramm wird mit seinem generischen Namen (vgl. Abschnitt 13.9.5) aufgerufen.

In allen anderen Fällen ist die Angabe eines Schnittstellenblocks nicht strikt vorgeschrieben, beispielsweise bei einem externen Unterprogramm, das keine der obigen Bedingungen erfüllt.

Implizite Schnittstellen explizit zu machen, ist immer empfehlenswert, damit der Übersetzer die Korrektheit des Unterprogrammaufrufs überprüfen kann.

13.9.4 Schnittstellenblöcke

Die einfachste Form des Schnittstellenblocks hat die syntaktische Form

```
INTERFACE
    [ unterprogramm_anweisung
    [ vereinbarungsteil]
    end_anweisung]
END INTERFACE
```

Dabei bedeutet *unterprogramm_anweisung* eine FUNCTION- oder SUBROUTINE-Anweisung, der *vereinbarungsteil* ist jener des zu beschreibenden Unterprogramms, und *end_anweisung* ist die passende END FUNCTION- oder END SUBROUTINE-Anweisung.

Das Innere eines Schnittstellenblocks ist ein Duplikat des Prozedurkopfes der zu beschreibenden Unterprogramme, wobei der Prozedurrumpf (die ausführbaren Anweisungen sowie DATA- und FORMAT-Anweisungen) weggelassen werden muß. Die Namen der angeführten Formalparameter dürfen von denen der Formalparameter in der tatsächlichen Unterprogrammdefinition verschieden sein, nur die Eigenschaften müssen übereinstimmen. Weiters sind nur jene Vereinbarungen und Spezifikationen für den Schnittstellenblock wesentlich, die Eigenschaften der Formalparameter und eines allfälligen Funktionsresultats angeben. Andere Spezifikationen, z. B. Vereinbarungen lokaler Datenobjekte, dürfen weggelassen werden.

Beispiel: [Zylindervolumen] Will man das FUNCTION-Unterprogramm, das der Volumsberechnung eines Hohlzylinders dient, mit Schlüsselwort-Parametern (vgl. Abschnitt 13.10) oder optionalen Parametern (vgl. Abschnitt 13.11) aufrufen, so muß die aufrufende Programmeinheit einen Schnittstellenblock enthalten:

```
INTERFACE
    REAL FUNCTION hohlzylinder_volumen (radius_innen, radius_aussen, hoehe)
        REAL, INTENT (IN), OPTIONAL :: radius_innen
        ! optionaler Eingangsparameter
        REAL, INTENT (IN) :: radius_aussen, hoehe
        ! nicht-optionaler Eingangsparameter
    END FUNCTION hohlzylinder_volumen
END INTERFACE
```

Die Namen der formalen Parameter des Schnittstellenblocks müssen *nicht* mit jenen der Deklaration des FUNCTION-Unterprogramms übereinstimmen. Im vorliegenden Fall ist also z. B. auch der folgende Schnittstellenblock möglich:

```
INTERFACE
    REAL FUNCTION hohlzylinder_volumen (r_innen, r_aussen, h)
        REAL, INTENT (IN), OPTIONAL  ::  r_innen
        REAL, INTENT (IN)            ::  r_aussen, h
    END FUNCTION hohlzylinder_volumen
END INTERFACE
```

Schlüsselwort-Parameter in einem Aufruf *müssen* die Parameternamen des zugehörigen Schnittstellenblocks verwenden, also z. B.

```
zyl_vol = hohlzylinder_volumen (h = 31.54, r_aussen = 29.8)
```

13.9.5 Generische Bezeichner

Jeder Parameter eines Unterprogramms mit expliziter Schnittstelle hat, sofern es sich um ein Datenobjekt handelt, einen genau festgelegten Datentyp. Deshalb kann ein Unterprogramm bei jedem Aufruf nur mit Parametern von jeweils stets gleichbleibendem Typ versorgt werden. Gelegentlich will man jedoch z. B. ein und dieselbe Funktion mit verschiedenen Parametertypen aufrufen können, z. B. mit Gleitpunktzahlen verschiedener (einfacher, doppelter, vierfacher) Genauigkeit oder einmal mit REAL-, einmal mit COMPLEX-Parametern. Das läßt sich mit einem einzelnen Unterprogramm nicht erreichen. Es gibt jedoch ein Sprachelement, das es gestattet, mehrere Unterprogramme, deren Parameter jeweils andere Datentypen haben, unter einem sogenannten *generischen Namen* (im Unterschied zu den „gewöhnlichen" Namen der Unterprogramme, die im FUNCTION- oder SUBROUTINE-Befehl stehen und ab nun auch *spezifische Namen* genannt werden) zusammenzufassen. Die so zusammengefaßten Unterprogramme können alle sowohl unter ihrem spezifischen als auch mit ihrem generischen Namen aufgerufen werden.

Ein Aufruf mit dem spezifischen Namen verlangt nach wie vor eine Übereinstimmung der Datentypen der Formal- und Aktualparameter. Bei einem Aufruf mit dem generischen Namen genügt es jedoch, wenn die Formalparameter *irgendeines* der Unterprogramme mit den Aktualparametern vereinbar sind. Jenes Unterprogramm, bei dem das der Fall ist (es dürfen keine zwei unter einem generischen Namen zusammengefaßte Unterprogramme in den Typen aller Formalparameter übereinstimmen), wird ausgeführt.

Beispiel: [Vordefinierte Funktionen] Viele vordefinierte Funktionen und insbesondere vordefinierte Operatoren lassen verschiedene Argumenttypen zu. Die Bezeichner dieser vordefinierten Funktionen in Fortran 90 stellen generische Namen dar, hinter denen sich Einzelfunktionen für die möglichen Parametertypen (mit spezifischen Namen) verbergen. So kann man z. B. die Sinusfunktion unter ihrem generischen Namen SIN für REAL-, DOUBLE PRECISION- oder COMPLEX-Argumente aufrufen. Für komplexe Argumente wird dann z. B. die Funktion mit dem spezifischen Namen CSIN ausgeführt.

Das syntaktische Mittel zu einer derartigen Zusammenfassung von Unterprogrammen unter einem generischen Namen ist ein leicht veränderter Schnittstellenblock:

    INTERFACE *generischer_name*

    unterprogramm_anweisung$_1$
      [*vereinbarungsteil*$_1$]
    unterprogramm_ende_anweisung$_1$

    [*unterprogramm_anweisung*$_2$
      [*vereinbarungsteil*$_2$]
    unterprogramm_ende_anweisung$_2$]
    ...
END INTERFACE

Dabei bedeutet *unterprogramm_anweisung* eine FUNCTION- oder SUBROUTINE-Anweisung und *unterprogramm_ende_anweisung* eine END FUNCTION- bzw. END SUBROUTINE-Anweisung.

Beispiel: [Diskrete Fourier-Transformation] Der folgende Schnittstellenblock faßt zwei Unterprogramme mit den spezifischen Namen fft_reell und fft_komplex unter dem generischen Namen fft zusammen:

```
INTERFACE fft
    SUBROUTINE fft_reell (daten, koeffizienten)
        REAL, DIMENSION (:), INTENT (IN)  ::  daten
        REAL, DIMENSION (:), INTENT (OUT) ::  koeffizienten
    END SUBROUTINE fft_reell

    SUBROUTINE fft_komplex (daten, koeffizienten)
        COMPLEX, DIMENSION (:), INTENT (IN)  ::  daten
        COMPLEX, DIMENSION (:), INTENT (OUT) ::  koeffizienten
    END SUBROUTINE fft_komplex
END INTERFACE
```

Je nachdem, ob fft mit aktuellen Parametern vom Typ REAL oder COMPLEX aufgerufen wird, wird die reelle oder die komplexe *Fast-Fourier-Transformation* ausgeführt.

Wenn ein Unterprogramm-Name mehrere Unterprogramme identifiziert, sagt man, der (generische) Unterprogramm-Name ist *überladen*. Das Überladen (engl. *overloading*) eines generischen Unterprogramm-Namens mit spezifischen Unterprogramm-Namen ist solange zulässig, wie sichergestellt ist, daß eine gegebene Schnittstelle höchstens zu einem einzigen Unterprogramm paßt.

Wenn mehrere Unterprogramme einen gemeinsamen generischen Namen besitzen, hat jedes einzelne Unterprogramm dieser Gruppe einen spezifischen Namen; alle spezifischen Namen müssen voneinander verschieden sein. Der spezifische Name *eines* dieser Unterprogramme kann mit dem generischen Namen übereinstimmen.

Mehrere Schnittstellenblöcke können denselben generischen Namen tragen. Solche Schnittstellenblöcke werden als ein einziger Block angesehen; ihr gemeinsamer generischer Name gilt für alle in den einzelnen Blöcken enthaltenen Unterprogramme.

Handelt es sich bei den Unterprogrammen, die im Schnittstellenblock aufgelistet werden, um Modulunterprogramme (vgl. Abschnitt 13.12), so ist die Schnittstelle bereits explizit. Die Eigenschaften der Modulunterprogramme brauchen nicht mehr beschrieben zu werden; es genügt, im Schnittstellenblock ihre Namen anzugeben:

INTERFACE *generischer_name*
    MODULE PROCEDURE *modul_up_namenliste*
END INTERFACE

Mit generischen Bezeichnern können insbesondere auch die Bedeutungen vordefinierter
Funktionen erweitert werden. Dann ist sowohl die vordefinierte als auch die selbstdefinierte Funktion unter demselben Namen verfügbar.

Beispiel: [Sinusfunktion für Intervalle] Will man für einen selbstdefinierten Datentyp (z. B.
intervall oder rational) ein FUNCTION-Unterprogramm für die Sinusfunktion mit dem generischen
Namen SIN aufrufen, so kann man dazu z. B. folgenden Schnittstellenblock verwenden:

```
INTERFACE SIN
    TYPE (intervall) FUNCTION sin_intervall (x_intervall)
        TYPE (intervall), INTENT (IN)  ::  x_intervall
    END FUNCTION sin_intervall
END INTERFACE
```

Unter dem generischen Namen SIN werden wie gewohnt für Argumente vom Datentyp REAL, DOU-
BLE PRECISION und COMPLEX die vordefinierten Sinusfunktionen aufgerufen. Für Argumente vom
selbstdefinierten Datentyp intervall wird das Unterprogramm sin_intervall aufgerufen.

Auch vordefinierte Operatoren (wie z. B. +, −, <, > etc.) können überladen werden,
und man kann die Bedeutung der vordefinierten Zuweisung (=) erweitern; beispielsweise
können Operatoren für selbstdefinierte Datentypen definiert werden, die denselben (generischen) Namen tragen wie die vordefinierten. Operatoren samt einem Operatorsymbol können jedoch auch neu definiert werden. Verwendet wird dazu ein abermals leicht
modifizierter Schnittstellenblock, nämlich für die Erweiterung oder Neudefinition eines
Operators

INTERFACE OPERATOR (*operatorsymbol*)
    function_anweisung
    [*vereinbarungsteil*]
    function_ende_anweisung
END INTERFACE

und für die Erweiterung der Zuweisung

INTERFACE ASSIGNMENT (=)
    subroutine_anweisung
    [*vereinbarungsteil*]
    subroutine_ende_anweisung
END INTERFACE

Bei der Definition eines Operators müssen alle angeführten Unterprogramme Funktionen mit ein oder zwei Argumenten sein, die das Attribut INTENT (IN) aufweisen, je
nachdem, ob es sich um einen unären oder binären Operator handelt.

Als Operatorsymbol sind sowohl Symbole vordefinierter Operatoren als auch beliebige, zwischen zwei Punkte eingeschlossene Buchstabenfolgen mit einer Länge bis zu 31 Buchstaben

.*name*.

zulässig. Nur die Zeichenfolgen .TRUE. und .FALSE. sind nicht gestattet.

Beim Überladen der Zuweisung muß es sich um SUBROUTINE-Unterprogramme mit zwei Parametern handeln, von denen der erste ein Ausgangs- oder transienter Parameter ist und der zweite ein Eingangsparameter.

Beispiel: [Überladen von Operatoren] Wenn man für den selbstdefinierten Datentyp quaternion die Quaternionenmultiplikation einführen will, so muß man zunächst ein FUNCTION-Unterprogramm schreiben

```
FUNCTION quaternionen_mult (quat_1, quat_2) RESULT (quat_produkt)
    TYPE (quaternion), INTENT (IN)  ::  quat_1, quat_2
    TYPE (quaternion)               ::  quat_produkt
    ...
END FUNCTION quaternionen_mult
```

und durch einen Schnittstellenblock (der z. B. in einem Modul steht, wo Typ- und Operatordefinitionen für Quaternionen zusammengefaßt werden) die Überladung des Operators * spezifizieren:

```
INTERFACE OPERATOR (*)
    FUNCTION quaternionen_mult (q_1, q_2) RESULT (q_produkt)
        TYPE (quaternion), INTENT (IN)  ::  q_1, q_2
        TYPE (quaternion)               ::  q_produkt
    END FUNCTION quaternionen\_mult
END INTERFACE
```

Beispiel: [Überladen der Zuweisung] Bei der Fuzzy-Logik sind die Wahrheitswerte reelle Zahlen aus dem Intervall [0,1], für die man einen eigenen Datentyp w_fuzzy selbst definieren kann. Die Art der Zuweisung von Größen des vordefinierten logischen Datentyps LOGICAL an Variablen vom Typ w_fuzzy wird zunächst durch ein SUBROUTINE-Unterprogramm festgelegt:

```
SUBROUTINE logical_zu_fuzzy (wert_fuzzy, wert_logical)
    TYPE (w_fuzzy), INTENT (OUT)  ::  wert_fuzzy
    LOGICAL, INTENT (IN)          ::  wert_logical

    IF (wert_logical) THEN
        wert_fuzzy = 1.
    ELSE
        wert_fuzzy = 0.
    END IF
END SUBROUTINE logical_zu_fuzzy
```

Ein Schnittstellenblock bewirkt das Überladen des Zuordnungsoperators = :

```
INTERFACE ASSIGNMENT (=)
    SUBROUTINE logical_zu_fuzzy (wert_fuzzy, wert_logical)
        TYPE (w_fuzzy), INTENT (OUT)  ::  wert_fuzzy
        LOGICAL, INTENT (IN)          ::  wert_logical
    END SUBROUTINE logical_zu_fuzzy
END INTERFACE
```

13.10   Schlüsselwortparameter

Zwischen den Formal- und den Aktualparametern eines Unterprogramms wurde bisher eine positionelle Zuordnung vorausgesetzt: n Formalparametern mußten n Aktualparameter entsprechen, wobei der i-te Aktualparameter dem i-ten Formalparameter zugeordnet wurde.

Sofern die Schnittstelle eines Unterprogramms in der aufrufenden Programmeinheit (z. B. durch einen Schnittstellenblock, vgl. Abschnitt 13.9.4) explizit ist, kann die Zuordnung noch auf eine weitere Weise erfolgen, nämlich indem dem Aktualparameter der Name jenes Formalparameters „zugewiesen" wird, dem er zugeordnet werden soll:

   formalparametername = aktualparameter

Man spricht dann von Schlüsselwortparametern (*keyword arguments*), obwohl diese Form der Parameterzuordnung mit Schlüsselwörtern im eigentlichen Sinn nichts zu tun hat.

Beispiel: [Zylindervolumen] Für das Volumen eines Hohlzylinders wird ein FUNCTION-Unterprogramm deklariert:

```
REAL FUNCTION hohlzylinder_volumen (radius_innen, radius_aussen, hoehe)
```
Die Verwendung kann mit Positionsparametern erfolgen, also z. B.

```
zyl_vol = hohlzylinder_volumen (17.3, 29.8, 31.54)
```
für einen inneren Radius von 17.3, einen äußeren Radius von 29.8 und eine Höhe von 31.54. Mit Schlüsselwortparametern könnte die Verwendung z. B. folgendermaßen erfolgen:

```
zyl_vol = hohlzylinder_volumen (hoehe = 31.54, radius_aussen = 29.8, &
                                radius_innen = 17.3)
```
aber auch

```
zyl_vol = hohlzylinder_volumen (radius_aussen = 29.8, &
                                radius_innen = 17.3, hoehe = 31.54)
```
etc. Bei dieser (schreibaufwendigeren) Fassung spielt die Reihenfolge der aktuellen Parameter keine Rolle.

Der Aufruf kann auch teils mit positioneller Zuordnung, teils über die Formalparameternamen erfolgen. Wenn nämlich die ersten i Aktualparameter keine vorangestellten Formalparameternamen tragen, werden sie wie gewohnt positionell zugeordnet. Ab dem ersten Parameter jedoch, bei dem das der Fall ist, müssen *allen* folgenden Aktualparametern ebenfalls die entsprechenden Formalparameternamen vorangestellt werden. Die Reihenfolge dieser Parameterangaben kann dann beliebig gewählt werden.

Beispiel: [Zylindervolumen]

```
zyl_vol = hohlzylinder_volumen (17.3, hoehe = 31.54, radius_aussen = 29.8)
```

13.11   Optionale Parameter

Oft werden aus der Menge der Bestimmungsstücke eines Problems nur Teilmengen zur Lösung benötigt, sodaß das Problem durch die Angabe aller Parameter überbestimmt wäre. Oft wird durch eine Prozedur eine große Klasse von Problemen gelöst, die in Teilklassen zerfällt, in denen die Probleme durch jeweils andere Parameter spezifiziert werden.

Fortran 90 bietet die Möglichkeit, beliebige Formalparameter eines Unterprogramms als *optional* zu kennzeichnen. Optionalen Parametern müssen beim Aufruf des Unterprogramms *keine* aktuellen Parameter zugeordnet werden. Die Deklaration optionaler Formalparameter erfolgt mit dem Attribut OPTIONAL.

Beispiel: [Dreiecksfläche] Die drei Seitenlängen und die Höhen eines Dreiecks bilden eine redundante Menge von Bestimmungsstücken für dessen Fläche.

```
FUNCTION dreiecksflaeche (a, b, c, h_a, h_b, h_c)
    REAL, OPTIONAL  ::  a, b, c, h_a, h_b, h_c
    ...
END FUNCTION dreiecksflaeche
```

Das Unterprogramm könnte dann mit einem der folgenden Befehle aufgerufen werden:

```
flaeche_1 = dreiecksflaeche (a, b, c)
parallelogrammflaeche = 2*dreiecksflaeche (a, h_a = 54.8)
```

ACHTUNG: Wenn für einen optionalen Parameter in der Liste der aktuellen Parameter kein aktueller Parameter angegeben ist, dann müssen alle nachfolgenden Parameter als Schlüsselwort-Parameter präsent sein.

Im Prozedurrumpf wird meist eine Fallunterscheidung vorzunehmen sein, ob ein optionaler Parameter präsent ist oder nicht. Als Hilfsmittel dafür dient die vordefinierte Funktion PRESENT, deren Resultat vom Typ LOGICAL ist (vgl. Abschnitt 16.10).

Beispiel: [Zylindervolumen] Für den Fall des *vollen* Zylinders braucht der innere Radius des Hohlzylinders nicht spezifiziert zu werden.

```
REAL FUNCTION hohlzylinder_volumen (radius_innen, radius_aussen, hoehe)
    REAL, INTENT (IN), OPTIONAL ::  radius_innen      ! optionaler Parameter
    REAL, INTENT (IN)           ::  radius_aussen, hoehe
    REAL                        ::  r_innen           ! lokale Variable
    IF (PRESENT (radius_innen)) THEN      ! hohler Zylinder
        r_innen = radius_innen
    ELSE                                  ! voller Zylinder
        r_innen = 0
    END IF
    ...
END FUNCTION hohlzylinder_volumen
```

Mögliche Aufrufe für den Fall des *Voll*zylinders sind z.B.

```
zyl_vol = hohlzylinder_volumen (0., 29.8, 31.54)
zyl_vol = hohlzylinder_volumen (radius_aussen = 29.8, hoehe = 31.54)
zyl_vol = hohlzylinder_volumen (hoehe = 31.54, radius_aussen = 29.8)
```

Falls eine Prozedur mit optionalen Parametern und/oder Schlüsselwortparametern aufgerufen wird, *muß* die Schnittstelle explizit sein, z.B. durch einen *Schnittstellenblock* (vgl. Abschnitt 13.9.4) in der aufrufenden Programmeinheit.

Beispiel: [Zylindervolumen] Bei der Verwendung des externen Unterprogramms hohlzylinder_volumen mit optionalen und/oder Schlüsselwort-Parametern muß in der aufrufenden Programmeinheit z.B. ein Schnittstellenblock folgender Art enthalten sein:

```
INTERFACE
    REAL FUNCTION hohlzylinder_volumen (radius_innen, radius_aussen, hoehe)
    REAL, INTENT (IN), OPTIONAL ::  radius_innen
    REAL, INTENT (IN)           ::  radius_aussen, hoehe
    END FUNCTION
END INTERFACE
```

Numerische Probleme enthalten i. a. neben der mathematisch-naturwissenschaftlichen Fragestellung auch eine Genauigkeitsforderung für die Ergebnisse, die z.B. zum Abbruch von iterativen Algorithmen verwendet wird. Falls diese Genauigkeitsforderung durch Parameter an ein Unterprogramm zu übermitteln ist, können manche Anwender sinnvollen Gebrauch davon machen (indem sie diese Genauigkeitsparameter ihrer individuellen Problemstellung anpassen), während andere mit der Angabe von Genauigkeitstoleranzen ziemlich überfordert sind. Es ist dies ein wichtiger Anwendungsbereich optionaler Parameter, der die Entwicklung benutzerfreundlicher numerischer Software ermöglicht.

Beispiel: [Numerische Quadratur] Das mathematische Problem sei die Ermittlung des Wertes eines bestimmten Integrals

$$If = \int_a^b f(t)dt$$

für eine gegebene Funktion $f : [a,b] \to \mathbb{R}$ und ein gegebenes Intervall $[a,b] \subset \mathbb{R}$. Das numerische Problem besteht in der Bestimmung einer Näherungslösung $Qf \approx If$, die eine gegebene Toleranz

$$|Qf - If| \le \tau$$

erfüllt. In den meisten Programmen zur numerischen Quadratur wird eine der folgenden Varianten verwendet:

$$\tau := \varepsilon_{abs} + \varepsilon_{rel} \cdot |Q|$$
$$\tau := \max\{\varepsilon_{abs}, \varepsilon_{rel} \cdot |Q|\}$$
$$\tau := \max\{\varepsilon_{abs}, \varepsilon_{rel} \cdot |Q_{abs}|\} \quad \text{mit} \quad Q_{abs} := Q(|f|; a,b).$$

Im folgenden Unterprogramm wird die dritte Variante in einer Weise implementiert, die den Fall fehlender Problemparameter abdeckt.

```
REAL FUNCTION integral_naeherung (f, a, b, eps_abs, eps_rel)

    INTERFACE
      REAL FUNCTION f(x)
        REAL, INTENT (IN) :: x
      END FUNCTION f
    END INTERFACE

    REAL, INTENT (IN)           :: a, b
    REAL, INTENT (IN), OPTIONAL :: eps_abs, eps_rel
    REAL                        :: eps_a, eps_r

    IF (PRESENT (eps_abs)) THEN
       eps_a = eps_abs
    ELSE
       eps_a = 0.
    END IF
    IF (PRESENT (eps_rel)) THEN
       eps_r = eps_rel
    ELSE
       eps_r = 0.
    END IF
    IF (eps_a < 0.) eps_a = 0.
    IF (eps_r < 0.) eps_r = 0.
    IF ((eps_a == 0.) .AND. (eps_r == 0.)) eps_r = 10.**(-PRECISION (a) + 1)
    ...
END FUNCTION integral_naeherung
```

Dieses Unterprogramm kann z. B. auf folgende Arten aufgerufen werden:

```
integral = integral_naeherung (f_integrand, a, b)
integral = integral_naeherung (f_integrand, a, b, eps_abs = 1E-3)
integral = integral_naeherung (f_integrand, a, b, eps_rel = 1E-5)
```

Wenn ein optionaler Parameter an ein untergeordnetes Unterprogramm als Aktualparameter übergeben wird, obwohl er seinerseits nicht mit einem Aktualparameter belegt wurde, so fehlt er auch im untergeordneten Unterprogramm. Er muß also auch dort als optional deklariert sein.

13.12 Module

13.12.1 Definition

Ein *Modul (module)* ist eine nichtausführbare Programmeinheit, die der Zusammenfassung von Datenstrukturen und Prozeduren zu einer Einheit dient. In Fortran 90 hat es die syntaktische Form

```
MODULE modul_name
    [vereinbarungsteil]
[CONTAINS
    modul_unterprogramme]
END MODULE [modul_name]
```

Für den Namen des Moduls gilt wie für die Namen der anderen Programmeinheiten, daß ein im END MODULE-Befehl auftretender Name der gleiche sein muß wie jener in der MODULE-Anweisung. Der Name eines Moduls ist für das Gesamtprogramm *global* und darf daher keinem Namen einer anderen Programmeinheit oder einem lokalen Namen im Modul gleichen.

Im Vereinbarungsteil eines Moduls darf keine FORMAT-Anweisung stehen. Die Attribute INTENT und OPTIONAL dürfen nicht verwendet werden.

Bei den Modul-Unterprogrammen (die der CONTAINS-Anweisung folgen) handelt es sich um selbstdefinierte SUBROUTINE- und FUNCTION-Unterprogramme, die ebenso wie externe Unterprogramme weitere – interne – Unterprogramme enthalten können. Das Modul, in das diese Modul-Unterprogramme eingebettet sind, wird als *umgebende Programmeinheit* bzw. *umgebendes Modul* bezeichnet.

13.12.2 Benützung von Modulen

Ein Modul enthält selbst keine ausführbaren Anweisungen! Es ist daher im Unterschied zu den anderen Programmeinheiten (Hauptprogramm und externe Unterprogramme) *nicht ausführbar* und hat daher auch keine Formalparameter. Wohl aber kann der Inhalt eines Moduls anderen Programmeinheiten *zugänglich* gemacht werden, d. h., diese können Zugriff auf die im Modul enthaltenen Definitionen und Unterprogramme erhalten. Obwohl also ein Modul nicht ausführbar ist, können seine Modulunterprogramme

von anderen Programmeinheiten (und auch von seinen eigenen, anderen Modulunterprogrammen) aufgerufen und ausgeführt werden. Wenn mehreren Programmeinheiten
dasselbe Modul zugänglich ist, haben sie alle teil an dessen Datenobjekten und können
deren Werte daher sowohl abrufen als auch verändern.

Wenn das Unterprogramm prozedur_1 Datenobjekte eines Moduls verändert und
diese vom Unterprogramm prozedur_2 abgerufen werden, so kommt das einem Infor-
mationsfluß zwischen den Unterprogrammen prozedur_1 und prozedur_2 gleich. Die
gemeinsame Benützung von Modulen ist daher neben der Parameterübergabe eine Methode der Kommunikation zwischen Programmeinheiten.

Beispiel: [Mengen] Mit einem Modul können Definitionen neuer Datentypen sowie Operationen
auf ihnen anderen Programmeinheiten zugänglich gemacht werden. Das folgende, bereits aus Abschnitt 11.9.2 bekannte Modul definiert einen Datentyp menge:

```
MODULE mengenarithmetik
    TYPE menge
        INTEGER maechtigkeit
        INTEGER, DIMENSION (200)  ::  element
    END TYPE menge
    ...
    CONTAINS
        FUNCTION element (x,m)
        ...
        END FUNCTION element
    ...
END MODULE mengenarithmetik
```

13.12.3   Die USE-Anweisung

Ein Modul kann anderen Geltungseinheiten zugänglich gemacht werden, indem in deren
Vereinbarungsteil die Anweisung

USE *modul_name*

angegeben wird.

Beispiel: [Mengen]
```
USE mengenarithmetik
```

In einer Programmeinheit dürfen mehrere USE-Anweisungen stehen. Sie folgen unmit-
telbar auf die PROGRAM-, FUNCTION-, SUBROUTINE- oder MODULE-Anweisung.
Ein Modul kann Zugang zu anderen Modulen besitzen. Verboten ist jedoch, daß ein
Modul sich selbst benützt, sei es direkt oder auf dem Umweg über andere Module.

Die USE-Anweisung für ein bestimmtes Modul im Vereinbarungsteil einer Programmeinheit erlaubt den Zugriff auf alle benannten Datenobjekte, abgeleiteten Typen,
Schnittstellenblöcke, Unterprogramme und generische Bezeichner des Moduls, sofern
nicht ein PRIVATE-Attribut (vgl. Abschnitt 13.12.5) etwas anderes besagt.

Die Eigenschaften der so für eine Programmeinheit ansprechbar gemachten Objekte werden durch die Vereinbarungen im benützten Modul festgelegt. Es ist daher
nicht sinnvoll und auch *nicht zulässig*, irgendeine Eigenschaft eines solchen Objekts in
der Programmeinheit, die das Modul benützt, zu redefinieren (etwa durch eine Spezi-
fikationsanweisung).

13.12.4 Umbenennung von Datenobjekten in Modulen

Wenn ein Objekt eines Moduls denselben Namen trägt wie ein lokales Objekt einer Programmeinheit, die das Modul benützt, könnte das Objekt des erstgenannten Moduls nach den Sichtbarkeitsregeln (vgl. Abschnitt 13.6) aus der betreffenden Programmeinheit heraus nicht angesprochen werden, da es vom lokalen Objekt „verdeckt" ist. Auch wenn eine Programmeinheit zwei Module benützt, die Objekte mit gleichen Bezeichnern enthalten, können Konflikte entstehen.

Zur Umgehung dieser Probleme ist es möglich, Objekte eines Moduls in einer Programmeinheit, die das Modul benützt, unter einem anderen Namen anzusprechen. Das geschieht, indem an den USE-Befehl eine Umbenennungsliste angefügt wird:

USE *modul_name, umbenennungsliste*

Diese Liste besteht aus Umbenennungen der Form

neuer_lokaler_name => name_im_modul

Die Größe mit dem Bezeichner *name_im_modul* kann nun in der benützenden Programmeinheit unter dem Namen *neuer_lokaler_name* angesprochen werden. Die lokale Größe, die ebenfalls den Namen *name_im_modul* trägt, ist nach wie vor unter diesem Namen verfügbar. Wenn zwei einer Programmeinheit gleichzeitig zugängliche Größen, etwa in zwei verschiedenen Modulen, den gleichen Namen haben, aber von der Programmeinheit nicht angesprochen werden, ist keine Umbenennung nötig.

Beispiel: [Umbenennung]

```
MODULE a
    REAL, DIMENSION ( 5, 5) ::  matrix_1
    REAL, DIMENSION (10,10) ::  matrix_2
END MODULE a

MODULE b
    REAL, DIMENSION (10)    ::  vektor
    REAL, DIMENSION (10,10) ::  matrix_1
END MODULE a

...

SUBROUTINE lin_algebra
    USE a, matrix_1_a => matrix_1
    USE b, matrix_1_b => matrix_1
    ...
END SUBROUTINE lin_algebra
```

Die Matrix matrix_1 des Moduls a ist innerhalb des Unterprogramms lin_algebra unter dem Namen matrix_1_a verfügbar, matrix_1 des Moduls b unter matrix_1_b.

Auch wenn keine Namenskonflikte vorliegen, sind Umbenennungen möglich (und manchmal sinnvoll).

13.12.5   Sichtbarkeitsbeschränkungen von lokalen Größen in Modulen

Manchmal ist es nicht erwünscht, daß *alle* Objekte eines Moduls von außen ansprechbar sind. Beispielsweise kann es sein, daß bestimmte Datenobjekte, Typdefinitionen oder Unterprogramme nur für modulinterne Manipulationen verwendet werden sollen oder für den Benützer des Moduls nicht interessant sind. Aus diesem Grund gibt es in Fortran 90 sogenannte *Sichtbarkeitsattribute* (*accessibility attributes*).

Um unerwünschten Zugriff auf solche Objekte zu verhindern, können sie mit dem PRIVATE-Attribut versehen werden.

Beispiel: [Zugriffsschutz]

```
REAL, DIMENSION (3,3), PRIVATE  ::  matrix_1, matrix_2
```

Um hingegen ausdrücklich festzulegen, daß eine bestimmte Größe von außen sichtbar sein soll, verwendet man das PUBLIC-Attribut:

Beispiel: [Erlaubter Zugriff]

```
INTEGER, PUBLIC :: vari_1
```

Das PRIVATE- und das PUBLIC-Attribut dürfen nur in Modulen auftreten. Nur benannte Variablen oder Konstanten, benutzerdefinierte Unterprogramme, generische Unterprogramme und abgeleitete Typen dürfen ein Sichtbarkeitsattribut tragen.

Wenn ein Modulunterprogramm einen Formalparameter oder ein Funktionsresultat hat, das einem Datentyp mit dem Attribut PRIVATE angehört, so muß das Unterprogramm selbst ebenfalls dieses Attribut tragen.

Ein Sichtbarkeitsattribut ohne nachfolgende Objektliste bewirkt eine entsprechende Voreinstellung der Sichtbarkeit für das gesamte Modul, d.h., alle Objekte, die nicht ausdrücklich das anderslautende Attribut erhalten, sind entsprechend der Voreinstellung sichtbar oder nicht.

Beispiel: [Voreinstellung der Sichtbarkeit]

```
MODULE beispiel
   REAL a, b, c
   PRIVATE
   PUBLIC :: b
...
```

Die Variablen a und c sowie alle anderen potentiell sichtbaren Objekte des Moduls sind durch die Voreinstellung PRIVATE verdeckt, b ist hingegen sichtbar.

13.12.6   Eingeschränkte Benützung von Modulen

Oft benötigt eine Programmeinheit nicht sämtliche Objekte eines Moduls, sondern nur eine Auswahl daraus. Der Zugriff auf die gewünschten Objekte des Moduls wird mit dem Zusatz

ONLY : [*zugriffsliste*]

zum USE-Befehl garantiert; auf alle nicht in der Zugriffsliste enthaltenen Größen kann nicht zugegriffen werden.

Während die Sichtbarkeitsattribute PUBLIC und PRIVATE innerhalb des Moduls verwendet werden, also eine Sichtbarkeitsbeschränkung des Moduls von innen her darstellen, bildet ONLY eine Einschränkung der Sichtbarkeit von außen.

Auch bei Verwendung von ONLY können die benutzten Objekte des Moduls in der sie verwendenden Programmeinheit umbenannt werden. In der Zugriffsliste steht dann für ein umzubenennendes Objekt nicht nur sein eigentlicher, im Modul vereinbarter Name, sondern auch jener Name, unter dem es in der Programmeinheit, in der die USE-Anweisung steht, verwendet werden soll:

neuer_lokaler_name => name_im_modul

Beispiel: [Umbenennung]
```
USE lin_gleichungen, ONLY: spd => sym_pos_definit, general, trd => tridiagonal
```
macht die Objekte spd, general und trd des Moduls lin_gleichungen sichtbar. sym_pos_definit wird in spd und tridiagonal in trd umbenannt.

13.13   Reihenfolge der Anweisungen

Abschließend wird schematisch angegeben, welche Anweisungen wo in einer Programmeinheit bzw. in einem Unterprogramm zu stehen haben.

PROGRAM-, FUNCTION-, SUBROUTINE- oder MODULE-Anweisung	
USE-Anweisungen	
FORMAT-Anweisungen	IMPLICIT NONE
	Definitionen selbstdefinierter Typen, Schnittstellenblöcke, Vereinbarungen
	ausführbare Anweisungen
CONTAINS-Anweisung	
Interne oder Modul-Unterprogramme	
END-Anweisung	

Die Zulässigkeit der Verwendung verschiedener Arten von Anweisungen kann der folgenden Tabelle entnommen werden:

	Haupt-Programm	Modul	Externes Unterpr.	Modul-Unterpr.	Internes Unterpr.	Schnittstellenblock
USE-Anweisung	Ja	Ja	Ja	Ja	Ja	Ja
FORMAT-Anw.	Ja	Nein	Ja	Ja	Ja	Nein
Vereinbarungen	Ja	Ja	Ja	Ja	Ja	Ja
Schnittst.-block	Ja	Ja	Ja	Ja	Ja	Ja
ausführb. Anw.	Ja	Nein	Ja	Ja	Ja	Nein
CONTAINS	Ja	Ja	Ja	Ja	Nein	Nein

Kapitel 14

Verarbeitung von Feldern

14.1 Einleitung

Fortran 90 trägt dem Umstand, daß die meisten Algorithmen der Numerischen Datenverarbeitung mit Matrizen operieren, insofern Rechnung, als es viele Sprachelemente
enthält, die ganze Felder (*arrays*) verarbeiten können. Ohne Sprachelemente, die Manipulationen mit ganzen Feldern ermöglichen, wäre man gezwungen, z.B. Matrizenma-
nipulationen mit Hilfe von Schleifen elementweise durchzuführen, wobei die Element-
operationen nacheinander ausgeführt würden.

Auf konventionellen Rechnersystemen wird sich daran auch durch die in Fortran 90
gegebenen Möglichkeiten im Grunde nichts ändern, da die Hardware herkömmlicher
Rechner im wesentlichen – vom Einsatz von Koprozessoren abgesehen – nur zur sequentiellen Abarbeitung von Einzelbefehlen elementarster Art geeignet ist und Fortran 90 - Übersetzer für solche Anlagen gezwungen sind, die feldorientierten Befehle in
entsprechende Einzelanweisungen für die Elemente aufzugliedern. Die *array features*
von Fortran 90 stellen dann lediglich eine bequemere Notation für den Programmierer
zur Verfügung, ohne die Effizienz der Programme zu beeinflussen.

Mit der Verbreitung von Parallelrechnern hingegen können die in der Programmiersprache angelegten Möglichkeiten entfaltet werden,[1] da in Parallelrechenanlagen
in einem einzigen Befehlszyklus mehrere Operationen gleichzeitig ablaufen können, was
die Rechengeschwindigkeit vervielfacht.

Neben der grundlegenden Eigenschaft, daß Felder und Skalare in vordefinierten
Operationen und Funktionen meist gleichberechtigt sind, gibt es in Fortran 90 eine
Reihe von „Spezialitäten" für die Feldverarbeitung, die sogenannten *array features*, die
in diesem Kapitel behandelt werden.

14.2 Elementweise Operationen auf Feldern

Abschnitt 11.7.5 hat gezeigt, daß vordefinierte Operationen sowie Zuweisungen nicht
nur auf Skalare, sondern in gleicher Weise auch auf Felder angewendet werden können.

---

[1] Die kausale Reihenfolge ist allerdings die, daß das Aufkommen der Parallelrechner erst derartige
Sprachentwicklungen angeregt hat.

Bei zweiwertigen Operatoren dürfen zwei Felder jedoch nur dann miteinander verknüpft werden, wenn sie *konform* sind, d. h. dieselbe Form aufweisen. Die angegebene Operation wird dann auf die einander entsprechenden Elemente der Felder angewendet. Ein Feld darf stets mit einem Skalar verknüpft werden.

Beispiel: [Konforme Felder] Die Felder a, b und c, die in der folgenden Deklaration vereinbart werden, haben unterschiedliche Indexbereiche, aber *gleiche Form* (es handelt sich bei allen drei Feldern um 10 × 10 - Matrizen).

```
REAL, DIMENSION (10,10)           :: a
REAL, DIMENSION (0:9, 17:26)      :: b
REAL, DIMENSION (-5:+4, 1984:1993) :: c
```

Beispiel: [Verknüpfung konformer Felder] Unter Voraussetzung der obigen Deklarationen für a, b und c sind folgende Anweisungen gültig:

```
a = b*c                ! elementweise Multiplikation
a = MATMUL (b,c)       ! Matrix-Matrix-Multiplikation
a = 3.*b + SIN (a) + 2.74
```

Die Verknüpfung 3.*b bewirkt ein elementweises Multiplizieren mit 3 und hat die entsprechende 10 × 10 - Matrix als Resultat. SIN (a) ist eine 10 × 10 - Matrix mit den Elementen $\sin a_{ij}$. Auch konforme *Teil*felder können verknüpft werden:

```
c(0:4,1988:1992) = a(:5,:5) + b(5:,5:9)
a(:,1) = EXP (c(:,1992))
```

Nicht nur vordefinierte Operatoren, sondern auch viele vordefinierte Funktionen können auf Felder angewendet werden. Dabei gelten folgende Regeln: Sofern mehr als ein Feld als Formalparameter angegeben wird, müssen alle als Formalparameter angegebenen Felder in der Form übereinstimmen. Die Form des Resultats vieler vordefinierter Funktionen, die Felder als Parameter zugewiesen erhalten, ist ebenfalls ein Feld mit der gleichen Form wie die der Parameter.

Beispiel: [Trigonometrische Polynome] Die Auswertung der trigonometrischen Summe

$$s_{12} = \frac{a_0}{2} + \sum_{k=1}^{12} (a_k \cdot \cos kx + b_k \cdot \sin kx)$$

kann in Fortran 90 z. B. auf folgende Art gelöst werden:

```
REAL                 :: x, a_0, s_12
REAL, DIMENSION (12) :: a
REAL, DIMENSION (12) :: b, x_k
...
x_k = (/ k*x, k = 1, 12 /)
...
s_12 = a_0/2. + SUM (a*COS (x_k) + b*SIN (x_k))
```

Die *bedingte* Summation

$$\overline{s_{12}} = \frac{a_0}{2} + \sum_{a_k^2+b_k^2>0,01} (a_k \cdot \cos kx + b_k \cdot \sin kx)$$

kann durch einen sogenannten maskierten Aufruf von SUM erreicht werden:

```
s_12_b = a_0/2. + SUM (a*COS (x_k) + b*SIN (x_k), MASK = (a**2 + b**2) > 0.01)
```

Will man auch für selbstdefinierte Operatoren erreichen, daß Datenobjekte verschiedener Dimensionen als Operanden akzeptiert werden, so muß man entsprechende Funktionen definieren, und zwar je eine für jede Anzahl von Dimensionen, die benötigt wird.

14.2.1   Auswahl mit Feld-Bedingungen

Die in Abschnitt 12.3 besprochenen bedingten Anweisungen ermöglichen es, Anweisungen in Abhängigkeit von den Werten Boolescher Ausdrücke auszuführen oder zu überspringen. Die Bedingungen (Boolesche Ausdrücke), die in den IF-Anweisungen der Steuerung des Programmablaufs dienen, dürfen nur *skalare* logische Ausdrücke sein.

Beispiel: [Elementweises Logarithmieren] Das elementweise Logarithmieren einer ganzen Matrix $A \in \mathbb{R}^{n \times n}$ ist nur möglich, wenn alle Elemente $a_{i,j} > 0$ erfüllen.

```
REAL, DIMENSION (n,n)  ::  a, a_log
...
a_log = LOG (a)  ! syntaktisch korrekt
```

Wenn beim Logarithmieren mindestens ein Element der Matrix a nicht positiv ist, wird das Programm mit einer Fehlermeldung abgebrochen. Abhilfe kann durch eine IF-Anweisung nur in Form einer Schleifenschachtelung

```
DO i = 1, n
   DO j = 1, n
      IF (a(i,j) > 0.) a_log(i,j) = LOG (a(i,j))
   END DO
END DO
```

oder durch ein globales Vermeiden des Logarithmierens geschaffen werden:

```
IF (ALL (a > 0.)) a_log = LOG (a)
```

Hier werden die Logarithmen nur berechnet, wenn *alle* Elemente $a_{i,j} > 0$ erfüllen.

Für derartige Fälle gibt es in Fortran 90 spezielle Steuerkonstrukte für Feldzuweisungen: die WHERE-Anweisung sowie den ein- und zweiseitigen WHERE-Block. Die Bedingung, die in diesen Anweisungen zur Steuerung dient (man spricht auch vom *Maskieren* der auszuführenden Zuweisungen), *muß* ein logischer *Feld*ausdruck sein.

Die WHERE-Anweisung

Die WHERE-Anweisung hat Ähnlichkeit mit der IF-Anweisung. Sie gestattet die *maskierte* Ausführung genau einer Zuweisung an eine Feldvariable und hat die Form

WHERE (*logischer_feldausdruck*) *feldvariable = feldausdruck*

Dabei muß das Resultat des logischen Feldausdrucks dieselbe Form haben wie die Feldvariable. Für jene Elemente der Feldvariablen, denen ein Element des logischen Feldausdrucks mit dem Wert .TRUE. entspricht, wird der Feldausdruck auf der rechten Seite ausgewertet und die Zuweisung an die entsprechenden Elemente der Feldvariablen vollzogen, für die anderen Elemente nicht; sie bleiben unverändert und werden nicht (re)definiert. Es findet so eine *Maskierung* der Feldvariablen statt.

Beispiel: [Elementweises Logarithmieren] Mit Hilfe der WHERE-Anweisung kann man die Ausführung des Logarithmierens und die anschließende Zuweisung maskieren:

```
WHERE (a > 0.) a_log = LOG (a)
```

Diese Anweisung ist äquivalent zu der oben formulierten Programmvariante mit Doppelschleife.

Es ist nicht unbedingt erforderlich, daß im logischen Feldausdruck dasselbe Feld vorkommt wie in jenem Feldausdruck, der der Variablen zugewiesen wird (wie im obigen Beispiel); nur die Formen beider Ausdrücke müssen übereinstimmen.

Beispiel: [Gauß-Algorithmus] Der folgende Programmausschnitt stammt aus einem Unterprogramm zur Lösung linearer Gleichungssysteme mittels LU-Zerlegung (Gauß-Elimination):

```
REAL,     DIMENSION (n,n)  :: a
LOGICAL, DIMENSION (n,n)  :: eliminieren
...
eliminieren = .TRUE.
...
DO i = 1, n-1
   ...
   eliminieren(:,i) = .FALSE.
   eliminieren(i,:) = .FALSE.
   WHERE (eliminieren) a = a - SPREAD (a(:,i), DIM = 2, NCOPIES = n) * &
                             SPREAD (a(i,:), DIM = 1, NCOPIES = n)
END DO
```

Der ein- und zweiseitige WHERE-Block

Der WHERE-Block in seiner einseitigen und zweiseitigen Form ist ähnlich aufgebaut wie der entsprechende ein- bzw. zweiseitige IF-Block:

> WHERE (*logischer_feldausdruck*)
>   *feldzuweisungen*
> [ELSEWHERE
>   *feldzuweisungen*]
> END WHERE

Die Blockform erlaubt es, mehrere Feldzuweisungen in Abhängigkeit von der durch den logischen Feldausdruck formulierten Bedingung auszuführen. Die Anweisungen in einem WHERE-Block müssen sämtlich *vor*definierte Zuweisungen für Felder sein.

Im Feldausdruck sind Funktionen nur dann erlaubt, wenn eine Maskierung sinnvoll ist; das trifft auf Funktionen zu, die elementweise vollzogen werden (vgl. Abschnitt 14.2), nicht aber auf solche, die Felder als Einheit manipulieren.

Der logische Feldausdruck wird zunächst ausgewertet. Für jene Elemente der in den Feldzuweisungen des ersten Blocks auf der linken Seite vorkommenden Feldvariablen, für die der Ausdruck .TRUE. ergibt, werden die vorgeschriebenen Auswertungen und Zuweisungen vollzogen, für die anderen nicht. Anschließend wird der zweite Zuweisungsblock für jene Elemente der Felder in den Zuweisungen abgearbeitet, für die der logische Ausdruck .FALSE. ergeben hat.

Weil die Bedingung zu Beginn der Abarbeitung des WHERE-Blocks ausgewertet wird, hat es für dessen weiteren Verlauf keine Bedeutung, wenn Objekte, die im logischen Feldausdruck vorkommen, in einer der Feldzuweisungen verändert werden.

Man beachte den fundamentalen Unterschied zum zweiseitigen IF-Block: Beim zweiseitigen WHERE-Block kann es vorkommen, daß jeweils ein Teil von *beiden* Alternativen ausgeführt wird. Beim zweiseitigen IF-Block handelt es sich um einander ausschließende Alternativen.

Programme, die Felder sowohl in dem einen Block von Feldzuweisungen der zweiseitigen WHERE-Anweisung als auch in dem anderen Block verändern, verursachen damit eine Art von *Nebeneffekt*. Um derartige Programme verstehen zu können, muß man den genauen (internen) Ablauf der Abarbeitung der WHERE-Blöcke kennen:

Zunächst wird *logischer_feldausdruck* ausgewertet und das Resultat (ein Feld *maske*, das aus .TRUE. und .FALSE.-Werten besteht) intern abgespeichert. Anschließend werden die *feldzuweisungen* des ersten Anweisungsblocks sequentiell der Reihe nach abgearbeitet, so als ob es einzelne WHERE-Anweisungen wären. Dann werden die *feldzuweisungen* des zweiten Anweisungsblocks sequentiell ausgewertet, wie wenn es einzelne WHERE-Anweisungen mit dem Maskenausdruck (.NOT. *maske*) wären.

14.3   Speicherverwaltung

Die Speicherverwaltung ist eine der Aufgaben des Betriebssystems eines Computers. Es geht dabei um die Zuweisung und Überwachung aller vom System benutzten Speicherbereiche. Hierfür werden üblicherweise systeminterne Tabellen angelegt, die als Grundlage der Verwaltung von belegten und freien Speicherbereichen dienen.

Im Normalfall braucht man sich als Programmierer nicht um die Speicherverwaltung zu kümmern. Speziell im Zusammenhang mit (großen) Feldern kann jedoch eine bewußte Einflußnahme für die Effizienz von Bedeutung sein.

Jedes Datenobjekt besteht aus einem externen Objekt (dem Bezeichner im Programmtext) und einem internen Objekt (Referenz und gespeicherte Werte). Der *Gültigkeitsbereich* (*scope*) bezieht sich auf den Bezeichner und gibt jenen Bereich des Programms an, in dem das zu ihm gehörende Objekt angesprochen und benutzt werden kann (vgl. Abschnitt 13.6). Der *Existenzbereich* (*Bindungsbereich, Lebensdauer*) bezieht sich auf den internen Teil des Datenobjekts und gibt jenes Zeitintervall an, in dem Speicherplatz für ein Datenobjekt fest reserviert ist. Es handelt sich also um einen Begriff, der zur *Laufzeit* eines Programms eine Rolle spielt. Die in einer Programmiersprache zulässigen Existenzbereiche und ihre gegenseitige Lage bestimmen wesentlich, welchen Aufwand man bei der Speicherverwaltung treiben muß.

Der Zusammenhang zwischen Gültigkeitsbereich und Existenzbereich eines Datenobjekts muß nicht sehr eng sein. In Fortran 90 umfaßt der Gültigkeitsbereich einer Variablen z. B. die Geltungseinheit, in der sie deklariert ist, sowie alle Geltungseinheiten, die zur Deklaration Zugang haben. Der Existenzbereich stimmt jedoch bei Verwendung des SAVE-Attributs mit der Gesamtlaufzeit des Programms überein.

Man unterscheidet statische und dynamische Existenzbereiche:

Statische Existenzbereiche: Die entsprechenden Objekte belegen während der gesamten Laufzeit eines Programms Speicherplatz, wie z. B. Variablen mit SAVE-Attribut. Derartige Datenobjekte können daher nicht neu geschaffen bzw. wieder entfernt werden.

Dynamische Existenzbereiche: Für derartige Datenobjekte wird *nicht* während der gesamten Programm-Laufzeit Speicherplatz freigehalten.

Dynamische Existenzbereiche können entweder *automatisch* (die Lebensdauer eines Objekts entspricht der Lebensdauer der Programmeinheit bzw. des internen Unterprogramms, das die Deklaration des Datenobjekts enthält) oder vom Programmierer *gesteuert verwaltet* werden (die Lebensdauer eines Datenobjekts wird durch eine ALLOCATE- bzw. DEALLOCATE-Anweisung explizit festgelegt).

14.3.1 Automatische Felder

Wird in einem Unterprogramm eine *lokale* Feldvariable (im Unterschied zu einem Formalparameter) benötigt, deren Größe sich von Aufruf zu Aufruf ändern kann[2] (etwa in Abhängigkeit von einem Feld mit übernommener Form) und deren Werte nach der Abarbeitung des Unterprogramms nicht mehr benötigt werden, so vereinbart man ein *automatisches Feld* (*automatic array*). Die Größe automatischer Objekte hängt von nichtkonstanten Ausdrücken ab, die vor dem Beginn der Ausführung des Unterprogramms ausgewertet werden und für die folgendes gilt:

- Variablen in einem Ausdruck, der ein automatisches Feld beschreibt, müssen in derselben Geltungseinheit vor der Vereinbarung des Feldes deklariert worden sein.

- Wird in einem solchen Ausdruck eine Abfragefunktion aufgerufen, die sich auf einen Typparameter oder eine Indexgrenze eines Datenobjekts bezieht, welches im selben Vereinbarungsteil deklariert ist wie das automatische Feld, so muß der Typparameter bzw. die Indexgrenze im selben Vereinbarungsteil noch vor der Vereinbarung des automatischen Feldes festgelegt worden sein.

- Analog müssen die Indexgrenzen des Mutterfeldes eines Feldelements, dessen Wert in der Vereinbarung eines automatischen Feldes verwendet wird, bereits vor dessen Vereinbarung deklariert worden sein.

Beispiel: [Wertetausch] Für das Vertauschen der Werte von zwei (Feld-)Variablen benötigt man einen Hilfsspeicher, der sofort nach der letzten Zuweisung wieder freigegeben werden kann.

```
SUBROUTINE tausche_vektoren (u,v)
   REAL, DIMENSION (:), INTENT (INOUT)  ::  u, v
   REAL, DIMENSION (SIZE (u))           ::  speicher  ! automatisches Feld
   speicher = u
   u = v
   v = speicher
END SUBROUTINE tausche_vektoren
```

Die obere Grenze SIZE (u) in der Deklaration von speicher ist ein Ausdruck, der zur Laufzeit des Programms – genauer: bei jedem Aufruf des Unterprogramms tausche_vektoren – ausgewertet wird. Bei jeder „Abarbeitung" der Deklaration von speicher kann für dieses Feld eine unterschiedliche Anzahl von Elementen festgelegt werden.

ACHTUNG: Das Unterprogramm tausche_vektoren dient nur der Verdeutlichung des Konzepts der automatischen Felder. Es sind keine Vorsichtsmaßnahmen getroffen worden für den Fall eines fehlerhaften Aufrufs mit aktuellen Parametern u und v, die unterschiedliche Größe besitzen!

---

[2]Eine Größenänderung innerhalb eines Aufrufs ist nicht möglich, weil die Festlegung der Größe eines Datenobjekts Hand in Hand mit der Reservierung neuen Speicherplatzes geht. Die Größe eines automatischen Objekts ändert sich darum während einer Abarbeitung des Unterprogramms auch dann nicht, wenn die Objekte, die seine Größe definieren, ihre Werte ändern oder undefiniert werden.

Der Existenzbereich eines automatischen Feldes ist identisch mit der Abarbeitung jenes Unterprogramms, in dem es deklariert ist. Durch Ausführung der END-Anweisung des Unterprogramms wird der Speicher des automatischen Feldes freigegeben. Wenn das Unterprogramm wieder aufgerufen werden, kann auf die alten Werte des vorhergegangenen Aufrufs nicht zugegriffen werden.

Eine Erweiterung des Existenzbereiches durch das SAVE-Attribut ist nicht möglich: Automatische Felder dürfen *nicht* mit dem SAVE-Attribut versehen werden.

14.3.2 Dynamische Felder

In Fortran 90 gibt es für den Programmierer auch die Möglichkeit, den dynamischen Existenzbereich von Feldern und deren Indexgrenzen selbst zu steuern. In der Vereinbarung eines derartigen *dynamischen Feldes* im Spezifikationsteil des betreffenden (Unter-)Programms werden wie üblich Typ, Typparameter, Name und Anzahl der Dimensionen angegeben. Lediglich das hinzugefügte Attribut ALLOCATABLE und die fehlenden Indexbereiche (an deren Stelle Doppelpunkte gesetzt werden) sind Merkmale für die Vereinbarung eines dynamischen Feldes. Formale Parameter von SUBROUTINE- und FUNCTION-Unterprogrammen und Ergebnisvariable von FUNCTION-Unterprogrammen kommen als dynamische Felder *nicht* in Frage.

Beispiel: [Dynamische Matrix] In einem Programm tritt ein lineares Gleichungssystem $Ax = b$ auf, dessen Größe man nicht a priori festlegen kann, weil die Anzahl der Gleichungen von bestimmten Daten und vorausgegangenen Berechnungen abhängt. Mit

```
REAL, DIMENSION (:,:), ALLOCATABLE :: a
REAL, DIMENSION (:),   ALLOCATABLE :: b, x
```

werden die Matrix a und die Vektoren b und x als dynamische Felder vereinbart.

Wenn im Verlauf der Ausführung (also zur Laufzeit) der betreffenden Programmeinheit feststeht, wie der Indexbereich der einzelnen Dimensionen (die Form des Feldes) sein soll, wird mit Hilfe einer ALLOCATE-Anweisung eine explizite Speicherplatzanforderung vorgenommen:

ALLOCATE (*feldspezifikationsliste* [, STAT = *status*])

Die Spezifikation der einzelnen Felder in der *feldspezifikationsliste* legt deren Form fest:

feldname ([*untergrenze* :] *obergrenze* [, ...])

Die Statusvariable *status* muß ganzzahlig sein und darf nicht zu einem dynamischen Objekt gehören. Bei erfolgreicher Speicherzuordnung nimmt sie den Wert Null an, sonst (etwa wenn dem Feld bereits Arbeitsspeicher zugewiesen wurde) einen systemabhängigen positiven Wert. Wenn keine Statusvariable angegeben ist und ein Fehler bei der Ausführung der ALLOCATE-Anweisung auftritt, wird der Programmablauf mit einer Fehlermeldung abgebrochen.

Wenn keine *untergrenze* für den Index innerhalb einer Dimension angegeben wird, nimmt der Übersetzer 1 an.

Beispiel: [Dynamische Matrix] Sobald die Anzahl *n* der linearen Gleichungen feststeht, kann durch

```
ALLOCATE (a(n,n), b(n), x(n), STAT = alloc_fehler)
IF (alloc_fehler > 0) PRINT *, "Fehler beim ersten ALLOCATE in 'sub_1'"
```

eine konkrete Speicherzuweisung veranlaßt werden.

Nach der Allokation vorgenommene Änderungen jener Objekte, die die Ausdehnung festlegen, wirken sich nicht mehr auf die Feldgröße aus. Keine Ausdehnungsangabe in einem ALLOCATE-Befehl darf von einer anderen im selben Befehl abhängen.

Wird ein dynamisches Feld nicht mehr benötigt, so kann der Speicherplatz, den es belegt, durch die DEALLOCATE-Anweisung freigegeben werden:

DEALLOCATE (*feldliste*[, STAT = *status*])

Die Freigabe nicht mehr gebrauchten Speicherplatzes ist vor allem bei größeren Datenmengen ratsam. Jedes Feld in der *feldliste* muß ein dynamisches Feld sein, für das eine Allokation vollzogen wurde. Für die Statusvariable gilt dasselbe wie im ALLOCATE-Befehl. Die Anwendung der DEALLOCATE-Anweisung auf ein Feld, das zu diesem Zeitpunkt keinen Speicherplatz belegt, stellt einen Programmfehler dar.

ACHTUNG: *Zeiger, die auf deallokierte Felder weisen, werden undefiniert und sollten explizit disassoziiert oder neu assoziiert werden.*

Beispiel: [Dynamische Matrix] Wenn die dynamischen Felder a, b und x nicht mehr benötigt werden, können die entsprechenden Speicher durch

```
DEALLOCATE (a, b, x, STAT = dealloc_fehler)
IF (dealloc_fehler > 0) PRINT *, "Fehler beim ersten DEALLOCATE in 'sub_1'"
```

wieder freigegeben werden.

Nach Ausführung einer DEALLOCATE-Anweisung kann dem Feld mit einer neuen ALLOCATE-Anweisung wieder Speicherplatz zugeordnet werden.

Ein dynamisches Feld existiert nur nach erfolgreicher Ausführung einer ALLOCATE-Anweisung, solange es nicht gelöscht wird, d.h., der Existenzbereich (die Lebensdauer) eines dynamischen Feldes ist durch die Phasen zwischen ALLOCATE- und DEALLOCATE-Anweisungen (bzw. dem Ende der Programmausführung) gegeben.

Nur in seinem Existenzbereich, wenn Speicherplatz für das dynamische Feld reserviert ist, kann es auch *definiert*, d.h. mit Werten versehen werden.

Beispiel: [Dynamische Matrix]

```
REAL, DIMENSION (:,:), ALLOCATABLE :: a
...                     ! a existiert noch nicht
...                     ! Wertzuweisungen an a sind nicht moeglich
ALLOCATE ( a(n,n) )     ! a existiert ab jetzt
...                     ! Wertzuweisungen sind moeglich
DEALLOCATE ( a )        ! a hoert auf zu existieren
...
ALLOCATE ( a(k,k) )     ! a existiert ab jetzt wieder
```

Ein dynamisches Feld, das in einem Unterprogramm vereinbart oder zugänglich ist, verläßt seinen Existenzbereich nicht, wenn eine RETURN-Anweisung oder die END-Anweisung des Unterprogramms ausgeführt wird, ohne daß der Speicher des dynamischen Feldes vorher mit einer DEALLOCATE-Anweisung freigegeben wurde. Es ändert sich jedoch der *Definitionsstatus* des dynamischen Feldes. Wenn es vorher definiert war, so ist es jetzt undefiniert. Wenn das Unterprogramm wieder aufgerufen wird, so kann auf die alten Werte *nicht* zugegriffen werden, obwohl die Speicherreservierung noch aufrecht ist. Diese Änderung des Definitionsstatus beim Verlassen eines Unterprogramms kann durch das SAVE-Attribut vermieden werden.

Beispiel: [Dynamische Matrix] In einem externen Unterprogramm wird der dynamischen Matrix a durch eine ALLOCATE-Anweisung Speicher zugeordnet.

```
SUBROUTINE lin_alg (p_1, p_2, p_3)
   ...
   REAL, DIMENSION (:,:), ALLOCATABLE  ::  a
   ...                                         ! Bereich 1
   ALLOCATE ( a(n,n) )
   ...                                         ! Bereich 2
END SUBROUTINE lin_alg
```

Wenn das Unterprogramm lin_alg zweimal aufgerufen wird

```
   ...
   CALL lin_alg(a_p_1, a_p_2, a_p_3)  ! 1. Aufruf
   ...
   CALL lin_alg(a_p_4, a_p_5, a_p_6)  ! 2. Aufruf
   ...
```

ergibt sich folgender Statusverlauf von a:

1. Aufruf
   Bereich 1: a ist nicht existent und nicht definierbar
   Bereich 2: a ist existent und definierbar
2. Aufruf
   Bereich 1: a ist existent und *neu* definierbar
   Bereich 2: wird *nicht* erreicht, weil die unzulässige ALLOCATE-Anweisung zu einem Programmabbruch führt.

Um die Schwierigkeiten mit *Mehrfach*-Allokationen oder der irrtümlichen Verwendung von nichtexistenten dynamischen Feldern vermeiden zu können, gibt es in Fortran 90 die vordefinierte Funktion ALLOCATED, die den Existenzstatus eines dynamischen Feldes liefert.

Beispiel: [Dynamische Matrix] Ersetzt man die ALLOCATE-Anweisung im Unterprogramm lin_alg durch

```
IF (.NOT. ALLOCATED (a)) ALLOCATE ( a(n,n) )
```

so tritt beim zweiten Aufruf kein Abbruch mehr ein. Es ist allerdings dafür Sorge zu tragen, daß n definiert ist und den gewünschten Wert hat.

14.4 Felder als Parameter

Im allgemeinen müssen, wenn ein Feld einem Unterprogramm als Parameter übergeben wird, Formal- und Aktualparameter konform sein, d. h. bezüglich der Anzahl der Dimensionen und der Ausdehnung in den Dimensionen übereinstimmen. Um das zu erreichen, kann der Programmierer in der Vereinbarung des Formalparameters explizite Indexgrenzen festlegen, sodaß der Übersetzer noch vor dem Programmablauf feststellen kann, ob Übereinstimmung gegeben ist.

Beispiel: [Mittelwert] In manchen Anwendungsfällen ist die Form (Anzahl der Dimensionen und jeweilige Ausdehnung) fest und kann starr vereinbart werden.

```
FUNCTION jahresmittel (wert_pro_monat) RESULT (wert_jahr)
    REAL, DIMENSION (12), INTENT (IN)  :: wert_pro_monat
    REAL, INTENT (OUT)                 :: wert_jahr
    wert_jahr = SUM (wert_pro_monat)/12.
END FUNCTION jahresmittel
```

Man kann aber auch die Ausdehnung des Feldes als zusätzlichen Parameter übergeben.

Beispiel: [Mittelwert] Speziell in jenen Fällen, wo die Ausdehnung eines Feldes (bzw. Unter- und Obergrenzen) eine konkrete Bedeutung besitzt, kann man eigene Parameter verwenden.

```
FUNCTION mittelwert (anzahl, daten) RESULT (mittel_arith)
    INTEGER,                INTENT (IN)  :: anzahl
    REAL, DIMENSION (anzahl), INTENT (IN)  :: daten
    REAL,                   INTENT (OUT) :: mittel_arith
    mittel_arith = SUM (daten)/anzahl
END FUNCTION mittelwert
```

Größere Flexibilität gewinnt man durch die sogenannten Felder mit übernommener Form (*assumed-shape arrays*), das sind Formalparameter-Felder, die so vereinbart werden, daß sie automatisch die Form des Aktualparameters annehmen. Die Syntax des in der Vereinbarung des formalen Parameters anzugebenden Attributs eines Feldes mit übernommener Form lautet:[3]

DIMENSION ([*untergrenze*] : [, ...])

Für die Ausdehnung in jeder Dimension des Feldes wird ein Doppelpunkt gesetzt.

Beispiel: [Mittelwert] Die flexibelste und am wenigsten fehleranfällige Variante erhält man durch Verwendung eines Feldes mit übernommener Form.

```
FUNCTION vektor_mittel (vektor) RESULT (mittel_arith)
    REAL, DIMENSION (:), INTENT (IN)  :: vektor
    REAL,               INTENT (OUT) :: mittel_arith
    mittel_arith = SUM (vektor)/SIZE (vektor)
END FUNCTION vektor_mittel
```

In jeder Dimension kann in der Vereinbarung des formalen Parameters eine Index*untergrenze* festgelegt werden. Die Index*obergrenze* in der betreffenden Dimension des Formalparameter-Feldes ergibt sich dann aus der explizit spezifizierten unteren Grenze und der vom Aktualparameter-Feld *übernommenen* Ausdehnung d in der betreffenden Dimension als

$$obergrenze := untergrenze + d - 1.$$

---

[3]Ähnliche Bedeutung und Syntax hat die Vereinbarung eines Feldzeigers, vgl. Abschnitt 10.4.2.

Werden *keine* Indexuntergrenzen angegeben, so richten sie sich nicht etwa nach denen des Aktualparameters, sondern werden mit dem Wert 1 festgelegt.

Beispiel: Die Deklaration

```
REAL, DIMENSION (3:,:)  ::  a_formal
```

vereinbare ein Formalparameter-Feld, und

```
REAL, DIMENSION (-2:3,10)  ::  a_aktual
```

den dazugehörigen Aktualparameter. Dann hat Feld a_formal die gleiche Form wie a_aktual, jedoch lautet der Index des ersten Elements (3,1) und jener des letzten Elements (8,10).

14.5 Funktionen mit Feldresultaten

Funktionen können nicht nur Skalare, sondern auch Felder als Resultate haben. Dazu muß lediglich das Ergebnis (also der Funktions- bzw. Resultatname) als Feld mit der gewünschten Form vereinbart werden. Wenn das Funktionsresultat nicht zusätzlich ein Zeiger sein soll, müssen die Indexgrenzen ausdrücklich durch Ausdrücke angegeben werden. Damit der Übersetzer „weiß", daß das Resultat einer Funktion kein Skalar ist, muß die Schnittstelle solcher Funktionen explizit gemacht werden.

Beispiel: [Dyadisches Produkt] Das *dyadische Produkt* von zwei Vektoren $u \in \mathbb{R}^m$, $v \in \mathbb{R}^n$ ist eine Matrix $D \in \mathbb{R}^{m \times n}$ vom Rang Eins:

$$D := uv^T := \begin{pmatrix} u_1v_1 & u_1v_2 & \cdots & u_1v_n \\ u_2v_1 & u_2v_2 & \cdots & u_2v_n \\ \vdots & \vdots & & \vdots \\ u_mv_1 & u_mv_2 & \cdots & u_mv_n \end{pmatrix}.$$

Eine Implementierung durch ein FUNCTION-Unterprogramm könnte z. B. so aussehen:

```
FUNCTION dyadisches_produkt (u,v) RESULT (matrix_rg_1)
    REAL, DIMENSION (:), INTENT (IN)  ::  u, v
    REAL, DIMENSION (LBOUND (u):UBOUND (u), LBOUND (v):UBOUND (v)), INTENT (OUT) &
                                     ::  matrix_rg_1
    matrix_rg_1 = SPREAD (u, DIM = 2, NCOPIES = SIZE (v))* &
                  SPREAD (v, DIM = 1, NCOPIES = SIZE (u))
END FUNCTION dyadisches_produkt
```

14.6 Felder und Strukturen

Die Definition eines abgeleiteten Datentyps hat, wie bereits aus Abschnitt 10.3 bekannt, die Form

TYPE [::] *typname*
        komponentenvereinbarungen
END TYPE [*typname*]

Dabei haben die einzelnen Komponentenvereinbarungen die Form

typname [[, *komponenten_attribut_liste*] ::] *objektname* [(*feldspezifikation*)]
        [* *zeichenkettenlaenge*] [,*objektname* ...]

Felder können Komponenten solcher Strukturen sein.

Wie bereits bekannt ist, werden Komponenten einer Struktur in der Form

   objektbezeichner % komponentenbeschreibung

ausgewählt, wobei *objektbezeichner* den Namen des Mutterobjekts konstruierten Typs bedeutet und *komponentenbeschreibung* eine Komponente des Mutterobjekts ist, die ihrerseits weitere Komponenten haben oder von vordefiniertem Typ sein kann. Ausgewählt wird die am weitesten rechts stehende Komponente. Jede Komponentenbeschreibung hat die Form

   komponentenname [(*indexliste*)]

Wenn eine Indexliste angegeben ist, so handelt es sich bei der betreffenden Komponente um ein Feld, aus dem mittels der Indexliste ein Teilfeld oder ein Feldelement ausgewählt wird. Innerhalb ein und derselben Auswahl einer Strukturkomponente darf höchstens eine Komponente ein (Teil-) Feld beschreiben.

Beispiel: Die folgenden Typdefinitionen vereinbaren eine Struktur, die Ein- und Ausgaben für verschiedene Buchungsposten enthält:

```
TYPE betrag
   REAL, DIMENSION (1:20) :: posten_nr
END TYPE betrag
TYPE einaus
   TYPE (betrag) :: einnahmen, ausgaben
END TYPE einaus
```

Die nachstehende Vereinbarung deklariert ein Datenobjekt namens **mueller** und enthält die Ein- und Ausgaben einer Person dieses Namens im Lauf einiger Kalenderjahre:

```
TYPE (einaus), DIMENSION (1980:1999) :: mueller
```

mueller ist ein eindimensionales Feld aus Elementen des Typs **einaus**, die Komponente **posten_nr** ist ein eindimensionales REAL-Feld. Nun ist beispielsweise folgende Komponentenauswahl erlaubt:

```
mueller(1990) % ausgaben (12)
```

Sie ist ein Skalar und beschreibt die Ausgaben des Herrn **mueller** im Jahr 1990 für den Buchungsposten 12. Ebenso legal sind folgende Selektionen, die Teilfelder ergeben:

```
mueller(1982:1991) % einnahmen (5)
mueller(1980)       % ausgaben (10:)
```

Nicht erlaubt hingegen wäre

```
mueller % einnahmen (2:10)
```

– denn hier wären zwei Feldkomponenten beschrieben.

Kapitel 15

Ein- und Ausgabe

15.1 Grundlegende Begriffe

Ein- und Ausgabe (E/A, engl. *input/output*, kurz I/O) stellen die Kommunikation eines Programms mit seiner Umgebung dar. Mit den bisher vorgestellten Sprachelementen kann zwar bereits ein Programm entworfen werden, das einen Algorithmus korrekt ausführt, es wäre aber weder fähig, dessen Resultate dem Benützer zugänglich zu machen, noch sich Daten von außen zu verschaffen.

Die *Eingabe* dient im allgemeinen dazu, aus der Klasse von Problemen, die das Programm lösen kann, ein einzelnes Problem auszuwählen, indem Daten von externen Geräten in den Arbeitsspeicher, in dem sich das Programm und seine Datenobjekte befinden, transportiert und so Variablen des Programms mit Werten belegt werden.

Die Eingabe geschieht meist über die Tastatur, mittels magnetischer oder optischer Speichermedien (Disketten, Festplatte, CD-ROM etc.) oder über Datennetze.

Die *Ausgabe* gibt Werte von im Arbeitsspeicher befindlichen Datenobjekten des Programms nach außen, d. h. zu externen Geräten wie z. B. Bildschirm, Drucker, Plotter, magnetischen Speichermedien oder an Datennetze weiter.

Es gibt in Fortran 90 noch eine zweite Form der E/A, bei der Daten innerhalb des Arbeitsspeichers bewegt werden. Statt der externen Geräte kommen dabei sogenannte interne Dateien zum Einsatz (vgl. Abschnitt 15.5).

Der Eingabevorgang heißt *lesen* (*read*), die Ausgabe *schreiben* (*write*). Lesen und Schreiben werden in manchen Zusammenhängen (z. B. beim Lokalisieren einer Speicherzelle und Abfragen bzw. Verändern ihres Inhalts) unter dem Oberbegriff *Zugriff* (*access*) zusammengefaßt.

15.1.1 Datensätze

Eine zusammenhängende Folge von Werten oder Zeichen heißt *Datensatz* (engl. *record*, nicht zu verwechseln mit der gleichlautenden englischen Bezeichnung für Strukturen).

Beispiel: [Datensätze] Eine Zeile auf dem Bildschirm oder auf dem Drucker oder eine auf der Tastatur eingegebene Zeichenfolge kann ebenso als Datensatz angesehen werden wie die Zeichen auf einer Diskette, die Autor, Titel, Verlag und Erscheinungsjahr eines Buches beschreiben.

Fortran 90 unterscheidet:

1. *Formatierte* Datensätze (*formatted records*); das sind solche, in denen Werte als Zeichenfolgen dargestellt werden. Prinzipiell sind alle auf dem Rechnersystem verfügbaren Zeichen zulässig, ein Fortran 90 - System kann jedoch das Vorkommen einzelner Steuerzeichen[1] verbieten. Die *Länge* eines formatierten Datensatzes ist gleich der Anzahl der in ihm enthaltenen Zeichen.

2. *Unformatierte* Datensätze (*unformatted records*); in ihnen werden die Daten in ihrer systemabhängigen internen Darstellung (vgl. Abschnitt 9.1) abgelegt. Die Datenübertragung wird dadurch schnell; ein nicht unerheblicher Nachteil ist, daß solcherart abgespeicherte Daten nicht nur von Menschen, sondern i. a. auch von anderen Rechnern nicht gelesen werden können. Unformatierte Datensätze werden daher meist zur Speicherung umfangreicher Zwischenergebnisse verwendet, die vom selben System wieder gelesen werden. Die Länge eines unformatierten Datensatzes wird in systemabhängigen Einheiten (meist wohl in Bytes oder Wörtern) gemessen.

3. *Dateiendesätze* (*end-of-file records*); das sind spezielle Datensätze, die das Ende einer sequentiellen Datei (vgl. Abschnitt 15.1.3) kennzeichnen und nur als letzter Datensatz einer Datei auftreten dürfen. Ein Dateiendesatz hat weder Wert noch Länge.

Formatierte Datensätze bestehen aus einzelnen *Feldern* (*fields*), die jedoch nichts mit Datenverbunden gleichartiger Komponenten (*arrays*) zu tun haben. Als Feld bezeichnet man die Gesamtheit der Zeichen, die innerhalb eines Datensatzes einen Wert darstellen. Die Anzahl dieser Zeichen heißt *Feldbreite* (*field width*). Je nachdem, ob es sich um einen Datensatz für die Eingabe oder für die Ausgabe handelt, unterscheidet man *Eingabefelder* und *Ausgabefelder*.

15.1.2 Dateien

Eine *Datei* (engl. *file*) ist eine Zusammenfassung von Datensätzen in einem Ein- oder Ausgabegerät bzw. in einem Speicher. Eine Datei, die nicht im Speicherbereich des ausgeführten Programms liegt – beispielsweise in einem externen Ein- oder Ausgabegerät bzw. Speicher –, heißt *externe Datei* (*external file*), eine Datei im Arbeitsspeicher des Systems – genauer: innerhalb der Datenstruktur des Programms – wird *interne Datei* (*internal file*) genannt.

Eine Datei besteht entweder nur aus formatierten oder nur aus unformatierten Datensätzen sowie evtl. einem Dateiendesatz.

---

[1]Steuerzeichen bewirken, wenn sie an eine Peripherieeinheit (Drucker, Bildschirm usw.) gesendet werden, bestimmte Aktionen (Wagenrücklauf, Papiervorschub, Löschung des letzten geschriebenen Zeichens, akustisches Signal etc.) oder haben Signalwirkung für die Datenübertragung (etwa als Synchronisierungssignal, positive oder negative Rückmeldung oder als Signal für das Ende der Übertragung). In Dateien werden sie für die Formatierung verwendet (Ende der Datei, Tabulator usw.). Steuerzeichen haben keine festgelegte graphische Darstellung (am Bildschirm oder Drucker), d. h., es ist *systemabhängig*, ob und wie sie dargestellt werden.

15.1.3 Zugriff auf Dateien

Man unterscheidet verschiedene Arten des Zugriffs auf Dateien. Fortran 90 kennt

Sequentielle Dateien (*sequential access files*), in denen die Datensätze fortlaufend
  gespeichert sind und im Normalfall in dieser Reihenfolge wieder abgerufen werden.
  Der letzte Datensatz einer sequentiellen Datei ist ein Dateiendesatz.

Direkte Dateien: In direkten Dateien (*direct access files*) wird jeder Datensatz durch
  eine positive ganze Zahl – die Datensatznummer – identifiziert, die beim erstmali-
  gen Beschreiben des Datensatzes vergeben wird und nicht mehr verändert werden
  kann. Datensätze direkter Dateien können nur überschrieben, aber nicht gelöscht
  werden. Alle Datensätze in direkten Dateien haben gleiche Länge und können
  unabhängig von ihrer Reihenfolge gelesen und beschrieben werden. Beispielsweise
  kann ein Datensatz, der die Nummer 4 trägt, auch dann beschrieben werden,
  wenn die Datensätze 1 bis 3 noch nicht beschrieben wurden. Ein noch nicht be-
  schriebener Datensatz darf nicht gelesen werden.

Welche Zugriffsart konkret auf eine Datei angewendet wird, entscheidet sich beim sogenannten Öffnen der Datei (vgl. Abschnitt 15.4.4). Für eine Datei kann sowohl sequentieller als auch direkter Zugriff erlaubt sein (allerdings nicht gleichzeitig). In diesem Fall
ist die Reihenfolge der Datensätze für sequentiellen Zugriff dieselbe, wie sie den Daten-
satznummern bei direktem Zugriff entspricht. Bei direktem Zugriff wird ein eventuell
vorhandener Dateiendesatz nicht als Teil der Datei angesehen.

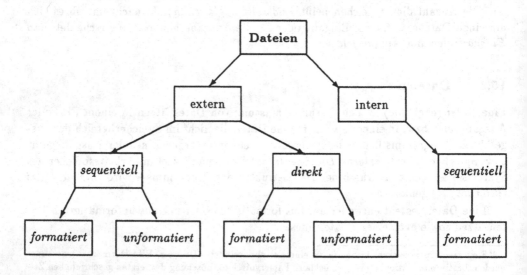

In den folgenden Abschnitten werden die Ein- und Ausgabemöglichkeiten in Fortran 90 in dieser Reihenfolge behandelt:

1. Für „Eilige" und solche, die keine Ansprüche an die äußere Form ihrer E/A stellen und lediglich wenige Daten von der Tastatur lesen bzw. zum Drucker oder Bildschirm schicken möchten, wird zunächst die einfachste Form der Datenübertragung, die listengesteuerte Ein- und Ausgabe, vorgestellt.

2. Der Abschnitt über formatierte Ein- und Ausgabe wendet sich an diejenigen, die ihrer Ein- und Ausgabe Form verleihen wollen.

3. Schließlich werden jene angesprochen, die nicht mit den E/A-Geräten Bildschirm und Tastatur das Auslangen finden oder in anderer Hinsicht mehr über das Thema erfahren möchten.

15.2   Listengesteuerte Ein- und Ausgabe

Dem Anwender, der nur wenige Daten von der Tastatur in den Hauptspeicher oder von dort auf den Bildschirm befördern will, ohne besondere Ansprüche an die äußere Form zu stellen, genügt die einfachste Form der Ein- und Ausgabe, die sogenannte *listengesteuerte* Ein- und Ausgabe (*list directed* I/O). Sie hat ihren Namen von der Tatsache, daß sich die Darstellungsform der Daten im Gegensatz zu anderen, in den folgenden Abschnitten besprochenen Formen der Ein- und Ausgabe aus dem Typ der verwendeten Größen ableitet. Es ist *nicht* möglich, die Darstellungsart der ausgegebenen Werte (z. B. die Anzahl der auszugebenden Dezimalstellen einer REAL-Zahl oder die Abstände zwischen den auszugebenden Werten) zu beeinflussen; sie wird abhängig von Typ und Größe der ein- bzw. auszugebenden Objekte, die in einer sogenannten Ein- bzw. Ausgabeliste stehen, vom Rechnersystem gewählt. Die elementare Syntax der entsprechenden Befehle lautet

```
PRINT * [, ausgabeliste]
READ  * [, eingabeliste]
```

Dabei wird PRINT für die Ausgabe (auch wenn es sich beim Ausgabegerät nicht um einen *Printer* handelt) und READ für die Eingabe verwendet. Die Ein- und Ausgabe erfolgt bei diesen Befehlsformen über bestimmte systemabhängig festgelegte Geräte – meist Tastatur und Bildschirm.

Beispiel: [Listengesteuerte Ein/Ausgabe] Die Anweisung

```
PRINT *, " Radius = ", r, " Kreisflaeche = ", pi*(r**2)
```

könnte folgende Bildschirmausgabe bewirken:

```
Radius = 25.19  Kreisflaeche = 1993.454
```

Die Anweisung

```
READ *, name, wert
```

kann z. B. durch folgende Eingabe befriedigt werden:

```
"Eulersche Konstante" 0.577216
```

15.2.1   Listengesteuerte Ausgabe

Als Objekte der Ausgabeliste kommen nicht nur Konstanten und Variablen, sondern auch Ausdrücke in Frage. Auch die Verwendung impliziter Schleifen (vgl. Abschnitt 9.5.1) ist erlaubt.

Felder werden als Folge ihrer Elemente behandelt, wobei die Speicher-Reihenfolge der Elemente (vgl. Abschnitt 11.7.1) eingehalten wird.

Die ausgegebenen Werte werden – bis auf Zeichenketten – durch ein oder mehrere Leerzeichen oder durch ein Komma getrennt, welchem Leerzeichen vorangehen und folgen können.

Wenn bei der Ausgabe mehrere aufeinanderfolgende Werte gleich sind, darf das System die Schreibweise

$n * wert$

verwenden. Dabei ist n ein *Wiederholungsfaktor* (*repeat count*), der besagt, daß der betreffende Wert n-mal hintereinander auftritt.

INTEGER-Zahlen werden ohne führende Nullen ausgegeben, führende Leerzeichen sind möglich. Ein positiver Wert kann mit einem Vorzeichen geschrieben werden, ein negativer Wert wird auf jeden Fall mit einem Vorzeichen versehen.

Beispiel: [INTEGER-Ausgabe]

```
1993    -7    +65536
```

REAL-Zahlen werden je nach ihrem Betrag als Dezimalzahlen mit oder ohne Exponententeil ausgegeben.

Beispiel: [REAL-Ausgabe]

```
9.80665    -273.15    6.022E+26
```

COMPLEX-Zahlen werden als Paar von REAL-Zahlen mit oder ohne Exponententeil geschrieben, wobei Real- und Imaginärteil durch ein Komma getrennt sind. Das Zahlenpaar wird in Klammern eingeschlossen.

Beispiel: [COMPLEX-Ausgabe]

```
(7.1934E+02, 3.1739E+02)
```

LOGICAL-Größen werden als T für .TRUE. oder F für .FALSE. notiert.

Von dieser Möglichkeit der Ausgabe sollte kein Gebrauch gemacht werden. Eine bessere Variante ist die Ausgabe einer CHARACTER-Größe, die den Sachverhalt verdeutlicht (z.B. singulaer *bzw.* nicht_singulaer*).*

CHARACTER-Größen werden ohne Begrenzer (Anführungszeichen oder Apostrophe) ausgegeben.

Beispiel: [CHARACTER-Ausgabe]

```
Steighoehe    h = (0.5g)(v_0*sin(alpha))**2
```

Zum Zweck der Steuerung des Zeilenvorschubs beim Drucken beginnt jeder ausgegebene Datensatz mit einem Leerzeichen, das jedoch von Druckern nicht ausgegeben wird.

Mit jeder PRINT-Anweisung wird ein neuer Datensatz begonnen. Insbesondere wird mit der Anweisung

PRINT *

ein leerer Datensatz (z. B. eine Leerzeile) geschrieben.

15.2.2 Listengesteuerte Eingabe

Als Objekte der *Eingabeliste* sind nur Variablen zulässig. *Felder* werden als Folge ihrer Elemente behandelt, wobei die vorgegebene Reihenfolge der Elemente (vgl. Abschnitt 11.7.1) eingehalten wird.

Die eingegebenen Werte müssen durch eines der folgenden Trennzeichen (nicht zu verwechseln mit den Trennzeichen für lexikalische Elemente, vgl. Abschnitt 8.2) voneinander getrennt werden:

● ein Komma, dem Leerzeichen vorausgehen oder folgen dürfen,

● ein oder mehrere Leerzeichen.

Ein Schrägstrich zeigt das Ende des Datensatzes an, sodaß nach ihm stehende Eingabewerte ignoriert werden. Die Werte müssen in folgender Form eingegeben werden:

INTEGER- und REAL-Größen werden wie Literale des jeweiligen Typs (vgl. Abschnitte 9.3.1 bzw. 9.3.2) geschrieben. Bei REAL-Zahlen dürfen mehr Nachkommastellen angegeben werden, als verarbeitbar sind. Bei der Eingabe macht das System keinen Unterschied zwischen den Exponentenbuchstaben E und D. Auch die Kleinbuchstaben e und d dürfen verwendet werden.

Beispiel: [REAL-Eingabe]

28976.809   -748e2   +3460.5280794327345809D-6

COMPLEX-Größen werden als in Klammern eingeschlossenes Paar von REAL-Literalen geschrieben. Real- und Imaginärteil werden durch ein Komma getrennt. Jedem Teil dürfen Leerzeichen vorangehen oder folgen. Zwischen dem Real- oder dem Imaginärteil und dem Komma darf sogar das Ende des Datensatzes auftreten; die komplexe Größe muß dann im folgenden Datensatz fortgesetzt werden.

Beispiel: [COMPLEX-Eingabe]

(8.014E-1, 0.0)

LOGICAL-Größen: Der Wert .TRUE. wird durch ein T oder ein t, der Wert .FALSE. durch ein F oder ein f symbolisiert. Dem Buchstaben kann ein Punkt vorangestellt werden, vor diesem können Leerzeichen auftreten. Weitere Zeichen – nicht aber Schrägstriche, Leerzeichen oder Kommas – dürfen dem Buchstaben folgen.

Beispiel: [LOGICAL-Eingabe]

.TRUE.   .FALSE.   t   .F   TEILER   .Faktor?

CHARACTER-Größen: Die einzulesende Zeichenkette muß denselben Typparameter aufweisen wie die zugehörige Variable der Eingabeliste. Sie muß von Anführungszeichen oder Apostrophen eingefaßt werden, wenn

- sie Leerzeichen, Kommas oder Schrägstriche enhält,
- das erste nichtleere Zeichen ein Apostroph oder Anführungszeichen ist,
- die ersten Zeichen von einem Stern gefolgte Ziffern sind (die als Wiederholungsfaktor interpretiert würden) oder
- die Zeichenkette von einem Datensatz in den nächsten fortgesetzt wird.

Wenn die Begrenzer fehlen, wird das Literal durch das erste Leerzeichen oder Komma, durch das Ende des Datensatzes oder durch den ersten Schrägstrich beendet. Apostrophe und Anführungszeichen innerhalb der Zeichenkette dürfen dann nicht verdoppelt werden.

Beispiel: [CHARACTER-Eingabe]

```
Kelvinskala    "Tripelpunkt des Wassers"   "273.15 K"
```

Ist die einzugebende Zeichenkette länger als die Länge der entsprechenden Variablen der Eingabeliste, so werden die rechts überzähligen Zeichen der Zeichenkette abgeschnitten. Ist die Zeichenkette kürzer als die Länge der Variablen, so wird die Variable rechts mit Leerzeichen aufgefüllt.

Zeichenketten dürfen für die Eingabe über beliebig viele Datensätze fortgesetzt werden, das Ende eines Datensatzes darf jedoch *nicht* zwischen zwei aufeinanderfolgenden Anführungszeichen bzw. Apostrophen auftreten, wenn die Zeichenkette durch Anführungszeichen bzw. Apostrophe begrenzt wird.

Mehrmals hintereinander auftretende gleiche Werte können kürzer in der Schreibweise

$n * wert$

notiert werden. Der Effekt eines solchen Mehrfachwerts ist, daß die nächsten n Variablen in der Eingabeliste mit dem Wert *wert* belegt werden.

Beispiel: [Wiederholungsfaktor]

```
READ *, (a(i), i=1,5)
```

Durch die Eingabe

```
2*0 3*1
```

werden die Feldelemente a(1) und a(2) mit dem Wert 0, a(3) bis a(5) mit dem Wert 1 belegt.

In einem Datensatz für die Eingabe können auch sogenannte *Leerwerte* (*null values*) auftreten. Ein Leerwert wird anstelle eines Literals in der oben beschriebenen Notation verwendet und bewirkt, daß der Wert der zugehörigen Variablen der Eingabeliste beibehalten wird, d. h. entweder zwar definiert, aber unverändert oder undefiniert bleibt.[2]

---

[2] Ein Leerwert kann für eine komplexe Variable als ganzes verwendet werden, nicht jedoch nur für ihren Real- oder Imaginärteil.

Ein Leerwert kann notiert werden:

- durch zwei aufeinanderfolgende Trennzeichen (z. B. ,,) oder

- durch das Fehlen von Zeichen vor dem ersten Trennzeichen im ersten Datensatz bei
  Ausführung einer listengesteuerten Eingabeanweisung (z. B. ,3.14159).

Mehrere aufeinanderfolgende Leerwerte können in der Form

$$n *$$

(ohne Angabe eines Wertes) geschrieben werden.

Beispiel: [Leerwerte]

```
READ *, (a(i), i = 1, 10)
```

kann durch die Eingabe

```
,5,7,,9,5*
```

befriedigt werden, die bewirkt, daß lediglich die Elemente a(2), a(3) und a(5) (neue) Werte erhalten.
Die restlichen Elemente behalten ihre alten Werte, falls sie bereits welche hatten; andernfalls bleiben
sie undefiniert.

Ein Schrägstrich als Trennzeichen bewirkt den Abbruch des gerade abgearbeiteten Ein-
gabebefehls; alle eventuell im selben Datensatz hinter dem Schrägstrich stehenden Eingabewerte werden ignoriert, so als ob die übrigen Variablen der Eingabeliste mit Leer-
werten belegt würden.

Beispiel: [Schrägstrich als Trennzeichen]

```
READ *, c_beton, c_holz, c_luft
```

Die Eingabe

```
880 /
```

bewirkt, daß c_beton den Wert 880 erhält und die letzten beiden Variablen ihre alten Werte beibehalten
bzw. undefiniert bleiben.

Leerzeichen dürfen nicht in Literale eingefügt werden; Ausnahmen bilden Zeichenketten und komplexe Literale. Außerhalb von Zeichenketten haben mehrere aufeinanderfolgende Leerzeichen bei der Eingabe dieselbe Bedeutung wie ein einzelnes.

Mit jeder READ-Anweisung wird ein neuer Datensatz begonnen. Insbesondere wird
mit der Anweisung

```
READ *
```

ein Datensatz überlesen.

15.3 Formatierte Ein- und Ausgabe

Für die Ein- und Ausgabe ist es meist nötig, die ein- oder ausgegebenen Werte so darzustellen, daß sie von einem Menschen geschrieben oder gelesen werden können. Die internen Darstellungen der Datenobjekte sind dafür jedoch nicht geeignet. Es ist daher notwendig, die binäre Darstellung der internen Objekte in eine lesbare Zahlen- bzw. Zeichendarstellung umzuwandeln.

Darüberhinaus will man die Werte oft in einer bestimmten Weise darstellen, z.B. die ausgegebene Anzahl der Dezimalstellen einer Gleitkommazahl beeinflussen oder eine bestimmte Anzahl von Leerzeichen zwischen zwei Werten einfügen, kurz: die Ein- und Ausgabe *formatieren*. In Fortran 90 gibt es eine Reihe von Sprachelementen, die es ermöglichen, die Darstellung der Werte den jeweiligen Erfordernissen anzupassen.

Beispiel: [Formatierung] Das interne Objekt der REAL-Zahl

       8.097315E-4

kann je nach Wunsch z.B. in eine der (ggf. gerundeten) Darstellungen

       0.0008097315
       8.09E-4
       809E-6
       ...

gebracht werden.

15.3.1 Formatierte Ausgabe auf einem Drucker

Manchmal werden Datensätze an eine Ausgabeeinheit gesendet, die das erste Zeichen des Datensatzes als Steuerzeichen (*control character*) interpretiert. Wenn ein formatierter Datensatz über eine solche Einheit (meist handelt es sich um einen Drucker) ausgegeben wird, wird das erste Zeichen zur Steuerung der vertikalen Abstände in der Ausgabe verwendet. Die restlichen Zeichen des Datensatzes werden in einer Zeile (beginnend am linken Rand) ausgegeben. Als Steuerzeichen kommen in Frage:

+	keine neue Zeile	
⊔	neue Zeile (keine Leerzeile)	*Normalfall*
0	eine Leerzeile	
1	neue Seite	

Die Verwendung der PRINT-Anweisung zieht nicht automatisch eine Ausgabe auf einem Drucker nach sich, genauso wie die WRITE-Anweisung nicht automatisch das Drucken ausschließt.

15.3.2 Formatierte Ein- und Ausgabeanweisungen

Im Abschnitt 15.2 über listengesteuerte E/A wurde eine einfache Form der Befehle READ und PRINT verwendet, bei der keine Angaben über das gewünschte Datenformat gemacht werden konnten. Nun wird die allgemeinere Form

       READ *formatangabe* [, *eingabeliste*]
       PRINT *formatangabe* [, *ausgabeliste*]

vorgestellt, mit der eine Formatierung von Daten möglich wird.

Der READ-Befehl in dieser Form und der PRINT-Befehl werden vorläufig der Einfachheit halber verwendet.

Es wird empfohlen, bei der praktischen Anwendung der formatierten E/A die im Abschnitt 15.4 beschriebenen allgemeinen Formen der Anweisungen READ und WRITE zu verwenden, für die die im folgenden erläuterten Formatbeschreiber genauso gelten.

Eingabe- und Ausgabeliste

In der *Eingabeliste* stehen die Namen der einzulesenden Variablen.[3] Konstanten und Ausdrücke sind in einer Eingabeliste naturgemäß nicht erlaubt.

In der *Ausgabeliste* stehen die auszugebenden Datenobjekte. Erlaubt sind Variablen und im Gegensatz zur Eingabeliste auch Konstanten, Funktionsaufrufe und Ausdrücke.

Sowohl in der Eingabe- als auch in der Ausgabeliste sind Felder zulässig. Sie werden dann als Folge ihrer Elemente in der festgelegten Reihenfolge behandelt. Allerdings darf in einer Eingabeliste kein Element öfter als einmal aufscheinen.

Zeiger in einer E/A-Liste müssen mit einem Ziel verbunden sein; in einer Eingabeliste muß das Ziel definierbar sein. Der Ein- bzw. Ausgabebefehl bezieht sich dann auf das Ziel des Zeigers.

Dynamische Felder müssen Speicherplatz zugewiesen bekommen haben.

Eine Struktur darf nur dann in einer Ein- oder Ausgabeliste aufscheinen, wenn jede ihrer grundlegenden Komponenten im Geltungsbereich der E/A-Anweisung liegt und zugänglich ist (also *nicht* z. B. das Attribut PRIVATE trägt) und wenn sie keine Zeiger als Komponenten enthält. Strukturen werden bei der Ein- und Ausgabe wie eine Folge ihrer Komponenten behandelt, und zwar in derselben Reihenfolge wie in der Typdefinition.

Formatangabe

Die Formatangabe für die Ein- bzw. Ausgabe kann auf vier verschiedene Arten erfolgen:

- *formatangabe* kann erstens eine Anweisungsmarke sein. Das bedeutet, daß das Format durch eine spezielle nichtausführbare Anweisung – eine FORMAT-Anweisung – festgelegt wird, die genau diese Anweisungsmarke trägt.

- Das Ein- bzw. Ausgabeformat kann auch durch eine Zeichenkette angegeben werden. Diese Zeichenkette muß dem gewöhnlichen CHARACTER-Typ angehören und gültige *Formatbeschreiber*, die in den Abschnitten 15.3.3 bis 15.3.5 beschrieben werden, bilden.

- Ein Stern als Formatangabe führt zur listengesteuerten Ein- und Ausgabe.

- Die völlige Weglassung der Formatangabe bewirkt unformatierte Ein- und Ausgabe.

---

[3]Objekte der Eingabe- und der Ausgabeliste können auch mit Hilfe impliziter Schleifen angegeben werden. Dabei darf die Laufvariable nicht selbst in der Eingabeliste aufscheinen und auch nicht mit einer Variablen der Eingabeliste assoziiert sein.

Die FORMAT-Anweisung

Die FORMAT-Anweisung wird verwendet, um die Formatierung der Daten im zugehörigen Ein- oder Ausgabebefehl festzulegen. Die FORMAT-Anweisung *muß* eine Anweisungsmarke (Anweisungsnummer) tragen, auf die im E/A-Befehl Bezug genommen wird.

> *anwmarke* FORMAT ([*formatbeschreiberliste*])

Beispiel: [FORMAT-Anweisung] Die beiden Anweisungen

```
      PRINT 100, spannung
      ...
      100 FORMAT (EN15.2)
```

bewirken, daß die Variable spannung nach den Vorschriften des Datenformatbeschreibers EN15.2, der weiter unten beschrieben wird, in technischer Notation formatiert ausgegeben wird.

Formatangabe mittels Zeichenketten

Die Angabe des Formats kann auch direkt in der E/A-Anweisung erfolgen.

Beispiel: [Direkte Formatangabe] Die Anweisung

```
      PRINT '(EN15.2)', spannung
```

bewirkt dieselbe Ausgabe wie im obigen Beispiel.

Die Formatangabe ist in diesem Fall eine Konstante, eine Variable oder ein Ausdruck des Standard-CHARACTER-Typs, deren Wert eine gültige, in Klammern eingeschlossene Formatbeschreiberliste (die in den folgenden Abschnitten erläutert wird) ergibt.

ACHTUNG: Die Syntax (Schreibweise) der Formatangabe direkt im PRINT- bzw. READ-Befehl unterscheidet sich geringfügig (durch die Apostrophe bzw. Anführungszeichen) von jener in der FORMAT-Anweisung.

Die einzelnen Zeichen der Zeichenkette müssen definiert sein und dürfen während der Ausführung des E/A-Befehls nicht umdefiniert werden. Enthält die Formatangabe ein CHARACTER-Feld, so wird es als Folge seiner Elemente in der festgesetzten Reihenfolge behandelt. Enthält die Formatangabe ein einzelnes Feldelement, so muß in ihm eine vollständige Datenformatbeschreiberliste enthalten sein.

Zur Festlegung des Ein- oder Ausgabeformats gibt es eine Vielzahl von *Formatbeschreibern* (*edit descriptors*). Man unterscheidet *Datenformatbeschreiber*, die die Darstellung der Werte selbst festlegen, *Steuerbeschreiber*, die z. B. Tabulatorfunktionen haben sowie *Zeichenketten-Formatbeschreiber* (*character string edit descriptors*), die die direkte Ausgabe von Texten gestatten. Den Formatbeschreibern wird wegen des großen Umfangs der mit ihnen verbundenen Möglichkeiten ein eigener Abschnitt gewidmet.

15.3.3 Datenformatbeschreiber

Für jeden Datentyp gibt es Datenformatbeschreiber, die festlegen, wie ein Wert des Datentyps dargestellt wird. Datenformatbeschreiber bilden Teile des Ein- oder Ausgabebefehls für das zugehörige Datenobjekt oder Teile des FORMAT-Befehls.

Beispiel: [Formatbeschreiber für REAL-Zahlen] Der Datenformatbeschreiber F7.3 wird für Gleitpunktzahlen verwendet und legt fest, daß die Zahl auf einem Feld der Länge 7 rechtsbündig mit drei Nachkommastellen dargestellt wird. Um die REAL-Variable zahl unter Verwendung dieses Formats auszugeben, kann der Befehl

        PRINT '(F7.3)', zahl

oder die Anweisungskombination

            PRINT 100, zahl
            ...
        100 FORMAT (F7.3)

verwendet werden.

Datenformatbeschreiber für den Typ INTEGER

I-Format: Der Datenformatbeschreiber

$$I w[.m]$$

(*Integer*) besagt, daß das Feld der INTEGER-Zahl w Stellen lang ist.

Bei der *Ausgabe* wird die Zahl mit ihrem Vorzeichen ausgegeben, wenn sie negativ ist. Ist sie positiv, so kann sie ein Vorzeichen tragen. Die Angabe von m bedeutet, daß das Ausgabefeld mindestens m sichtbare Stellen aufweisen muß, die gegebenenfalls durch führende Nullen aufgefüllt werden, wenn der Betrag der Zahl zu klein ist. Wenn m fehlt, werden keine führenden Nullen ausgegeben.

Bei der *Eingabe* hat die Angabe von m keinen Effekt. Einzugeben ist ein gegebenenfalls mit einem Vorzeichen versehenes ganzzahliges Literal.

B-Format: Der Datenformatbeschreiber

$$B w[.m]$$

(*Binary*) dient der Ein- und Ausgabe binärer Daten. Eingabedatenfelder dürfen nur die binären Ziffern 0, 1 oder Leerzeichen enthalten.

O-Format: Der Datenformatbeschreiber

$$O w[.m]$$

(*Octal*) dient der Ein- und Ausgabe oktaler Daten. Eingabedatenfelder dürfen nur die oktalen Ziffern 0, 1, 2, 3, 4, 5, 6, 7 oder Leerzeichen enthalten.

Z-Format: Der Datenformatbeschreiber

$$Z w[.m]$$

dient der Ein- und Ausgabe hexadezimaler Daten. Eingabedatenfelder dürfen nur die hexadezimalen Ziffern 0, 1, 2, 3, 4, 5, 6, 7, 8, 9, A, B, C, D, E, F oder Leerzeichen enthalten.

Datenformatbeschreiber für den Typ REAL

F-Format: Der Datenformatbeschreiber

   Fw[.d]

(*Floating point*) bedeutet, daß das Feld der Gleitpunktzahl w Stellen hat, von denen d Nachkommastellen sind.

Bei der *Ausgabe* wird die Zahl als Ziffernfolge mit einem Dezimalpunkt, aber ohne Exponententeil dargestellt. Davor steht auf jeden Fall ein Vorzeichen, wenn die Zahl negativ ist; eine positive Zahl kann unter Umständen ein Vorzeichen tragen. Eine führende Null darf nur dann auftreten, wenn der Betrag der Zahl kleiner als 1 ist. Hat die Zahl mehr als d Nachkommastellen, so wird sie gerundet.

ACHTUNG: Der Dezimalpunkt beansprucht sowohl hier als auch bei den anderen Formatbeschreibern für die Ausgabe von REAL- und COMPLEX-Objekten eine eigene Stelle!

Bei der *Eingabe* folgt einem allfälligen Vorzeichen eine Ziffernfolge, die einen Dezimalpunkt enthalten kann. Wenn d angegeben ist und die eingegebene Ziffernfolge keinen Dezimalpunkt enthält, werden die am weitesten rechts stehenden d Ziffern als Nachkommastellen interpretiert (wenn die Ziffernfolge weniger als d Ziffern aufweist, werden führende Nullen angenommen). Wenn die Ziffernfolge einen Dezimalpunkt enthält, hat d keinen Effekt. Ein Exponententeil der Form

   [*expbuchst*] [±]*ziff_folge*

darf angegeben werden. Der Exponentenbuchstabe *expbuchst* kann ein E oder ein D sein (beide sind gleichwertig). Wenn er fehlt, muß das Vorzeichen des Exponenten angegeben werden. Zwischen dem Exponentenbuchstaben und der eventuell vorzeichenbehafteten Ziffernfolge dürfen Leerzeichen stehen.

E-Format: Der Datenformatbeschreiber

   Ew[.d] [Ee]

(*Exponent*) legt fest, daß das Feld w Stellen umfaßt, von denen d Nachkommastellen sind, sofern nicht ein Skalierungsfaktor (vgl. Abschnitt 15.3.4) größer als 1 in Kraft ist.

Bei der *Ausgabe* hat das Feld (für den – als Voreinstellung geltenden – Skalierungsfaktor Null) die Form

   [±] [0].*ziff_folge exponent*

Dabei ist *ziff_folge* d Ziffern lang und gegebenenfalls gerundet. Der Betrag des Exponenten darf nur bei der Form ...Ee größer als 999 sein und nimmt dann e Stellen ein. Er trägt auf jeden Fall ein Vorzeichen.

Die *Eingabe* entspricht jener mit dem Datenformatbeschreiber F.

EN-Format: Der Datenformatbeschreiber

ENw[.d] [Ee]

bewirkt die *Ausgabe* in der sogenannten technischen Notation (*Engineering Notation*), bei der der Betrag der Mantisse im Intervall [1, 1000] liegt und der Betrag des Exponenten ein Vielfaches von 3 ist:

[±]y[y[y]]. *ziff_folge exponent*

Die Zahl wird dabei gegebenenfalls gerundet. Der Betrag des Exponenten darf nur bei Verwendung der Form ... E*e* größer als 999 sein und nimmt dann *e* Stellen ein. Er trägt auf jeden Fall ein Vorzeichen.

Die *Eingabe* entspricht jener mit dem Datenformatbeschreiber F.

ES-Format: Der Datenformatbeschreiber

ESw[.d] [Ee]

(*Exponent Scientific*) bewirkt eine *Ausgabe* der Form

[±]y.*ziff_folge exponent*

Das bedeutet, daß der Betrag der Mantisse im Intervall [1, 10] liegt. Der Betrag des Exponenten darf nur bei Verwendung der Form ... E*e* größer als 999 sein und nimmt dann *e* Stellen ein. Er trägt auf jeden Fall ein Vorzeichen.

Die *Eingabe* entspricht jener mit dem Datenformatbeschreiber F.

Datenformatbeschreiber für den Typ COMPLEX

Bei komplexen Werten wird je ein Datenformatbeschreiber für den Real- und den Imaginärteil verwendet. Die beiden Beschreiber müssen für die Formatierung reeller Größen geeignet sein und dürfen verschieden sein.

Datenformatbeschreiber für den Typ LOGICAL

L-Format: Der Datenformatbeschreiber

Lw

(*Logical*) bewirkt ein *Ausgabefeld* von w − 1 Leerzeichen, gefolgt von einem T für .TRUE. oder einem F für .FALSE.

Von dieser Möglichkeit der Ausgabe sollte kein Gebrauch gemacht werden. Eine bessere Variante ist die Ausgabe einer CHARACTER-Größe, die den Sachverhalt verdeutlicht (z. B. singulaer *bzw.* nicht_singulaer*).*

Die *Eingabe* entspricht jener der listengesteuerten Eingabe (vgl. Abschnitt 15.2.2).

Datenformatbeschreiber für den Typ CHARACTER

A-Format: Für Zeichenketten wird der Datenformatbeschreiber

$A[w]$

(*Alphanumerical*) verwendet. Die Angabe von w bedeutet, daß das *Ausgabefeld* w Stellen umfaßt. Die Ausgabe erfolgt rechtsbündig, wenn w größer als die tatsächliche Länge der Zeichenkette ist, d.h., das Ausgabefeld wird links mit Leerzeichen aufgefüllt. Ist w kleiner als die tatsächliche Länge der Zeichenkette oder gleich groß, so erfolgt die Ausgabe linksbündig, d.h., es werden nur die am weitesten links stehenden w Zeichen der Zeichenkette ausgegeben. Wenn w fehlt, ist die Länge des Ausgabefeldes gleich der tatsächlichen Länge der Zeichenkette.

Wenn die Länge der entsprechenden Variablen der *Eingabeliste* kleiner als w ist, so ist die Anzahl der dem Eingabefeld von links beginnend entnommenen Zeichen gleich der Länge der Variablen. Ist das Eingabefeld kürzer als die Variable oder gleich lang, so wird die Variable linksbündig mit den Zeichen des Eingabefeldes aufgefüllt.

Alle mit demselben Formatbeschreiber ein- oder ausgegebenen Zeichen müssen denselben Typparameter haben.

Universeller Datenformatbeschreiber

G-Format: Der universelle (*General*) Datenformatbeschreiber kann anstelle jedes beschriebenen Datenformatbeschreibers, also für die Ein- und Ausgabe von Werten jedes vordefinierten Typs, verwendet werden. Man schreibt ihn

$Gw.d[Ee]$

Für INTEGER-Objekte folgt er den Regeln des Datenformatbeschreibers Iw, für REAL- und COMPLEX-Größen denen des F-Beschreibers. Logische Konstanten und Variablen werden wie mit dem Lw-Formatbeschreiber formatiert, Zeichenketten wie mit Aw.

Wiederholungsfaktor

Durch einen Wiederholungsfaktor ist es möglich, bestimmte Formate (oder in Klammern eingeschlossene Gruppen von Formaten) beliebig oft zu wiederholen. Als Wiederholungsfaktor ist nur ein ganzzahliges Literal (ohne Vorzeichen, $\neq 0$) zugelassen.

Beispiel: [Wiederholungsfaktor]

```
1000 FORMAT (4I3, 3F8.3)    ! aequivalent mit
1010 FORMAT (I3, I3, I3, I3, F8.3, F8.3, F8.3)
```

15.3.4 Steuerbeschreiber

Tabulatoren

Tabulatoren legen fest, an welcher Position innerhalb des Datensatzes das nächste Zeichen geschrieben oder gelesen wird. Tabulatoren können die Lese- und Schreibposition nach vorne oder nach hinten verschieben, sodaß es möglich ist, Teile des Datensatzes mehrmals zu verarbeiten, also z. B. ein Feld oder Teile eines Feldes mehrmals zu lesen oder zu beschreiben. Der absolut positionierende Tabulator (T*ab to specified position*)

   T*n*

bewirkt, daß das nächste Zeichen an der *n*-ten Position des Datensatzes, ausgehend vom *linken Tabulatorrand*, gelesen oder geschrieben wird. Der linke Tabulatorrand (*left tab limit*) ist im allgemeinen die erste Position des Datensatzes.[4]

   Der rechtsverschiebende (relativ positionierende) Tabulator (T*ab* R*ight the specified number of positions*)

   TR*n*

bewirkt die Ein- oder Ausgabe des nächsten Zeichens *n* Zeichen rechts von der gegenwärtigen Position. *n* muß größer als Null sein. Denselben Effekt hat der Tabulator

   *n*X

Mit dem linksverschiebenden (relativ positionierenden) Tabulator (T*ab* L*eft the specified number of positions*)

   TL*n*

wird festgelegt, daß das nächste Zeichen *n* Stellen links von der aktuellen Position gelesen oder geschrieben wird. Wenn der Abstand der aktuellen Position zum linken Tabulatorrand kleiner als *n* ist, wird das nächste Zeichen am linken Tabulatorrand gelesen oder geschrieben. Auch hier muß *n* größer als Null sein.

Beispiel: [Eingabe mit Tabulatoren] Angenommen, der aktuelle Datensatz lautet

   20971␣␣730562␣␣␣458␣Nilkgha

Der Befehl

   READ '(T21, A3, TL13, F3.1, TR3, I1)', zk_1, gleitzahl, ganzzahl

bewirkt zunächst, daß zk_1 ab der Position 21 gelesen wird und den Wert 'Nil' annimmt, weil A3 besagt, daß die nächsten drei Zeichen gelesen werden. Als nächstes wird die Leseposition 13 Zeichen nach links auf die Ziffer 5 bewegt und gleitzahl mit dem Wert 56.2 belegt. Schließlich wandert die Leseposition zur Ziffer 4, und ganzzahl erhält ebendiesen Wert.

---

[4] Wenn derselbe Datensatz vorher mittels *non-advancing I/O* gelesen oder beschrieben wurde und der erste ist, der durch den aktuellen E/A-Befehl bearbeitet wurde, so ist der linke Tabulatorrand das nächste Zeichen nach der momentanen Position.

Der Einsatz von Tabulatoren bewirkt an sich bei der Ausgabe keinen Schreibvorgang. Allerdings werden Positionen im Datensatz, die noch nicht beschrieben wurden, mit Leerzeichen aufgefüllt, wenn sie durch einen Tabulator übersprungen werden und danach geschrieben wird.

Werden durch einen Tabulator Zeichen übersprungen, die nicht dem CHARACTER-Standardtyp angehören, so ist die resultierende Position systemabhängig.

Beispiel: [„Überdrucken"] Die Anweisung

```
PRINT '(A1, TL1, A1)', 'o', '"'
```

bewirkt *keine* Ausgabe von ö, sondern von ".

Leerstellensteuerung

In numerischen Eingabefeldern sind führende Leerzeichen, falls nichts anderes angegeben wird, bedeutungslos. Der Formatbeschreiber

BN

(*Blank as Null* = nichts) bewirkt, daß alle anderen Leerzeichen in auf ihn folgenden[5] numerischen Eingabefeldern ignoriert werden. Die Wirkung ist dieselbe, als ob die Leerzeichen aus den Eingabefeldern entfernt, der Rest der Felder rechtsbündig geschrieben und die entfernten Leerzeichen als führende Leerzeichen geschrieben würden. Ein Feld, das nur aus Leerzeichen besteht, hat aber den Wert Null.

Der Formatbeschreiber

BZ

(*Blank as Zero*) bewirkt im Gegensatz dazu, daß alle nichtführenden Leerzeichen in nachfolgenden Eingabefeldern als Nullen betrachtet werden.

Die Formatbeschreiber BN und BZ wirken sich lediglich auf die Datenformatbeschreiber I, B, O, Z, F, E, EN, ES, D und G aus. Bei der Ausgabe sind sie wirkungslos.

Beispiel: [Leerstelleninterpretation] Die Variablen i, j und k nehmen bei einem angenommenen Eingabedatensatz 92␣37–809 durch den Eingabebefehl

```
READ '(BZ, I5, T1, BN, I5, I4)', i, j, k
```

die Werte 92037, 9237 und −809 an.

ACHTUNG: Die Voreinstellung von Fortran-Systemen entspricht dem Formatbeschreiber BZ. Daraus ergibt sich die Notwendigkeit, numerische Daten rechtsbündig einzugeben.

---

[5] Der Wirkungsbereich einer Leerstellensteuerung erstreckt sich bis zum nächsten Beschreiber gleicher Art, höchstens bis zum Ende der Formatliste. Während die Interpretation der Leerzeichen global durch den BLANK-Parameter in der OPEN-Anweisung (vgl. Abschnitt 15.4.4) festgelegt wird, kann sie lokal durch die Leerstellensteuerung aufgehoben werden (Wehnes [95], Abschnitt 8.5).

Vorzeichensteuerung

Bei der Ausgabe numerischer Felder hängt es meist vom System ab, ob ein positives Vorzeichen angezeigt wird oder nicht. Die Steuerbeschreiber

> SP
> SS
> S

(*Sign Plus*, *Sign Supress*, *Sign*) regeln die Ausgabe des Pluszeichens: Ein SP-Beschreiber bewirkt, daß ein an sich systemabhängiges Plus auf jeden Fall geschrieben wird, der Steuerbeschreiber SS legt fest, daß positive Vorzeichen einer Zahl *nicht* ausgegeben werden. Der Beschreiber S schließlich stellt die Systemabhängigkeit wieder her. Der Wirkungsbereich der Vorzeichensteuerung erstreckt sich bis zum nächsten Beschreiber der gleichen Art, höchstens aber bis zum Ende der Formatliste.

Der Skalierungsfaktor

Mit dem Steuerbeschreiber

> kP

(*Power*) kann der *Skalierungsfaktor* (*scale factor*) k festgelegt werden. Er bewirkt

- bei der *Eingabe* mit den Datenformatbeschreibern E, EN, ES, F und G – sofern im Feld kein Exponent steht – sowie bei der Ausgabe mit dem Beschreiber F, daß die ein- bzw. ausgegebenen Werte gleich der intern dargestellten Zahl, multipliziert mit 10^k, sind.

- bei der *Ausgabe* mit den Datenformatbeschreibern E und D, daß die Mantisse des Feldes mit 10^k multipliziert und der Exponent um k reduziert wird. Das bedeutet, daß die Mantisse, die bei diesen Beschreibern vor dem Dezimalpunkt lediglich – systemabhängig – eine Null aufweist, nun k Stellen vor dem Komma hat.

Beispiel: [Skalierungsfaktor] Wenn die Variable gleitzahl den Wert 0.227 hat, bewirkt der Befehl

```
PRINT '(1PE14.2)', gleitzahl
```

die Ausgabe des Datensatzes

```
2.27E-01
```

ACHTUNG: *Vor der bewußten oder unbeabsichtigten Verwendung von Skalierungsfaktoren in Verbindung mit dem F-Datenformat wird gewarnt.*

Der Doppelpunkt-Steuerbeschreiber

Der Steuerbeschreiber

> :

bewirkt die Beendigung der Formatsteuerung, sobald die Ein- oder Ausgabeliste keine weiteren Elemente mehr enthält. Falls in der Liste nach dem Doppelpunkt noch Elemente stehen, hat er keine Wirkung.

Beispiel: [Doppelpunkt-Steuerbeschreiber] Wenn das eindimensionale Feld zahlen drei Elemente mit den Werten 92, 167 und 4 hat und die Variable n Werte zwischen 1 und 3 annehmen kann, so werden, falls n den Wert 3 hat, durch den Befehl

```
PRINT '("Zahl 1 = ", I5, :, "Zahl 2 = ", I5, :, "Zahl 3 = ", I5)', &
    (zahlen (i), i = 1, n)
```

die Werte der Feldelemente samt dem zugehörigen Text (es handelt sich dabei um Zeichenketten-Formatbeschreiber, vgl. Abschnitt 15.3.5) ausgegeben. Falls n jedoch nur den Wert 1 hat und man *keinen* Doppelpunkt als Steuerbeschreiber verwendet, würde die Ausgabezeile lauten:

```
    Zahl 1 = 92 Zahl 2 =
```

Durch den Doppelpunkt wird jedoch die Formatsteuerung beendet, sodaß der Text zum zweiten, fehlenden Wert nicht ausgegeben wird.

15.3.5   Zeichenketten-Formatbeschreiber

Zeichenketten-Formatbeschreiber bewirken die Ausgabe von Text, der in die Formatbeschreiberliste eingefügt wird, also nicht in der Ausgabeliste selbst steht. Das kann nützlich sein, wenn es um „Begleittext" zu Objekten der Ausgabeliste geht. Bei der Eingabe sind Zeichenketten-Formatbeschreiber nicht zulässig.

Die Länge des erzeugten Ausgabefeldes ist gleich der Anzahl der Zeichen zwischen den Begrenzern des Formatbeschreibers, wobei wie bei gewöhnlichen Zeichenketten verdoppelte Begrenzer innerhalb des Formatbeschreibers als ein einzelnes Zeichen gezählt werden, wenn der Formatbeschreiber von Begrenzern derselben Art eingefaßt ist.

Beispiel: [Zeichenketten-Formatbeschreiber]

```
PRINT '("Diskriminante = ", 1PE15.2)', (p*p)/4. - q
```

15.4   Externe Dateien

Externe Dateien sind solche, die außerhalb des Programms und seiner Datenobjekte liegen, beispielsweise auf Magnetplatte gespeichert sind. Fortran 90 läßt für externe Dateien eine Reihe von verschiedenen Zugriffsarten zu (vgl. Abschnitt 15.1.3). Welche Zugriffsarten für eine konkrete externe Datei tatsächlich zulässig sind, hängt jedoch von der physikalischen Beschaffenheit des Datenträgers und vom System ab.

Beispiel: [Medienabhängiger Zugriff] Auf Magnetband gespeicherte Dateien lassen nur sequentiellen Zugriff zu; auf Dateien auf Magnetplatte kann im Prinzip sowohl sequentiell als auch direkt zugegriffen werden.

Ebenso systemabhängig sind die Mengen der erlaubten Operationen auf Dateien und der erlaubten Datensatzlängen.

Beispiel: [Schreibschutz] Ein Betriebssystem kann festlegen, daß eine bestimmte Datei nur gelesen, nicht aber beschrieben werden darf.

Auch die Menge der zulässigen Namen für externe Dateien liegt nicht im Zuständigkeitsbereich der Fortran 90 - Norm.

Beispiel: [Dateinamen] Das Betriebssystem MS-DOS legt für Dateinamen eine Länge von maximal acht Zeichen zuzüglich einer sogenannten *extension* von höchstens drei Zeichen fest.

Dateien können dem Betriebssystem bekannt, aber für ein konkretes Programm nicht verfügbar sein, beispielsweise weil sie durch ein Password-System geschützt sind. Der Effekt ist für das Programm derselbe, als ob es die Datei gar nicht gäbe. Man spricht daher von der *Existenz* oder *Nichtexistenz* einer Datei in bezug auf ein bestimmtes Programm und zu einem bestimmten Zeitpunkt. Eine Datei in Existenz rufen heißt sie *erzeugen*, das Beendigen der Existenz einer Datei heißt sie *löschen* (*create/delete a file*). Es ist möglich, daß eine Datei zwar existiert, aber keine Datensätze enthält, z. B. wenn sie erzeugt, aber noch nicht beschrieben wurde.

15.4.1 E/A-Einheiten

Eingabeanweisungen können Daten von verschiedenen Quellen beziehen. Es kann sich dabei um Eingabegeräte im engeren Sinn (z. B. eine Tastatur, einen Analog-Digital-Wandler oder einen Scanner) handeln, aber auch um periphere Datenträger (Diskette, Magnetplatte) oder um Dateien, die im Hauptspeicher des verwendeten Computers vorhanden sind. Analog können Ausgabeanweisungen Daten an Ausgabegeräte im engeren Sinn (z. B. an einen Bildschirm, einen Drucker oder einen Plotter), an periphere Datenträger oder rechnerinterne Dateien übermitteln. Um eine möglichst einheitliche Form der Ein- und Ausgabe zu erreichen, muß man von den konkreten E/A-Geräten abstrahieren. Eine derartige Modellvorstellung liegt den E/A-Einheiten (*units*) von Fortran 90 zugrunde.

E/A-Einheiten sind entweder nichtnegative skalare INTEGER-Größen oder ein Stern *. Durch den Wert der INTEGER-Größe wird eindeutig festgelegt, von wo Daten im Rahmen einer Eingabe zu holen bzw. wohin Ausgabedaten zu senden sind. Auf diese Weise wird eine gewisse Flexibilität erreicht, da das gleiche Programm nach Änderung dieser Zahlenwerte andere E/A-Geräte, Datenträger etc. ansprechen kann. Einem E/A-Medium können auch mehrere E/A-Einheiten zugeordnet sein.

Beispiel: [E/A-Einheiten] In vielen Fortran-Systemen trägt die Tastatur die Nummer 5, der Bildschirm die Nummer 6. In diesem Fall besteht zwischen der E/A-Einheit 5 und der Tastatur, d. h. einem physischen Bestandteil des verwendeten Computers, eine eineindeutige Beziehung. Analog ist die Nummer 6 das eindeutige Symbol für den Computer-Bildschirm.

Manche physische E/A-Geräte werden in der Praxis so behandelt, als ob es sich um mehrere Geräte eines ähnlichen Typs handeln würde. So kann z. B. eine Festplatte mehrere Dateien tragen, die durch verschiedene Nummern angesprochen werden können. Diese Nummern sind die E/A-Einheiten.

Bevor man auf eine externe Datei zugreifen kann, muß man i. a. den Namen dieser Datei – sofern sie einen hat – und die E/A-Einheit in einer speziellen Anweisung, der OPEN-Anweisung (vgl. Abschnitt 15.4.4), angeben und so die Verbindung zwischen externer Datei und E/A-Einheit herstellen. Man nennt diesen Vorgang auch *Öffnen* der Datei. Die externe Datei wird, solange die Verbindung besteht, in allen folgenden E/A-Anweisungen nicht mehr unter ihrem Namen, sondern unter der ihr zugeordneten E/A-Einheit angesprochen.

Beispiel: [Verwendung einer E/A-Einheit]

```
READ (UNIT = 5, FMT = '(I8)') zahl
```

Für manche externe Dateien – die sogenannte *Standardein- und -ausgabe* – besteht diese Verbindung bereits von vornherein; man nennt solche externen Dateien *vorverbunden* (*preconnected*). Welche E/A-Medien das sind, ist systemabhängig; oft handelt es sich um Bildschirm, Tastatur oder Drucker. Für vorverbundene externe Dateien ist i. a. sequentieller Zugriff festgelegt. Vorverbundene Dateien müssen im Gegensatz zu den anderen externen Dateien nicht explizit mit einem OPEN-Befehl geöffnet werden. Sie können angesprochen werden, indem in der E/A-Anweisung eine der vorverbundenen E/A-Einheitennummern (oft 5 und 6) oder statt der Nummer ein Stern eingesetzt wird.

Beispiel: [Standardeingabe]

```
READ (UNIT = *, FMT = '(I8)') zahl
```

Eine E/A-Einheit darf nicht mit mehr als einer Datei gleichzeitig verbunden sein und umgekehrt; während des Programmablaufs können die Zuordnungen jedoch wechseln. Falls einem physischen Gerät mehr als eine E/A-Einheit zugeordnet ist, können ebensoviele Dateien gleichzeitig verbunden sein.

Die Verbindung zwischen einer Datei und einer E/A-Einheit kann wieder gelöst werden; man spricht vom *Schließen* der Datei. Ein Mittel dazu ist die CLOSE-Anweisung (vgl. Abschnitt 15.4.6).

15.4.2 Die Position

Jene Stelle innerhalb einer Datei, an der das nächste Zeichen gelesen bzw. geschrieben würde, heißt *Position*.

Der Datensatz, in dem sich die Position zu einem gegebenen Zeitpunkt befindet, heißt – sofern es einen solchen gibt – *aktueller Datensatz* (*current record*).

Die Position wird durch die Ausführung bestimmter E/A-Anweisungen beeinflußt. Wenn bei der Datenübertragung ein Fehler auftritt, wird die Position unbestimmt.

15.4.3 E/A-Parameter

E/A-Anweisungen können als verallgemeinerte Unterprogrammaufrufe interpretiert werden. Wie bei einem Unterprogrammaufruf können bei einer E/A-Anweisung Parameter angegeben werden, durch die z. B. Information zur Steuerung der Ein- oder Ausgabe geliefert werden kann.

Zu den wichtigsten Steuerinformationen in E/A-Anweisungen gehört die Festlegung der E/A-Einheit, der Formate und der Feststellung von Fehlerbedingungen.

[UNIT =] *e_a_einheit*

Der UNIT-Parameter dient zur Festlegung der E/A-Einheit. *e_a_einheit* ist ein ganzzahliger Ausdruck mit nichtnegativem Wert, der als Nummer der E/A-Einheit bezeichnet wird. Ein Stern * dient zur Angabe einer Standard-E/A-Einheit.

Es ist ratsam, die E/A-Nummer nicht durch ein Literal, sondern durch eine benannte Konstante anzugeben, damit Änderungen an zentraler Stelle vorgenommen werden können.

Wenn die Angabe UNIT in der Liste der E/A-Parameter an erster Stelle aufscheint, kann das Schlüsselsymbol UNIT= entfallen.

[FMT =] *formatangabe*

Der FMT-Parameter dient zur Spezifkation eines Formats bei formatgebundener E/A.

Als Formatangabe können Formatbeschreiber (vgl. Abschnitte 15.3.3 bis 15.3.5), eine Anweisungsmarke einer FORMAT-Anweisung (vgl. Abschnitt 15.3.2) oder ein Stern (für listengesteuerte E/A, vgl. Abschnitt 15.2) eingesetzt werden. Wenn die E/A-Einheit ohne das Schlüsselsymbol UNIT= angegeben wurde und die Angabe des Formats an zweiter Stelle steht, so darf die Zeichenfolge FMT= weggelassen werden.

IOSTAT = *statusvariable*

Mit Hilfe des IOSTAT-Parameters werden E/A-Status-Informationen an die rufende Programmeinheit geliefert.

Die Statusvariable muß eine skalare ganzzahlige Variable sein. Sie erhält

- den Wert Null, wenn bei der Datenübertragung kein Fehler auftritt,

- einen systemabhängigen positiven Wert, wenn ein Fehler auftritt,

- einen systemabhängigen negativen Wert, wenn (bei sequentieller Eingabe) das Ende der Datei (*end of file*) erreicht wird,

- einen anderen systemabhängigen negativen Wert, wenn (bei nichtvorrückender Eingabe) das Ende des Datensatzes (*end of record*) erreicht wird.

ERR = *anwmarke*

Wenn während der Abarbeitung des E/A-Befehls ein Fehler auftritt, so verzweigt das Programm zu der mit der Anweisungsmarke *anwmarke* markierten Anweisung.

Der ERR-Parameter stellt eine bedingte Sprunganweisung dar (vgl. Abschnitt 17.6) und sollte daher vermieden werden.

ACCESS = *zugriffsart*

Der ACCESS-Parameter legt die Art des Zugriffs auf die Datei fest: 'SEQUENTIAL' für sequentiellen oder 'DIRECT' für direkten Zugriff. Wenn die Datei bereits existiert, muß die angegebene Zugriffsart für sie zulässig sein. Wird ACCESS= nicht angegeben, so tritt die Voreinstellung SEQUENTIAL in Kraft.

ADVANCE = *zeichenkette*

Der ADVANCE-Parameter kann bei formatierter sequentieller E/A auftreten und bestimmt, ob vorrückende (Wert der Zeichenkette = YES) oder nichtvorrückende E/A (Wert der Zeichenkette = NO) geschehen soll. Die Voreinstellung ist YES.

Bei vorrückender Ein- bzw. Ausgabe liegt die Position nach dem Lese- bzw. Schreibvorgang hinter dem Datensatz, der zuletzt gelesen bzw. geschrieben wurde, sofern keine Fehlerbedingung auftritt (dann wird die Position nämlich unbestimmt).

Bei nicht vorrückender E/A hingegen kann die Position innerhalb des aktuellen Datensatzes bleiben. Man kann so Datensätze stückweise lesen oder Datensätze verschiedener Länge lesen und Information über die Länge erhalten.

NML = *gruppenname*

Das Vorkommen dieses Parameters legt die NAMELIST-Formatierung fest (vgl. Abschnitt 17.7.3). Der Gruppenname ist der Bezeichner einer Menge von Datenobjekten, die mit einem NAMELIST-Spezifikationsbefehl unter diesem Namen zusammengefaßt wurden. Das Vorkommen des NML-Parameters verbietet das gleichzeitige Auftreten einer Ein- bzw. Ausgabeliste (da die vom E/A-Befehl betroffenen Datenobjekte durch den Gruppennamen bereits festgelegt sind) oder einer Formatangabe. Wenn die E/A-Einheit ohne das Schlüsselsymbol UNIT= angegeben wurde und die Angabe des Gruppennamens an zweiter Stelle steht, so ist das Schlüsselsymbol NML= optional.

REC = *datensatznummer*

Die Angabe der Nummer jenes Datensatzes, der zu lesen oder zu schreiben ist, erfolgt durch einen positiven ganzzahligen Ausdruck und ist nur bei direktem Zugriff erlaubt. Das Vorhandensein dieses Parameters legt fest, daß der E/A-Befehl direkt (nicht sequentiell) ist. Wenn REC aufscheint, darf im selben Befehl weder der END-Parameter noch ein Gruppenname angegeben sein. Wird eine Formatangabe verwendet, darf es sich dabei nicht um einen Stern (also um listengesteuerte E/A) handeln.

15.4.4   Die OPEN-Anweisung

Die OPEN-Anweisung dient dazu, eine Datei zu öffnen, also die Verbindung zwischen der Datei und einer E/A-Einheit herzustellen oder zu verändern. Eine noch nicht existierende Datei wird durch die OPEN-Anweisung erzeugt und mit der angegebenen E/A-Einheit verbunden; bei einer bereits bestehenden Verbindung können gewisse Parameter verändert werden.

Wird in der OPEN-Anweisung eine Datei mit einer E/A-Einheit verbunden, die bereits mit einer anderen Datei verbunden ist, so wird diese andere Datei vor Herstellung der neuen Verbindung geschlossen, so als ob ein CLOSE-Befehl ohne Angabe des Dateistatus (vgl. Abschnitt 15.4.6) ausgeführt worden wäre. Die neuerliche Verbindung einer Datei, deren Verbindung mit einer E/A-Einheit noch in Kraft ist, mit einer anderen E/A-Einheit durch eine neue OPEN-Anweisung ist jedoch nicht gestattet.

Auf eine geöffnete Datei kann aus jeder Programmeinheit zugegriffen werden. Die OPEN-Anweisung hat die Form

        OPEN (*verbindungsparameter*)

Folgende Parameter, die Eigenschaften der Datei bzw. der Verbindung beschreiben, können gewählt werden:

[UNIT =] *extern_datei_nr*
    gibt die E/A-Einheit an.

FILE = *dateiname*
   gibt den Namen der Datei an, der zwischen Begrenzern eingeschlossen sein muß.
   Der Name muß vom jeweiligen System akzeptiert werden; ob Groß- und Kleinbuchstaben voneinander unterschieden werden, ist systemabhängig. Wenn die
   FILE-Angabe weggelassen wird, so ist bei einer bereits bestehenden Verbindung
   mit einer existierenden Datei dieselbe bereits verbundene Datei gemeint. Fehlt
   die FILE-Angabe, und es ist keine Datei mit der angegebenen Gerätenummer
   verbunden, so ist die zu öffnende Datei namenlos. Für namenlose Dateien muß
   STATUS='SCRATCH' angegeben werden (vgl. z. B. Gehrke [99]).

ACCESS = *zugriffsart*
   legt die Art des Zugriffs auf die Datei (sequentiell oder direkt) fest.

ERR = *anwmarke*
   verzweigt beim Auftreten einer Fehlerbedingung zu *anwmarke*.

15.4.5   Die Anweisungen READ und WRITE

In den Abschnitten 15.2 und 15.3 wurden relativ einfache Ein- und Ausgabeanweisungen verwendet, in denen lediglich Formatangaben möglich waren. Für die bisherigen
Anwendungen reichten diese Befehle aus; werden aber Möglichkeiten benötigt, auch
E/A-Einheiten und andere Parameter anzugeben, um beispielsweise zwischen direkter und sequentieller E/A wählen zu können oder andere Eigenschaften einer Datei
festzulegen, so werden die Befehle

   READ   (*e_a_parameterliste*) [*eingabeliste*]
   WRITE (*e_a_parameterliste*) [*ausgabeliste*]

verwendet.· In der Liste der Parameter können die bereits in Abschnitt 15.3 ausführlich
besprochenen Formatbeschreiber aufscheinen, aber auch andere Parameter, die dazu
dienen, Ziel oder Quelle der Datenbewegung (durch Gerätenummer und eventuell durch
Datensatznummer) festzulegen, die Behandlung von auftretenden Fehlern zu regeln und
gewisse Informationen über die transportierten Werte zu erhalten.

15.4.6   Die CLOSE-Anweisung

Die CLOSE-Anweisung beendet die Verbindung zwischen einer externen Datei und
einer E/A-Einheit. Sie kann in einer anderen Programmeinheit stehen als die OPEN-
Anweisung, durch die die Datei geöffnet wurde.

   CLOSE (*spezif_liste*)

In der Spezifikationsliste *spezif_liste* sind der UNIT-Parameter, der IOSTAT-Parameter
und der ERR-Parameter möglich.
   Benannte Dateien können, nachdem sie durch einen CLOSE-Befehl geschlossen wurden, erneut geöffnet werden. In Fortran 90 gibt es jedoch keine Möglichkeit, eine einmal
geschlossene unbenannte Datei wieder zu öffnen.
   Wenn die Ausführung eines Programms beendet wird, ohne daß eine Fehlerbedingung vorliegt, werden alle offenen Dateien geschlossen.

15.4.7 Die INQUIRE-Anweisung

Die INQUIRE-Anweisung erlaubt es, sich Informationen über die Eigenschaften einer benannten Datei oder über die Verbindung mit einer bestimmten Gerätenummer zu dem Zeitpunkt, zu dem die INQUIRE-Anweisung ausgeführt wird, zu verschaffen.

> INQUIRE (*abfrageliste*)

Es gibt Abfragen, die sich auf Dateien beziehen (*inquire by file*), und solche, die sich auf E/A-Einheiten beziehen (*inquire by unit*). Bei der ersten Form muß der Dateiname mit FILE = *dateiname* angegeben werden, bei der zweiten Form die E/A-Einheit mit UNIT = *geraetenummer*. Je nachdem, ob sich die Abfrage auf eine Datei oder eine E/A-Einheit bezieht, sind nicht alle E/A-Parameter anwendbar. Folgende Abfragen sind möglich:

IOSTAT = *statusvariable*
> Die Statusvariable muß eine skalare ganzzahlige Variable sein. Sie erhält den Wert Null, wenn bei der Datenübertragung kein Fehler auftritt, sonst einen systemabhängigen positiven Wert.

ERR = *anwmarke*
> Verzweigt bei Auftreten einer Fehlerbedingung zu *anwmarke*.

EXIST = *logi_var*
> Die logische Variable *logi_var* wird mit dem Wert .TRUE. belegt, falls eine Datei mit dem im FILE-Parameter angegebenen Namen bzw. falls die im UNIT-Parameter angegebene Gerätenummer existiert, sonst mit .FALSE.

OPENED = *logi_var*
> Die logische Variable *logi_var* hat den Wert .TRUE., falls die angegebene Datei bzw. E/A-Einheit mit einer E/A-Einheit bzw. Datei verbunden ist.

Außer den angeführten Parametern kann man auch eine Fülle weiterer Parameter für Datei-Abfragen verwenden (siehe z. B. Gehrke [99]), die jedoch eher von untergeordneter Bedeutung sind.

15.4.8 Die REWIND-Anweisung

Die REWIND-Anweisung hat die beiden Formen

> REWIND *geraetenummer*
> REWIND (*parameterliste*)

und dient dazu, die Position einer externen Datei an ihren Anfang zu verlegen. In der Parameterliste sind folgende Angaben zulässig:

[UNIT =] *geraetenummer*

IOSTAT = *statusvariable*

ERR = *anwmarke*

15.4.9   Die ENDFILE-Anweisung

Die ENDFILE-Anweisung hat die beiden Formen

> ENDFILE *geraetenummer*
> ENDFILE (*parameterliste*)

und dient dazu, einen Dateiendesatz als nächsten Datensatz der Datei zu schreiben. Die Position wird anschließend hinter den Dateiendesatz verlegt, der zum letzten Datensatz der Datei wird. Vor einer nachfolgenden Datenübertragung in die Datei oder von der Datei muß die Position mit einem BACKSPACE- oder einem REWIND-Befehl verändert werden. In der Parameterliste sind folgende Angaben zulässig:

[UNIT =] *geraetenummer*

IOSTAT = *statusvariable*

ERR = *anwmarke*

15.4.10   Die BACKSPACE-Anweisung

Die BACKSPACE-Anweisung hat die beiden Formen

> BACKSPACE *geraetenummer*
> BACKSPACE (*parameterliste*)

und dient dazu, die Position der Datei vor den aktuellen Datensatz zu verlegen. In der Parameterliste sind folgende Angaben zulässig:

[UNIT =] *geraetenummer*

IOSTAT = *statusvariable*

ERR = *anwmarke*

Die BACKSPACE-Anweisung darf nicht auf Dateien angewendet werden, die verbunden sind, aber nicht existieren. Es ist verboten, mit dem BACKSPACE-Befehl Datensätze zu überspringen, die mit listengesteuerter E/A oder mit NAMELIST-Formatierung geschrieben wurden.

15.5   Interne Dateien

Interne Dateien (*internal files*) sind Zeichenketten-Variablen des gewöhnlichen CHARACTER-Typs.[6] Ihre Datensätze sind skalare Zeichenketten-Variablen; d. h., eine interne Datei enthält nur dann mehrere Datensätze, wenn sie ein Feld ist. Die Reihenfolge der Datensätze einer internen Datei ist die der Feldelemente; die Länge aller Datensätze ist gleich.

---

[6]Teilfelder mit einem Vektorindex sind nicht als interne Dateien zulässig.

Ein Datensatz einer internen Datei kann außer durch normale Wertzuweisung definiert werden, indem er beschrieben wird. Dabei dürfen im Gegensatz zur Wertzuweisung nicht mehr Zeichen in einen Datensatz geschrieben werden, als seiner Länge entspricht. Ist die Anzahl der in den Datensatz geschriebenen Zeichen kleiner als seine Länge, so wird der Datensatz mit Leerzeichen aufgefüllt. Ein Datensatz einer Datei darf nur gelesen werden, wenn er definiert ist.

Der Hauptzweck interner Dateien liegt in der Umwandlung zwischen verschiedenen Darstellungsarten.

Beispiel: [Interne Dateien] (Metcalf, Reid [102]) Angenommen, ein Block von 30 Ziffern soll eingelesen werden, wobei die 30 Ziffern 30 einstellig, 15 zweistelligen oder 10 dreistelligen ganzen Zahlen entsprechen können, was durch eine zusätzlich einzulesende Zahl entschieden wird, deren Wert gleich der Stellenanzahl der Zahlen ist. Dann können durch das folgende Programmfragment 30, 15 oder 10 Elemente eines Feldes ganzzahl mit den entsprechenden Ziffernfolgen belegt werden:

```
INTEGER         :: ganzzahl(30), stellen, i
CHARACTER       :: puffer(30)
CHARACTER (6)   :: format(3) = (/ "(30I1)", "(20I2)", "(10I3)" /)
READ (UNIT = *, "(A30, I1)") puffer, stellen
READ (puffer, format(stellen)) (ganzzahl(i), i = 1, 30/stellen)
```

Dabei ist puffer eine interne Datei, in die die 30 Ziffern zunächst gelesen werden, bevor sie – je nach dem Wert von stellen – unter der Kontrolle eines entsprechenden Formatbeschreibers von dort in die entsprechenden Elemente der Variablen ganzzahl gelesen werden.

Für interne Dateien ist nur formatierter sequentieller Zugriff erlaubt. Es darf keine NAMELIST-Formatierung erfolgen. Bei der listengesteuerten Ausgabe auf eine interne Datei werden Literale ohne Begrenzungszeichen geschrieben.

Interne Dateien existieren vor und nach der Programmausführung physisch nicht. Sie brauchen nicht geöffnet werden.

Kapitel 16

Vordefinierte Unterprogramme

16.1 Einleitung

Vordefinierte Unterprogramme (engl. *intrinsic procedures*) werden von Fortran 90 gebrauchsfertig zur Verfügung gestellt. Damit können häufig auftretende Auswertungen und Berechnungen ausgeführt werden, ohne daß eigener Programmieraufwand investiert werden muß.

Für die vordefinierten Unterprogramme besteht folgende *grobe* Einteilung:

Abfragefunktionen (*inquiry functions*) liefern Informationen über Eigenschaften ihrer Parameter. Diese Informationen sind i. a. vom Wert der Parameter unabhängig, die Werte der Parameter können sogar undefiniert sein.

> **Beispiel:** [Abfragefunktion] Die Abfragefunktion LEN (STRING) liefert als Wert die Länge der Charactervariablen STRING gemäß ihrer *Deklaration*, ohne Berücksichtigung ihres Inhaltes.
>
> ```
> CHARACTER (LEN = 72)  ::  seite(40), zeile
> INTEGER               ::  i, j, k
> ...
> i = LEN (seite)         ! Wert: 72
> j = LEN (zeile)         ! Wert: 72
> k = LEN ('⊔Fortran⊔90⊔') ! Wert: 12
> ```

Elementarfunktionen (*elemental functions*) liefern Funktionswerte, die die gleiche Form wie der Aktualparameter mit der höchsten Anzahl von Dimensionen haben. Beim Aufruf mit ausschließlich skalaren Aktualparametern ist der Funktionswert skalar. Es dürfen aber auch Feldgrößen als aktuelle Parameter verwendet werden. Falls mehrere Parameter dieser Art auftreten, müssen alle Feldgrößen die gleiche Form haben, d. h. die Aktualparameter müssen in jedem Fall konform sein. Der Funktionswert ist in diesem Fall ebenfalls ein Feld und hat die gleiche Form wie die Aktualparameter im Funktionsaufruf. Dabei wird der Wert jedes Feldelementes des Funktionswertes so berechnet, als ob die skalare Funktion jeweils einzeln für die korrespondierenden (skalaren) Feldelemente der Aktualparameter aufgerufen worden wäre.

Beispiel: [Wurzelfunktion]

```
REAL                  ::  a
REAL, DIMENSION (3) ::  b
...
a = SQRT (4.)              ! Wert: 2.
b = SQRT ((/1.,9.,4./))   ! Wert: (/1.,3.,2./)
```

Transformationsfunktionen (*transformational functions*) sind gewöhnlich für Parameter definiert, die Feldgrößen sind. Sie liefern jeweils einen Funktionswert, der von mehreren Feldelementen eines Parameters oder von mehreren Parametern abhängt.

Beispiel: [Transponieren einer Matrix]

```
REAL, DIMENSION (n,n)  ::  a, a_trans
...
a_trans = TRANSPOSE (a)
```

Vordefinierte Subroutine-Unterprogramme werden genauso wie selbstdefinierte Unterprogramme mit Hilfe einer CALL-Anweisung aufgerufen.

Beispiel: [Erzeugung von Zufallszahlen] durch Aufruf von RANDOM_NUMBER

```
REAL  ::  x
...
CALL RANDOM_NUMBER (x)    ! Wert: Pseudozufallszahl aus dem Intervall [0,1)
```

16.2   Übersicht: Generische Namen

Typumwandlung   Seite

CEILING	Einseitige Rundung auf eine ganze Zahl ($\rightarrow \infty$)	314
CMPLX	Typumwandlung in COMPLEX	314
FLOOR	Einseitige Rundung auf eine ganze Zahl ($-\infty \leftarrow$)	316
INT	Typumwandlung in INTEGER (einseitige Rundung)	317
NINT	Typumwandlung in INTEGER (optimale Rundung)	319
REAL	Typumwandlung in REAL	319

Numerische Funktionen   Seite

ABS	Absolutbetrag	312
AIMAG	Imaginärteil einer komplexen Zahl	313
AINT	Abschneiden auf eine ganze Zahl	313
ANINT	Rundung auf eine ganze Zahl	313
CONJG	Konjugiert komplexe Zahl	315
DIM	Positive Differenz	316
MAX	Maximum	317
MIN	Minimum	318
MOD	Modulofunktion (mit Abschneiden)	318
MODULO	Modulofunktion (mit einseitigem Runden)	318
REAL	Realteil einer komplexen Zahl	319
SIGN	Vorzeichenübertrag	320

Mathematische Funktionen   Seite

ACOS	arc cos	Arcuscosinus	321
ASIN	arc sin	Arcussinus	321
ATAN	arc tan	Arcustangens	321
ATAN2	arc tan (y,x)	Arcustangens (2 Argumente)	322
COS	cos	Cosinus	322
COSH	cosh	Cosinus hyperbolicus	322
EXP	exp	Exponentialfunktion	322
LOG	ln	Natürlicher Logarithmus	323
LOG10	$\log_{10}$	Dekadischer Logarithmus	323
SIN	sin	Sinus	323
SINH	sinh	Sinus hyperbolicus	323
SQRT	$\sqrt{\ }$	Quadratwurzel	323
TAN	tan	Tangens	324
TANH	tanh	Tangens hyperbolicus	324

Abfrage und Manipulation von Zahlen

Feldfunktionen

Logische Feldfunktionen

16.3 Numerische Funktionen, Typumwandlung

Ein Teil der Funktionen dieses Abschnitts hat primär mathematisch-numerische Bedeutung, ein anderer Teil dient hauptsächlich der Typumwandlung.

Numerische Funktionen

1. Funktionen für REAL-Zahlen r mit mathematisch-numerischer Bedeutung, deren Resultat eine REAL-Zahl ist:

ABS	$|r|$	Betragsfunktion
AINT	$\text{sign}(r) \cdot \lfloor |r| \rfloor$	Abschneiden auf ganze Zahl
ANINT	$\text{sign}(r) \cdot \lfloor |r + 0.5| \rfloor$	Rundung auf ganze Zahl
DIM	$\max\{r_1 - r_2, 0\}$	Positive Differenz
MAX	$\max\{r_1, \ldots, r_n\}$	Maximum
MIN	$\min\{r_1, \ldots, r_n\}$	Minimum
MOD	$r_1 \bmod r_2$	Modulofunktion (Abschneiden)
MODULO	$r_1 \bmod r_2$	Modulofunktion (Runden)
SIGN	$\text{sign}(r_2) \cdot |r_1|$	Vorzeichenübertrag

2. Funktionen für INTEGER-Zahlen i mit mathematisch-numerischer Bedeutung, deren Resultat eine INTEGER-Zahl ist:

ABS	$|i|$	Betragsfunktion
DIM	$\max\{i_1 - i_2, 0\}$	Positive Differenz
MAX	$\max\{i_1, \ldots, i_n\}$	Maximum
MIN	$\min\{i_1, \ldots, i_n\}$	Minimum
MOD	$i_1 \bmod i_2$	Modulofunktion (Abschneiden)
MODULO	$i_1 \bmod i_2$	Modulofunktion (Runden)
SIGN	$\text{sign}(i_2) \cdot |i_1|$	Vorzeichenübertrag

3. Funktionen für COMPLEX-Zahlen z mit mathematisch-numerischer Bedeutung, deren Resultat eine REAL- oder COMPLEX-Zahl ist:

ABS	$|z|$	Betragsfunktion
CONJG	$\bar{z}$	Konjugiert komplexe Zahl
AIMAG	$\Im(z)$	Imaginärteil
REAL	$\Re(z)$	Realteil

Typumwandlung

Ursprungstyp		Zieltyp	Funktion(en)
REAL	→	INTEGER	INT, NINT, CEILING, FLOOR
COMPLEX	→	INTEGER	INT
COMPLEX	→	REAL	REAL
INTEGER	→	REAL	REAL
INTEGER	→	COMPLEX	CMPLX
REAL	→	COMPLEX	CMPLX

Die vier Funktionen zur Umwandlung von REAL- in INTEGER-Zahlen unterscheiden sich sowohl durch die Art der Abbildung als auch durch die vorhandene bzw. nicht vorhandene Möglichkeit, den Typparameter des Resultats zu spezifizieren:

		Typparameter
INT	$\text{sign}(r) \cdot \lfloor |r| \rfloor$	möglich
NINT	$\text{sign}(r) \cdot \lfloor |r + 0.5| \rfloor$	möglich
CEILING	$\lceil r \rceil$	nicht möglich
FLOOR	$\lfloor r \rfloor$	nicht möglich

Bei den Typ-Umwandlungsfunktionen REAL und CMPLX kann ein Typparameter des Resultats spezifiziert werden.

Beschreibung der Funktionen

ABS (A)   Absolutwert, Betrag

KATEGORIE Elementarfunktion

PARAMETER

A   INTEGER, REAL oder COMPLEX

ERGEBNIS

Typ: REAL, wenn A vom Typ COMPLEX, sonst wie A

Wert: $\sqrt{(\Re(A))^2 + (\Im(A))^2}$, wenn A vom Typ COMPLEX, sonst |A|.

BEISPIEL

```
i = ABS (-3)       ! Wert: 3
r = ABS (-3.14)    ! Wert: 3.14
s = ABS ((3.,4.))  ! Wert: 5.0
```

AIMAG (Z)   Imaginärteil einer komplexen Zahl

KATEGORIE Elementarfunktion
PARAMETER

    Z   COMPLEX

ERGEBNIS

    Typ: REAL
    Wert: Imaginärteil $\Im(Z)$

BEISPIEL

```
r = AIMAG ((2.,3.))   ! Wert: 3.0
```

AINT (A [,KIND])   Abschneiden auf eine ganze Zahl

KATEGORIE Elementarfunktion
PARAMETER

    A   REAL
    [KIND] skalarer INTEGER-Initialisierungsausdruck

ERGEBNIS

    Typ: wie A [mit Typparameterwert KIND]
    Wert: $\text{sign}(A) \cdot \lfloor |A| \rfloor$

BEISPIEL

```
a = AINT ( 5.6)   ! Wert:  5.0
b = AINT ( 5.4)   ! Wert:  5.0
c = AINT (-5.4)   ! Wert: -5.0
d = AINT (-5.6)   ! Wert: -5.0
```

ANINT (A [,KIND])   Rundung auf die nächstliegende ganze Zahl

KATEGORIE Elementarfunktion
PARAMETER

    A   REAL
    [KIND] skalarer INTEGER-Initialisierungsausdruck

ERGEBNIS

    Typ: wie A [mit Typparameterwert KIND]
    Wert: $\text{sign}(A) \cdot \lfloor |A+0.5| \rfloor$

BEISPIEL

```
a = ANINT ( 5.6)  ! Wert:  6.0
b = ANINT ( 5.5)  ! Wert:  6.0
c = ANINT ( 5.4)  ! Wert:  5.0
d = ANINT (-5.4)  ! Wert: -5.0
e = ANINT (-5.5)  ! Wert: -6.0
f = ANINT (-5.6)  ! Wert: -6.0
```

CEILING (A)

Einseitiges Runden auf die nächstgrößere ganze Zahl (*round toward* $+\infty$)

KATEGORIE   Elementarfunktion

PARAMETER

A   REAL

ERGEBNIS

Typ: INTEGER

Wert: $\lceil A \rceil$

BEISPIEL

```
i = CEILING ( 5.6)  ! Wert:  6
j = CEILING ( 5.4)  ! Wert:  6
k = CEILING (-5.4)  ! Wert: -5
l = CEILING (-5.6)  ! Wert: -5
```

CMPLX (X [,Y] [,KIND])   Typumwandlung in COMPLEX

KATEGORIE   Elementarfunktion

PARAMETER[1]

X   INTEGER, REAL oder COMPLEX

[Y]   INTEGER oder REAL
        (Y darf nicht vorhanden sein, wenn X vom Typ COMPLEX ist)

[KIND] skalarer INTEGER-Initialisierungsausdruck

ERGEBNIS

Typ: COMPLEX [mit Typparameterwert KIND]

Wert: komplexe Zahl X $[+i Y]$

---

[1] Falls der optionale Parameter Y im Aufruf von CMPLX nicht angegeben wird, dann kann KIND nur als Schlüsselwortparameter präsent sein.

BEISPIEL

```
COMPLEX :: z1, z2
...
z1 = CMPLX (-3)     ! Wert: (-3.0,0.0)
z2 = CMPLX (2,4.6)  ! Wert: ( 2.0,4.6)
```

CONJG (Z)   Konjugiert komplexer Wert

KATEGORIE Elementarfunktion

PARAMETER

Z   COMPLEX

ERGEBNIS

Typ: COMPLEX

Wert: $\overline{Z}$

BEISPIEL

```
COMPLEX :: z
...
z = CONJG ((-3.0,2.0))   ! Wert: (-3.0,-2.0)
```

DBLE (A)   Typumwandlung in DOUBLE PRECISION

KATEGORIE Elementarfunktion

PARAMETER

A   INTEGER, REAL oder COMPLEX

ERGEBNIS

Typ: DOUBLE PRECISION

Wert: A bzw. $\Re(A)$, falls A COMPLEX

BEISPIEL

```
DOUBLE PRECISION :: d, f
...
d = DBLE ((-3.0,2.0))    ! Wert: -3.0D0
f = DBLE (4)             ! Wert:  4.0D0
```

DIM (X,Y)   Positive Differenz

KATEGORIE   Elementarfunktion
PARAMETER

    X   REAL oder INTEGER
    Y   wie X

ERGEBNIS

    Typ: wie X
    Wert: $\max\{X - Y, 0\}$

BEISPIEL

```
r_diff = DIM (-3.0,2.0)    ! Wert: 0.0
i_diff = DIM (7,4)         ! Wert: 3
```


DPROD (X,Y)   Doppelt genaues Produkt einfach genauer Faktoren

KATEGORIE   Elementarfunktion
PARAMETER

    X   REAL (gewöhnlicher Typ)
    Y   REAL (gewöhnlicher Typ)

ERGEBNIS

    Typ: DOUBLE PRECISION
    Wert: $X \cdot Y$ (doppelt genau)

BEISPIEL

```
DOUBLE PRECISION :: d
...
d = DPROD (3.0,2.0)  ! Wert: 6.0D0
```


FLOOR (A)

Einseitiges Runden auf die nächstkleinere ganze Zahl (*round toward* $-\infty$)

KATEGORIE   Elementarfunktion
PARAMETER

    A   REAL

ERGEBNIS

    Typ: INTEGER
    Wert: $\lfloor A \rfloor$

BEISPIEL

```
i = FLOOR ( 5.6)  ! Wert:  5
j = FLOOR ( 5.4)  ! Wert:  5
k = FLOOR (-5.4)  ! Wert: -6
l = FLOOR (-5.6)  ! Wert: -6
```

INT (A [,KIND])   Typumwandlung in INTEGER

KATEGORIE Elementarfunktion
PARAMETER

A   INTEGER, REAL oder COMPLEX
[KIND]   skalarer INTEGER-Initialisierungsausdruck

ERGEBNIS

Typ: INTEGER [mit Typparameterwert KIND]
Wert: $sign(A) \cdot \lfloor |A| \rfloor$ Abschneiden auf ganze Zahl

BEISPIEL

```
i = INT ( 5.6)  ! Wert:  5
j = INT ( 5.4)  ! Wert:  5
k = INT (-5.4)  ! Wert: -5
l = INT (-5.6)  ! Wert: -5
```

MAX (A1,A2 [,A3, ...])   Bestimmung des größten Wertes

KATEGORIE Elementarfunktion
PARAMETER

A1   INTEGER oder REAL
A2 [,A3, ...]   wie A1
                (alle Argumente müssen vom gleichen Typ sein)

ERGEBNIS

Typ: wie A1, A2 [,A3, ...]
Wert: $\max\{A1, A2, ...\}$

BEISPIEL

```
r_max = MAX (-27., 5., 0.01)  ! Wert:  5.
```

MIN (A1,A2 [,A3, ...])   Bestimmung des kleinsten Wertes

KATEGORIE Elementarfunktion
PARAMETER

A1   INTEGER oder REAL
A2 [,A3, ...]   wie A1
                      (*alle* Argumente müssen vom *gleichen* Typ sein)

ERGEBNIS

Typ: wie A1, A2 [,A3, ...]
Wert: min{A1, A2, ...}

BEISPIEL

```
i_min = MIN (-27, 5, 0)  ! Wert:  -27
```

MOD (A,P)   Modulofunktion (mit Abschneiden)

KATEGORIE Elementarfunktion
PARAMETER

A   INTEGER oder REAL
P   wie A (auch gleicher Typparameter)

ERGEBNIS

Typ: wie A
Wert: A − INT (A/P) · P, falls $P \neq 0$,
         sonst systemabhängig

BEISPIEL

```
i = MOD ( 8, 5)  ! Wert:   3
j = MOD (-8, 5)  ! Wert:  -3
k = MOD ( 8,-5)  ! Wert:   3
l = MOD (-8,-5)  ! Wert:  -3
```

MODULO (A,P)   Modulofunktion (mit einseitigem Runden)

KATEGORIE Elementarfunktion
PARAMETER

A   INTEGER oder REAL
P   wie A (auch gleicher Typparameter)

Ergebnis

Typ: wie A

Wert: A – FLOOR (A/P) · P, falls $P \neq 0$,
sonst systemabhängig

Beispiel

```
i = MOD ( 8, 5)  ! Wert:   3
j = MOD (-8, 5)  ! Wert:   2
k = MOD ( 8,-5)  ! Wert:  -2
l = MOD (-8,-5)  ! Wert:  -3
```

NINT (A [,KIND])   Rundung auf die nächstliegende ganze Zahl

Kategorie Elementarfunktion

Parameter

A   REAL

[KIND] skalarer INTEGER-Initialisierungsausdruck

Ergebnis

Typ: INTEGER [mit Typparameterwert KIND]

Wert: $\mathrm{sign}(A) \cdot \lfloor |A+0.5| \rfloor$

Beispiel

```
i = NINT ( 5.6)  ! Wert:   6
j = NINT ( 5.5)  ! Wert:   6
k = NINT ( 5.4)  ! Wert:   5
l = NINT (-5.4)  ! Wert:  -5
m = NINT (-5.5)  ! Wert:  -6
n = NINT (-5.6)  ! Wert:  -6
```

REAL (A [,KIND])   Typumwandlung in REAL

Kategorie Elementarfunktion

Parameter

A   INTEGER, REAL oder COMPLEX

[KIND] skalarer INTEGER-Initialisierungsausdruck

Ergebnis

Typ: REAL [mit Typparameterwert KIND]

Wert: A, bzw. $\Re(A)$, falls A vom Typ COMPLEX

BEISPIEL

```
r = REAL (-5)         ! Wert: -5.0
s = REAL ((3., 1.5))  ! Wert: 3.0
```

SIGN (A,B)   Vorzeichenübertrag

KATEGORIE   Elementarfunktion

PARAMETER

A   INTEGER oder REAL

B   wie A

ERGEBNIS

Typ: wie A

Wert: $\text{sign}(B) \cdot |A|$

BEISPIEL

```
a = SIGN ( 3.0, 2.0) ! Wert:   3.0
b = SIGN (-3.0, 2.0) ! Wert:   3.0
c = SIGN ( 3.0,-2.0) ! Wert:  -3.0
d = SIGN (-3.0,-2.0) ! Wert:  -3.0
```

16.4   Mathematische Funktionen

In Fortran 90 gibt es die folgenden mathematischen Funktionen als vordefinierte Unterprogramme:

1. Quadratwurzelfunktion: SQRT

2. Trigonometrische Funktionen: SIN, COS, TAN

3. Arcusfunktionen: ASIN, ACOS, ATAN, ATAN2

4. Exponentialfunktion: EXP

5. Logarithmusfunktionen: LOG, LOG10

6. Hyperbolische Funktionen: SINH, COSH, TANH

Die Funktionen SQRT, SIN, COS, EXP und LOG können auch mit COMPLEX-Argumenten aufgerufen werden. Sie liefern dann den (Haupt-)Wert der entsprechenden komplexen Funktion.

Die genauen Argument- und Wertebereiche der vordefinierten Funktionen können in vielen Fällen nicht angegeben werden, da sie von den Eigenschaften der jeweils zugrundeliegenden Gleitpunktarithmetik abhängen.

Vordefinierte Unterprogramme für die Umkehrfunktionen der hyperbolischen Funktionen (Areasinus etc.) gibt es in Fortran 90 *nicht*. Auch spezielle Funktionen der Mathematik (wie z. B. Besselfunktionen, elliptische Integrale etc.) sind als vordefinierte Funktionen *nicht* in Fortran 90 enthalten. Diese werden z. B. durch die Programme der SFUN/LIBRARY der IMSL abgedeckt.

Beschreibung der Funktionen

ACOS (X)   Arcuscosinus

KATEGORIE   Elementarfunktion

PARAMETER   X   REAL   mit $|X| \leq 1$

ERGEBNIS   *Typ:*   REAL

   Wert: $\arccos X \in [0, \pi]$

ASIN (X)   Arcussinus

KATEGORIE   Elementarfunktion

PARAMETER   X   REAL   mit $|X| \leq 1$

ERGEBNIS   *Typ:*   REAL

   Wert: $\arcsin X \in [-\frac{\pi}{2}, \frac{\pi}{2}]$

ATAN (X)   Arcustangens

KATEGORIE   Elementarfunktion

PARAMETER   Y   REAL   mit $|X| \leq 1$

ERGEBNIS   *Typ:*   REAL

   Wert: $\arctan X \in [-\frac{\pi}{2}, \frac{\pi}{2}]$

ATAN2 (Y,X)

Arcustangens   (mit *zwei* reellen Argumenten, die ein komplexes Argument darstellen)

KATEGORIE   Elementarfunktion

PARAMETER   Y   REAL

            X   für Y = 0 muß X ≠ 0 sein.

ERGEBNIS   *Typ:*   REAL

            Wert: ATAN2 (Y,X) = arctan (Y/X), falls X ≠ 0. Dies ist der Haupt-
                     wert des Argumentes (des Winkels im Bogenmaß) der komple-
                     xen Zahl X+iY ($-\pi$ < ATAN2 (Y,X) $\leq \pi$).

BEISPIEL

```
COMPLEX   :: z
REAL      :: z_betrag, z_argument
...
z         = (500., 638.)               ! Wert: 500. + i*638.
z_betrag  = ABS (z)                    ! Wert: 810.5825
z_argument = ATAN2 (AIMAG (z), REAL (z)) ! Wert: 0.9060743 (51.91 Grad)
```

COS (X)   Cosinus

KATEGORIE   Elementarfunktion

PARAMETER   X   REAL oder COMPLEX

ERGEBNIS   *Typ:*   wie X

            Wert: cos X

COSH (X)   Cosinus hyperbolicus

KATEGORIE   Elementarfunktion

PARAMETER   X   REAL

ERGEBNIS   *Typ:*   REAL

            Wert: cosh X

EXP (X)   Exponentialfunktion

KATEGORIE   Elementarfunktion

PARAMETER   X   REAL oder COMPLEX

ERGEBNIS   *Typ:*   wie X

            Wert: e^X (Falls das Funktionsargument komplex ist, wird der Ima-
                     ginärteil des Resultats als Winkel im Bogenmaß dargestellt.)

LOG (X)   Natürlicher Logarithmus

KATEGORIE   Elementarfunktion

PARAMETER   X   REAL (mit X > 0) oder

                   COMPLEX (mit $X \neq (0,0)$)

ERGEBNIS   *Typ:*   wie X

            Wert: ln X   (Hauptwert des natürlichen Logarithmus, falls X vom

                     Typ COMPLEX ist, d.h. $\Im (\text{LOG} (X)) \in (-\pi, \pi]$

LOG10 (X)   Dekadischer Logarithmus

KATEGORIE   Elementarfunktion

PARAMETER   X   REAL (mit X > 0)

ERGEBNIS   *Typ:*   REAL

            Wert: $\log_{10} X$

SIN (X)   Sinus

KATEGORIE   Elementarfunktion

PARAMETER   X   REAL oder COMPLEX

ERGEBNIS   *Typ:*   wie X

            Wert: sin X

SINH (X)   Sinus hyperbolicus

KATEGORIE   Elementarfunktion

PARAMETER   X   REAL

ERGEBNIS   *Typ:*   REAL

            Wert: sinh X

SQRT (X)   Quadratwurzel

KATEGORIE   Elementarfunktion

PARAMETER   X   REAL ($X \geq 0$) oder COMPLEX

ERGEBNIS   *Typ:*   wie X

            Wert: $\sqrt{X}$ (Hauptwert, falls X vom Typ COMPLEX ist)

TAN (X)   Tangens

KATEGORIE   Elementarfunktion

PARAMETER   X   REAL

ERGEBNIS   *Typ:*   REAL

             Wert: tan X

TANH (X)   Tangens hyperbolicus

KATEGORIE   Elementarfunktion

PARAMETER   X   REAL

ERGEBNIS   *Typ:*   REAL

             Wert: tanh X

16.5   Vergleich und Manipulation von Zeichenketten

Zum Operieren mit Zeichenketten (*Strings*) gibt es in Fortran 90 vordefinierte Funktionen zur Abfrage von Eigenschaften, zum Vergleich und zu ihrer Manipulation.

Ein Merkmal einer Zeichenkette ist ihre Länge. Dabei ist zwischen der *statischen* (in der Deklaration als Obergrenze festgelegten) und der *dynamischen*[2] (im Programmablauf sich aktuell ergebenden) Länge einer Zeichenkette zu unterscheiden. Die statische Länge kann mit der Funktion LEN, die dynamische Länge mit LEN_TRIM abgefragt werden.

Wenn man feststellen will, ob eine Zeichenkette in einer anderen enthalten ist, so kann man dafür die Funktion INDEX verwenden. Sie bestimmt die Position, an der die gesuchte Zeichenkette in der anderen beginnt, und liefert diese Position als Ergebnis. Ist die gesuchte Zeichenkette in der anderen nicht enthalten, so wird Null geliefert.

Will man feststellen, ob Elemente einer Menge von Zeichen in einer Zeichenkette vorkommen, so dient dazu die Funktion SCAN. Die Umkehrung – das Vorkommen von Zeichen, die *nicht* in der vorgegebenen Menge vorkommen – kann mit der Funktion VERIFY erreicht werden.

Zum Sortieren von Zeichenketten und für andere Aufgabenstellungen, die auf der Ordnungsrelation in der Menge der ASCII-Zeichen beruhen, dienen die Vergleichsfunktionen LGE, LGT, LLE und LLT.

Führende oder abschließende Leerzeichen in einer Zeichenkette verursachen bei manchen Operationen Schwierigkeiten (z. B. beim Sortieren). Mit der Funktion ADJUSTL kann man eine Zeichenkette linksbündig machen und mit TRIM die am Ende

---

[2]In Fortran 90 gibt es nur Zeichenketten mit fester Länge. Unter der dynamischen Länge wird hier die aktuelle Länge der Zeichenkette ohne Berücksichtigung der zur Auffüllung verwendeten *trailing blanks* verstanden.

befindlichen Leerzeichen entfernen. Für manche Aufgabenstellungen (z. B. bei der Gestaltung der Ausgabe von Tabellen) ist die Funktion ADJUSTR von Nutzen, die eine Zeichenkette rechtsbündig macht.

Der Zugriff auf einzelne Zeichen über ihre Positions-Nummer im Alphabet (Zeichenmenge) kann mit den Funktionen ACHAR und CHAR erfolgen. Die Umkehrung, d. h. die Nummer zu einem gegebenen Zeichen zu liefern, leisten die Funktionen IACHAR und ICHAR.

Beschreibung der Funktionen

ACHAR (I)   I-tes Zeichen aus dem ASCII-Zeichensatz

KATEGORIE   Elementarfunktion
PARAMETER

    I   INTEGER

ERGEBNIS

    Typ: CHARACTER mit Länge 1

    Wert: Zeichen mit ASCII-Code I,   falls $0 \leq I \leq 127$,
             sonst systemabhängig

BEISPIEL

```
CHARACTER (LEN = 1) :: c, d
...
c = ACHAR (65) ! Wert: 'A'
d = ACHAR (97) ! Wert: 'a'  falls darstellbar,
               ! Wert: 'A'  sonst
```

ADJUSTL (STRING)   Ausrichtung nach links

KATEGORIE   Elementarfunktion
PARAMETER

    STRING   CHARACTER

ERGEBNIS

    Typ: CHARACTER

    Wert: führende Leerzeichen in STRING werden ans Ende verschoben

BEISPIEL

```
CHARACTER (LEN = 10) :: c
...
c = ADJUSTL ('␣␣␣Maxwell')  ! Wert: 'Maxwell␣␣␣'
```

ADJUSTR (STRING)   Ausrichtung nach rechts

KATEGORIE Elementarfunktion
PARAMETER

STRING   CHARACTER

ERGEBNIS

Typ: CHARACTER

Wert: Leerzeichen am Ende von STRING werden an den Anfang verschoben

BEISPIEL

```
CHARACTER (LEN = 10)  ::  c
...
c = ADJUSTR ('Laplace␣␣␣')   ! Wert: '␣␣␣Laplace'
```

CHAR (I [,KIND])

I-tes Zeichen aus dem System-Zeichensatz [mit Typparameter KIND]

KATEGORIE Elementarfunktion
PARAMETER

I   INTEGER ($0 \leq I \leq n - 1$, wobei n der Umfang des Zeichensatzes ist)

[KIND] skalarer INTEGER-Initialisierungsausdruck

ERGEBNIS

Typ: CHARACTER mit Länge 1

Wert: Zeichen an der Position I des systemeigenen Zeichensatzes,
         falls $0 \leq I \leq n - 1$, sonst systemabhängig

IACHAR (C)   ASCII-Code eines Zeichens   (Nummer im ASCII-Alphabet)

KATEGORIE Elementarfunktion
PARAMETER

C   CHARACTER mit Länge 1
         (C muß vom System darstellbar sein)

ERGEBNIS

Typ: INTEGER

Wert: ASCII-Code des Zeichens C, $0 \leq IACHAR(C) \leq 127$, falls C im ASCII-
         Zeichensatz enthalten ist, sonst systemabhängig

BEISPIEL

```
INTEGER :: i, j
...
i = IACHAR ('A')   ! Wert: 65
j = IACHAR ('a')   ! Wert: 97
```

ICHAR (C)   System-Code   (Nummer im Code des Systemalphabets)

KATEGORIE   Elementarfunktion
PARAMETER

C   CHARACTER mit Länge 1
        (C muß vom System darstellbar sein)

ERGEBNIS

Typ: INTEGER

Wert: System-Code des Zeichens C
        ($0 \leq$ ICHAR (C) $\leq n - 1$, wobei n der Umfang des Zeichensatzes ist)

INDEX (STRING,SUBSTRING [,BACK])

Startposition einer Teilzeichenkette

KATEGORIE   Elementarfunktion
PARAMETER

STRING   CHARACTER
SUBSTRING   CHARACTER (Typparameterwert wie STRING)
[BACK]   LOGICAL (Voreinstellung: .FALSE.)

ERGEBNIS

Typ: INTEGER

Wert: Position des ersten Auftretens von SUBSTRING in STRING
                (von rechts, falls BACK *wahr*)

                1, falls LEN (SUBSTRING) = 0 und BACK *falsch*

                LEN (STRING) + 1, falls LEN (SUBSTRING) = 0 und BACK
                falsch

                0, falls SUBSTRING nicht in STRING enthalten ist

BEISPIEL

```
INTEGER :: i, j, k, l
...
i = INDEX ('Drehstrommotor', 'r')           ! Wert:  2
j = INDEX ('Drehstrommotor', 'r', .TRUE.)   ! Wert: 14
k = INDEX ('Drehstrommotor', 'strom')       ! Wert:  5
l = INDEX ('Drehstrommotor', 'Strom')       ! Wert:  0
```

LEN (STRING)   Deklarierte (statische) Länge einer Zeichenkette

KATEGORIE Abfragefunktion

PARAMETER

> STRING   CHARACTER (muß nicht definiert sein)

ERGEBNIS

> *Typ:*   INTEGER
>
> *Wert:*   Länge von STRING (gemäß Deklaration), falls STRING skalar
>   Länge *eines* Feldelementes von STRING (gemäß Deklaration) sonst

BEISPIEL

```
CHARACTER (LEN = 72) ::  seite(40), zeile
INTEGER              ::  i, j, k
...
i = LEN (seite)         ! Wert: 72
j = LEN (zeile)         ! Wert: 72
k = LEN ('ᵤFortranᵤ90ᵤ') ! Wert: 12
```

LEN_TRIM (STRING)

Aktuelle Länge einer Zeichenkette (ohne nachfolgende Leerzeichen)

KATEGORIE Elementarfunktion

PARAMETER

> STRING   CHARACTER

ERGEBNIS

> *Typ:*   INTEGER
>
> *Wert:*   aktuelle Länge von STRING ohne nachfolgende Leerzeichen;
>   0, falls STRING nur Leerzeichen enthält

BEISPIEL

```
CHARACTER (LEN = 72)  ::  seite(40), zeile
INTEGER               ::  i, j
...
seite(19) = 'ᵤᵤᵤMaxwellᵤ'
zeile     = 'ᵤᵤ'
i         = LEN_TRIM (seite(19))  ! Wert: 10
j         = LEN_TRIM (zeile)      ! Wert: 0
```

LGE (STRING_A,STRING_B)   ≥ (lexikographischer Vergleich; ASCII)

KATEGORIE Elementarfunktion
PARAMETER

STRING_A   CHARACTER
STRING_B   CHARACTER

ERGEBNIS

Typ: LOGICAL

Wert: *wahr*, falls STRING_A ≥ STRING_B

Es erfolgt ein zeichenweiser Vergleich der entsprechenden Nummern im ASCII-Code; der Vergleich wird so ausgeführt, als ob die kürzere Zeichenkette rechts mit Leerzeichen auf die Länge der längeren Zeichenkette erweitert wäre.

systemabhängig, falls in den beiden Zeichenketten mindestens ein Zeichen nicht im ASCII-Zeichensatz enthalten ist.

BEISPIEL

```
LOGICAL  ::  l1, l2, l3
...
l1 = LGE ('EINS','ZWEI')   ! Wert: .FALSE.
l2 = LGE ('ᵤEINS','EINS')  ! Wert: .FALSE.
l3 = LGE ('C++','C')       ! Wert: .TRUE.
```

LGT (STRING_A,STRING_B)   > (lexikographischer Vergleich; ASCII)

KATEGORIE Elementarfunktion
PARAMETER

STRING_A   CHARACTER
STRING_B   CHARACTER

ERGEBNIS

Typ: LOGICAL

Wert: *wahr*, falls STRING_A > STRING_B

Es erfolgt ein zeichenweiser Vergleich der entsprechenden Nummern im ASCII-Code; der Vergleich wird so ausgeführt, als ob die kürzere Zeichenkette rechts mit Leerzeichen auf die Länge der längeren Zeichenkette erweitert wäre.

systemabhängig, falls in den beiden Zeichenketten mindestens ein Zeichen nicht im ASCII-Zeichensatz enthalten ist.

BEISPIEL

```
LOGICAL :: 11, 12, 13
...
11 = LGT ('EINS','EINS')            ! Wert: .FALSE.
12 = LGT ('FORTRAN','Fortran')      ! Wert: .TRUE.
13 = LGT ('Fortran 90','Fortran 77') ! Wert: .TRUE.
```

LLE (STRING_A,STRING_B)   ≤ (lexikographischer Vergleich; ASCII)

KATEGORIE Elementarfunktion
PARAMETER

STRING_A   CHARACTER
STRING_B   CHARACTER

ERGEBNIS

Typ: LOGICAL

Wert: *wahr*, falls STRING_A ≤ STRING_B

Es erfolgt ein zeichenweiser Vergleich der entsprechenden Nummern im ASCII-Code; der Vergleich wird so ausgeführt, als ob die kürzere Zeichenkette rechts mit Leerzeichen auf die Länge der längeren Zeichenkette erweitert wäre.

systemabhängig, falls in den beiden Zeichenketten mindestens ein Zeichen nicht im ASCII-Zeichensatz enthalten ist.

BEISPIEL

```
LOGICAL :: 11, 12
...
11 = LLE ('EINS','ZWEI')              ! Wert: .TRUE.
12 = LLE ('Glockner','Mount Everest') ! Wert: .TRUE.
```

LLT (STRING_A,STRING_B)   < (lexikographischer Vergleich; ASCII)

KATEGORIE   Elementarfunktion
PARAMETER

STRING_A   CHARACTER
STRING_B   CHARACTER

ERGEBNIS

Typ: LOGICAL

Wert: *wahr*, falls STRING_A < STRING_B

Es erfolgt ein zeichenweiser Vergleich der entsprechenden Nummern im ASCII-Code; der Vergleich wird so ausgeführt, als ob die kürzere Zeichenkette rechts mit Leerzeichen auf die Länge der längeren Zeichenkette erweitert wäre.

systemabhängig, falls in den beiden Zeichenketten mindestens ein Zeichen nicht im ASCII-Zeichensatz enthalten ist.

BEISPIEL

```
LOGICAL ::  l1, l2
...
l1 = LLT ('EINS','ZWEI')          ! Wert: .TRUE.
l2 = LLT ('Glockner','Everest')   ! Wert: .FALSE.
```

REPEAT (STRING,NCOPIES)   Wiederholte Verkettung

KATEGORIE   Transformationsfunktion
PARAMETER

STRING   CHARACTER (skalar)
NCOPIES   INTEGER (nichtnegativ, skalar)

ERGEBNIS

Typ: CHARACTER (Typparameterwert wie STRING)
                Länge: NCOPIES · LEN (STRING)

Wert: Verkettung von NCOPIES Zeichenketten der Gestalt STRING

BEISPIEL

```
CHARACTER (LEN = 60) ::  c
...
c = REPEAT ('xⵡf(x)ⵡ',3) ! Wert: 'xⵡf(x)ⵡxⵡf(x)ⵡxⵡf(x)ⵡ'
```

SCAN (STRING,SET [,BACK])   Position eines Zeichens einer Menge

KATEGORIE Elementarfunktion
PARAMETER

STRING   CHARACTER

SET   CHARACTER (Typparameterwert wie STRING)

[BACK]   LOGICAL (Voreinstellung: .FALSE.)

ERGEBNIS

Typ: INTEGER

Wert: Position in STRING des ersten gefundenen Zeichens aus SET (falls
           BACK *wahr* ist, erfolgt Suche von rechts nach links);
           0, falls Suche erfolglos

BEISPIEL

```
INTEGER i, j, k
...
i = SCAN ('Fortran','90')               ! Wert:   0
j = SCAN ('Knuth [29] ','[]()')         ! Wert:   7
k = SCAN ('Knuth [29] ','[]()',.TRUE.)  ! Wert:  10
```

TRIM (STRING)   Beseitigung nachfolgender Leerzeichen

KATEGORIE Transformationsfunktion
PARAMETER

STRING   CHARACTER (skalar)

ERGEBNIS

Typ: CHARACTER (Typparameterwert wie STRING)

Wert: STRING vermindert um nachfolgende Leerzeichen;
           Zeichenfolge mit Länge Null, falls STRING nur Leerzeichen enthält

BEISPIEL

```
CHARACTER (LEN = 30) :: autor
...
autor = TRIM ('␣␣␣Hennessy␣␣␣')     ! Wert: '␣␣␣Hennessy'
```

VERIFY (STRING,SET [,BACK])   Zeichenkettenvergleich ⊂

KATEGORIE Elementarfunktion
PARAMETER

STRING   CHARACTER
SET   CHARACTER mit Typparameterwert wie STRING
[BACK]   LOGICAL (Voreinstellung: .FALSE.)

ERGEBNIS

Typ: INTEGER

Wert: Position des ersten Zeichens in STRING, das *nicht* in der Menge SET
           enthalten ist (falls BACK *wahr* ist, erfolgt Suche von rechts nach
           links);

           0, falls alle Zeichen aus SET in STRING enthalten sind oder
           LEN (STRING) = 0

BEISPIEL

```
CHARACTER (LEN = 26), PARAMETER  :: &
          grossbuchstaben = 'ABCDEFGHIJKLMNOPQRSTUVWXYZ'
INTEGER                          :: i, j, k
...
i = VERIFY ('FORTRAN 90',grossbuchstaben)        ! Wert:  8
j = VERIFY ('FORTRAN 90',grossbuchstaben,.TRUE.) ! Wert: 10
k = VERIFY ('FORTRAN'   ,grossbuchstaben)        ! Wert:  0
```

16.6   Manipulation von Bitfeldern

In manchen Anwendungsfällen kann es sich als nützlich erweisen, mehrere Objekte in
einem einzelnen Maschinenwort zusammenzufassen. Ein Beispiel aus der Numerischen
Datenverarbeitung ist die Speicherung der Strukturen von schwach besetzten Matri-
zen: 1 symbolisiert das Vorhandensein eines Matrixelementes $a_{ij} \neq 0$, 0 symbolisiert
$a_{ij} = 0$. Wenn Speicherplatz sparsam verwendet werden soll, kann man das entstehende
Bitmuster in Maschinenworten zusammenfassen.

In Fortran 90 gibt es die Möglichkeit, Bitwerte innerhalb eines Wortes direkt zu
definieren und zu verwenden. Ein Bitfeld ist eine Menge von nebeneinander liegenden
Bits innerhalb eines skalaren Datenobjekts vom Typ INTEGER.

Die Breite eines Bitfeldes hängt von der rechnerinternen INTEGER-Codierung ab.
Der aktuelle Wert kann mit Hilfe der vordefinierten Funktion BIT_SIZE abgefragt
werden.

Die Anordnung der einzelnen Bits in einem Bitfeld ist systemabhängig. Um die
einheitliche, maschinenunabhängige Verwendung der Bitmanipulationsfunktionen etc.

zu ermöglichen, wird generell folgende Modellvorstellung (*Bitmodell*) zugrundegelegt:

$$\sum_{k=0}^{\text{BIT\_SIZE (I)-1}} b_k 2^k, \qquad b_k \in \{0,1\}$$

d. h., die Bits sind von rechts nach links mit $0, 1, 2, \ldots, \text{BIT\_SIZE (I)} - 1$ fortlaufend numeriert. Dieser Konvention entspricht z. B.

$$2^{\text{POS}} \iff b_{\text{POS}} = 1, \quad b_0 = b_1 = \cdots = b_{\text{POS}-1} = b_{\text{POS}+1} = \cdots = b_{\text{BIT\_SIZE (I)}} = 0$$

Beschreibung der Funktionen

BIT_SIZE (I)   Anzahl der Bits im Bitmodell

KATEGORIE   Abfragefunktion

PARAMETER

I   INTEGER (I muß nicht definiert sein)

ERGEBNIS

Typ: INTEGER (Typparameterwert wie I)

Wert: Anzahl der Bits des Bitmodells, das (unabhängig vom INTEGER-Modell) für Bitmanipulationen definiert ist

BEISPIEL   [IEEE-Zahlen]

```
INTEGER :: i, j
...
i = BIT_SIZE (1)   ! Wert: 32   (Bitmodell)
j = DIGITS (1)     ! Wert: 31   (INTEGER-Modell)
```

BTEST (I,POS)   Testen eines Bits

KATEGORIE   Elementarfunktion

PARAMETER

I   INTEGER

POS   INTEGER mit $0 \leq \text{POS} < \text{BIT\_SIZE (I)}$

ERGEBNIS

Typ: LOGICAL

Wert: *wahr*, wenn das Bit POS im Bitfeld I den Wert 1 hat,
        falsch, wenn es den Wert 0 hat.

BEISPIEL

```
LOGICAL :: l_1, l_2
...
l_1 = BTEST (8,3)   ! Wert: .TRUE.
l_2 = BTEST (8,4)   ! Wert: .FALSE.
```

IAND (I,J)   Logisches UND   (Konjunktion)

KATEGORIE Elementarfunktion
PARAMETER

I   INTEGER

J   INTEGER (Typparameterwert wie I)

ERGEBNIS

Typ: INTEGER

Wert: I ∧ J   (bitweise Konjunktion)

BEISPIEL

```
INTEGER :: i
...
i = IAND (9,5)   ! Wert: 1
```

IBCLR (I,POS)   Ein Bit auf 0 setzen

KATEGORIE Elementarfunktion
PARAMETER

I   INTEGER

POS   INTEGER mit $0 \leq POS < BIT\_SIZE(I)$

ERGEBNIS

Typ: INTEGER

Wert: $I \wedge \neg 2^{POS}$ (Im Bitfeld I wird das Bit POS auf 0 gesetzt)

BEISPIEL

```
INTEGER :: i
...
i = IBCLR (14,1)   ! Wert: 12
```

IBITS (I,POS,LEN)   Extrahieren einer Bitfolge

KATEGORIE Elementarfunktion
PARAMETER

    I   INTEGER

    POS   INTEGER mit $0 \leq POS$ und $POS + LEN \leq BIT\_SIZE\,(I)$

    LEN   INTEGER mit $LEN \geq 0$

ERGEBNIS

    Typ: INTEGER

    Wert: entspricht der Bitfolge von LEN Bits ab Position POS aus dem Bitfeld I

BEISPIEL

```
INTEGER :: i
...
i = IBITS (14,1,3)   ! Wert: 7
```

IBSET (I,POS)   Ein Bit auf 1 setzen

KATEGORIE Elementarfunktion
PARAMETER

    I   INTEGER

    POS   INTEGER mit $0 \leq POS < BIT\_SIZE\,(I)$

ERGEBNIS

    Typ: INTEGER

    Wert: $I \vee 2^{POS}$ (Im Bitfeld I wird das Bit POS auf 1 gesetzt)

BEISPIEL

```
INTEGER :: i
...
i = IBSET (8,1)  ! Wert: 10
```

IEOR (I,J)   Ausschließendes ODER   (Exklusiv-ODER)

KATEGORIE Elementarfunktion
PARAMETER

    I   INTEGER

    J   INTEGER (Typparameterwert wie I)

ERGEBNIS

Typ: INTEGER

Wert: I (∧¬J) ∨ (¬I ∧ J)   (bitweise)

BEISPIEL

```
INTEGER :: i
...
i = IEOR (9,5)   ! Wert: 12
```


IOR (I,J)   Logisches ODER   (Disjunktion)

KATEGORIE Elementarfunktion

PARAMETER

I   INTEGER

J   INTEGER (Typparameterwert wie I)

ERGEBNIS

Typ: INTEGER

Wert: I ∨ J   (bitweise Disjunktion)

BEISPIEL

```
INTEGER :: i
...
i = IOR (9,5)   ! Wert: 13
```


ISHFT (I,SHIFT)   Bitverschiebung

KATEGORIE Elementarfunktion

PARAMETER

I   INTEGER

SHIFT   INTEGER mit |SHIFT| < BIT_SIZE (I)

ERGEBNIS

Typ: INTEGER

Wert: Bitfeld I, um SHIFT Positionen nach *links* verschoben; (nach *rechts*, falls SHIFT < 0). Bits, die aus dem Bitfeld hinausgeschoben werden, gehen verloren. Freiwerdende Randpositionen werden mit 0 aufgefüllt.

BEISPIEL

```
INTEGER :: i, j
...
i = ISHFT (3, 1)   ! Wert: 6
j = ISHFT (14,-1)  ! Wert: 7
```

ISHFTC (I,SHIFT [,SIZE])   Zyklische Bitverschiebung

KATEGORIE Elementarfunktion
PARAMETER

I	INTEGER
SHIFT	INTEGER mit $|SHIFT| <$ BIT_SIZE (I)
[SIZE]	INTEGER mit $0 <$ SIZE $\leq$ BIT_SIZE (I) (Voreinstellung: BIT_SIZE (I))

ERGEBNIS

Typ: wie I

Wert: Die rechten SIZE Bits werden um SHIFT Positionen zyklisch nach *links* verschoben; (nach *rechts*, falls SHIFT < 0); es gehen keine Bits verloren, da die nach einer Seite hinausgeschobenen Bits von der anderen Seite wieder in das Bitfeld hineinkommen.

BEISPIEL

```
INTEGER :: i
...
i = ISHFTC (3,2,3)  ! Wert: 5
```

MVBITS (FROM,FROMPOS,LEN,TO,TOPOS)

Kopieren von Bits von einem Bitfeld auf ein anderes

KATEGORIE elementare Subroutine
PARAMETER

FROM	INTEGER (Eingangsparameter)
FROMPOS	INTEGER mit $0 \leq$ FROMPOS und FROMPOS $+$ LEN $\leq$ BIT_SIZE (FROM) (Eingangsparameter)
LEN	INTEGER mit $0 \leq$ LEN (Eingangsparameter)
TO	INTEGER mit Typparameter wie FROM (transient)
TOPOS	INTEGER mit $0 \leq$ TOPOS (Eingangsparameter)

FUNKTION

TO wird redefiniert, indem die Bitfolge der Länge LEN von FROM
ab Position FROMPOS bis Position nach TO ab Position TOPOS
kopiert wird. Der Rest von TO bleibt dabei unverändert.

BEISPIEL

```
INTEGER :: to
...
to = 6
CALL MVBITS (7,2,2,to,0)  ! Wert: 5
```

NOT (I)   Logische Negation

KATEGORIE   Elementarfunktion

PARAMETER

I   INTEGER

ERGEBNIS

Typ: INTEGER

Wert: ¬ I   (bitweise Negation)

BEISPIEL

Das Bitfeld I hat den Wert (die Bitfolge)   01010101.
Dann ist der Wert von NOT (I)   10101010.

16.7 Abfrage und Manipulation von Zahlen

Die oberste Maxime bei der Entwicklung portabler Programme lautet: „Vermeide alle
maschinenabhängigen Sprachelemente." Dies ist im Bereich der Gleitpunkt-Zahlen und
der Gleitpunkt-Arithmetik (vgl. Kapitel 2) nur möglich, wenn die (Definition der) Programmiersprache geeignete Abfrage- und Manipulationsmöglichkeiten enthält.

Numerische Programme können mit den numerischen Abfragefunktionen (*nume-
ric inquiry functions*) und den „Gleitpunkt-Funktionen" (*floating-point manipulation
functions*) die Parameter des im Moment aktuellen Gleitpunktzahlensystems IM ermitteln sowie Gleitpunktzahlen analysieren, synthetisieren und skalieren. Durch die
Verwendung dieser Unterprogramme werden Operationen definiert, deren *Wirkung*
selbstverständlich dem jeweiligen Computer (und den Gleitpunkt-Zahlensystemen) entspricht; Fortran 90 - *Programme*, die von diesen Unterprogrammen Gebrauch machen,
sind jedoch vollständig maschinenunabhängig.

Um die Implementierbarkeit auf beliebigen Zielmaschinen (PCs, Workstations,
Großrechnern, Supercomputern) zu gewährleisten, war es nicht möglich, Besonderheiten zu berücksichtigen, die es nur auf einigen dieser Computersysteme gibt. So sind z. B.

subnormale Gleitpunktzahlen auf allen Rechnern mit IEEE-konformen Zahlensystemen (Workstations und PCs) vorhanden, auf vielen Großrechnern und Supercomputern jedoch nicht. Subnormale Zahlen konnten dementsprechend in Fortran 90 nicht explizit berücksichtigt werden.

In Fortran 90 sind die „Gleitpunkt-Funktionen" nur für eine Zahlenmenge definiert, die ein *Modell* für die Gleitpunkt-Zahlendarstellungen aller in Frage kommenden Computer bzw. Prozessoren ist. Das Zahlenmodell hat Parameter, die jeweils so bestimmt werden, daß es der konkreten Maschine, auf der das Programm gerade ausgeführt wird, am besten entspricht.

Zu den im folgenden verwendeten Kenngrößen vergleiche man Kapitel 2.

Parameter der REAL-Zahlen

Den Gleitpunktzahlen $x \in \mathbb{M}(b, p, e_{\min}, e_{\max})$ wird folgendes Modell zugrundegelegt:

$$x = \begin{cases} 0 & \text{oder} \\ (-1)^v \cdot b^e \cdot [d_1 b^{-1} + d_2 b^{-2} + \cdots d_p b^{-p}] \end{cases}$$

mit

$$
\begin{aligned}
&\text{Vorzeichen:} &&v \in \{0, 1\} \\
&\text{Basis:} &&b \in \{2, 10, 16, \ldots\} \\
&\text{Exponent:} &&e \in \mathbb{Z} \\
&\text{Ziffern:} &&d_1 \in \{1, \ldots, b - 1\} \\
& &&d_j \in \{0, 1, \ldots, b - 1\}, \quad 2 \leq j \leq p.
\end{aligned}
$$

Für $x = 0$ wird $e = 0$ und $d_1 = \cdots = d_p = 0$ angenommen.

Die Modell-Gleitpunktzahlen in Fortran 90 enthalten nur die *normalen* (normalisierten) Zahlen des Gleitpunkt-Zahlensystems $\mathbb{M}(b, p, e_{\min}, e_{\max})$. Das Gleitpunkt-Zahlenmodell wird durch vier ganzzahlige dezimale Parameter gekennzeichnet:

1. Basis (*base, radix*) $b \geq 2$,

2. Länge des Signifikanden (*precision*) $p \geq 2$,

3. kleinster Exponent $e_{\min} < 0$,

4. größter Exponent $e_{\max} > 0$.

Die Parameter der Modell-Zahlenmenge $\mathbb{M}$ können mit Hilfe der vordefinierten Unterprogramme RADIX, DIGITS, MINEXPONENT und MAXEXPONENT von jedem Fortran 90 - Programm abgefragt werden.

Beispiel: [Workstation] Auf einer Workstation mit IEEE-Gleitpunktzahlen wurden mit

```
b     = RADIX (real_variable)
p     = DIGITS (real_variable)
e_min = MINEXPONENT (real_variable)
e_max = MAXEXPONENT (real_variable)
```

die Werte

    2   für die Basis b,
   24   für die Mantissenlänge p,
−125   für den kleinsten Exponenten e_min und
 128   für den größten Exponenten e_max

der Modellzahlen erhalten.

Kenngrößen der REAL-Zahlen

Außer den vier Parametern von $\text{IM}(b, p, e_{\min}, e_{\max})$ können noch andere (davon abgeleitete) Kenngrößen abgefragt werden:

die *kleinste positive* Modellzahl $x_{\min} = b^{e_{\min}-1}$,
die *größte* Modellzahl $x_{\max} = b^{e_{\max}}(1 - b^{-p})$

mittels der vordefinierten Unterprogramme TINY und HUGE, weiters

die Anzahl der *Dezimal*stellen $\lfloor (p-1) \cdot \log_{10} b \rfloor$, $b \neq 10$
                                       p, $b = 10$

der dezimale Exponentenbereich $\lfloor \min\{- \log_{10} x_{\min} , \log_{10} x_{\max}\} \rfloor$

mittels PRECISION und RANGE sowie

die relative Maschinengenauigkeit $eps = b^{1-p}$

mittels EPSILON.

Beispiel: [Workstation] Auf einer Workstation mit IEEE-Gleitpunktzahlen wurden mit

```
x_min     =  TINY       (real_variable)
x_max     =  HUGE       (real_variable)
stellen_10 = PRECISION  (real_variable)
bereich_10 = RANGE      (real_variable)
eps       =  EPSILON    (real_variable)
```

die Werte

  $1.17549 \cdot 10^{-38}$ für die kleinste positive Modellzahl x_min,
  $3.40282 \cdot 10^{38}$ für die größte Modellzahl x_max,
           6   für die Dezimalstellen stellen_10,
        37   für den Exponentenbereich bereich_10 und
  $1.19209 \cdot 10^{-7}$ für die relative Maschinengenauigkeit eps

erhalten. Für die Anzahl der Dezimalstellen erhält man (definitionsgemäß) den Wert 6, obwohl binäre Gleitpunktzahlen mit $p = 24$ (und $(p-1) \cdot \log_{10} b \approx 6.92$) nahezu 7 Dezimalstellen korrekt darstellen können.

Abstände der REAL-Zahlen, Rundung

Über die Zahlenabstände können mit Hilfe der Funktionen SPACING, RRSPACING und NEAREST folgende Abfragen gemacht werden:

der absolute Maschinenzahlenabstand $\Delta x = b^{e-p}$,
der reziproke relative Zahlenabstand $|x|/\Delta x$ und
die nächstgelegene Maschinenzahl.

Man beachte, daß die relative Maschinengenauigkeit b^{1-p} , die durch die Funktion EPSILON geliefert wird, eine Schranke für den relativen Rundungsfehler liefert, die unabhängig von der Art der Rundungsvorschrift gilt.

Vordefinierte Funktionen, die Information über die aktuell vorliegende Art des Rundens liefern, gibt es in Fortran 90 *nicht*.

Beispiel: [Rundung] Mit folgendem Programmstück wird festgestellt, ob echte (optimale) Rundung vorliegt und somit der Wert der relativen Maschinengenauigkeit entsprechend verbessert wird.

```
  LOGICAL  ::  links = .FALSE., rechts = .FALSE.
  ...
  x = 1.
  x_p1q = x + 0.25*SPACING (x)
  x_p3q = x + 0.75*SPACING (x)
  IF (x_p1q == x)              links  = .TRUE.
  IF (x_p3q == NEAREST (x,2.)) rechts = .TRUE.
  ...
  eps = EPSILON (x)
  IF (links .AND. rechts) eps = eps/2.  ! optimale Rundung liegt vor
```

Manipulation von REAL-Zahlen

Zum Zerlegen (Analysieren) von Gleitpunktzahlen gibt es in Fortran 90 die folgenden vordefinierten Unterprogramme:

FRACTION liefert den Signifikanden (die Mantisse),
EXPONENT liefert den Exponenten

einer Modellzahl $\in \mathbb{M}$.

Das Zusammensetzen (Synthetisieren) von Gleitpunktzahlen aus gegebenen Signifikanden und Exponenten kann mittels der Funktionen SCALE und SET_EXPONENT realisiert werden.

Beispiel: [Quadratwurzel] Das folgende Programmstück implementiert einen Algorithmus zur iterativen Bestimmung von $\sqrt{x}$ für eine *Binär*-Arithmetik (ohne Berücksichtigung von Sonderfällen):

```
x_exponent   = EXPONENT (x)
x_signifikand = FRACTION (x)

s_wurzel     = 0.41732 + 0.59018*x_signifikand     ! Start-Naeherung

IF (MOD (x_exponent,2) == 1) THEN      ! ungerader Exponent
   s_wurzel      = s_wurzel*0.70710
   x_signifikand = x_signifikand*0.5
   x_exponent    = x_exponent + 1
END IF
```

```
DO i = 1, DIGITS (x)/15              ! Newton-Iteration
   s_wurzel = 0.5*(s_wurzel + x_signifikand/s_wurzel)
END DO

s_wurzel = s_wurzel - 0.5*(s_wurzel - x_signifikand/s_wurzel)
x_wurzel = SCALE (s_wurzel,x_exponent/2)
```

Parameter der INTEGER-Zahlen

Als Modell für die konkrete INTEGER-Codierung (wie sie auf einem bestimmten Prozessor implementiert ist) wird in Fortran 90 folgende Darstellung angenommen:

$$i = (-1)^v \cdot \sum_{j=0}^{q-1} d_j \cdot b^j$$

mit

Vorzeichen : $v \in \{0,1\}$
Ziffern : $d_j \in \{0,1,\dots,b-1\}$, $0 \le j \le q-1$.

Die Parameter b und q charakterisieren die Menge der (Modell-)INTEGER-Zahlen. Sie können mit Hilfe der vordefinierten Unterprogramme RADIX und DIGITS von jedem Fortran 90 - Programm aus abgefragt werden:

```
b = RADIX (integer_variable) ! Basis der INTEGER-Zahlen
q = DIGITS (integer_variable) ! max. Anzahl der Ziffern
```

Die größte INTEGER-Zahl $b^q - 1$ erhält man durch

```
integer_max = HUGE (integer_variable)
```

und wegen der Symmetrie des Wertebereichs der Modellzahlen ergibt sich die kleinste INTEGER-Zahl aus

```
integer_min = -integer_max
```

Die Maximalzahl der *Dezimal*stellen erhält man mittels der Funktion RANGE.

Fallstudie: Produktbildung

Bei der Bildung von Produkten $\prod_{i=1}^{n} a_i$ kann es vor allem bei großem n möglich sein, daß die schrittweise Berechnung auf Schwierigkeiten mit Über- bzw. Unterschreitungen des Zahlenbereichs stößt, obwohl das Endergebnis sehr wohl eindeutig innerhalb des darstellbaren Zahlenbereichs liegt. Ein typisches Fortran 90 - Programmsegment für diesen Zweck hat etwa diese Form:

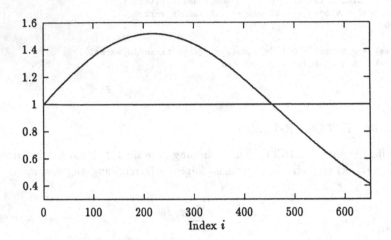

ABBILDUNG 16.1   Verlauf (Größe) der Faktoren a_i

```
produkt = 1.
DO i = 1, n
   produkt = produkt * faktor(i)
END DO
```

Es sei nun z. B. eine Folge a_i von Faktoren durch

$$a_i := (0.002i + \sqrt{7/2})^{6.2} e^{-(0.002i + \sqrt{7/2})^2}$$

gegeben. Den Verlauf dieser Faktoren zeigt die Abb. 16.1.

Wird nun das Produkt $\prod_{i=1}^{n} a_i$ für $n = 650$ durch obiges Programm berechnet, so zeigt sich für die *Zwischen*ergebnisse der in Abb. 16.2 dargestellte Verlauf.

Wenn man mit obigem Programm auf einem Computer mit einfach genauer IEEE-Arithmetik das Produkt der Faktoren a_i berechnet, so wird dieses beim Faktor a_{286} mit der Meldung einer Exponentenbereichsüberschreitung (*overflow*) abgebrochen.

In Fortran 90 kann man diesem Problem durch den Gebrauch der vordefinierten Funktionen zur Manipulation der Gleitkommazahlen ausweichen:

1. Vom Zwischenergebnis werden Exponent und Mantisse getrennt gespeichert und bei jedem Schleifendurchlauf die Mantisse des neuen Faktors mit dem Zwischenprodukt der Mantissen multipliziert und der Exponent des Faktors wird zur Zwischensumme der Exponenten addiert:

```
prod_mantisse = 1.
prod_exponent = EXPONENT (prod_mantisse)
prod_mantisse = FRACTION (prod_mantisse)
```

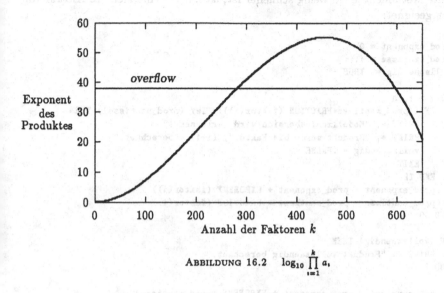

ABBILDUNG 16.2 $\log_{10} \prod\limits_{i=1}^{k} a_i$

```
DO i = 1, n
   prod_exponent = prod_exponent + EXPONENT (faktor(i))
   prod_mantisse = prod_mantisse * FRACTION (faktor(i))

   .prod_exponent = prod_exponent + EXPONENT (prod_mantisse)
   prod_mantisse = SET_EXPONENT (prod_mantisse,0)
END DO


PRINT *, "Ergebnis:"
IF ((prod_exponent <= MAXEXPONENT (produkt)) .AND.               &
    (prod_exponent >= MINEXPONENT (produkt))) THEN
   produkt = SET_EXPONENT (prod_mantisse,prod_exponent)
   PRINT *, produkt
ELSE
   PRINT *, "liegt ausserhalb des Bereichs !"
END IF
```

Nach Beendigung der Schleife wird mit Hilfe von SET_EXPONENT das Ergebnis, sofern
es im Bereich der Gleitkommazahlen liegt, zu einer REAL-Zahl zusammengesetzt.
Dieses Programm kann keinen Überlauf bewirken, da für die Werte der verwendeten
REAL-Variablen prod_mantisse gilt:

$$\text{RADIX (prod\_mantisse)}^{-1} < \text{prod\_mantisse} < 1$$

Das sind nur Werte mit Exponent Null.
Beim Zusammensetzen des Ergebnisses aus den Bestandteilen prod_mantisse und
prod_exponent wird durch eine Abfrage sichergestellt, daß der Bereich der Gleitkommazahlen nicht verlassen wird.

2. Die zweite Methode, die ein wenig schneller ist, ist nur für eine kleinere Anzahl von
   Faktoren geeignet:

```
prod_exponent = 0
prod_mantisse = 1.
vollstaendig = .TRUE.

DO i = 1, n
   IF ((prod_mantisse*FRACTION (faktor(i)))<TINY (prod_mantisse)) THEN
      PRINT *, "Modellzahlenbereich wird verlassen !"
      PRINT *, "Produkt wurde bis Faktor", (i-1), "berechnet."
      vollstaendig = .FALSE.
      EXIT
   END IF
   prod_exponent = prod_exponent + EXPONENT (faktor(i))
   prod_mantisse = prod_mantisse * FRACTION (faktor(i))
END DO

IF (vollstaendig) THEN
   PRINT *, "Produkt vollstaendig berechnet."
END IF

gesamt_exponent = prod_exponent + EXPONENT (prod_mantisse)
IF ((gesamt_exponent >= MINEXPONENT (prod_mantisse)) .AND.       &
    (gesamt_exponent <= MAXEXPONENT (prod_mantisse))) THEN
   PRINT *, "Ergebnis: "
   PRINT *, SCALE (prod_mantisse,prod_exponent)
ELSE
   PRINT *, "Ergebnis liegt ausserhalb der Modellzahlen !"
END IF
```

Hier werden die Exponenten der Faktoren addiert und ihre Mantissen mit dem jeweiligen Zwischenergebnis multipliziert, *ohne* daß zwischendurch skaliert wird. Da diese Multiplikationen jedoch den Inhalt der Variablen `prod_mantisse` ständig verkleinern (Es gilt: $RADIX (faktor(i))^{-1} \le FRACTION (faktor(i)) < 1$), kann es sehr leicht zu einem Unterlaufen des Gleitkommabereichs kommen. Diesem Unterlaufen wird durch eine Abfrage mit Hilfe der Funktion TINY begegnet. Bei der Berechnung des oben angeführten Produktes wird dieses Programm beim Faktor a_{209} abgebrochen.

Beschreibung der Funktionen

DIGITS (X)   Anzahl signifikanter Ziffern

KATEGORIE Abfragefunktion
PARAMETER

   X   REAL oder INTEGER, Skalar oder Feld (X muß nicht definiert sein)

ERGEBNIS

Typ: INTEGER (gewöhnlicher Typ), Skalar

Wert: X REAL: p (Länge des Signifikanden der Gleitpunkt-Modellzahlen mit dem Typparameter von X).

X INTEGER: q (Anzahl der Ziffern der INTEGER-Modellzahlen mit dem Typparameter von X).

BEISPIEL [IEEE-Arithmetik]

```
p = DIGITS (real_variable)    ! Wert: 24
q = DIGITS (integer_variable) ! Wert: 31
```

EPSILON (X) Schranke für den relativen Rundungsfehler

KATEGORIE Abfragefunktion
PARAMETER

X REAL, Skalar oder Feld (X muß nicht definiert sein)

ERGEBNIS

Typ: REAL (skalar)

Wert: $eps = b^{1-p}$ (relative Maschinengenauigkeit bei Gleitpunkt-Modellzahlen mit dem Typparameter von X)

BEISPIELE [IEEE-Arithmetik]

```
r_eps = EPSILON (real_variable)   ! Wert: 1.19E-7
d_eps = EPSILON (double_variable) ! Wert: 2.22E-16
```

[Reihe für den Sinus hyperbolicus] Für $|x| \leq 1$ konvergiert die Reihe

$$sh(x) = \sum_{i=0}^{\infty} \frac{x^{2i+1}}{(2i+1)!}$$

sehr rasch. Ein Programmstück zur Reihensummation sieht folgendermaßen aus:

```
sh = 0.;   term = x;   i2 = 0
DO WHILE (ABS (term) > sh*EPSILON (sh))
    sh = sh + term
    i2 = i2 + 2
    term = (term*x*x)/(i2*(i2+1))
END DO
```

Der Abbruch der Schleife erfolgt genau dann, wenn die maximal erzielbare Genauigkeit erreicht worden ist.

EXPONENT (X)   Exponent einer Gleitpunktzahl

KATEGORIE Elementarfunktion
PARAMETER

X   REAL

ERGEBNIS

Typ: INTEGER

Wert: e (Exponent der Gleitpunktzahl X), falls $X \neq 0$ und e als INTEGER
darstellbar ist,

0, falls $X = 0$.

BEISPIEL   [IEEE-Arithmetik]

```
e_eins = EXPONENT (1.0)       ! Wert: 1
e_pi   = EXPONENT (3.14159)   ! Wert: 2
```

FRACTION (X)   Signifikand (Mantisse) einer Gleitpunktzahl

KATEGORIE Elementarfunktion
PARAMETER

X   REAL

ERGEBNIS

Typ: REAL

Wert: $X \cdot b^{-e} = (-1)^v \cdot [d_1 b^{-1} + d_2 b^{-2} + \cdots d_p b^{-p}]$
(vorzeichenbehafteter Signifikand von X), falls $X \neq 0$.

0 für $X = 0$.

BEISPIEL   [IEEE-Arithmetik]

```
signif_3 = FRACTION (3.0)   ! Wert: 0.75
```

HUGE (X)   Größte Zahl

KATEGORIE Abfragefunktion
PARAMETER

X   REAL oder INTEGER, Skalar oder Feld (X muß nicht definiert sein)

ERGEBNIS

Typ: wie X (skalar)

Wert: X REAL:
$b^{e_{max}}(1 - b^{-p})$
(größte Gleitpunkt-Modellzahl mit Typparameter von X)
X INTEGER:
$r^q - 1$
(größte INTEGER-Modellzahl mit Typparameter von X)

BEISPIEL [IEEE-Arithmetik]

```
r_max = HUGE (real_variable)     ! Wert: 3.40E38
i_max = HUGE (integer_variable)  ! Wert: 2147483647
```

MAXEXPONENT (X) Größter Exponent der Gleitpunktzahlen

KATEGORIE Abfragefunktion
PARAMETER

X REAL, Skalar oder Feld (X muß nicht definiert sein)

ERGEBNIS

Typ: INTEGER (skalar)
Wert: · e_{max} (größter Exponent der Gleitpunkt-Modellzahlen mit dem Typparameter von X)

BEISPIEL [IEEE-Arithmetik]

```
e_max = MAXEXPONENT (real_variable) ! Wert: 128
```

MINEXPONENT (X) Kleinster Exponent der Gleitpunktzahlen

KATEGORIE Abfragefunktion
PARAMETER

X REAL, Skalar oder Feld (X muß nicht definiert sein)

ERGEBNIS

Typ: INTEGER (skalar)
Wert: e_{min} (kleinster Exponent der Gleitpunkt-Modellzahlen mit dem Typparameter von X)

BEISPIEL [IEEE-Arithmetik]

```
e_min = MINEXPONENT (real_variable) ! Wert: -125
```

NEAREST (X,S)   Nächstgelegene Gleitpunktzahl

KATEGORIE Elementarfunktion
PARAMETER

    X   REAL

    S   REAL (S $\neq$ 0)

ERGEBNIS

    Typ: REAL

    Wert: nächst*größere* Gleitpunktzahl, falls S > 0

            nächst*kleinere* Gleitpunktzahl, falls S < 0

BEISPIELE [IEEE-Arithmetik]

```
eins_plus_delta  = NEAREST (1.0,1.0)  ! Wert: 1.0 + 2^-23
eins_minus_delta = NEAREST (1.0,-1.0) ! Wert: 1.0 - 2^-24
```

[Kleinste positive Gleitpunktzahl] Mit NEAREST kann man für den aktuell verwendeten Computer die *kleinste* positive (subnormale) Gleitpunktzahl ermitteln:

```
real_min = NEAREST (0.,1.)
```

liefert auf einem Rechner mit IEEE-Arithmetik den Wert 1.40E-45.

Man beachte, daß die Funktion TINY die kleinste positive (normalisierte) *Modell*zahl liefert:

```
real_min_modell = TINY (1.)
```

Auf einer RS/6000 Workstation (mit IEEE-Arithmetik) wurden für doppelt genaue Gleitpunktzahlen folgende Werte erhalten:

```
double_min        = NEAREST (0.D0,1.D0)  ! Wert: 4.94066E-324
                                         ! keine Modellzahl
                                         ! (subnormale Zahl)
double_min_modell = TINY (1.D0)          ! Wert: 2.22507E-308
```

PRECISION (X)   Anzahl der *Dezimal*stellen

KATEGORIE Abfragefunktion
PARAMETER

    X   REAL oder COMPLEX, Skalar oder Feld (X muß nicht definiert sein)

ERGEBNIS

    Typ: INTEGER (skalar)

    Wert: $\lfloor (p-1) \cdot \log_{10} b \rfloor$ für $b \neq 10$

         p für $b = 10$

        (Anzahl der sicher mit voller Signifikanz zur Verfügung stehenden *Dezimal*stellen der Gleitpunkt-Modellzahlen mit dem Typparameter von X)

BEISPIEL   [IEEE-Arithmetik]

```
stellen_10 = PRECISION (real_variable)  ! Wert: 6
```

Man beachte, daß nur der Wert 6 geliefert wird, obwohl $(p-1) \cdot \log_{10} b \approx 6.92$ nahezu 7 Dezimalstellen entspricht.

RADIX (X)   Basis des Gleitpunkt-Zahlenmodells

KATEGORIE   Abfragefunktion

PARAMETER

   X   REAL oder INTEGER, Skalar oder Feld (X muß nicht definiert sein)

ERGEBNIS

   Typ: INTEGER (gewöhnlicher Typ, skalar)

   Wert: X REAL:
            b (Basis der Gleitpunkt-Modellzahlen)
            X INTEGER:
            b (Basis der INTEGER-Modellzahlen)

BEISPIEL   [IEEE-Arithmetik]

```
r_basis = RADIX (real_variable)     ! Wert: 2
i_basis = RADIX (integer_variable)  ! Wert: 2
```

RANGE (X)   *Dezimaler* Exponentenbereich

KATEGORIE   Abfragefunktion

PARAMETER

   X   REAL, COMPLEX oder INTEGER, Skalar oder Feld (X muß nicht definiert sein)

ERGEBNIS

   Typ: INTEGER (skalar)

   Wert: X REAL oder COMPLEX:
            $\lfloor \min\{-\log_{10} x_{\min}, \log_{10} x_{\max}\} \rfloor$
            (*dezimaler* Exponentenbereich der Gleitpunkt-Modellzahlen mit dem Typparameter von X)

            X INTEGER:
            $\lfloor \log_{10}(b^q - 1) \rfloor$
            (Maximalanzahl der *Dezimal*stellen der INTEGER-Modellzahlen mit dem Typparameter von X)

BEISPIEL   [IEEE-Arithmetik]

```
r_bereich_10 = RANGE (real_variable)    ! Wert: 37
i_bereich_10 = RANGE (integer_variable) ! Wert: 9
```

RRSPACING (X)   1 / (relativer Abstand der Gleitpunktzahlen)

KATEGORIE Elementarfunktion
PARAMETER

X   REAL

ERGEBNIS

Typ: REAL

Wert: $|X/\Delta X| = |X \cdot b^{-e}| \cdot b^p$,
(*reziproker relativer* Abstand zwischen X und der betragsmäßig nächstgrößeren Gleitpunkt-Modellzahl mit dem Typparameter von X)

BEISPIEL   [IEEE-Arithmetik]

```
reziprok_rel_delta_x = RRSPACING (-3.0)  ! Wert: 1.26E07
```

SCALE (X,I)   Skalierung einer Gleitpunktzahl

KATEGORIE Elementarfunktion
PARAMETER

X   REAL
I   INTEGER

ERGEBNIS

Typ: REAL

Wert: $X \cdot b^I$,
falls es sich dabei um eine Gleitpunkt-Modellzahl handelt, sonst systemabhängig (b entspricht der Basis der Gleitpunkt-Modellzahlen mit dem
Typparameter von X)

BEISPIELE   [IEEE-Arithmetik]

```
x = SCALE (3.0,2)  ! Wert: 12.0
```

[Skalierung eines Vektors] Die Skalierung eines Vektors (sodaß seine betragsgrößte
Komponente etwa in der Größe von 1 ist), kann etwa mit folgendem Programmstück
vorgenommen werden:

```
REAL, DIMENSION (1000)  :: vektor
...
norm_max = MAXVAL (ABS (vektor))
IF (norm_max > 0.) THEN
    exp_max = EXPONENT (norm_max)
    vektor  = SCALE (vektor,-exp_max)
END IF
```

Man beachte, daß dieses Programmstück *nicht* gegen Exponenten-Unterlauf gesichert ist. Für einen wirksamen Schutz gegen Exponenten-Unterlauf müssen aufwendigere Maßnahmen ergriffen werden (vgl. z. B. Blue [12]).

SET_EXPONENT (X,I)   Exponent einer Gleitpunktzahl festlegen

KATEGORIE Elementarfunktion

PARAMETER

   X   REAL

   I   INTEGER

ERGEBNIS

   Typ: REAL

   Wert: $X \cdot b^{I-e}$,

       falls es sich dabei um eine Gleitpunkt-Modellzahl handelt, sonst systemabhängig (b entspricht der Basis der Gleitpunkt-Modellzahlen mit dem Typparameter von X, und e ist der Exponent von X in dieser Zahlendarstellung)

BEISPIELE   **[IEEE-Arithmetik]**

```
x = SET_EXPONENT (3.0,1)  ! Wert: 1.5
```

[Skalieren ohne Rundungsfehler] Mit SET_EXPONENT kann man das *rundungsfehlerfreie* Skalieren $x \cdot b^k$ einer Gleitpunktzahl x erreichen (wobei b die Basis des Gleitpunkt-Zahlensystems ist):

```
x_skaliert = SET_EXPONENT (x,EXPONENT (x) + k)
```

[Basis] Mit SET_EXPONENT kann man die Basis b des aktuellen Gleitpunkt-Zahlensystems ermitteln:

```
basis_real = SET_EXPONENT (1.,2)
```

Dasselbe kann man natürlich auch mit der Funktion RADIX erreichen:

```
basis_real = RADIX (1.)
```

SPACING (X)   Abstand zur nächstgrößeren Gleitpunktzahl

KATEGORIE Elementarfunktion
PARAMETER

    X   REAL

ERGEBNIS

    Typ: REAL

    Wert: $\Delta X = b^{e-p}$
             (Abstand zwischen X und der betragsmäßig nächstgrößeren Gleitpunkt-
             Modellzahl mit dem Typparameter von X;
             für ein *subnormales* Argument X wird TINY (X) geliefert)

BEISPIEL   [IEEE-Arithmetik]

```
delta_x = SPACING (3.0)    ! Wert: 2.38E-7
```

TINY (X)   Kleinste positive Gleitpunktzahl

KATEGORIE Abfragefunktion
PARAMETER

    X   REAL, Skalar oder Feld (X muß nicht definiert sein)

ERGEBNIS

    Typ: REAL (skalar)
    Wert: $b^{e_{min}-1}$
             (kleinste positive Gleitpunkt-Modellzahl mit dem Typparameter von X)

BEISPIEL   [IEEE-Arithmetik]

```
x_min = TINY (real_variable)    ! Wert: 1.18E-38
```

Man beachte, daß TINY die kleinste *normale* positive Gleitpunktzahl liefert. Die kleinste *subnormale* positive Gleitpunktzahl erhält man z. B. mit NEAREST (0.,1.).

16.8   Feldfunktionen

Feldverarbeitung ist ein außerordentlich wichtiger Zweig der Numerischen Datenverarbeitung. Aufgrund dieser Bedeutung wurden z. B. eigene Rechnerarchitekturen bzw.
eigene Rechnertypen – die Vektorrechner – entwickelt, die besondere Leistungsfähigkeit
für diesen Aufgabentyp aufweisen.
    Mit den gängigen Universal-Programmiersprachen – die größtenteils für sequenti-
elle Algorithmen auf konventionellen Rechnern (mit Neumann-Architektur) entwickelt

wurden – ist es nicht möglich, die Leistungsfähigkeit von Vektorrechnern voll aus-
zuschöpfen. Von den Herstellern der Vektorrechner wurden daher nichtgenormte, fir-
menspezifische Spracherweiterungen von Fortran 77 vorgenommen, die ein wesentlich
besseres Ausnützen der Möglichkeiten dieser Rechner erlaubten, z. B.

1. *CDC Fortran Vector Extensions* für die CDC Cyber 205;

2. *Cray Fortran* für die verschiedenen Cray-Modelle;

3. *Burroughs BSP Fortran* für den Burroughs Scientific Processor;

4. *VECTRAN*, eine IBM-Entwicklung, die von speziellen Rechnerarchitekturen unabhängig ist.

Viele Elemente dieser rechnerspezifischen Sprachelemente wurden in die rechnerun-
abhängige Sprachdefinition von Fortran 90 (zum Teil in etwas modifizierter Form) aufgenommen.

Feld-Operationen: Die arithmetischen Operationen sind in *elementweiser* (engl. *elemental*) Definition verfügbar; z. B. sind die Operationen $A = A + B$ oder
$A = A - B$ erlaubt, vorausgesetzt, es handelt sich bei A und B um konforme
Felder. Funktionen sind auf Felder anwendbar; z. B. ist $\log(A) := (\log a_{ij})$ für das
Feld $A = (a_{ij})$ elementweise definiert. Skalare Konstanten werden automatisch zu
konstanten Feldern (mit konformer Struktur) ergänzt, so daß z. B. dem Ausdruck
$A + 3$ der äquivalente Ausdruck $A + C$ mit $C = (c_{ij})$ und $c_{ij} = 3 \forall i, j$ entspricht.

Feld-Aufbau und Teilfeld-Extraktion: Felder können aus Teilen zusammengesetzt
und Teile von Feldern können separat verwendet werden. Der rekursiv definierte
Aufbau n-dimensionaler Felder aus $(n-1)$-dimensionalen Feldern oder der Aufbau
einer $n \times n$-Matrix aus einer $(n-1) \times (n-1)$-Matrix durch Hinzufügen eines
Zeilen- und eines Spalten-Vektors wird unterstützt. Die Extraktion von kleineren
Feldern aus gegebenen größeren Feldern kann einfach und in natürlicher Weise
ausgedrückt werden.

Matrix-Algebra: Das „gewöhnliche" Matrix-Produkt $A \cdot B$ und die Matrix-Transpo-
sition sind als vordefinierte Funktionen verfügbar.

Beispiel: [Matrix-Multiplikation] In Fortran 90 wird durch MATMUL (matrix_a,matrix_b),
d. h. durch den Aufruf des internen Unterprogramms MATMUL, das Matrix-Produkt berechnet.

ACHTUNG: matrix_a * matrix_b liefert das *elementweise* Produkt $(a_{ij} \cdot b_{ij})$.

Matrix-Vektor-Algebra: Ein Vektor wird als $n \times 1$ Matrix (Spaltenvektor) interpretiert; alle Vektor-Operationen werden damit auf die Matrix-Algebra zurückgeführt.

Beispiel: Durch DOT_PRODUCT (vektor_u,vektor_v) wird das innere Produkt $u^T v := u_1 v_1 +$
$\cdots + u_n v_n$ zweier Vektoren u und v berechnet.

ACHTUNG: vektor_u * vektor_v liefert den *Vektor* $(u_1 \cdot v_1, u_2 \cdot v_2, \ldots, u_n \cdot v_n)^{\mathsf{T}}$.

Matrizen mit spezieller Struktur: Zusätzlich zur Matrix-Algebra mit allgemeinen, vollbesetzten Matrizen gibt es auch spezielle vordefinierte Funktionen für die komprimierte Speicherung von schwachbesetzten Matrizen (PACK und UNPACK). Vordefinierte Funktionen für die Verknüpfung und Manipulation von schwachbesetzten Matrizen gibt es in Fortran 90 jedoch nicht.

Die Sprachelemente von Fortran 90 zur Feldverarbeitung sind sehr mächtig. Die Darstellung von Algorithmen kann zum Teil drastisch verkürzt werden.

Beispiel: [Normen] Für Vektoren und Matrizen erhält man z. B. folgende Größen in einfacher Weise:

```
REAL, DIMENSION (n)    :: x, y
REAL, DIMENSION (n,n)  :: a, b

i_prod      = DOT_PRODUCT (x,y)            ! Inneres Produkt
                                           ! VEKTOR-Normen:
x_norm_1    = SUM (ABS (x))                !  Betragssummen-Norm
x_norm_2    = SQRT (SUM (x**2))            !  Euklidische Norm
x_norm_max  = MAXVAL (ABS (x))             !  Maximum-Norm
                                           ! MATRIX-Normen:
a_norm_1    = MAXVAL (SUM (ABS (a), DIM = 1))  !  Betragssummen-Norm
a_norm_max  = MAXVAL (SUM (ABS (a), DIM = 2))  !  Maximum-Norm
a_norm_f    = SQRT (SUM (a**2))            !  Frobenius-Norm
```

Beispiel: [Statistische Datenauswertung] Die $m \times n$ - Matrix T enthält die Testergebnisse (bewertet durch Punkte $t_{mn} \geq 0$) von m Studenten nach n Tests. Es sollen folgende Fragen beantwortet werden:

1. Wie groß ist die höchste Punktzahl jedes Studenten?

   ```
   MAXVAL (t, DIM = 2)    ! Das Ergebnis ist ein Vektor der Laenge m
   ```

2. Wieviele Testergebnisse lagen über dem Durchschnitt (gebildet über alle Tests und alle Studenten)?

   ```
   ueber_dem_durchschnitt = t > SUM (t)/SIZE (t)                      ! Matrix
   anzahl_ueber_dem_durchschnitt = COUNT (ueber_dem_durchschnitt)     ! Skalar
   ```

3. Jede Punktezahl, die über dem Durchschnitt liegt, soll um 10 % erhöht werden!

   ```
   WHERE (ueber_dem_durchschnitt) t = 1.1*t
   ```

4. Wie hoch war die *niedrigste* Punktezahl aller Ergebnisse, die *über* dem Durchschnitt lagen?

   ```
   min_ueber_mittel = MINVAL (t, MASK = ueber_dem_durchschnitt)
   ```

5. Gab es mindestens einen Studenten, dessen Einzelergebnisse (Punkte) *alle* über dem Durchschnitt lagen?

   ```
   antwort_logical = ANY (ALL (ueber_dem_durchschnitt, DIM = 2))
   ```

Beispiel: [Chi-Quadrat-Statistik] Aus den beobachteten Häufigkeiten b_{ij} und den erwarteten Häufigkeiten e_{ij} wird die Größe χ^2 folgendermaßen definiert:

$$\chi^2 := \sum_{i,j} \frac{(b_{ij} - e_{ij})^2}{e_{ij}} \quad ,$$

wobei die Elemente der Matrix $E = (e_{ij})$ durch

$$e_{ij} = \frac{\left(\sum_k b_{ik}\right) \cdot \left(\sum_k b_{kj}\right)}{\sum_{k,l} b_{kl}}$$

gegeben sind. Die Berechnung von χ^2 leistet z. B. folgender Programmabschnitt:

```
REAL, DIMENSION (m,n) :: b, e
REAL, DIMENSION (m)   :: r
REAL, DIMENSION (n)   :: c
...
r = SUM (b, DIM = 2)
c = SUM (b, DIM = 1)
e = SPREAD (r, DIM = 2, NCOPIES = n) * SPREAD (c, DIM = 1, NCOPIES = m) / SUM (b)
chi_quadrat = SUM (((b-e)**2)/e)
```

Beschreibung der Funktionen

ALL (MASK [,DIM])   Ist *wahr*, wenn alle Werte *wahr* sind

KATEGORIE Transformationsfunktion

PARAMETER

MASK LOGICAL (*kein* Skalar)

[DIM] INTEGER-Skalar mit $1 \leq DIM \leq n$, wobei n die Anzahl der Dimensionen von MASK ist.

ERGEBNIS

Typ: LOGICAL mit Typparameterwert wie MASK.
Skalar, falls DIM nicht angegeben ist oder MASK eindimensional ist. Sonst Feldgröße mit $(n-1)$ Dimensionen und der Form $(d_1, d_2, \ldots, d_{DIM-1}, d_{DIM+1}, \ldots, d_n)$, wobei $(d_1, d_2, \ldots, d_n)$ die Form von MASK ist.

Wert: ALL (MASK) hat den Wert .TRUE., falls alle Elemente von MASK *wahr* sind oder MASK die Größe Null hat, und .FALSE., falls mindestens ein Element von MASK *falsch* ist.

ALL (MASK,DIM) hat den Wert von ALL (MASK), falls MASK eindimensional ist. Sonst ist das Feldelement $(s_1, s_2, \ldots, s_{DIM-1}, s_{DIM+1}, \ldots, s_n)$ des Funktionswertes von ALL (MASK, DIM) gleich dem Wert von ALL (MASK $(s_1, s_2, \ldots, s_{DIM-1}, :, s_{DIM+1}, \ldots, s_n)$).

BEISPIEL

```
LOGICAL :: l
...
l = ALL ((/.TRUE.,.FALSE.,.TRUE./))  ! Wert: .FALSE.
```

m sei das Feld $\begin{bmatrix} 1 & 3 & 5 \\ 2 & 4 & 6 \end{bmatrix}$, und n sei das Feld $\begin{bmatrix} 0 & 3 & 5 \\ 7 & 4 & 8 \end{bmatrix}$.

ALL (m /= n,1) liefert dann den Wert (/.TRUE.,.FALSE.,.FALSE./), und
ALL (m /= n,2) liefert den Wert (/.FALSE.,.FALSE./).

ALLOCATED (ARRAY)   Allokationsstatus eines dynamischen Datenobjektes

KATEGORIE Abfragefunktion
PARAMETER

  ARRAY dynamisches Feld

ERGEBNIS

  Typ: LOGICAL (skalar)
  Wert: .TRUE., falls eine Speicherzuordnung für ARRAY existiert,
         .FALSE., falls eine Speicherzuordnung für ARRAY nicht existiert.
         Das Ergebnis ist undefiniert, wenn der Allokationsstatus undefiniert ist.

ANY (MASK [,DIM])

Ist *wahr*, wenn ein Wert von MASK in der Dimension DIM *wahr* ist

KATEGORIE Transformationsfunktion
PARAMETER

  MASK LOGICAL (*kein* Skalar)
  [DIM] INTEGER-Skalar mit $1 \leq \text{DIM} \leq n$, wobei n die Anzahl der Dimensionen
       von MASK ist.

ERGEBNIS

  Typ: LOGICAL mit Typparameterwert wie MASK.
         Skalar, falls DIM nicht angegeben ist oder MASK eindimensio-
         nal ist. Sonst Feldgröße mit $(n-1)$ Dimensionen und der Form
         $(d_1, d_2, \ldots, d_{\text{DIM}-1}, d_{\text{DIM}+1}, \ldots, d_n)$, wobei $(d_1, d_2, \ldots, d_n)$ die Form von
         MASK ist.

  Wert: ANY (MASK) hat den Wert .TRUE., falls irgendein Element von MASK
         wahr ist.

         ANY (MASK, DIM) hat den Wert von ANY (MASK), falls MASK ein-
         dimensional ist. Sonst ist das Feldelement $(s_1, s_2, \ldots, s_{\text{DIM}-1}, s_{\text{DIM}+1}, \ldots, s_n)$ des Funktionswertes von ANY (MASK, DIM) gleich dem Wert
         von ANY (MASK $(s_1, s_2, \ldots, s_{\text{DIM}-1}, :, s_{\text{DIM}+1}, \ldots, s_n)$).

BEISPIEL

```
LOGICAL :: l
...
l = ANY ((/.TRUE.,.FALSE.,.TRUE./))  ! Wert: .TRUE.
```

m sei das Feld $\begin{bmatrix} 1 & 3 & 5 \\ 2 & 4 & 6 \end{bmatrix}$, und n sei das Feld $\begin{bmatrix} 0 & 3 & 5 \\ 7 & 4 & 8 \end{bmatrix}$.

Dann erhält ANY (m /= n,1) den Wert (/.TRUE.,.FALSE.,.TRUE./), und
ANY (m /= n,2) erhält den Wert (/.TRUE.,.TRUE./).

COUNT (MASK [,DIM])   Anzahl der Elemente mit dem Wert .TRUE.

KATEGORIE Transformationsfunktion
PARAMETER

MASK LOGICAL (kein Skalar)

[DIM] INTEGER-Skalar mit $1 \leq DIM \leq n$, wobei n die Anzahl der Dimensionen von MASK ist.

ERGEBNIS

Typ: INTEGER.
Skalar, falls DIM nicht angegeben ist oder MASK eindimensional ist. Sonst Feldgröße mit $(n-1)$ Dimensionen und der Form $(d_1, d_2, \ldots, d_{DIM-1}, d_{DIM+1}, \ldots, d_n)$, wobei $(d_1, d_2, \ldots, d_n)$ die Form von MASK ist.

Wert: COUNT (MASK)
hat als Wert die Anzahl der *wahren* Feldelemente von MASK.

COUNT (MASK,DIM)
hat den Wert von COUNT (MASK), falls MASK eindimensional ist. Sonst ist das Feldelement $(s_1, s_2, \ldots, s_{DIM-1}, s_{DIM+1}, \ldots, s_n)$ des Funktionswertes von COUNT (MASK,DIM) gleich dem Wert von COUNT (MASK$(s_1, s_2, \ldots, s_{DIM-1}, :, s_{DIM+1}, \ldots, s_n)$).

BEISPIEL

```
INTEGER :: i
...
i = COUNT ((/.TRUE.,.FALSE.,.TRUE./))  ! Wert: 2
```

m sei das Feld $\begin{bmatrix} 1 & 3 & 5 \\ 2 & 4 & 6 \end{bmatrix}$, und n sei das Feld $\begin{bmatrix} 0 & 3 & 5 \\ 7 & 4 & 8 \end{bmatrix}$.

Dann erhält COUNT (m /= n,1) den Wert (/2,0,1/), und COUNT (m /= n,2) erhält den Wert (/1,2/).

CSHIFT (ARRAY,SHIFT [,DIM]) Zyklische Verschiebung der Werte eines Feldes

KATEGORIE Transformationsfunktion
PARAMETER

ARRAY (kein Skalar)

SHIFT INTEGER.
Skalar, falls $n = 1$, wobei n die Anzahl der Dimensionen von ARRAY ist. Wenn $n \neq 1$, dann muß SHIFT skalar oder eine Feldgröße mit $(n-1)$ Dimensionen und Form $(d_1, d_2, \ldots, d_{DIM-1}, d_{DIM+1}, \ldots, d_n)$ sein, wobei $(d_1, d_2, \ldots, d_n)$ die Form von ARRAY ist.

[DIM]   INTEGER-Skalar mit $1 \leq$ DIM $\leq n$, wobei n die Anzahl der Dimensionen von ARRAY ist.
             Voreinstellung: 1

ERGEBNIS

Typ: wie ARRAY

Wert: Fall 1: $n = 1$
             Die Funktion liefert ARRAY mit SHIFT-mal zyklisch nach links verschobenen Elementen (Verschiebung nach rechts, falls SHIFT < 0)

             Fall 2: $n > 1$
             In der durch DIM angegebenen Dimension werden alle eindimensionalen Teilfelder zyklisch verschoben.

BEISPIELE

[Vektor]

```
INTEGER, DIMENSION (3) :: i
...
i = (/1,2,3/)
i = CSHIFT (i,-2) ! Wert: (/2,3,1/)
```

[Matrix]

m sei das Feld $\begin{bmatrix} 1 & 2 & 3 \\ 4 & 5 & 6 \\ 7 & 8 & 9 \end{bmatrix}$.

Dann hat CSHIFT (m,-1,2) den Wert $\begin{bmatrix} 3 & 1 & 2 \\ 6 & 4 & 5 \\ 9 & 7 & 8 \end{bmatrix}$,

und CSHIFT (m,(/-1,1,0/),2) hat den Wert $\begin{bmatrix} 3 & 1 & 2 \\ 5 & 6 & 4 \\ 7 & 8 & 9 \end{bmatrix}$.

[Toeplitz-Matrizen] Mit

$$r_{-n+1}, \ldots, r_{-1}, r_0, r_1, \ldots, r_{n-1} \in \mathbb{R}$$

wird die Toeplitz-Matrix $T_n \in \mathbb{R}^{n \times n}$ durch

$$t_{ij} := r_{j-i} \qquad i = 1, \ldots, n \qquad j = 1, \ldots, n$$

definiert. Mit CSHIFT kann man eine Toeplitz-Matrix etwa folgendermaßen erhalten:

```
REAL, DIMENSION (2*n - 1) :: r, r_shift
REAL, DIMENSION (n,n)     :: t
...
DO i = 1, n
   r_shift = CSHIFT (r, SHIFT = 1-i)
   t(i,:) = r(n:)
END DO
```

[Zirkulante Matrizen] Bei der diskreten Faltung treten sogenannte zirkulante Matrizen (*circulant matrices*) auf:

$$Z_n := \begin{bmatrix} h_1 & h_n & \cdots & h_2 \\ h_2 & h_1 & \cdots & h_3 \\ h_3 & h_2 & \cdots & h_4 \\ \vdots & \vdots & & \vdots \\ h_n & h_{n-1} & \cdots & h_1 \end{bmatrix} \in \mathbb{R}^{n \times n} .$$

Unter Verwendung der eindimensionalen Variante des vordefinierten Unterprogramms CSHIFT kann Z_n z. B. auf folgende Art erhalten werden:

```
REAL, DIMENSION (n)   :: h
REAL, DIMENSION (n,n) :: z
...
DO i = 1, n
   z(:,i) = CSHIFT (h, SHIFT = 1-i)
END DO
```

Mit der zweidimensionalen Variante von CSHIFT kann z. B. folgende Form gewählt werden:

```
z = SPREAD (h, DIM = 2, NCOPIES = n)
z = CSHIFT (z, DIM = 1, SHIFT = (/ (1-i, i=1,n) /) )
```

DOT_PRODUCT (VECTOR_A, VECTOR_B)   Skalarprodukt

KATEGORIE Transformationsfunktion
PARAMETER

VECTOR_A   Eindimensionale numerische oder logische Feldgröße.

VECTOR_B   Größe wie die von VECTOR_A.
Numerische eindimensionale Feldgröße, wenn VECTOR_A numerisch ist. Logische eindimensionale Feldgröße, wenn VECTOR_A logisch ist.

ERGEBNIS

Typ: Wenn die Parameter numerisch sind, entsprechen Typ und Typparameter denen des Ausdrucks (VECTOR_A * VECTOR_B). Wenn die Parameter logisch sind, ist es der Funktionswert ebenfalls. Der Typparameter des Funktionswertes entspricht dem des Ausdrucks (VECTOR_A .AND. VECTOR_B). Der Funktionswert ist in jedem Fall skalar.

Wert: VECTOR_A REAL oder INTEGER:
SUM (VECTOR_A * VECTOR_B)
Wenn die Parameterfelder die Länge Null haben, dann hat die Funktion den Wert Null.

VECTOR_A COMPLEX:

SUM (CONJG (VECTOR_A) * VECTOR_B)

Wenn die Parameterfelder die Länge Null haben, dann ist der Funktionswert Null.

VECTOR_A LOGICAL:

ANY (VECTOR_A .AND. VECTOR_B)

Wenn die Parameterfelder die Länge Null haben, dann hat die Funktion den Wert .FALSE..

BEISPIEL

```
INTEGER, DIMENSION (3) :: i, j
INTEGER                :: k
...
i = (/1,2,3/)
j = (/2,3,4/)
k = DOT_PRODUCT (i,j)  ! Wert: 20
```

EOSHIFT (ARRAY,SHIFT [,BOUNDARY] [,DIM])

Verschiebung der Werte eines Feldes

KATEGORIE Transformationsfunktion

PARAMETER[3]

ARRAY   beliebiger Typ (kein Skalar)

SHIFT   INTEGER
            Skalar, falls ARRAY eindimensional ist. Wenn ARRAY n-dimensional ist, dann muß SHIFT skalar oder eine Feldgröße mit $(n-1)$ Dimensionen und Form $(d_1, d_2, \ldots, d_{\text{DIM}-1}, d_{\text{DIM}+1}, \ldots, d_n)$ sein, wobei $(d_1, d_2, \ldots, d_n)$ die Form von ARRAY ist.

[BOUNDARY] Typ und Typparameterwert wie ARRAY, sonst gleiche Bedingungen wie bei SHIFT. BOUNDARY darf nur für folgende Datentypen fehlen und wird dann mit dem vordefinierten Wert angenommen:

Typ von ARRAY	vordefinierter Wert von BOUNDARY
INTEGER	0
REAL	0.0 bzw. 0.0D0
COMPLEX	(0.0, 0.0)
LOGICAL	.FALSE.
CHARACTER (*laenge*)	*laenge* Leerzeichen

---

[3]Falls der optionale Parameter BOUNDARY im Aufruf von EOSHIFT nicht angegeben wird, dann kann DIM nur als Schlüsselwortparameter präsent sein.

[DIM]   INTEGER-Skalar mit $1 \le$ DIM $\le n$, wobei n die Anzahl der Dimensionen von ARRAY ist.
Voreinstellung: 1

ERGEBNIS

Typ: wie ARRAY

Wert: Fall 1: $n = 1$

Die Funktion liefert ARRAY mit SHIFT-mal nach links verschobenen Elementen (Verschiebung nach rechts, falls SHIFT < 0). Die freiwerdenden Randpositionen werden mit dem Wert von BOUNDARY aufgefüllt.

Fall 2: $n > 1$

Das Feldelement $(s_1, s_2, \ldots, s_n)$ des Funktionswertes hat den gleichen Wert wie ARRAY $(s_1, s_2, \ldots, s_{\text{DIM}-1}, s_{\text{DIM}} + \chi, s_{\text{DIM}+1}, \ldots, s_n)$, wobei $\chi =$ SHIFT oder $\chi =$ SHIFT $(s_1, s_2, \ldots, s_{\text{DIM}-1}, s_{\text{DIM}+1}, \ldots, s_n)$ ist. Das gilt für den Fall: LBOUND (ARRAY, DIM) $\le s_{\text{DIM}} + \chi \le$ UBOUND (ARRAY, DIM). Andernfalls hat das Feldelement $(s_1, s_2, \ldots, s_n)$ des Funktionswertes den Wert von BOUNDARY bzw. BOUNDARY $(s_1, s_2, \ldots, s_{\text{DIM}-1}, s_{\text{DIM}+1}, \ldots, s_n)$.

BEISPIELE

[Vektor]

```
INTEGER, DIMENSION (3)  ::  i
...
i = (/1,2,3/)
i = EOSHIFT (i,-2)  ! Wert: (/0,0,1/)
```

[Matrix]

m sei das Feld $\begin{bmatrix} 1 & 2 & 3 \\ 1 & 2 & 3 \\ 1 & 2 & 3 \end{bmatrix}$.

Dann hat EOSHIFT (m,−1,8,2) den Wert $\begin{bmatrix} 8 & 1 & 2 \\ 8 & 1 & 2 \\ 8 & 1 & 2 \end{bmatrix}$,

EOSHIFT (m,(/−1,1,0/),8,2) hat den Wert $\begin{bmatrix} 8 & 1 & 2 \\ 2 & 3 & 8 \\ 1 & 2 & 3 \end{bmatrix}$,

und EOSHIFT (m,(/−1,1,0/),(/5,7,9/),2) hat den Wert $\begin{bmatrix} 5 & 1 & 2 \\ 2 & 3 & 7 \\ 1 & 2 & 3 \end{bmatrix}$.

[Tridiagonalsystem] Zur Lösung eines linearen Gleichungssystems $Tx = y$, $T \in \mathbb{R}^{n \times n}$, $x, y \in \mathbb{R}^n$ mit Tridiagonalmatrix gibt es spezielle Algorithmen, wie z. B. den folgenden:

```
SUBROUTINE tridiag_system (d_u, d, d_o, y, x)

    IMPLICIT NONE
    REAL, DIMENSION (:), INTENT (IN)  :: d_u ! untere Diagonale
    REAL, DIMENSION (:), INTENT (IN)  :: d   ! Haupt-Diagonale
    REAL, DIMENSION (:), INTENT (IN)  :: d_o ! obere Diagonale
    REAL, DIMENSION (:), INTENT (IN)  :: y   ! rechte Seite
    REAL, DIMENSION (:), INTENT (OUT) :: x   ! Loesung

    INTEGER                           :: k, n

    n = SIZE (d)
    k = 1
    DO                 ! zyklische Reduktion
        d_u = d_u/d
        d_o = d_o/d
        y   = y/d
        d   = 1. - d_u*EOSHIFT (d_o,-k) - d_o*EOSHIFT (d_u,k)
        y   = y - d_u*EOSHIFT (y,-k)    - d_o*EOSHIFT (y,k)
        d_u =        d_u*EOSHIFT (d_u,-k)
        d_o =                             d_o*EOSHIFT (d_o,k)

        k = 2*k
        IF (k > n)     EXIT
    END DO
    x = y/d

END SUBROUTINE tridiag_system
```

LBOUND (ARRAY [,DIM])   Untere Indexgrenze(n) eines Feldes

KATEGORIE   Abfragefunktion
PARAMETER

  ARRAY   beliebig (kein Skalar; muß nicht definiert sein)

  [DIM]   INTEGER-Skalar mit $1 \leq DIM \leq n$, wobei n die Anzahl der Dimensionen von ARRAY ist.

ERGEBNIS

  Typ: INTEGER.
           Skalar, falls DIM präsent, sonst eindimensionales Feld der Größe n.

  Wert: Fall 1: DIM ist präsent.
           Wenn ARRAY ein Teilfeld oder ein anderer Feldausdruck ist, der kein ganzes Feld und keine Strukturkomponente ist, dann ist der Funktionswert 1. Andernfalls ist der Funktionswert gleich der unteren Indexgrenze des Index DIM des Feldes ARRAY bzw. 1, falls die Dimension DIM von ARRAY die Größe Null hat.

Fall 2: DIM ist nicht angegeben.

Der Wert des i-ten Feldelementes des Funktionswertes ist gleich dem Wert von LBOUND (ARRAY,i) für $i = 1, 2, \ldots, n$.

BEISPIEL

```
REAL, DIMENSION (-3:4, 2:8) :: f
INTEGER                     :: i, j
...
i = LBOUND (f)      ! Wert: (/-3,2/)
j = LBOUND (f,1)    ! Wert: -3
```

MATMUL (MATRIX_A,MATRIX_B)   Matrizenmultiplikation

KATEGORIE   Transformationsfunktion

PARAMETER

MATRIX_A   Numerische oder logische Feldgröße, ein- oder zweidimensional (Vektor oder Matrix).

MATRIX_B   Ein- oder zweidimensionale Feldgröße; umgekehrt wie MATRIX_A. Die Ausdehnung in der ersten Dimension von MATRIX_B muß gleich der Ausdehnung in der letzten Dimension von MATRIX_A sein. MATRIX_B ist eine numerische Feldgröße, wenn MATRIX_A numerisch ist und eine logische Feldgröße, wenn MATRIX_A logisch ist.

ERGEBNIS

Typ: Wenn die Parameter numerisch sind, dann ergeben sich Typ und Typparameterwert aus den Typen der Parameter. Wenn die Parameter logisch sind, ist der Funktionswert ebenfalls logisch. Der Typparameterwert des Funktionswertes ergibt sich aus dem Typparameterwert der Funktionsparameter.

Der Funktionswert ist in jedem Fall ein Feld. Seine Form kann wie folgt aussehen:

Fall 1: Wenn MATRIX_A eine Matrix der Form (n, m) und MATRIX_B eine Matrix der Form (m, k) ist, dann hat der Funktionswert (die Resultat-Matrix) die Form (n, k).

Fall 2: Wenn MATRIX_A ein Vektor der Form (m) und MATRIX_B eine Matrix der Form (m, k) ist, dann hat hat der Funktionswert (der Resultat-Vektor) die Form (k).

Fall 3: Wenn MATRIX_A eine Matrix der Form (n, m) und MATRIX_B ein Vektor der Form (m) ist, dann hat der Funktionswert (der Resultat-Vektor) die Form (n).

Wert: Fall 1: Wenn die Parameter numerisch sind, dann ist das Feldelement (i,j) des Funktionswertes gleich dem Wert SUM (MA-
TRIX_A$(i,:)$ * MATRIX_B$(:,j)$). Wenn die Parameter logisch
sind, dann ist das Feldelement (i,j) des Funktionswertes gleich
dem Wert ANY (MATRIX_A$(i,:)$ .AND. MATRIX_B$(:,j)$).

Fall 2: Wenn die Parameter numerisch sind, dann ist das Feldelement (j) des Funktionswertes gleich dem Wert SUM (MA-
TRIX_A$(:)$ * MATRIX_B$(:,j)$). Wenn die Parameter logisch
sind, dann ist das Feldelement (j) des Funktionswertes gleich
dem Wert ANY (MATRIX_A$(:)$ .AND. MATRIX_B$(:,j)$).

Fall 3: Wenn die Parameter numerisch sind, dann ist das Feldelement (i) des Funktionswertes gleich dem Wert SUM (MA-
TRIX_A$(i,:)$ * MATRIX_B$(:)$). Wenn die Parameter logisch
sind, dann ist das Feldelement (i) des Funktionswertes gleich
dem Wert ANY (MATRIX_A$(i,:)$ .AND. MATRIX_B$(:)$).

BEISPIEL

Es seien x = (/1,2/) und y = (/1,2,3/) zwei eindimensionale Felder und a, b zwei zweidimensionale Felder.

a sei das Feld $\begin{bmatrix} 1 & 2 & 3 \\ 2 & 3 & 4 \end{bmatrix}$, b sei das Feld $\begin{bmatrix} 1 & 2 \\ 2 & 3 \\ 3 & 4 \end{bmatrix}$.

Dann liefert MATMUL (a,b) den Wert $\begin{bmatrix} 14 & 20 \\ 20 & 29 \end{bmatrix}$.

MATMUL (x,a) liefert den Wert (/5,8,11/).

MATMUL (a,y) liefert den Wert (/14,20/).

MAXLOC (ARRAY [,MASK])   Lokalisierung des größten Feldelements

KATEGORIE Transformationsfunktion
PARAMETER

ARRAY   REAL- oder INTEGER-Feldgröße (kein Skalar)

[MASK]   LOGICAL, konform mit ARRAY

ERGEBNIS

Typ: Eindimensionales INTEGER-Feld mit Größe n (wobei n die Anzahl
der Dimensionen von ARRAY ist)

Wert: Fall 1: MASK ist nicht angegeben.
Der Funktionswert ist ein eindimensionales Feld, wobei die Werte
der Feldelemente der Reihe nach gleich den entsprechenden Werten der Indexliste eines Feldelementes von ARRAY sind, das den
größten Wert *aller* Feldelemente von ARRAY enthält.

Fall 2: MASK ist präsent.

Der Funktionswert ist ein eindimensionales Feld, wobei die Werte der Feldelemente der Reihe nach gleich den entsprechenden Werten der Indexliste eines Feldelementes von ARRAY sind, das den größten Wert enthält. Hierbei werden allerdings nur diejenigen Feldelemente von ARRAY berücksichtigt, deren entsprechende Feldelemente von MASK *wahr* sind.

Gibt es mehr als nur einen einzigen Maximalwert, dann entspricht der Funktionswert der Indexliste des ersten Feldelementes dieser Art (entsprechend der internen Verkettung der Feldelemente). Wenn ARRAY die Größe Null hat, oder wenn jedes Feldelement von MASK *falsch* ist, ist der Funktionswert systemabhängig.

BEISPIELE

[Vektor]

```
m = MAXLOC ((/ 2, 6, 4, 6 /))   ! Wert: (/2/)
```

[Matrix]

m sei das Feld $\begin{bmatrix} 0 & -5 & 8 & -3 \\ 3 & 4 & -1 & 2 \\ 1 & 5 & 6 & -4 \end{bmatrix}$.

Dann ist der Funktionswert von MAXLOC (m,m < 6) gleich (/3,2/).

MAXVAL (ARRAY [,DIM] [,MASK])   Wert des größten Feldelements

KATEGORIE Transformationsfunktion

PARAMETER[4]

ARRAY   REAL- oder INTEGER-Feldgröße (kein Skalar)

[DIM]   INTEGER-Skalar mit $1 \leq$ DIM $\leq n$, wobei n die Anzahl der Dimensionen von ARRAY ist.

[MASK]   LOGICAL, konform mit ARRAY

ERGEBNIS

Typ: wie ARRAY.
       Skalar, falls DIM nicht angegeben ist oder ARRAY eindimensional ist. Sonst Feldgröße mit $(n-1)$ Dimensionen und Form $(d_1, d_2, \ldots, d_{\text{DIM}-1}, d_{\text{DIM}+1}, \ldots, d_n)$, wobei $(d_1, d_2, \ldots, d_n)$ die Form von ARRAY ist.

Wert: Fall 1: Der Funktionswert von MAXVAL (ARRAY) ist gleich dem größten Wert aller Feldelemente von ARRAY. Wenn ARRAY die Größe Null hat, ist der Funktionswert gleich $-$HUGE (ARRAY).

---

[4]Falls der optionale Parameter DIM im Aufruf von MAXVAL nicht angegeben wird, dann kann MASK nur als Schlüsselwortparameter präsent sein.

Fall 2: Der Funktionswert MAXVAL (ARRAY, MASK=MASK) ist gleich dem größten Wert derjenigen Feldelemente von ARRAY, denen *wahre* Feldelemente von MASK entsprechen. Wenn ARRAY die Größe Null hat oder wenn MASK keine *wahren* Feldelemente hat, ist der Funktionswert gleich −HUGE (ARRAY).

Fall 3: Wenn ARRAY eindimensional ist, ist der Funktionswert von MAXVAL (ARRAY,DIM [,MASK]) gleich dem Wert von MAXVAL (ARRAY [,MASK=MASK]). Wenn die Anzahl der Dimensionen von ARRAY größer als 1 ist, dann ist der Wert des Feldelementes $(s_1, s_2, \ldots, s_{DIM-1}, s_{DIM+1}, \ldots, s_n)$ des Funktionswertes von MAXVAL (ARRAY,DIM [,MASK]) gleich dem Wert von MAXVAL $(ARRAY(s_1, s_2, \ldots, s_{DIM-1}, :, s_{DIM+1}, \ldots, s_n),$ $[,MASK=MASK(s_1, s_2, \ldots, s_{DIM-1}, :, s_{DIM+1}, \ldots, s_n)])$.

BEISPIELE

[Vektor]

```
i = MAXVAL ((/ 2, 4, 6 /))    ! Wert: 6
```

[Matrix] MAXVAL (a, MASK = a .LT. 0.0) liefert den größten aller negativen Werte von a.

m sei das Feld $\begin{bmatrix} 1 & 3 & 5 \\ 2 & 4 & 6 \end{bmatrix}$.

Dann ist der Funktionswert von MAXVAL (m, 1) gleich dem eindimensionalen Feldwert (/ 2, 4, 6 /). MAXVAL (m, 2, MASK = (m < 6)) ist gleich (/ 5, 4 /).

MERGE (TSOURCE,FSOURCE,MASK)   Verschmelzen zweier Felder

KATEGORIE   Elementarfunktion

PARAMETER

TSOURCE   beliebiger Typ (Skalar oder Feld)

FSOURCE   wie TSOURCE

MASK   LOGICAL

ERGEBNIS

Typ: wie TSOURCE

Wert: TSOURCE, falls MASK *wahr*, sonst FSOURCE (elementweise)

BEISPIEL

TSOURCE sei das Feld $\begin{bmatrix} 1 & 6 & 5 \\ 2 & 9 & 6 \end{bmatrix}$, FSOURCE sei das Feld $\begin{bmatrix} 0 & 3 & 2 \\ 7 & 4 & 8 \end{bmatrix}$ und MASK sei das

Feld $\begin{bmatrix} .TRUE. & .FALSE. & .TRUE. \\ .FALSE. & .TRUE. & .TRUE. \end{bmatrix}$.

Weil MERGE eine Elementarfunktion ist und weil alle Parameter konform sind, ist MERGE (TSOURCE,FSOURCE,MASK) ebenfalls ein Feld. Es hat den Wert $\begin{bmatrix} 1 & 3 & 5 \\ 7 & 9 & 6 \end{bmatrix}$.

Der Wert von MERGE (1.0,0.0,k>2) ist 1.0 für k=5 und 0.0 für k=−2.

MINLOC (ARRAY [,MASK])   Lokalisierung des kleinsten Feldelements

KATEGORIE   Transformationsfunktion

PARAMETER

ARRAY   REAL- oder INTEGER-Feldgröße (kein Skalar)

[MASK]   LOGICAL, konform mit ARRAY

ERGEBNIS

Typ: Eindimensionales INTEGER-Feld mit Größe n (wobei n die Anzahl der Dimensionen von ARRAY ist)

Wert: Fall 1: MASK ist nicht angegeben.
Der Funktionswert ist ein eindimensionales Feld, wobei die Werte der Feldelemente der Reihe nach gleich den entsprechenden Werten der Indexliste eines Feldelementes von ARRAY sind, das den kleinsten Wert *aller* Feldelemente von ARRAY enthält.

Fall 2: MASK ist präsent.
Der Funktionswert ist ein eindimensionales Feld, wobei die Werte der Feldelemente der Reihe nach gleich den entsprechenden Werten der Indexliste eines Feldelementes von ARRAY sind, das den kleinsten Wert enthält. Hierbei werden allerdings nur diejenigen Feldelemente von ARRAY berücksichtigt, deren entsprechende Feldelemente von MASK *wahr* sind.

Gibt es mehr als nur einen einzigen Minimalwert, dann entspricht der Funktionswert der Indexliste des ersten Feldelementes dieser Art (entsprechend der internen Verkettung der Feldelemente). Wenn ARRAY die Größe Null hat oder wenn jedes Feldelement von MASK *falsch* ist, ist der Funktionswert systemabhängig.

BEISPIELE

[Vektor]

        m = MINLOC ((/ 4, 3, 6, 3 /)   ! Wert: (/ 2 /)

[Matrix]

m sei das Feld $\begin{bmatrix} 0 & -5 & 8 & -3 \\ 3 & 4 & -1 & 2 \\ 1 & 5 & 6 & -4 \end{bmatrix}$.

Dann ist der Funktionswert von MINLOC (m, (m > −4) gleich (/ 1, 4 /).

MINVAL (ARRAY [,DIM] [,MASK])   Wert des kleinsten Feldelements

KATEGORIE Transformationsfunktion
PARAMETER[5]

   ARRAY   REAL- oder INTEGER-Feldgröße (kein Skalar)

   [DIM]   INTEGER-Skalar mit $1 \leq DIM \leq n$, wobei n die Anzahl der Dimensionen von ARRAY ist.

   [MASK] LOGICAL, konform mit ARRAY

ERGEBNIS

   Typ: wie ARRAY.
           Skalar, falls DIM nicht angegeben ist oder ARRAY eindimensional ist. Sonst Feldgröße mit $(n - 1)$ Dimensionen und der Form $(d_1, d_2, \ldots, d_{DIM-1}, d_{DIM+1}, \ldots, d_n)$, wobei $(d_1, d_2, \ldots, d_n)$ die Form von ARRAY ist.

   Wert: Fall 1: Der Funktionswert von MINVAL (ARRAY) ist gleich dem kleinsten Wert aller Feldelemente von ARRAY. Wenn ARRAY die Größe Null hat, ist der Funktionswert gleich HUGE (ARRAY).

           Fall 2: Der Funktionswert MINVAL (ARRAY, MASK=MASK) ist gleich dem kleinsten Wert derjenigen Feldelemente von ARRAY, denen *wahre* Feldelemente von MASK entsprechen. Wenn ARRAY die Größe Null hat oder wenn MASK keine *wahren* Feldelemente hat, ist der Funktionswert gleich HUGE (ARRAY).

           Fall 3: Wenn ARRAY eindimensional ist, ist der Funktionswert von MINVAL (ARRAY,DIM[,MASK]) gleich dem Wert von MINVAL (ARRAY[,MASK=MASK]). Wenn die Anzahl der Dimensionen von ARRAY größer als 1 ist, dann ist der Wert des Feldelementes $(s_1, s_2, \ldots, s_{DIM-1}, s_{DIM+1}, \ldots, s_n)$ des Funktionswertes von MINVAL (ARRAY,DIM[,MASK]) gleich dem

---

[5]Falls der optionale Parameter DIM im Aufruf von MINVAL nicht angegeben wird, dann kann MASK nur als Schlüsselwortparameter präsent sein.

Wert von MINVAL (ARRAY($s_1, s_2, \ldots, s_{\text{DIM}-1}, :, s_{\text{DIM}+1}, \ldots, s_n$),
[,MASK=MASK($s_1, s_2, \ldots, s_{\text{DIM}-1}, :, s_{\text{DIM}+1}, \ldots, s_n$)]).

BEISPIELE

[Vektor]

```
i = MINVAL (/ 2, 4, 6 /)   ! Wert: 2
```

[Matrix] MINVAL (a, MASK = (a > 0.0)) liefert den kleinsten aller positiven Werte von a.

m sei das Feld $\begin{bmatrix} 1 & 3 & 5 \\ 2 & 4 & 6 \end{bmatrix}$.

Dann ist der Funktionswert von MINVAL (m, 1) gleich dem eindimensionalen Feldwert
(/ 1, 3, 5 /). MINVAL (m, 2, MASK = (m > 1)) ist gleich (/ 3, 2 /).

PACK (ARRAY,MASK [,VECTOR])   Umspeicherung eines Feldes

KATEGORIE   Transformationsfunktion
PARAMETER

ARRAY   beliebige Feldgröße (kein Skalar)

MASK   LOGICAL, konform mit ARRAY

[VECTOR]   Typ und Typparameter wie ARRAY. Eindimensionales Feld mit
               Größe $\geq$ Anzahl der *wahren* Feldelemente von MASK. Wenn
               MASK skalar ist mit dem Wert .TRUE., dann muß VECTOR min-
               destens so groß sein wie ARRAY.

ERGEBNIS

Typ: Typ und Typparameter wie ARRAY, eindimensional. Wenn VEC-
               TOR präsent ist, hat der Funktionswert so viele Feldelemente wie
               VECTOR. Wenn VECTOR nicht präsent und MASK ein Feld
               ist, dann hat der Funktionswert so viele Feldelemente wie die An-
               zahl der *wahren* Feldelemente von MASK. Wenn VECTOR nicht
               präsent und MASK skalar ist, hat der Funktionswert so viele Feld-
               elemente wie ARRAY.

Wert: Das i-te Feldelement des Funktionswertes ist gleich dem Wert des-
               jenigen Feldelementes von ARRAY, das dem i-ten *wahren* Feldele-
               ment von MASK entspricht. Dabei ist die Reihenfolge der Feldele-
               mente von MASK bzw. ARRAY durch die eindimensionale interne
               Verkettung der Feldelemente gegeben. Das gilt für $i = 1, 2, \ldots, t$,
               wobei t die Anzahl der *wahren* Feldelemente von MASK ist. Wenn
               VECTOR präsent ist und mehr als t Feldelemente hat, dann ist das
               j-te Feldelement des Funktionswertes gleich dem Wert von VEC-
               TOR (j) für $j = t+1, \ldots, m$, wobei m die Größe von VECTOR ist.

BEISPIEL

m sei das Feld $\begin{bmatrix} 0 & 0 & 0 \\ 9 & 0 & 0 \\ 0 & 0 & 7 \end{bmatrix}$.

Dann können die von Null verschiedenen Elemente von m mit Hilfe der Funktion PACK in ein eindimensionales Feld „gepackt" werden.

PACK (m, MASK = (m /= 0)) liefert den Wert (/9,7/).

PACK (m, MASK = (m /= 0), (/2,4,6,8,10,12/)) liefert den Wert (/9,7,6,8,10,12/).

PRODUCT (ARRAY [,DIM] [,MASK])   Produkt von Feldelementen

KATEGORIE   Transformationsfunktion

PARAMETER[6]

ARRAY   REAL, COMPLEX oder INTEGER (kein Skalar)

[DIM]   INTEGER-Skalar mit $1 \leq \text{DIM} \leq n$, wobei n die Anzahl der Dimensionen von ARRAY ist.

[MASK]   LOGICAL, konform mit ARRAY

ERGEBNIS

Typ: wie ARRAY.
         Skalar, falls DIM nicht angegeben ist oder ARRAY eindimensional ist. Sonst Feldgröße mit $(n - 1)$ Dimensionen und Form $(d_1, d_2, \ldots, d_{\text{DIM}-1}, d_{\text{DIM}+1}, \ldots, d_n)$, wobei $(d_1, d_2, \ldots, d_n)$ die Form von ARRAY ist.

Wert: Fall 1: Der Funktionswert von PRODUCT (ARRAY) ist gleich der systemabhängigen Approximation des Produktes aller Feldelemente von ARRAY. Wenn ARRAY die Größe Null hat, dann ist der Funktionswert 1.

         Fall 2: Der Funktionswert von PRODUCT (ARRAY,MASK=MASK) ist gleich der systemabhängigen Approximation des Produktes derjenigen Feldelemente von ARRAY, denen *wahre* Feldelemente von MASK entsprechen. Wenn ARRAY die Größe Null hat oder wenn MASK keine *wahren* Feldelemente hat, ist der Funktionswert 1.

         Fall 3: Wenn ARRAY eindimensional ist, ist der Funktionswert PRODUCT (ARRAY, DIM [,MASK]) gleich dem Wert PRODUCT (ARRAY [,MASK=MASK]). Wenn die Anzahl der Dimensionen von ARRAY ≥ 2 ist, dann ist der Wert des Feldelementes $(s_1, s_2, \ldots, s_{\text{DIM}-1}, s_{\text{DIM}+1}, \ldots, s_n)$ des Funktionswertes PRODUCT (ARRAY, DIM [,MASK]), gleich dem Wert von PRODUCT (ARRAY

---

[6]Falls der optionale Parameter DIM im Aufruf von PRODUCT nicht angegeben wird, dann kann MASK nur als Schlüsselwortparameter präsent sein.

$$(s_1, \ s_2, \ \ldots, s_{DIM-1}, :, \ s_{DIM+1}, \ \ldots, s_n), \ [,MASK{=}MASK \ (s_1, \ s_2,$$
$$\ldots, s_{DIM-1}, :, s_{DIM+1}, \ \ldots, s_n)]).$$

BEISPIELE

[Vektor]

    i = PRODUCT (/ 2, 4, 6 /)   ! Wert: 48

[Matrix] PRODUCT (a, MASK = (a > 0.0)) liefert das Produkt aller positiven Werte von a.

m sei das Feld $\begin{bmatrix} 1 & 3 & 5 \\ 2 & 4 & 6 \end{bmatrix}$.

Dann ist der Funktionswert von PRODUCT (m, 1) gleich dem eindimensionalen Feldwert (/ 2, 12, 30 /). PRODUCT (m, 2, MASK = (m < 4)) ist gleich (/ 3, 2/).

RESHAPE (SOURCE,SHAPE [,PAD] [,ORDER])

Umwandeln der Form eines Feldes

KATEGORIE Transformationsfunktion
PARAMETER[7]

SOURCE   beliebige Feldgröße (kein Skalar).
             Wenn PAD fehlt oder die Größe Null hat, muß SIZE (SOURCE) $\geq$ PRODUCT (SHAPE) sein; das Produkt der Feldelemente von SHAPE ist gleich der Größe des Feldes, das den Funktionswert darstellt.

SHAPE   INTEGER-Feldgröße. Die Größe des Feldes muß konstant sein mit $0 <$ SIZE (SHAPE) ≤ 7. Alle Feldelemente müssen nichtnegativ sein, also $0 \leq$ MINVAL (SHAPE). SHAPE bestimmt die Form des Funktionswertes.

[PAD]   Typ und Typparameter wie SOURCE (kein Skalar).

[ORDER]   Eindimensionale INTEGER-Feldgröße derselben Form wie SHAPE. Der Wert von ORDER muß eine Permutation von $(1, 2, \ldots, n)$ sein, wobei n die Größe von SHAPE ist.
             Voreinstellung: $(1, 2, \ldots, n)$.

ERGEBNIS

Typ: wie SOURCE mit Form von SHAPE
Wert: Die Werte der Feldelemente des Funktionswertes entsprechen in der permutierten Indexreihenfolge (ORDER (1), ORDER (2), ..., OR-DER (n)) den Werten der Feldelemente von SOURCE in der normal verketteten Reihenfolge und – wenn nötig – weiteren Feldelementen von PAD in der normal verketteten Reihenfolge, wenn nötig gefolgt von weiteren Kopien von PAD in der normal verketteten Reihenfolge.

---

[7]Falls der optionale Parameter PAD im Aufruf von RESHAPE nicht angegeben wird, dann kann ORDER nur als Schlüsselwortparameter präsent sein.

Beispiele

[ohne/mit optionalen Parametern]

RESHAPE ((/1,2,3,4,5,6/),(/2,3/)) liefert den Wert $\begin{bmatrix} 1 & 3 & 5 \\ 2 & 4 & 6 \end{bmatrix}$.

RESHAPE ((/1,2,3,4,5,6/),(/2,4/),(/0,9/),(/2,1/)) liefert den Wert $\begin{bmatrix} 1 & 2 & 3 & 4 \\ 5 & 6 & 0 & 9 \end{bmatrix}$.

[Hilbert-Matrizen] Die Hilbert-Matrizen $H_n \in \mathbb{R}^{n \times n}$ sind durch

$$h_{i,j} := \frac{1}{i+j-1} , \qquad i = 1,\ldots,n , \quad j = 1,\ldots,n$$

definiert. Durch

```
(/ ((1./(i+j-1.), i=1,n), j=1,n) /)
```

wird ein eindimensionales Feld (ein Vektor) der Länge n^2 mit den Spalten von H_n in linearer Speicherung definiert. In

```
REAL, DIMENSION (n,n)  ::  hilbert
...
hilbert = RESHAPE ( (/ ((1./(i+j-1.), i=1,n), j=1,n) /), (/n,n/) )
```

erhält die Matrix hilbert die Werte der Hilbert-Matrix H_n zugewiesen.

SHAPE (SOURCE)   Form eines Feldes oder Skalares

Kategorie   Abfragefunktion

Parameter

  SOURCE   beliebiger Typ, aber kein Zeiger, der nicht zugeordnet ist, und kein dynamisches Feld, das nicht existiert (muß nicht definiert sein).

Ergebnis

  Typ: INTEGER-Feldgröße mit Dimension 1 und Größe gleich der Anzahl der Dimensionen von SOURCE.

  Wert: Form von SOURCE

Beispiel

```
m = SHAPE (a(2:5,-1,1)) ! Wert: (/ 4, 3 /)
```

SIZE (ARRAY [,DIM])   Größe oder Dimension eines Feldes

KATEGORIE Abfragefunktion

PARAMETER

ARRAY   beliebiger Typ, kein Skalar, kein Zeiger, der nicht zugeordnet ist, und kein dynamisches Feld, das nicht existiert. Wenn ARRAY ein Formalparameterfeld mit übernommener Größe ist, muß DIM präsent sein.

[DIM]   INTEGER-Skalar mit $1 \leq DIM \leq n$, wobei n die Anzahl der Dimensionen von ARRAY ist.

ERGEBNIS

Typ: INTEGER (skalar)

Wert: Anzahl der Feldelemente von ARRAY, wenn DIM fehlt. Andernfalls Größe der Dimension DIM von ARRAY.

BEISPIEL

```
i = SIZE (a(2:5, -1:1), 2)  ! Wert:  3
j = SIZE (a(2:5, -1:1))     ! Wert: 12
```

SPREAD (SOURCE,DIM,NCOPIES)   Felderweiterung durch Kopieren

KATEGORIE Transformationsfunktion

PARAMETER

SOURCE   Skalar oder Feld beliebigen Typs. Die Anzahl der Dimensionen von SOURCE muß kleiner als 7 sein.

DIM   INTEGER-Skalar mit $1 \leq DIM \leq n + 1$, wobei n die Anzahl der Dimensionen von SOURCE ist.

NCOPIES INTEGER-Skalar

ERGEBNIS

Typ: wie SOURCE.
           Feldgröße mit $(n + 1)$ Dimensionen.
           Fall 1: SOURCE ist skalar.
           Die Form des Funktionswertes ist $(\max(NCOPIES, 0))$.
           Fall 2: SOURCE ist Feldgröße mit Form $(d_1, d_2, \ldots, d_n)$. Die Form des Funktionswertes ist $(d_1, d_2, \ldots, d_{DIM-1}, \max(NCOPIES, 0), d_{DIM+1}, \ldots, d_{n+1})$.

Wert: Fall 1: SOURCE ist skalar.
           Jedes Feldelement des Funktionswertes ist gleich dem Wert von SOURCE.

          Fall 2: SOURCE ist Feldgröße.

          Das Feldelement mit der Indexliste $(r_1, r_2, \ldots, r_{n+1})$ ist gleich dem
          Wert von SOURCE $(r_1, r_2, \ldots, r_{\text{DIM}-1}, r_{\text{DIM}+1}, \ldots, r_{n+1})$.

BEISPIELE

[3 × 3 - Matrix]

SPREAD $((/1,3,5/),1,3)$ liefert das Feld $\begin{bmatrix} 1 & 3 & 5 \\ 1 & 3 & 5 \\ 1 & 3 & 5 \end{bmatrix}$.

[Multiplikation mit Diagonalmatrix] Für die Matrizen $A, D \in \mathbb{R}^{n \times n}$ mit

$$D = \text{diag}(d_1, \ldots, d_n), \qquad d_i \in \mathbb{R}$$

könnte man die Matrixmultiplikationen $A \cdot D$ und $D \cdot A$ durch einen Aufruf der vordefinierten
Funktion MATMUL realisieren. Dies erfordert jedoch n^3 arithmetische Operationen, während
die Multiplikation mit einer Diagonalmatrix mit n^2 Operationen ausgeführt werden kann:

```
REAL, DIMENSION (n,n)  ::  matrix_voll
REAL, DIMENSION (n)    ::  matrix_diag
...
matrix_voll = matrix_voll*SPREAD (matrix_diag, DIM = 1, NCOPIES = n)  ! A·D
...
matrix_voll = matrix_voll*SPREAD (matrix_diag, DIM = 2, NCOPIES = n)  ! D·A
```

Der erste Aufruf des vordefinierten Unterprogramms SPREAD mit DIM = 1 liefert die Matrix

$$\begin{bmatrix} d_1 & d_2 & \cdots & d_n \\ d_1 & d_2 & \cdots & d_n \\ \vdots & \vdots & & \vdots \\ d_1 & d_2 & \cdots & d_n \end{bmatrix},$$

und nach der elementweisen Multiplikation * erhält man $A \cdot D$. Der Aufruf von SPREAD mit
DIM = 2 liefert

$$\begin{bmatrix} d_1 & d_1 & \cdots & d_1 \\ d_2 & d_2 & \cdots & d_2 \\ \vdots & \vdots & & \vdots \\ d_n & d_n & \cdots & d_n \end{bmatrix}$$

und damit $D \cdot A$ nach der elementweisen Multiplikation *.

SUM (ARRAY [,DIM] [,MASK])   Summe von Feldelementen

KATEGORIE Transformationsfunktion
PARAMETER[8]

    ARRAY   REAL, COMPLEX oder INTEGER (kein Skalar)

    [DIM]   INTEGER-Skalar mit $1 \leq \text{DIM} \leq n$, wobei n die Anzahl der Dimen-
                sionen von ARRAY ist.

    [MASK]   LOGICAL, konform mit ARRAY

---

[8] Falls der optionale Parameter DIM im Aufruf von SUM nicht angegeben wird, dann kann MASK
nur als Schlüsselwortparameter präsent sein.

ERGEBNIS

Typ: wie ARRAY.
           Skalar, falls DIM nicht angegeben ist oder ARRAY eindimensio-
           nal ist. Sonst Feldgröße mit $(n - 1)$ Dimensionen und der Form
           $(d_1, d_2, \ldots, d_{\text{DIM}-1}, d_{\text{DIM}+1}, \ldots, d_n)$, wobei $(d_1, d_2, \ldots, d_n)$ die Form
           von ARRAY ist.

Wert: Fall 1: Der Funktionswert von SUM (ARRAY) ist gleich der Summe
           aller Feldelemente von ARRAY. Wenn ARRAY die Größe Null hat,
           dann ist der Funktionswert gleich 0.

           Fall 2: Der Funktionswert von SUM (ARRAY,MASK=MASK) ist
           gleich der systemabhängigen Approximation der Summe derjenigen
           Feldelemente von ARRAY, denen *wahre* Feldelemente von MASK
           entsprechen. Wenn ARRAY die Größe Null hat oder wenn MASK
           keine *wahren* Feldelemente hat, ist der Funktionswert gleich 0.

           Fall 3: Wenn ARRAY eindimensional ist, ist der Funktionswert von
           SUM (ARRAY, DIM [,MASK]) gleich dem Wert von SUM (AR-
           RAY [,MASK=MASK]). Wenn die Anzahl der Dimensionen von
           ARRAY $\geq$ 2 ist, dann ist der Wert des Feldelementes $(s_1,$
           $s_2, \ldots, s_{\text{DIM}-1}, s_{\text{DIM}+1}, \ldots, s_n)$ des Funktionswertes von SUM
           (ARRAY, DIM [,MASK]) gleich dem Wert von SUM (ARRAY
           $(s_1, s_2, \ldots, s_{\text{DIM}-1}, :, s_{\text{DIM}+1}, \ldots, s_n)$, [,MASK=MASK $(s_1, s_2,$
           $\ldots, s_{\text{DIM}-1}, :, s_{\text{DIM}+1}, \ldots, s_n)$]]).

BEISPIELE .

   [Vektor]

      i = SUM (/ 2, 4, 6 /)   ! Wert: 12

   [Matrix] SUM (a, MASK = (a > 0.0)) liefert die Summe aller positiven Werte von a.

   m sei das Feld $\begin{bmatrix} 1 & 3 & 5 \\ 2 & 4 & 6 \end{bmatrix}$.

   Dann ist der Funktionswert von SUM (m, 1) gleich dem eindimensionalen Feldwert (/3,7,11/).
   SUM (m, 2, MASK = (m < 4)) ist gleich (/4,2/).

TRANSPOSE (MATRIX)   Transponieren einer Matrix

KATEGORIE Transformationsfunktion
PARAMETER

   MATRIX   zweidimensionales Feld beliebigen Typs

ERGEBNIS

   Typ: wie MATRIX.
              Feld der Form (n, m), wobei (m, n) die Form von MATRIX ist.

Wert: Das Feldelement (i,j) des Funktionswertes ist gleich dem Wert von
MATRIX (j,i) für $i = 1,2,\ldots,n$ und $j = 1,2,\ldots,m$.

BEISPIEL

m sei das Feld $\begin{bmatrix} 1 & 2 & 3 \\ 4 & 5 & 6 \end{bmatrix}$.

TRANSPOSE (m) liefert den Wert $\begin{bmatrix} 1 & 4 \\ 2 & 5 \\ 3 & 6 \end{bmatrix}$.

UBOUND (ARRAY [,DIM])   Obere Indexgrenze(n) eines Feldes

KATEGORIE Abfragefunktion
PARAMETER

ARRAY beliebiger Typ, kein Skalar, kein Zeiger, der nicht zugeordnet ist, und
kein dynamisches Feld, das nicht existiert. Wenn ARRAY ein Feld mit
übernommener Größe ist, muß DIM präsent sein.

[DIM] INTEGER Skalar mit $1 \leq$ DIM $\leq n$, wobei n die Anzahl der Dimensionen von ARRAY ist. DIM $< n$, falls ARRAY ein Feld mit übernommener Größe ist.

ERGEBNIS

Typ: INTEGER.
Skalar, falls DIM präsent, sonst eindimensionales Feld der Größe n.

Wert: Fall 1: DIM ist präsent.
Wenn ARRAY ein Teilfeld oder ein anderer Feldausdruck ist, der
kein ganzes Feld und keine Strukturkomponente ist, dann ist der
Funktionswert gleich der Anzahl der Feldelemente der Dimension
DIM. Andernfalls ist der Funktionswert gleich der oberen Indexgrenze des Index DIM des Feldes ARRAY bzw. 0, falls die Dimension DIM von ARRAY die Größe Null hat.

Fall 2: DIM ist nicht angegeben.
Der Wert des i-ten Feldelementes des Funktionswertes ist gleich
dem Wert von UBOUND (ARRAY,i) für $i = 1,2,\ldots,n$.

BEISPIEL

```
REAL, DIMENSION (-50:50, 1618:1648)  ::  f
INTEGER                              ::  i, j
...
i = UBOUND (f)      ! Wert: (/-50,1618/)
j = UBOUND (f,1)    ! Wert: -50
```

UNPACK (VECTOR,MASK,FIELD)   Umspeicherung eines Feldes

KATEGORIE   Transformationsfunktion
PARAMETER

VECTOR   Feldgröße beliebigen Typs mit Dimension 1; Größe nicht kleiner als
            die Anzahl der *wahren* Feldelemente von MASK.

MASK   LOGICAL-Feldgröße

FIELD   wie VECTOR, konform mit MASK

ERGEBNIS

Typ: wie VECTOR.
            Feldgröße mit der Form von MASK.

Wert: Das Feldelement des Funktionswertes, das dem i-ten *wahren* Feld-
            element von MASK entspricht, ist gleich dem Wert von VECTOR
            (i) für $i = 1, 2, \ldots, t$, wobei t die Anzahl der *wahren* Feldelemente
            von MASK ist. Dabei entspricht die Reihenfolge der Feldelemente
            von MASK bzw. der Feldelemente des Funktionswertes der internen
            eindimensionalen Verkettung der Feldelemente. Der Wert jedes an-
            deren Feldelementes ist gleich dem Wert von FIELD, wenn FIELD
            skalar ist, bzw. jeweils gleich dem Wert des entsprechenden Feldele-
            mentes von FIELD, wenn FIELD Feldgröße ist.

BEISPIEL

Mit Hilfe der Funktion UNPACK können einzelne Werte an bestimmte Positionen eines Feldes
„positioniert" werden.

$$m \text{ sei das Feld } \begin{bmatrix} 9 & 0 & 0 \\ 0 & 9 & 0 \\ 0 & 0 & 9 \end{bmatrix}, v \text{ sei das Feld } (/1,2,3,4/) \cdot$$

$$\text{und l sei die logische Maske } \begin{bmatrix} .\text{TRUE.} & .\text{FALSE.} & .\text{FALSE.} \\ .\text{TRUE.} & .\text{FALSE.} & .\text{TRUE.} \\ .\text{FALSE.} & .\text{TRUE.} & .\text{FALSE.} \end{bmatrix}.$$

$$\text{Dann liefert UNPACK (v,l,m) den Wert } \begin{bmatrix} 1 & 0 & 0 \\ 2 & 9 & 4 \\ 0 & 3 & 9 \end{bmatrix}$$

$$\text{und UNPACK (v,l,0) den Wert } \begin{bmatrix} 1 & 0 & 0 \\ 2 & 0 & 4 \\ 0 & 3 & 0 \end{bmatrix}.$$

16.9 Typparameter

KIND (X)   Typparameterwert

KATEGORIE   Abfragefunktion

PARAMETER

X   beliebiger vordefinierter Typ (X muß nicht definiert sein)

ERGEBNIS

Typ: INTEGER

Wert: Typparameter von X

BEISPIEL

```
i = KIND (0.0)  ! Wert: Typparameter des normalen REAL Typs
```

SELECTED_INT_KIND (R)

INTEGER-Typparameterwert für gegebenen Zahlenbereich

KATEGORIE Transformationsfunktion

PARAMETER

R   INTEGER
           R identifiziert den Wertebereich $-10^R < n < 10^R$.

ERGEBNIS

Typ: INTEGER, Skalar

Wert: Typparameter eines INTEGER-Typs, dessen Wertebereich mindestens
          die Werte n mit $-10^R < n < 10^R$ umfaßt.
          Wenn das Fortran-System *keinen* derartigen Typ zur Verfügung stellt,
          ist der Funktionswert gleich -1.
          Wenn das Fortran-System mehrere INTEGER-Typen, die den geforder-
          ten Wertebereich umfassen, zur Verfügung stellt, wird als Funktionswert
          der Typparameter des Typs mit dem kleinsten dezimalen Exponenten-
          bereich geliefert.

BEISPIEL

```
i = SELECTED_INT_KIND (6)  ! Wert: KIND (0)
```

SELECTED_REAL_KIND ([P], [R])

REAL-Typparameterwert für gegebenen Zahlenbereich

KATEGORIE Transformationsfunktion

PARAMETER[9]

[P]   INTEGER (muß vorhanden sein, falls R nicht präsent ist)

[R]   INTEGER (muß vorhanden sein, falls P nicht präsent ist)

ERGEBNIS

Typ: INTEGER

Wert: Typparameterwert eines REAL-Typs mit der dezimalen Genauigkeit von mindestens P Ziffern und mit dem dezimalen Exponentenbereich $[-R, R]$. Wenn das Fortran-System keinen derartigen REAL-Typ aufweist, ist der Funktionswert gleich:

−1, wenn kein Typ mit dezimaler Genauigkeit P vorhanden ist,

−2, wenn es keinen Typ mit dem Exponentenbereich R gibt,

−3, wenn weder die Auflösung P noch der Exponentenbereich R verfügbar sind.

Wenn das Fortran-System mehrere REAL-Typen mit den geforderten Eigenschaften zur Verfügung stellt, wird als Funktionswert der Typparameter des Typs mit der kleinsten dezimalen Genauigkeit bzw. dem kleinsten Exponentenbereich geliefert.

BEISPIELE

[IEEE-Arithmetik]

```
i = SELECTED_REAL_KIND (6,70)   ! Wert: KIND (0.0)
```

[Biharmonische Gleichung] Zur numerischen Lösung einer bestimmten Differentialgleichung (der biharmonischen Gleichung) auf einem $n \times n$ - Gitter benötigt man, um eine relative Genauigkeit des Resultats von drei Dezimalstellen zu erreichen (bei Binärarithmetik),

$$p \geq 10 + 5 \cdot \log_2 n$$

Ziffern des Signifikanden. Die Anforderung eines passenden Typparameterwerts könnte folgendermaßen erfolgen:

```
INTEGER, PARAMETER :: n_max = 1000

INTEGER, PARAMETER :: basis      = RADIX (real_variable)
REAL,    PARAMETER :: stellen_bin = 10. + 16.6*LOG10 (REAL (n_max))
INTEGER, PARAMETER :: stellen_dez = CEILING (stellen_bin*LOG10 (REAL (basis)))
INTEGER, PARAMETER :: typparam    = SELECTED_REAL_KIND (P = stellen_dez)

REAL (KIND = typ_param), DIMENSION (:,:), ALLOCATABLE :: gitter_matrix
```

---

[9]Falls der optionale Parameter P im Aufruf von SELECTED_REAL_KIND nicht angegeben wird, dann kann R nur als Schlüsselwortparameter präsent sein.

16.10   Parameterpräsenz

PRESENT (A)   Vorhandensein eines optionalen Parameters

KATEGORIE   Abfragefunktion

PARAMETER

A   muß ein *optionaler* Parameter in der Prozedur sein, in der PRESENT (A)
         aufgerufen wird

ERGEBNIS

    Typ: LOGICAL (skalar)

    Wert: *wahr*, falls A präsent,
         andernfalls *falsch*.

BEISPIEL

```
SUBROUTINE sub (x)
   REAL, OPTIONAL  ::  x
   LOGICAL         ::  p
   p = PRESENT (x)  ! Wert: .FALSE., falls fuer x beim Aufruf von
                    !       sub kein Aktualparameter angegeben ist.
```

16.11   Zeigerstatus

ASSOCIATED (POINTER [,TARGET])   Zuordnungsstatus eines Zeigers

KATEGORIE   Abfragefunktion

PARAMETER

    POINTER   Zeiger beliebigen Typs (Zuordnungsstatus muß definiert sein!)

    [TARGET] Ziel oder Zeiger (Zuordnungsstatus muß definiert sein!)

ERGEBNIS

    Typ: LOGICAL

    Wert: Fall 1: TARGET ist *nicht* angegeben.
            Die Funktion liefert den Wert .TRUE., wenn POINTER einem
            Ziel zugeordnet ist; andernfalls .FALSE.
            Fall 2: TARGET ist präsent und eine Zielvariable.
            Die Funktion liefert den Wert .TRUE., wenn POINTER dem Ziel
            TARGET zugeordnet ist; sonst .FALSE.
            Fall 3: TARGET ist präsent und ein Zeiger.
            Funktion liefert den Wert .TRUE., wenn POINTER und TAR-
            GET demselben Ziel zugeordnet sind; andernfalls .FALSE.
            Wenn POINTER oder TARGET keinem Ziel zugeordnet sind, ist
            der Funktionswert undefiniert.

16.12 Datum und Zeit

DATE_AND_TIME ([DATE] [,TIME] [,ZONE] [,VALUES])

Abfrage von Datum und Uhrzeit

KATEGORIE Subroutine

PARAMETER[10]

[DATE]   CHARACTER (skalar) mit Länge ≥ 8 und INTENT (OUT). Nach
            Ausführung enthalten die ersten linken 8 Zeichen eine Zeichenfolge
            der Art *YYYYMMDD*, wobei *YYYY* das Jahr, *MM* der Monat und
            DD der Tag ist. Ist ein Datum nicht verfügbar, dann wird DATE
            mit Leerzeichen aufgefüllt.

[TIME]   CHARACTER (skalar) mit Länge ≥ 10 und INTENT (OUT). Nach
            Ausführung enthalten die ersten 10 Zeichen eine Zeichenfolge der
            Art *hhmmss.sss*, wobei *hh* die Stunde, *mm* die Minuten und *ss.sss*
            die Sekunden und Millisekunden sind. Ist eine System-Uhr nicht
            verfügbar, dann wird TIME mit Leerzeichen aufgefüllt.

[ZONE]   CHARACTER (skalar) mit Länge ≥ 5 und INTENT (OUT). Nach
            Ausführung enthalten die ersten 5 Zeichen eine Zeichenfolge der Art
            $\pm hhmm$, wobei *hh* und *mm* der Zeitunterschied in Stunden und
            Minuten gegenüber der UTC-Zeit (Greenwich-Zeit) ist. Ist dieser
            Wert nicht verfügbar, dann wird ZONE mit Leerzeichen aufgefüllt.

[VALUES]   Eindimensionales INTEGER-Feld mit Länge ≥ 8 und INTENT
            (OUT). Nach Ausführung enthalten die ersten 8 Feldelemente fol-
            gende Werte:
            1. das Jahr (z. B. 1993),
            2. den Monat des Jahres,
            3. den Tag des Monats,
            4. den Zeitunterschied zur UTC-Zeit in Minuten,
            5. die Stunde des Tages zwischen 0 und 23,
            6. die Minuten der Stunde zwischen 0 und 59,
            7. die Sekunden[11]der Minute zwischen 0 und 60,
            8. die Millisekunden der Sekunde zwischen 0 und 999.
            Für nicht verfügbare Daten wird der Wert −HUGE (0) ausgegeben.

---

[10]Falls einer der optionalen Parameter im Aufruf von DATE_AND_TIME nicht angegeben wird, dann
können alle folgenden Parameter nur als Schlüsselwortparameter präsent sein.

[11]Um die langfristige Ganggenauigkeit von Atomuhren zu gewährleisten, werden ein- oder zweimal
pro Jahr sogenannte *leap seconds* eingefügt. In diesem Fall kann auch ein Sekundenwert von 60 auftreten.

BEISPIEL

```
INTEGER, DIMENSION (8)                      ::  datzei
CHARACTER (LEN = 10), DIMENSION (3)  ::  uhr
CALL DATE_AND_TIME (uhr(1), uhr(2), uhr(3), datzei)
```

Wenn dieser Aufruf am 31. Juli 1990 um 21:15:54:5 in Wien erfolgt wäre, hätten sich folgende Werte ergeben:

```
uhr    = (/'19900731', '211554.500', '+0100'/)
datzei = (/1990, 7, 31, 60, 21, 15, 54, 500/)
```

SYSTEM_CLOCK ([COUNT] [,COUNT_RATE] [,COUNT_MAX])

Abfrage von Zeitdaten von der Systemuhr   (*Subroutine*)

KATEGORIE Subroutine
PARAMETER[12]

[COUNT]   INTEGER-Skalar mit INTENT (OUT). Nach Ausführung enthält COUNT den Wert der Zeitangabe der Systemuhr bzw. den Wert −HUGE (0) bei nicht vorhandener Uhr. Bei vorhandener Systemuhr gilt: $0 \leq COUNT \leq COUNT\_MAX$. Bei jedem Takt wird COUNT weitergezählt und nach dem Erreichen von COUNT_MAX auf 0 gesetzt.

[COUNT_RATE]   INTEGER-Skalar mit INTENT (OUT). Nach Ausführung enthält COUNT_RATE die Taktrate (1/s) der Systemuhr bzw. den Wert 0 bei nicht vorhandener Uhr.

[COUNT_MAX]   INTEGER-Skalar mit INTENT (OUT). Nach Ausführung enthält COUNT_MAX den maximal möglichen Wert von COUNT bzw. den Wert 0 bei nicht vorhandener Uhr.

BEISPIEL

```
INTEGER :: n, r, m
CALL SYSTEM_CLOCK (n, r, m)
```

Wenn die Systemuhr eine 24-Stunden-Uhr ist, mit deren Hilfe Zeitintervalle von einer Sekunde registriert werden können, dann liefert obige Anweisung um 11 Uhr 30 folgende Werte:

```
n = 41400   ! = 11*3600 + 30*60
r = 1
m = 86399   ! = 24*3600 - 1
```

---

[12] Falls einer der optionalen Parameter im Aufruf von SYSTEM_CLOCK nicht angegeben wird, dann können alle folgenden Parameter nur als Schlüsselwortparameter präsent sein.

16.13 Zufallszahlen

Die Frage, ob z. B. die Zahl 6 eine mit einem Würfel erzeugte Zufallszahl ist, läßt sich anhand nur dieser einen Zahl nicht beantworten. Sie ist auch nicht relevant. Bedeutsam ist hingegen die Frage, ob das n-Tupel

$$(4, 1, 4, 3, 3, 6, 3, 1, 1, 5, 3, 5, 4, 2, 3, 4, 3)$$

Zufallszahlen verkörpert. Nicht der Entstehungsprozeß einzelner Zahlen, sondern die Eigenschaften von Zahlen*folgen* sind von Bedeutung.

Zufallszahlen: Ein n-Tupel von Zahlen, das mit der statistischen Hypothese in Einklang steht, eine Realisierung eines zufälligen Vektors mit unabhängigen, identisch nach einer Verteilungsfunktion F verteilten Komponenten zu sein, nennt man ein *n-Tupel von nach F verteilten Zufallszahlen.*

Diese Erkenntnis führt unmittelbar zur Erzeugung von Zufallszahlen auf einem Computer: die Zahlenfolgen können durchaus von einem determinierten Algorithmus stammen, sie müssen nur das gleiche Verhalten zeigen wie Stichproben einer Zufallsgröße. Dementsprechend hat man eine Reihe von Algorithmen entwickelt, die Zahlenfolgen erzeugen, die möglichst viele Eigenschaften von Zufallszahlen besitzen. Derartige Algorithmen werden *Zufallszahlengeneratoren* genannt.

Da Zufallszahlengeneratoren auf deterministischen, d. h. *vorhersagbaren* Rechenvorgängen beruhen, kann die Zahlenfolge prinzipiell nicht zufällig sein. Man spricht daher in diesem Zusammenhang oft von *Pseudo*-Zufallszahlen.

Fortran 90 verfügt über ein vordefiniertes SUBROUTINE-Unterprogramm zur Erzeugung von Pseudo-Zufallszahlen: RANDOM_NUMBER liefert Zahlen, die im Intervall $[0, 1)$ gleichverteilt sind. Ausgehend von gleichverteilten Zufallszahlen lassen sich durch Transformation oder durch spezielle, auf den Grenzwertsätzen der Wahrscheinlichkeitstheorie beruhende Methoden nach beliebigen Verteilungsfunktionen verteilte Zufallszahlen – insbesondere auch normalverteilte – gewinnen.

Beispiel: [Normalverteilung] Zum Erzeugen von (annähernd) normalverteilten Zufallszahlen mit dem Mittelwert mittel und der Streuung streuung kann z. B. folgende Funktion verwendet werden:

```
FUNCTION random_normal (mittel, streuung) RESULT (normal)

   REAL, INTENT (IN)    :: mittel, streuung
   REAL                 :: normal
   REAL, DIMENSION (12) :: random_gleich

   CALL RANDOM_NUMBER (random_gleich)
   normal = mittel + streuung*(SUM (random_gleich) - 6.)

END FUNCTION random_normal
```

Grundlage aller Zufallszahlengeneratoren ist eine Funktion f, mit der die Folge $\{x_i\}$ rekursiv definiert wird:

$$x_i := f(x_{i-1}, \ldots, x_{i-n}), \quad i = n + 1, n + 2, \ldots$$

Dabei sind die Werte $x_1, \ldots, x_n$ als Startwerte vorzugeben.

Beispiel: [Kongruenzmethode] Die Definition

$$x_i := (a \cdot x_{i-1} + b) \mod m$$

liefert für $a, b, m, x_1 \in \mathbb{N}$ eine Folge $\{x_i\}$ von Zahlen, die zwischen 0 und m gleichverteilt sind. Von der Wahl des Faktors a und des Moduls m hängt die Güte des Zufallszahlengenerators ab. Geeignete Zahlen kann man nur durch theoretische Überlegungen oder umfangreiche Testreihen ermitteln. Die transformierte Folge $\{x_i/m\}$ ist zwischen 0 und 1 gleichverteilt.

Die Wahl der Startwerte $x_1, \ldots, x_n$ kann man in Fortran 90 entweder dem System überlassen oder als Benutzer selbst übernehmen. Letztere Möglichkeit ist z. B. dann von Vorteil, wenn man in der Testphase eines Simulationsprogramms eine reproduzierbare Folge von Zufallszahlen erzeugen möchte (da man sonst die Auswirkungen von Programmänderungen nur schwer von den Auswirkungen einer neuen Folge von Zufallszahlen trennen kann). Mit

```
CALL RANDOM_SEED (SIZE = n)
```

kann man sich über die Anzahl n der verwendeten Startwerte des systeminternen Zufallsgenerators informieren.

```
INTEGER, DIMENSION (n) :: startwerte
...
CALL RANDOM_SEED (PUT = startwerte)
```

sorgt dafür, daß die INTEGER-Zahlen

```
startwerte(1),..., startwerte(n)
```

als Startwerte verwendet werden. Mit

```
CALL RANDOM_SEED (GET = startwerte)
```

können die aktuellen (vom Benutzerprogramm oder vom System gesetzten) Startwerte abgefragt und im Feld startwerte gespeichert werden. Will man veranlassen, daß das System eine Neu-Initialisierung der Folge $\{x_i\}$ vornimmt, so kann man dies mit

```
CALL RANDOM_SEED
```

(ohne Parameterliste) veranlassen.

Beschreibung der Funktionen

RANDOM_NUMBER (HARVEST)   Zufallszahlengenerator

KATEGORIE Subroutine
PARAMETER

      HARVEST REAL-Skalar oder Feldgröße mit INTENT (OUT). Nach der Ausführung enthält HARVEST Pseudozufallszahl(en) aus dem Intervall [0, 1).

BEISPIELE

[Zufallsmatrizen]

```
REAL, DIMENSION (10,10) ::  x, y
...
CALL RANDOM_NUMBER (x)
CALL RANDOM_NUMBER (HARVEST = y)
     ! x und y enthalten nun gleichverteilte Pseudozufallszahlen
```

[Monte-Carlo-Integration] Um das Volumen der n-dimensionalen Einheitskugel $\{x \in \mathbb{R}^n : \|x\|_2 \leq 1\}$ näherungsweise zu berechnen, kann man sich einer *Monte-Carlo-Methode* bedienen. Dabei werden Zufallspunkte aus dem Würfel $\{x \in \mathbb{R}^n : \|x\|_\infty \leq 1\}$ erzeugt. Das Verhältnis der Gesamtzahl der Punkte zur Anzahl der „Treffer" (Punkte in der Kugel) liefert einen Näherungswert für das Verhältnis des Würfelvolumens 2^n zum Kugelvolumen.

```
PROGRAM kugelvolumen

    IMPLICIT NONE
    INTEGER, PARAMETER ::  anzahl_versuche = 10000
    INTEGER, PARAMETER ::  max_dimension   =    11
    INTEGER            ::  dimension_kugel, versuch
    REAL               ::  treffen, haeufigkeit, volumen

    DO dimension_kugel = 2, max_dimension
       treffen = 0.
       DO versuch = 1, anzahl_versuche
          IF (in_der_kugel(dimension_kugel)) treffen = treffen + 1.
       END DO
       haeufigkeit = treffen/anzahl_versuche
       volumen= haeufigkeit*(2.**dimension_kugel)
       ...
    END DO
END PROGRAM kugelvolumen

FUNCTION in_der_kugel (dimension_kugel) RESULT (kugel_innen)

    IMPLICIT NONE
    LOGICAL                         ::  kugel_innen
    INTEGER, INTENT (IN)            ::  dimension_kugel

    REAL, DIMENSION (dimension_kugel) ::  vektor

    CALL RANDOM_NUMBER (vektor)
    IF (SUM (vektor**2) < 1.) THEN
       kugel_innen = .TRUE.
    ELSE
       kugel_innen = .FALSE.
    END IF

END FUNCTION in_der_kugel
```

Auf einem PC wurden folgende Resultate erhalten:

n	volumen	n	volumen
2	3.15	7	4.77
3	4.18	8	4.04
4	4.97	9	3.33
5	5.24	10	2.25
6	4.98	11	1.67

RANDOM_SEED ([SIZE] [,PUT] [,GET])

Initialisierung des Zufallszahlengenerators

KATEGORIE Subroutine

PARAMETER[13]   Es darf maximal *ein* Parameter vorhanden sein!

[SIZE] INTEGER-Skalar mit INTENT (OUT). Nach Ausführung enthält SIZE als Wert die Anzahl N der Elemente des INTEGER-Vektors, mit dem das System die nächste Pseudozufallszahl berechnet.

[PUT] INTEGER-Feldgröße mit Dimension 1, Größe $\geq N$ und INTENT (IN). Die Werte von PUT werden zur Zufallszahlenberechnung verwendet.

[GET] INTEGER-Feldgröße mit Dimension 1, Größe $\geq N$ und INTENT (OUT). Nach Ausführung enthält GET den Vektor der N INTEGER-Zahlen, mit denen das System die nächste Pseudozufallszahl berechnet.

BEISPIEL

```
CALL RANDOM_SEED                  ! Initialisierung
CALL RANDOM_SEED (SIZE = k)       ! setzt k = n
CALL RANDOM_SEED (PUT = satz(1:k)) ! setzt Startwerte
CALL RANDOM_SEED (GET = alt(1:k))  ! aktuellen Satz lesen
```

---

[13] Ein optionaler Parameter von RANDOM_SEED darf nur als Schlüsselwortparameter präsent sein.

Kapitel 17

Veraltete Sprachelemente

17.1 Einleitung

Um die nicht mehr als zeitgemäß angesehenen Sprachelemente aus älteren Versionen nicht in immer neue Sprachversionen übernehmen zu müssen, ist in Fortran 90 ein Entwicklungsschema vorgesehen, das gewisse Sprachelemente durch ihr Aufscheinen in einer entsprechenden Liste als veraltet kennzeichnet. Die Liste veralteter Sprachelemente in der Fortran 90 - Norm enthält (Steuer-) Anweisungen, Sprachkonstrukte etc., für die es bereits in Fortran 77 höherwertigen Ersatz gegeben hat. Solche Sprachelemente können in späteren Überarbeitungen der Norm aus der Sprachdefinition entfernt werden. Sprachelemente, mit denen das geschehen ist, werden in eine weitere Liste, die Liste der gelöschten Sprachelemente, eingereiht. Während die Liste der veralteten Sprachelemente in der Fortran 90 - Norm etliche Befehle, Konstrukte etc. umfaßt, ist die Liste der gelöschten Sprachelemente (noch) leer. Das vor allem aus Rücksicht darauf, daß viele der als veraltet abgestempelten Sprachelemente bis in jüngste Zeit vielfach in Gebrauch waren.

Existierende Fortran-Programme, die veraltete Sprachelemente enthalten, müßten bei Löschung dieser Elemente aus der Sprachdefinition umgeschrieben werden, um weiter laufen zu können. In neu zu entwickelnde Programme sollten die in der Norm als veraltet gekennzeichneten Sprachelemente daher nicht aufgenommen werden.

Die Fortran 90 - Norm ist in der Kennzeichnung veralteter Sprachelemente eher vorsichtig. Viele Möglichkeiten, die von der Norm (noch) offengelassen werden, müssen vom Standpunkt modernen Programmierens aus abgelehnt werden. Beispielsweise sind alle Programmierpraktiken, die in den vorangegangenen Kapiteln als nicht empfehlenswert bezeichnet wurden, in der Norm nicht kommentiert oder bewertet. Der Behandlung verschiedener Programmierpraktiken und Sprachelemente von Fortran 90 im Kapitel „Veraltete Sprachelemente" liegt eine subjektive Bewertung der Autoren zugrunde.

17.2 Form des Quellprogramms

In Fortran 90 wurde die freie äußere Form des Quelltextes eingeführt. Davor war eine wesentlich starrere Form vorgeschrieben, da Programme früher hauptsächlich auf Lochkarten geschrieben wurden, die eine relativ kurze Zeilenlänge (80 Spalten) besaßen und zu einer Einteilung des Quelltextes in Spalten geradezu einluden.

Eine Zeile durfte in der starren Form des Quelltextes höchstens 72 Zeichen enthalten. Leerzeichen konnten allerdings bereits zwischen die lexikalischen Elemente beliebig eingestreut werden, was damals als Fortschritt gelten durfte.

Die ersten fünf Spalten einer Zeile waren für eine eventuelle Anweisungsmarke reserviert; falls eine Zeile keine Marke trug, mußten die ersten fünf Spalten frei bleiben.

Beispiel: [markierte Anweisung]

```
12345678901234567890123456789...   Spalten

  150 IF (a .LT. 1E-2) THEN
         zu_klein = .TRUE.
      ELSE
         zu_klein = .FALSE.
      END IF
```

Anweisungen konnten auf bis zu 19 Fortsetzungszeilen weitergeschrieben werden. Eine Fortsetzungszeile wurde durch Auftreten eines beliebigen Zeichens (außer Leerzeichen oder der Ziffer Null) in Spalte 6 gekennzeichnet; auch die sechste Spalte war also reserviert, sodaß der eigentliche Programmtext in den Spalten 7 bis 72 stand. Ein Leerzeichen oder eine Null in Spalte 6 machten eine Zeile zum Beginn einer neuen Anweisung.

Beispiel: [Fortsetzungszeilen]

```
12345678901234567890123456789...   Spalten

    feld(index1,index2) = feld(index1,index2) - SQRT (x*x + y*y) +
    +  EXP (REAL (index1 + index2))
```

In Fortran 90 werden Kommentare in der starren Quelltextform entweder durch ein Rufzeichen (außer in Spalte 6 oder innerhalb einer Zeichenkette oder eines Zeichenketten-Formatbeschreibers) eingeleitet, wobei sich der Kommentar vom Rufzeichen bis ans Ende der Zeile erstreckt, oder durch ein C bzw. einen Stern in der ersten Spalte. In diesem Fall ist die ganze Zeile Kommentar, ebenso dann, wenn eine Zeile lediglich Leerzeichen enthält.

Beispiel: [Kommentarzeile]

```
12345678901234567890123456789...   Spalten

C Hier handelt es sich um eine Kommentarzeile
```

Mehrere Anweisungen in einer Zeile werden durch Strichpunkte voneinander getrennt.

Die starre Quelltextform wird von Fortran 90 - Compilern akzeptiert. Starre und freie Quelltextform dürfen aber in derselben Programmeinheit nicht vermischt werden.

Die generelle Verwendung der freien Quelltextform (unter Einhaltung einer sauberen optischen Gliederung) wird empfohlen.

17.3   Datentypen

17.3.1   Der Typ DOUBLE PRECISION

Der Datentyp DOUBLE PRECISION ist durch die Existenz der Typparameter redundant geworden. Seine Verwendung ist auch deswegen zweischneidig, weil seine Dezimalauflösung von der Norm nicht festgelegt und daher systemabhängig ist.

Literale des DOUBLE PRECISION-Typs wie z. B. 5.831927D-1 können unter Verwendung von Typparametern mit einer definierten Dezimalauflösung geschrieben werden, etwa 5.831927E-1_param, wobei param eine Konstante ist, die den Typparameter für die gewünschte Darstellungsgenauigkeit angibt (vgl. Abschnitt 9.4). Analoges gilt für Vereinbarungen.

Beispiel: [doppelt genauer Datentyp]

```
DOUBLE PRECISION  ::  a, b
```

kann besser geschrieben werden in der Form

```
INTEGER, PARAMETER   ::  param = SELECTED_REAL_KIND (P = 15)
REAL (KIND = param)  ::  a, b       ! mindestens 15 Dezimalstellen
```

Wünscht man dennoch, eine Gleitpunktzahl des doppelt genauen Typs zu verwenden, so kann das über den Typparameter KIND(1D0) geschehen, der gegenüber anderen Typparametern immerhin den Vorteil hat, sicher auf jedem System verfügbar zu sein.

17.4   Vereinbarung von Datenobjekten

17.4.1   Implizite Typdeklaration

Wie bereits in Abschnitt 10.1.2 dargelegt, muß der Typ von Datenobjekten nicht unbedingt vereinbart werden. Ein Fortran 90 - System betrachtet, wenn keine anderslautenden Anweisungen (explizite Typdeklarationen oder IMPLICIT-Anweisungen) vorliegen, ein Datenobjekt, dessen Name mit einem Buchstaben zwischen I und N beginnt, als ganzzahlig (Typ INTEGER), alle anderen als Gleitpunktzahlen (Typ REAL).

Diese implizite Typfestlegung (Typkonvention) kann jedoch modifiziert oder ganz abgeschaltet werden. Dazu dient der IMPLICIT-Befehl, der in einer Programmeinheit noch vor allfälligen expliziten Vereinbarungen stehen muß. Man kann mit ihm zunächst die Zuordnung zwischen den Typen und den Anfangsbuchstaben der Bezeichner verändern. Es dürfen alle vordefinierten und selbstdefinierten Datentypen verwendet werden.

Beispiel: [Implizite Deklaration] Durch die IMPLICIT-Anweisung

```
IMPLICIT COMPLEX (c), REAL (KIND = genau) (d-h), TYPE (karteikarte) (k)
```

werden alle Datenobjekte in der Programmeinheit, in der diese Anweisung erscheint und deren Name mit dem Buchstaben C beginnt, als COMPLEX deklariert (sofern sie nicht explizit anders deklariert werden). Analoges gilt für die Namen mit dem Anfangsbuchstaben D bis H bezüglich des Datentyps REAL mit dem Typparameterwert genau und für Namen mit dem Anfangsbuchstaben K bezüglich des selbstdefinierten Datentyps karteikarte. Die Typkonvention bleibt aufrecht für Namen mit den Anfangsbuchstaben I, J, L, M, N (Typ INTEGER) und A, B, O – Z (Typ REAL).

Beispiel: [Typkonvention] Der standardmäßigen Typzuordnung (Typkonvention) entspricht folgende IMPLICIT-Anweisung:

```
IMPLICIT INTEGER (i-n), REAL (a-h, o-z)
```

Die angegebenen Buchstabenbereiche dürfen einander nicht überschneiden, und der zweite Buchstabe eines Bereichs muß dem ersten im Alphabet folgen.

Im Geltungsbereich einer IMPLICIT-Anweisung darf keine zweite vorkommen. Falls in ihrem Geltungsbereich eine PARAMETER-Anweisung (vgl. Abschnitt 17.4.3) steht, muß sie *nach* der IMPLICIT-Anweisung auftreten.

Wenn eine implizite Typdeklaration in Kraft ist, kann sie für einzelne Datenobjekte durch anderslautende explizite Deklarationen ungültig gemacht oder aber durch gleichlautende bestätigt werden.

Von der impliziten Typdeklaration sollte kein Gebrauch gemacht werden, d. h. alle Datenobjekte sollten explizit vereinbart werden. Um zu vermeiden, daß versehentlich nicht vereinbarte Datenobjekte oder solche, deren Namen falsch geschrieben wurden, durch implizite Deklaration dennoch vom Übersetzer akzeptiert werden (wobei im letzteren Fall zusätzliche Datenobjekte entstehen), sollte zusätzlich die Anweisung IMPLICIT NONE verwendet werden.

17.4.2 Vereinbarung von Zeichenketten und Feldern

Die Länge von Zeichenketten und die Form eines Feldes können außer im Attributteil der Vereinbarungsanweisung auch in der Objektliste unmittelbar nach dem Bezeichner des betreffenden Objekts angegeben werden. Eine solche Vereinbarung setzt für dieses eine Objekt die Vereinbarungen im Attributteil außer Kraft.

Beispiel: [Vereinbarung von Zeichenketten]

```
CHARACTER :: fehlermeldung (30), text *50
```

Beispiel: [Vereinbarung von Feldern]

```
REAL, DIMENSION (2,2,2) :: feld5 (3, -2:0, 6:8)    ! schlechter Stil
```

Obwohl `feld5` nach den Bestimmungen des Attributteils in jeder Dimension nur zwei Elemente haben dürfte, hat es tatsächlich in jeder Dimension die Ausdehnung 3.

17.4.3 Die Spezifikationsanweisung

Alle bisher behandelten Attribute können den Datenobjekten nicht nur in der Vereinbarungsanweisung, sondern auch in speziellen Spezifikationsanweisungen gegeben werden, die in einer Programmeinheit vor den ausführbaren Anweisungen stehen müssen. Da die Attributdeklaration in der Vereinbarungsanweisung übersichtlicher ist als die in einem separaten Befehl, vor allem dann, wenn ein Datenobjekt mehrere Attribute trägt, wird die Verwendung von Spezifikationsanweisungen eher nicht empfohlen. Aus diesem Grund werden die Syntaxregeln für Spezifikationsanweisungen hier nur angedeutet:

DIMENSION   [::] *feldname* [(*feldform*)] [, ...]
PARAMETER   (*name* = *init-ausdruck* [, ...])
POINTER   [::] *name* [(*formpar-feldform*)] [, ...]
TARGET   [::] *name* [(*feldform*)] [, ...]

Dabei ist

feldname	der Name des Feldes, das das jeweilige Attribut haben soll,
feldform	eine den sonstigen Eigenschaften des Feldes entsprechende Notation für dessen Form,
formpar-feldform	jene Schreibweise für die Form eines Feldes, die für Felder mit übernommener Form angewendet wird (vgl. Abschnitt 10.4.2),
name bzw. *namenliste*	ein einzelner Bezeichner bzw. eine Liste von Bezeichnern,
init-ausdruck	ein Initialisierungsausdruck (vgl. Abschnitt 11.4.4);
[, ...]	bedeutet, daß in derselben Anweisung weitere Datenobjekte in gleicher Weise wie das erste spezifiziert werden können.

17.4.4 Die DATA-Anweisung

Die DATA-Anweisung ist (neben der Initialisierung in der Vereinbarung) eine zweite Möglichkeit, Variablen einen Anfangswert zu geben. Sie hat die Form

DATA *obj-liste / werteliste /* [[,] *obj-liste / werteliste /*] ...

In der Objektliste *obj-liste* stehen jene Datenobjekte, denen durch die DATA-Anweisung Anfangswerte zugewiesen werden sollen. In ihr dürfen sowohl Variablen als auch implizite Schleifen, die schon in Abschnitt 9.5.1 erläutert wurden, vorkommen. Als Datentypen der zu belegenden Variablen sind Skalare und Felder vor- oder selbstdefinierten Typs zulässig. Teilobjekte (Feldelemente, Teilfelder, Strukturkomponenten von Variablen konstruierten Typs oder Teile von Zeichenketten) sind zulässig, sofern ihr Mutterobjekt keine Konstante ist.[1]

Die Werteliste *werteliste* enthält (benannte oder literale) Konstanten. Tritt ein Wert mehrmals hintereinander auf, so kann das durch einen vor dem Wert stehenden *Wiederholungsfaktor* ausgedrückt werden. Der Wiederholungsfaktor ist eine von einem Stern gefolgte ganzzahlige positive Konstante.

Den Objekten in der *obj-liste* werden der Reihe nach die Werte aus der *werteliste* zugewiesen.

Beispiel: [DATA-Anweisung für Skalare]

```
DATA a, b, c /14.3, 28.6, 42.9/, i, j, k /1, 2, 3/
```

Ist ein Objekt in der *obj-liste* ein Feld oder ein Teilfeld, so werden seine Elemente in der festgelegten Reihenfolge (vgl. Abschnitt 11.7.1) mit Werten belegt. Indexgrenzen für Teilfelder oder Feldelemente dürfen nur die Laufvariablen etwaiger impliziter Schleifen oder aber Ausdrücke, die nur Konstanten enthalten, sein.

---

[1] *Nicht* zulässig sind Formalparameter, Variablen in einem COMMON-Block – außer wenn die DATA-Anweisung in einer BLOCK DATA-Programmeinheit steht –, Namen von externen Funktionen, automatische Objekte, Zeiger oder dynamische Felder.

Beispiel: [DATA-Anweisungen für Felder] (Bezüglich der Speicherung von zweidimensionalen Feldern vgl. Abschnitt 11.7.1.)

```
INTEGER, DIMENSION (4,4) :: feld7

! Alle folgenden DATA-Anweisungen belegen das Feld feld7 wie folgt:
! feld7(1,1)    1 1 1 1    feld7(1,4)
!               0 1 1 1
!               0 0 1 1
! feld7(4,1)    0 0 0 1    feld7(4,4)

DATA feld7 /1,0,0,0,1,1,0,0,1,1,1,0,1,1,1,1/

DATA feld7 /1, 3*0, 2*1, 2*0, 3*1, 0, 4*1/

DATA feld7(1,1), feld7(2:4,1), feld7(:2,2), feld7(3:4,2), &
               feld7(1:3,3), feld7(4,3), feld7(:,4)      &
               /1, 3*0, 2*1, 2*0, 3*1, 0, 4*1/

DATA ((feld7(i,j), j = i, 4),   i = 1, 4) /10*1/, &
     ((feld7(i,j), j = 1, i-1), i = 2, 4) /6*0/       ! implizite Schleifen
```

Die DATA-Anweisung ist neben der Ein- und Ausgabe der einzige Ort, an dem INTEGER-Literale nicht nur in dezimaler, sondern auch in binärer, oktaler oder hexadezimaler Schreibweise angegeben werden können. Solche nichtdezimalen ganzzahligen Literale werden von Anführungszeichen oder Apostrophen eingefaßt. Ihnen wird ein Buchstabe vorangestellt, der die Art der Darstellung kennzeichnet.

Binäre Literale in DATA-Anweisungen werden

B ' *ziff_folge* '   oder   B " *ziff_folge* "

geschrieben, wobei als Ziffern lediglich 0 und 1 zulässig sind.

Oktale Literale haben die Notation

O ' *ziff_folge* '   oder   O " *ziff_folge* ";

Ziffern können hier die Werte 0 bis 7 haben.

Hexadezimale Literale werden dargestellt als

Z ' *ziff_folge* '   oder   Z " *ziff_folge* ".

Als Ziffern gelten hier die dezimalen Ziffern 0 bis 9 sowie die Buchstaben A bis F, die den Werten 10 bis 15 entsprechen.

Wegen der vorangestellten Kennbuchstaben werden nichtdezimale ganzzahlige Literale in der englischsprachigen Literatur als *boz-literal-constants* (BOZ-Literale) bezeichnet.

Beispiel: [nichtdezimale ganzzahlige Literale]

```
DATA i, j, k, l, m, n &
    & /B'1011', B"11000110", O'1657', O"4350", &
    & Z'B0C4', Z"47F12A00"/
```

BOZ-Literale dürfen kein Vorzeichen tragen. Sie dürfen nur skalaren ganzzahligen Variablen zugewiesen werden.

17.5 Speicherorganisation

17.5.1 Einleitung

Datenobjekte verschiedenen Typs haben im allgemeinen verschiedene interne Darstellungen und belegen daher meist verschieden großen Speicherplatz. Es gelten jedoch folgende Gemeinsamkeiten:

- Datenobjekte, die einem der (gewöhnlichen) Typen REAL, INTEGER oder LOGICAL angehören, belegen gleich viel Speicherplatz. Die Größe eines solchen Speicherplatzes bezeichnet man als *numerische Speichereinheit* oder *-zelle*.

- Datenobjekte der gewöhnlichen Typen COMPLEX oder DOUBLE PRECISION belegen zwei aufeinanderfolgende numerische Speicherzellen, sofern es sich um keine Zeiger handelt.

- Die Speicherung von Objekten des Typs CHARACTER nimmt Speicherplatz anderer Größe in Anspruch, nämlich bei der Länge 1 eine *Zeichen-Speichereinheit* (fast immer ein Byte) und bei der Länge n ebensoviele aufeinanderfolgende Zeichen-Speichereinheiten.

- Objekte konstruierten Typs belegen Speicherplatz individueller Größe.

Die Norm macht keine Angaben über die absolute Größe dieser Speicherzellen oder über das Größenverhältnis zwischen numerischen und Zeichen-Speichereinheiten.

17.5.2 Die EQUIVALENCE-Anweisung

Es gibt eine Anweisung, die den Übersetzer veranlaßt, mehreren Datenobjekten bzw. Teilen davon denselben Speicherplatz zuzuweisen, wodurch sie identisch werden, obwohl sie verschiedene Namen tragen. Diese Anweisung hat die Form

> EQUIVALENCE (*objekt, objektliste*)

Dabei kann ein *objekt* eine benannte Variable, ein Feldelement oder eine Teilzeichenkette sein.[2]

Alle Objekte innerhalb einer Klammer erhalten durch die EQUIVALENCE-Anweisung derart Speicherplatz zugewiesen, daß jedes Objekt der Objektliste mit derselben Speicherzelle beginnt wie das erste Objekt in der Klammer. Die Gesamtheit der Objekte der Objektliste belegt mindestens so viel Speicherplatz wie das größte Einzelobjekt. Man spricht von *Speicherassoziierung* (*storage association*). Eine Veränderung des Wertes eines von mehreren miteinander durch Speicherassoziierung verbundenen Datenobjekten kommt somit einer Veränderung der anderen (Teil-)Datenobjekte gleich.

Nur solche Objekte, die entweder alle einem gewöhnlichen numerisch-logischen Typ oder dem gewöhnlichen CHARACTER-Typ angehören oder aber alle vom gleichen konstruierten Typ sind, dürfen einander gleichgesetzt werden.

---

[2]Nicht als Objekte einer EQUIVALENCE-Anweisung erlaubt sind hingegen Formalparameter, Zeiger, dynamische Felder, Strukturen, automatische Objekte, Funktions- und Funktionsresultatnamen, benannte Konstanten oder Teile eines der genannten Objekte.

Das bedeutet, daß auch Objekte verschiedenen Typs (z. B. INTEGER und REAL) denselben Speicherplatz belegen können. Es findet keine Typumwandlung statt; daher ist ohne Kenntnis der systemabhängigen internen Darstellung der Datenobjekte nicht vorhersagbar, welche Auswirkungen eine Änderung des Wertes der einen Variablen auf die andere hat.

Objekte, die einem vordefinierten Typ angehören, dessen Typparameter sich von dem des gewöhnlichen Typs unterscheidet, dürfen nur mit Objekten mit demselben Typ und Typparameter gleichgesetzt werden.

Beispiel: [EQUIVALENCE-Anweisung]

```
REAL        ::  a
INTEGER     ::  i
CHARACTER   ::  z
EQUIVALENCE (a, i)  ! erlaubt
EQUIVALENCE (a, z)  ! nicht erlaubt
```

Miteinander gleichgesetzte Datenobjekte müssen nicht gleich lang sein.

Beispiel: [Zeichenketten]

```
CHARACTER (LEN = 6)                     ::  wort_1
CHARACTER (LEN = 8), DIMENSION (4,4)  ::  wortfeld
EQUIVALENCE (wort_1, wortfeld(4,3)(6:))
```

wort_1 wird gleichgesetzt mit den letzten drei Buchstaben von wortfeld(4,3) und den ersten drei Buchstaben von wortfeld(4,4) (man beachte die Reihenfolge der Feldelemente!)

Das folgende Beispiel soll die gemeinsame Belegung von Speicherplatz durch mehrere Variablen veranschaulichen:

Beispiel: [Zeichenketten]

```
CHARACTER (LEN = 4)  ::  a, b
CHARACTER (LEN = 3)  ::  c(2)
EQUIVALENCE (a, c(1)), (b, c(2))

      1   2   3   4   5   6   7
  a   x   x   x   x
  b               x   x   x   x
c(1)  x   x   x
c(2)              x   x   x
```

Ein Teil eines Objekts darf durch EQUIVALENCE nicht mit einem anderen Teil desselben Objekts gleichgesetzt werden.

Beispiel: [Felder]

```
REAL, DIMENSION (2)  ::  a
REAL                 ::  b
EQUIVALENCE (a(1),b), (a(2),b)  ! verboten, weil a(1) gleich a(2) waere
```

Auch darf nicht versucht werden, zwei aufeinanderfolgende Speicherzellen zu trennen:

Beispiel: [Felder]

```
REAL, DIMENSION (2)              :: a
DOUBLE PRECISION, DIMENSION (2)  :: d(2)
EQUIVALENCE (a(1),d(1)), (a(2),d(2))    ! verboten
```

Weiters ist es verboten, Objekte in verschiedenen Geltungseinheiten miteinander durch EQUIVALENCE zu assoziieren.

Beispiel: [verschiedene Geltungseinheiten]

```
USE modul_1, ONLY : obj_1
REAL :: obj_2
EQUIVALENCE (obj_1, obj_2)   ! nicht erlaubt
```

Konstruierte Datenobjekte dürfen nur dann in einer EQUIVALENCE-Anweisung aufscheinen, wenn sie das Attribut SEQUENCE aufweisen, ebenso etwaige Komponenten konstruierten Typs. Strukturen, die das SEQUENCE-Attribut tragen und keine Zeiger als Komponenten aufweisen, haben numerische Speicherbelegung, wenn ihre endgültigen Komponenten von numerischem Typ sind; sind die letzten Komponenten vom Typ CHARACTER, so haben sie Zeichen-Speicherbelegung. Strukturen mit anderen letzten Komponenten haben eine eigene, nicht festgelegte Art der Speicherbelegung. Die Gleichsetzung zweier verschiedener Datenobjekte ist unübersichtlich, insbesondere dann, wenn Objekte verschiedener Typen gleichgesetzt werden. Sie diente in den frühen Zeiten der Datenverarbeitung der Ersparnis von damals teurem Speicher und ist bei den heute üblichen Speicherkapazitäten und der Möglichkeit, dynamische Felder zu verwenden, nicht mehr notwendig.

17.5.3 COMMON-Blöcke

COMMON-Blöcke sind neben Modulen und Parameterlisten eine dritte Möglichkeit, Werte zwischen Programmeinheiten auszutauschen. Ein COMMON-Block ist ein zusammenhängender Speicherbereich, der für die in der COMMON-Anweisung angegebenen Variablen reserviert wird:

COMMON [/ [*common-name*] /] *common-obj-liste*

Beispiel: [COMMON-Block]

```
COMMON /block1/ a, b, c
```

Jede Programmeinheit, in der eine COMMON-Anweisung mit demselben COMMON-Namen steht, hat Zugriff auf die Variablen im betreffenden COMMON-Block. Die Namen der Variablen eines COMMON-Blocks müssen in verschiedenen Programmeinheiten nicht gleich sein. Die Anzahl der Speichereinheiten, die die jeweils an der n-ten Stelle angegebenen Variablen belegen, müssen ebenfalls nicht gleich sein.

Numerische Variablen dürfen nur mit numerischen Variablen, Zeichenketten nur mit Zeichenketten und Objekte abgeleiteten Typs nur mit Objekten des gleichen abgeleiteten Typs durch COMMON assoziiert werden; Variablen, die einen anderen Typparameter als den des gewöhnlichen Typs haben, nur mit Variablen desselben Typs und Typparameters sowie Zeiger nur mit anderen Zeigern desselben Typs, Typparameters sowie derselben Anzahl von Dimensionen.

Ein Variablenname darf nur einmal in den COMMON-Blöcken einer Programmeinheit auftreten.

Beispiel: [COMMON-Blöcke] Wenn in einer ersten Programmeinheit der obige Block als

```
COMMON /block1/ a, b, c
```

angegeben wird, in einer zweiten als

```
COMMON /block1/ b(3)
```

so werden die Elemente des Feldes b mit den Variablen a,b,c gleichgesetzt.

Der Geltungsbereich eines COMMON-Namens ist global, dieser muß sich daher von allen anderen (globalen) Namen von Programmeinheiten und anderen COMMON-Blöcken unterscheiden.

In einer COMMON-Anweisung kann der Name des Blocks auch weggelassen werden; man spricht dann von einem unbenannten COMMON-Block (*blank* COMMON). In einem Programm kann es nur einen unbenannten COMMON-Block geben.

Die Variablen in einer COMMON-Anweisung dürfen keine Formalparameter, keine automatischen Objekte, keine dynamischen Felder oder Funktionen sein. Die Form eines Feldes in einer COMMON-Anweisung kann entweder direkt in dieser oder in einer separaten DIMENSION-Anweisung beschrieben werden. Sie ist explizit anzugeben. Treten Variablen eines abgeleiteten Typs mit dem SEQUENCE-Attribut in einer COMMON-Anweisung auf, so hat das die gleiche Wirkung, als ob die Komponenten des Objekts in der COMMON-Anweisung aufgelistet wären – sofern die Komponenten numerisch oder Zeichenketten sind.

Die Gesamtlänge (d.h. der gesamte Speicherplatz) eines benannten COMMON-Blocks muß in jeder Programmeinheit, in der er verwendet wird, gleich sein, die Länge eines unbenannten COMMON-Blocks jedoch nicht; im letzteren Fall gilt die längste Definition für das gesamte Programm.

Tritt derselbe COMMON-Name innerhalb einer Geltungseinheit mehrmals auf, so werden die auf die erste COMMON-Anweisung mit diesem Namen folgenden als Fortsetzungen der ersten betrachtet.

Beispiel: [zusammengehörende COMMON-Blöcke]

```
COMMON /block_2/ a, b, c
...
COMMON /block_2/ x, y, z
```

ist äquivalent zu

```
COMMON /block_2/ a, b, c, x, y, z
```

In einer COMMON-Anweisung können mehrere COMMON-Blöcke vereinbart werden; das erweiterte Syntaxschema lautet dann

COMMON [/ common-name /] common-obj-liste
[[,] / common-name / common-obj-liste] ...

Beispiel: [mehrere COMMON-Blöcke in einem Befehl]

```
COMMON /block1/ a, b, c, /block3/ r, s, t
```

Wenn eine COMMON-Anweisung in einem Modul steht, darf ein COMMON-Block desselben Namens nicht auch in einer Programmeinheit stehen, die Zugriff auf dieses Modul hat.

Der Datenaustausch zwischen Programmeinheiten sollte vorzugsweise über Module und Parameter von Unterprogrammen erfolgen.

17.5.4 BLOCK DATA

Wenn Variablen in benannten COMMON-Blöcken (zur Übersetzungszeit) Anfangswerte erhalten sollen, so kann die Zuweisung dieser Anfangswerte nicht durch eine gewöhnliche DATA-Anweisung erfolgen. Die DATA-Anweisung muß vielmehr innerhalb einer eigenen Programmeinheit[3], des BLOCK DATA-Blocks, stehen.

BLOCK DATA [block_data-name]
[vereinbarungen]
END [BLOCK DATA [block_data-name]]

An Vereinbarungen dürfen neben der DATA-Anweisung in einem BLOCK DATA-Block lediglich folgende Anweisungen vorkommen: USE, Typvereinbarungen, IMPLICIT, PARAMETER, Definitionen abgeleiteter Typen, COMMON, DIMENSION, EQUIVALENCE, POINTER, SAVE und TARGET. Dabei sind in Typvereinbarungen die Attribute ALLOCATABLE, EXTERNAL, INTENT, OPTIONAL, PRIVATE und PUBLIC nicht erlaubt.

Beispiel: [Vorbelegung von COMMON-Größen]

```
BLOCK DATA
    COMMON /block_2/ a, b, c
    DATA a /0./, b /1./, c /2./
END BLOCK DATA
```

In einer BLOCK DATA-Programmeinheit können verschiedene COMMON-Blöcke samt den zugehörigen DATA-Anweisungen untergebracht werden. In einem Programm dürfen beliebig viele BLOCK DATA-Blöcke stehen, aber ein bestimmter COMMON-Block darf in höchstens einem davon auftreten. Variablen in einem unbenannten COMMON-Block können nicht initialisiert werden.

BLOCK DATA-Programmeinheiten sollten, so wie die COMMON-Blöcke selbst, durch die Verwendung von Modulen ersetzt werden.

---

[3] Daß BLOCK DATA-Blöcke eigene Programmeinheiten bilden, wurde bisher nicht erwähnt, da es sich um ein veraltetes Sprachelement handelt.

17.6   Steueranweisungen

17.6.1   Sprunganweisungen

Unter einer *Sprunganweisung* versteht man einen Befehl, nach dessen Ausführung ein
Programm die weitere Abarbeitung an einer durch eine Marke festgelegten Stelle (dem
Sprungziel) fortsetzt. Die Sprunganweisung wurde lange Zeit als ein fundamentales
Sprachkonstrukt angesehen, obwohl bereits 1966 von Boehm und Jacopini [25] ein kon-
struktiver Beweis geliefert worden war, daß jedes imperative Programm mit den Steu-
erkonstrukten Aneinanderreihung, IF-Anweisung und WHILE-Schleife das Auslangen
findet. Alle anderen Programme (auch sogenannte „Spaghetti-Programme" mit sehr
verschlungenen Sprüngen) können in äquivalente Programme übergeführt werden, die
nur auf den drei genannten Konstrukten aufgebaut sind.

Die Schädlichkeit der undisziplinierten Ablaufsteuerung, wie sie durch Sprunganweisungen ermöglicht bzw. geradezu gefördert wird, steht heute außer Zweifel.

- Das Verstehen eines Programms hängt sehr stark mit dem Herstellen der Verbindung zwischen dem *statischen Programmtext* (der sequentiell von oben nach unten
  gelesen werden kann) und der *dynamischen Form* eines Programms (d. h. der zeitlichen Abfolge, in der die einzelnen Anweisungen ausgeführt werden) zusammen.
  Durch die Verwendung von Sprunganweisungen wird ein Programm schwer zu verstehen und zu warten.

- Sprünge bieten die Möglichkeit, mehrere Ein- bzw. Ausgänge aus einem Sprachkonstrukt (z. B. einer Schleife) zu schaffen. Diese verschiedenen Ein- und Ausgänge
  dienen vor allem einer trickreichen Programmierung und sind fehleranfällig.

- Das Vorhandensein von Sprunganweisungen erzwingt im allgemeinen umfangrei-
  chere Überprüfungen durch Übersetzer, als sie ohne Sprunganweisung notwendig
  wären. Die Optimierung des übersetzten Programms (hinsichtlich der Laufzeiteffi-
  zienz) wird durch Sprünge erschwert oder unmöglich gemacht.

- Besonders fehleranfällig und undurchschaubar für andere Programmierer sind
  „Rückwärtssprünge" und bedingte Sprünge, bei denen das Sprungziel erst zur Laufzeit festgelegt wird (berechnetes GOTO, *assigned* GOTO, GOTO abhängig von
  einer IF-Bedingung).

Man sollte sowohl bedingte als auch unbedingte Sprunganweisungen vermeiden.

Neben den eigentlichen Sprunganweisungen gibt es auch noch „getarnte" Sprunganweisungen (EXIT-Anweisung, CYCLE-Anweisung). Wegen ihrer eingeschränkten,
präzise an die Schleifenlogik gekoppelten Sprungmöglichkeiten ist deren Verwendung
jedoch unproblematisch.

Eine Art der Sprunganweisung ist auch durch den ERR-Parameter in Ein/Ausgabe-
Anweisungen (vgl. Kapitel 15) gegeben. Wenn bei der Ein- oder Ausgabe eine Fehlerbedingung auftritt, so bewirkt ERR = *anwmarke* einen Sprung zu der mit der Anweisungsmarke *anwmarke* markierten Anweisung.

*Diese Art der Sprunganweisung sollte durch die Verwendung des IOSTAT-
Parameters in Verbindung mit einer Auswahlanweisung (CASE-Block) ersetzt werden.*

17.6.2   Unbedingte Sprunganweisung (GOTO-Anweisung)

Die GOTO-Anweisung verzweigt *unbedingt* zu einer angegebenen Marke (Anweisungsnummer, Label), die sich in derselben Programmeinheit befinden muß wie die GOTO-
Anweisung. So sind z. B. Sprünge in ein Unterprogramm hinein oder aus einem Unterprogramm heraus *nicht* erlaubt.

Beispiel: [Unbedingter Sprung]

```
         ...
         GOTO 1000
         ...
1000     PRINT *, ...
```

Beispiel: [QUADPACK] Bei den Verfahren zur adaptiven Quadratur (Integrationsverfahren, die
eine automatische Gitteranpassung an das Verhalten des Integranden vornehmen) kann man a priori
nicht sagen, wieviele Intervallunterteilungen erforderlich sein werden, um eine bestimmte Genauigkeit
zu erreichen. Bei den in Fortran 77 geschriebenen QUADPACK-Programmen [55] wurde daher folgender
Weg gewählt:

```
         ...
         DATA LIMIT  /500/
         ...
         IER = 0
         ...
         DO 90 LAST = 2, LIMIT
            ...
            CALL  Q K 2 1 (...)
            ...
            IF (LAST .EQ. LIMIT) IER = 1
            IF (IROFF1 + IROFF2 .GE. 10) IER = 2
            ...
            IF (IER .NE. 0) GOTO 100
            ...
  90     CONTINUE
 100     ...
```

Mit dem Errorflag IER wird dem Benutzer die Ursache der nicht erfolgreich beendeten Berechnung
mitgeteilt. In Fortran 90 sollte hier eine EXIT-Anweisung verwendet werden.

17.6.3   Bedingte Sprunganweisungen

Arithmetisches IF

Das arithmetische IF ist eine bedingte Sprunganweisung in Form einer 3-Weg-
Verzweigung:

IF (*skalar_numer_ausdruck*) *anw_marke1*, *anw_marke2*, *anw_marke3*

Diese Anweisung bewirkt, daß zunächst der numerische Ausdruck ausgewertet wird.
Anschließend wird zu einer der durch die Anweisungsmarken angegebenen Anweisungen
verzweigt, und zwar zur ersten, falls der Ausdruck einen negativen Wert ergibt, zur
zweiten, falls sein Wert Null ist, oder zur dritten bei einem positiven Wert.

$$skalar\_numer\_ausdruck \begin{cases} < \ 0 & \Rightarrow \quad \text{springe nach } anw\_marke\_1 \\ = \ 0 & \Rightarrow \quad \text{springe nach } anw\_marke\_2 \\ > \ 0 & \Rightarrow \quad \text{springe nach } anw\_marke\_3 \end{cases}$$

Die zu den Marken gehörenden Anweisungen müssen in derselben Geltungseinheit stehen wie die IF-Anweisung; eine Anweisungsmarke darf in der IF-Anweisung öfter als einmal auftreten.

Beispiel: [Arithmetisches IF]

```
        IF (p - q) 10, 20, 30
   10   p = 0
        GOTO 40
   20   p = 1
        q = 1
        GOTO 40
   30   q = 0
   40   ...
```

Dies ist ein „abschreckendes" Beispiel, das einen unübersichtlichen („Spaghetti"-) Programmierstil zeigt. Eine äquivalente, in jeder Hinsicht bessere Version dieses Programmabschnittes zeigt das folgende Beispiel:

Beispiel: [Fallunterscheidung]

```
   IF (p < q) THEN
      p = 0
   ELSE IF (p == q) THEN
      p = 1
      q = 1
   ELSE IF (p > q) THEN
      q = 0
   END IF
   ...
```

Berechnetes GOTO (computed GOTO)

Das berechnete GOTO (*computed* GOTO) stellt eine bedingte Sprunganweisung in Form einer *n-Weg-Verzweigung* dar. Die allgemeine Form dieser Anweisung ist folgende:

GOTO (*anw_marke 1, anw_marke 2, ..., anw_marke n*) *skalar_ganzz_ausdr*

In Abhängigkeit von dem ganzzahligen Ausdruck wird bei einer der n mit *anw_marke i*, $i = 1, \ldots, n$ markierten Anweisungen mit der Abarbeitung des Programms fortgesetzt:

$$skalar\_numer\_ausdr = i \quad \Rightarrow \quad \text{springe nach } anw\_marke\ i$$

Falls der ganzzahlige numerische Ausdruck nach seiner Auswertung einen Wert $i \leq 0$ oder $i \geq n + 1$ ergibt, so wird die Programmabarbeitung mit der nächsten auf das berechnete GOTO folgenden Anweisung fortgesetzt.

Beispiel: [Berechnetes GOTO]

```
GOTO (200, 220, 240, 300) k + 3*(2 - i)
CALL fehler
```

Hat der Ausdruck k + 3*(2-i) den Wert 1, so wird zur Programmzeile mit der Anweisungsnummer 200 verzweigt, ergibt der Ausdruck 2, so wird nach 220 verzweigt etc. Ergibt die Auswertung einen Wert ≤ 0 oder ≥ 5, so wird mit dem Aufruf des Unterprogramms fehler fortgesetzt.

Das berechnete GOTO sollte durch eine Auswahlanweisung ersetzt werden.

Assigned GOTO

Die ASSIGN-Anweisung weist einer ganzzahligen Variablen den Wert einer Anweisungsmarke zu:

     ASSIGN *anweisungsmarke* TO *ganzz_var*

Diese Art der Zuweisung unterscheidet sich von einer gewöhnlichen Wertzuweisung. Daher darf eine per ASSIGN belegte Variable, solange ihr Wert nicht durch eine nachfolgende Wertzuweisung festgelegt wird, nicht auf gewohnte Art in Ausdrücken etc. verwendet werden, sondern nur auf zwei Arten:

Die erste Art der Verwendung einer Variablen, der mit ASSIGN der Wert einer Anweisungsmarke zugewiesen wurde, ist das sogenannte *assigned goto*, eine Sprunganweisung zu jenem Befehl, der mit dieser Anweisungsmarke numeriert ist:

     GOTO *ganzz_var*[[,] (*anw_marke1, anw_marke2* ,...)]

Die angeschlossene Liste von Anweisungsmarken bietet, wenn sie vorhanden ist, dem Übersetzer die Möglichkeit, zu prüfen, ob die Sprungvariable einen korrekten Wert enthält, indem kontrolliert wird, ob die durch die Variable angegebene Anweisungsmarke in der Liste enthalten ist. Eine Anweisung, zu der verzweigt werden kann, muß in derselben Geltungseinheit stehen wie die GOTO-Anweisung.

Beispiel: [Assigned GOTO]

```
      ASSIGN 140 TO var
      ...
      GOTO var (50, 70, 140, 200)
      ...
140   var = 3*n + y**3
```

Die zweite Art der Verwendung von ASSIGN wird in Abschnitt 17.7.1 behandelt.

Das assigned GOTO sollte durch eine Auswahlanweisung ersetzt werden.

17.6.4 Nichtblockförmiges DO

Eine Variante der Steueranweisung DO kann in ihrem Rumpf mehrere Anweisungen enthalten, ohne jedoch den Formanforderungen für ein blockförmiges Konstrukt zu genügen. Sie hat die Form

     [*do-name:*]   DO   *anweisungsmarke* [*schleifensteuerung*]
                                       [*ausfuehrbare_anweisungen*]
     anweisungsmarke *ausfuehrbare_anweisung*

Die Anweisungen dieser DO-Form werden nicht von einem END DO oder von einer CONTINUE-Anweisung abgeschlossen, sondern von einer anderen[4] ausführbaren Anweisung, die mit jedem vollständigen Schleifendurchlauf abgearbeitet wird.

Nichtblockförmige DO-Konstrukte können auch geschachtelt werden. Dann haben alle Konstrukte die abschließende ausführbare Anweisung gemein, was bedeutet, daß sie bei jedem vollständigen Durchlauf eines der Konstrukte abgearbeitet wird. Die im Kopf der Konstrukte angegebenen Anweisungsmarken müssen daher gleich sein.

Beispiel: [Schleifenschachtelung]

```
          n = 0
          DO 100 i = 1, 10
             j = i
             DO 100 k = 1, 5
                l = k
100             n = n + 1   ! Diese Anweisung wird 50mal ausgefuehrt
```

Eine Verzweigung zur abschließenden Anweisung darf nur aus dem Anweisungsteil des innersten DO-Konstrukts erfolgen.

Tritt in einer Schleife eine CYCLE-Anweisung auf, so wird bei deren Abarbeitung die betreffende Schleife neu durchlaufen, ohne daß die abschließende Anweisung ausgeführt wird.

17.6.5 Die CONTINUE-Anweisung

Die CONTINUE-Anweisung ist eine Leeranweisung (d.h. eine Anweisung, die *keine* Aktionen auslöst) und wurde in Fortran 77 meist zur Erhöhung der Übersichtlichkeit als letzte Anweisung einer DO-Schleife verwendet.

Beispiel: [CONTINUE am Schleifenende]

```
          N = 0
          DO 110 I = 1, 10
             J = I
             DO 100 K = 5, 1
                L = K
                N = N + 1
100             CONTINUE
110       CONTINUE
```

Nach dem Schleifendurchlauf haben die Variablen folgende Werte: I = 11, J = 10, K = 5, N = 0, L ist undefiniert (bzw. behält einen vorher zugewiesenen Wert).

17.6.6 Die STOP-Anweisung

Die STOP-Anweisung bewirkt, daß die Ausführung des Programms an dieser Stelle beendet wird und die Ablaufsteuerung an das Betriebssystem zurückgegeben wird.

```
          STOP
```

[4] Als abschließende Anweisung eines nichtblockförmigen DO kommen folgende Anweisungen *nicht* in Frage: GOTO, RETURN, STOP, EXIT, CYCLE, END FUNCTION, END SUBROUTINE, END PROGRAM, arithmetisches IF, *assigned* GOTO.

17.6.7 Die PAUSE-Anweisung

Die PAUSE-Anweisung bewirkt, daß die Ausführung des Programms unterbrochen wird, um auf eine Aktion des Benutzers zu warten.

        PAUSE [*stop-code*]

Der Stop-Code ist, falls er angegeben wird, nach der Programmunterbrechung auf eine systemabhängige Weise verfügbar. Als Stop-Code kann eine bis zu fünfstellige ganze Zahl oder eine skalare Zeichenkettenkonstante verwendet werden. Der Programmablauf kann nach der Ausführung der PAUSE-Anweisung auf eine systemabhängige Art fortgesetzt werden.

Beispiel: [Pause-Anweisung]

```
PAUSE 'Bitte Diskette wechseln'
```

Anstelle der PAUSE-Anweisung kann READ * verwendet werden.

17.7 Ein- und Ausgabe

17.7.1 Formatangabe mittels ASSIGN

Eine Variable, der mittels ASSIGN der Wert einer Anweisungsmarke zugewiesen wurde, kann auch zur Formatangabe bei der Ein- und Ausgabe verwendet werden.

Beispiel: [Formatangabe mittels ASSIGN]

```
ASSIGN 120 TO formatzeile
...
PRINT formatzeile, ausgabevar
120 FORMAT (F8.2)
```

17.7.2 H-Format

Zeichenketten können mit Hilfe des Formatbeschreibers H ausgegeben werden. Ihm muß die Anzahl der auszugebenden Zeichen als ganzzahliges Literal vorangestellt werden (weder für das Literal noch für die Zeichenkette ist eine Typparameterangabe zulässig).

Beispiel: [H-Format]

```
100 FORMAT (7HAusgabe)
```

Bei diesem Formatbeschreiber ist es also notwendig, die auszugebenden Zeichen exakt zu zählen. Man beachte dabei, daß innerhalb einer von Begrenzern umgebenen Zeichenkette verdoppelte Begrenzer derselben Art nur als einzelnes Zeichen gezählt werden.

17.7.3 NAMELIST-Formatierung

Die Anweisung

NAMELIST / *gruppenname* / *objektliste* [[,] / *gruppenname* / *objektliste*] ...

dient dazu, mehrere Datenobjekte für den Zweck der Ein- und Ausgabe unter einem
Gruppennamen zusammenzufassen. Sie können dann in einem E/A-Befehl angesprochen werden.

Beispiel: [NAMELIST-Formatierung]

```
      REAL  ::  x, f_x
      NAMELIST /wertepaar/ x, f_x
      WRITE (UNIT = schirm, NML = wertepaar)
```

könnte die Ausgabe

```
      wertepaar   x = 1.0, f_x = 4.1738E01
```

auf einem Terminal-Bildschirm bewirken.

Nicht als Objekte einer NAMELIST-Gruppe zugelassen sind Formalparameter-Felder
mit einer nicht konstanten Indexgrenze, Zeichenketten-Variablen mit nicht konstanter
Länge, automatische Objekte, Zeiger, dynamische Felder und Strukturvariablen, die
Zeiger als endgültige Komponenten enthalten.

Ein Datenobjekt darf in mehr als einer NAMELIST-Gruppe enthalten sein. Ein
NAMELIST-Befehl kann durch *host association* oder Benützung eines Moduls, in dem
er enthalten ist, zugänglich sein; ansonsten müssen die in ihm enthaltenen Objekte in
der eigenen Geltungseinheit vereinbart werden.

17.8 Programmeinheiten und Unterprogramme

17.8.1 BLOCK DATA

BLOCK DATA-Blöcke bilden, wie bereits im Abschnitt 17.5.4 erwähnt, eigene Programmeinheiten.

17.8.2 Formelfunktionen

Formelfunktionen (*statement functions*) sind lokal für eine bestimmte Programmeinheit
definierte Funktionen. Ihre Spezifikation muß vor der ersten ausführbaren Anweisung
und nach den Vereinbarungsanweisungen stehen. Formelfunktionen haben einen Namen
und liefern einen Wert, dürfen sich jedoch nicht rekursiv aufrufen.

formelfkt-name ([*formalparam-liste*]) = *skalar_ausdruck*

Eine Formelfunktion kann innerhalb der Programmeinheit, in der sie definiert ist, so wie
eine als Unterprogramm definierte Funktion durch Aufscheinen ihres Namens in einem
Ausdruck aufgerufen werden. Der Funktionswert wird an der Aufrufstelle eingesetzt.

Beispiel: [Fortran 77]

```
      PROGRAM VOLUM
      REAL  ADD, FLAECH, HOEHE, RADIUS, R1, RTEIL, ZYLVOL
      REAL  A, B, C
C
      ADD(A,B,C)= A + B + C
      FLAECH(RADIUS) = 4.*ATAN (1.)*(RADIUS**2)
      RTEIL   = 4.
      HOEHE   = 3.12
      R1      = 2.5 + ADD(RTEIL, HOEHE, 5.)
      ZYLVOL  = FLAECH(R1)*HOEHE
      ...
```

In diesem Beispiel wird eine Formelfunktion ADD mit drei Parametern definiert, die als Ergebnis die Summe dieser drei Parameter liefert. Der Aufruf erfolgt mit den aktuellen Parametern RTEIL, HOEHE und 5. Die zweite Formelfunktion FLAECH berechnet die Kreisfläche.

Der skalare Ausdruck, der die Formelfunktion definiert, darf nur Konstanten, Bezeichner von skalaren Variablen und Feldelementen, Funktionen und als Formalparameter verwendete Funktionen sowie vordefinierte Operatoren enthalten.

Falls in dem Ausdruck, der eine Formelfunktion definiert, eine weitere Formelfunktion aufgerufen wird, muß diese schon vor der Formelfunktion, in der sie verwendet wird, definiert worden sein, und zwar in derselben Geltungseinheit.

Ein bestimmter Formalparameter der Formelfunktion darf in der Formalparameterliste nur einmal aufscheinen. Formelfunktionen dürfen nicht als Aktualparameter an Unterprogramme übergeben werden.

Typ und Typparameter einer Formelfunktion sollten explizit deklariert werden, da sie sonst den Regeln der impliziten Typdeklaration unterliegen. Ein Funktionsaufruf innerhalb des die Formelfunktion definierenden Ausdrucks darf keinen ihrer Formalparameter umdefinieren.

17.8.3 Die ENTRY-Anweisung

Die Anweisung ENTRY macht einen Teil eines externen oder Modul-Unterprogramms zu einem selbständigen Unterprogramm, das, obwohl es physisch eine Teilmenge der Anweisungen des gesamten Unterprogramms, in dem die ENTRY-Anweisung steht, ist, unter einem eigenen Namen und mit eigenen Formalparametern aufgerufen werden kann. Es hat die Form

ENTRY *entry-name* [([*formalparam-liste*]) [RESULT (*resultat-name*)]]

und tritt innerhalb der ausführbaren Anweisungen des Unterprogramms auf, nicht jedoch in einem Konstrukt.

Beispiel: [ENTRY-Anweisung]

```
   SUBROUTINE haupteingang (a,c,x)
      REAL    :: a, c, x, y, z
      ...
      ENTRY nebeneingang (z)
      y = c*(x**2) + z
      ...
   END SUBROUTINE haupteingang
```

Ein ENTRY-Name ist global und muß sich daher von allen anderen globalen Namen unterscheiden.

RESULT darf nur angegeben werden, wenn die ENTRY-Anweisung innerhalb einer Funktion (und nicht innerhalb eines SUBROUTINE-Unterprogramms) steht. Der Name der durch RESULT angegebenen Ergebnisvariablen darf nicht gleich dem Namen der Ergebnisvariablen des gesamten FUNCTION-Unterprogramms sein. Wird im ENTRY-Befehl kein separater Ergebnisname angegeben, so ist der Name des Resultats der durch ENTRY definierten Funktion *entry-name*.

Die Eigenschaften des Resultats werden durch Vereinbarungen für den ENTRY-Namen festgelegt. Falls die Eigenschaften des ENTRY-Namens mit denen des Resultats der gesamten Funktion übereinstimmen, so ist das Resultat der durch ENTRY definierten Funktion mit dem Resultat der Gesamtfunktion identisch. Doch auch dann, wenn die Eigenschaften nicht übereinstimmen, werden die beiden Ergebnisvariablen speicherassoziiert, hängen also über ihre interne Darstellung zusammen. In diesem Fall dürfen beide Ergebnisvariablen keine Zeiger sein; beide müssen entweder dem gewöhnlichen CHARACTER-Typ angehören und gleiche Länge aufweisen oder beide einem der gewöhnlichen Typen INTEGER, REAL, DOUBLE PRECISION, COMPLEX oder LOGICAL angehören.

Die Formalparameter des durch den ENTRY-Befehl gebildeten Unterprogramms dürfen sich hinsichtlich Anzahl, Reihenfolge, Namen, Typ und Typparametern von denen des Gesamtunterprogramms unterscheiden.

Der Name eines Formalparameters einer ENTRY-Anweisung darf nicht in einer ausführbaren Anweisung des gesamten Unterprogramms vorkommen, sofern diese vor dem entsprechenden ENTRY-Befehl steht, außer wenn derselbe Name noch vor dieser Anweisung in einer FUNCTION-, SUBROUTINE- oder anderen ENTRY-Anweisung vorkommt.

Ein durch eine ENTRY-Anweisung definiertes Unterprogramm kann rekursiv sein, und zwar genau dann, wenn auch das gesamte Unterprogramm rekursiv ist.

Die ENTRY-Anweisung kann durch Verwendung von internen Unterprogrammen oder Modulen vermieden werden.

17.8.4   RETURN

Bei Ausführung einer RETURN-Anweisung in einem Unterprogramm geht die Programmkontrolle an die nächste ausführbare Anweisung bzw. bei Funktionsaufrufen an dieselbe Anweisung im aufrufenden Programm zurück. Für die RETURN-Anweisung gelten sinngemäß die gleichen Einwände, wie sie im Abschnitt 17.6.1 für Sprunganweisungen formuliert wurden.

17.8.5   Alternate RETURN

Bei der Abarbeitung eines Unterprogramms kann es zu Ausnahmesituationen kommen, die eine besondere Behandlung verlangen. Die Behandlung solcher Fälle geschieht meist nicht durch das Unterprogramm selbst. Deshalb wird dann die Kontrolle an das Hauptprogramm bzw. an ein anderes Unterprogramm übertragen.

Für derartige Fälle wurde die Möglichkeit eingeführt, im Lauf der Abarbeitung eines Unterprogramms nicht an eine genau bestimmte Stelle zurückzuspringen – nämlich an jene Anweisung der aufrufenden Programmeinheit, die dem Aufruf unmittelbar folgt – sondern an eine von mehreren möglichen Rücksprungstellen.

Um das zu erreichen, werden in die Aktualparameterliste des Unterprogrammaufrufs die Anweisungsmarkennummern jener Befehle eingefügt, zu denen im Bedarfsfall verzweigt werden soll. Diesen Anweisungsmarken muß ein Stern vorangehen.

Beispiel: [Alternate RETURN]

```
      CALL upr_1 (aktpar_1, var, *100, *200)
      ...              ! normaler Verlauf
 100 ...               ! Fall 1
 200 ...               ! Fall 2
```

Im so aufgerufenen Unterprogramm muß dann beim Auftreten eines Falles, in dem ein *alternate return* ausgeführt werden soll, eine spezielle RETURN-Anweisung stehen:

RETURN *ganzz_skalar_ausdruck*

Beispiel: [Alternate RETURN]

```
      IF (fehlerfall_1) THEN
           RETURN 100
      ELSE IF (fehlerfall_2) THEN
           RETURN a*b
      END IF
```

Der Effekt eines *alternate return* kann besser durch Einführung einer Statusvariablen im Unterprogramm erzielt werden, deren Wert von der aufrufenden Programmeinheit nach Beendigung des Unterprogramms abgefragt wird. Je nach dem Wert der Variablen kann das Programm dann einen entsprechenden Verlauf nehmen.

17.8.6 Die EXTERNAL-Anweisung

Die EXTERNAL-Anweisung liefert dem Übersetzer die Information, daß es sich bei einem Objekt um ein Unterprogramm handelt, und zwar entweder um ein externes Unterprogramm oder um ein Unterprogramm, das als Formalparameter verwendet wird. Die Eigenschaften dieses Unterprogramms und die seiner Parameter bleiben jedoch unbekannt. Die EXTERNAL-Anweisung hat die Form

EXTERNAL *unterprogramm_namen_liste*

Beispiel: [Minimierung] Die Funktion f wird dem folgenden Unterprogramm zur numerischen Minimumbestimmung einer Funktion $f : \mathbb{R} \to \mathbb{R}$ als Parameter übergeben. Damit der Übersetzer den Bezeichner f nicht für den Namen eines Datenobjekts hält, wird er in einem EXTERNAL-Befehl angeführt. Er kann dadurch in der Folge in einem Unterprogrammaufruf verwendet werden.

```
      SUBROUTINE minimum (f,a,b,toleranz,x_min)  ! Minimum der Funktion f in (a,b)
           REAL, INTENT (IN) :: a, b, toleranz
           REAL, INTENT (OUT) :: x_min
           EXTERNAL f
           ...
           funktionswert = f(x_stichprobe)         ! Aufruf von f
           ...
      END SUBROUTINE minimum
```

Wurde ein Unterprogramm durch eine EXTERNAL-Anweisung als externes oder Formalparameter-Unterprogramm vereinbart, so kann es in der Programmeinheit als Aktualparameter in einem weiteren Unterprogrammaufruf verwendet werden.

Hat ein Unterprogramm, das in einer EXTERNAL-Anweisung aufscheint, denselben Namen wie eine vordefinierte Funktion, so kann diese in derselben Geltungseinheit nicht mehr aufgerufen werden. Man kann auf diese Weise vordefinierte Funktionen durch selbstdefinierte ersetzen.

Namen von selbstdefinierten Unterprogrammen sollten so gewählt werden, daß sie nicht mit Namen von vordefinierten Unterprogrammen übereinstimmen.

Die gleiche Wirkung wie eine EXTERNAL-Anweisung besitzt ein Schnittstellenblock (vgl. Abschnitt 13.9.4), der die Schnittstelle von externen oder Formalparameter-Unterprogrammen beschreibt. Der Schnittstellenblock hat außerdem den Vorteil, daß er dem Übersetzer Kontrollen der richtigen Verwendung des Unterprogramms ermöglicht und dem Programmierer die Freiheit gibt, Schlüsselwort- und optionale Parameter zu verwenden.

Statt EXTERNAL sollte ein Schnittstellenblock verwendet werden.

17.9 Felder

17.9.1 Felder mit übernommener Größe

Ein *Feld mit übernommener Größe* ist ein Feld, das als Formalparameter verwendet wird und dessen Ausdehnung in der letzten Dimension vom Aktualparameter bestimmt wird. Es wird deklariert mit einem Index der Form

   [*expliziter index* ,] [*untergrenze*:] *

Sofern das Feld mehrere Dimensionen hat, wird in den ersten $n - 1$ Dimensionen die Ausdehnung mit einem expliziten Index festgelegt. Variabel ist lediglich die Ausdehnung in der letzten Dimension.

Beispiel: [Feld mit übernommener Größe]

```
SUBROUTINE a (feld, b)            ! dreidimensionales Formalparameterfeld mit
   REAL :: feld (3, 14:27, *)    ! unbekannter Ausdehnung in der 3. Dimension
   ...
```

Weil ein Feld mit übernommener Größe keine (bekannte) Ausdehnung in der letzten Dimension hat, hat es auch keine Form. Es darf daher nicht als ganzes Feld angesprochen werden, abgesehen von der Verwendung als Aktualparameter für ein Unterprogramm, das die Form des Feldes nicht benötigt, oder als Aktualparameter für die vordefinierte Funktion LBOUND. Man kann jedoch Feldelemente und Teilfelder aus Feldern mit übernommener Größe bilden; diese Ausschnitte haben eine wohldefinierte Form und können wie ein „gewöhnliches" Feld bzw. wie Skalare verwendet werden.

Statt Feldern mit übernommener Größe sollten Felder mit übernommener Form (vgl. Abschnitt 14.4), automatische Felder (vgl. Abschnitt 14.3.1) oder dynamische Felder (vgl. Abschnitt 14.3.2) verwendet werden.

17.9.2 Formunterschiede zwischen Formal- und Aktualparameter

Ein Formalparameter-Feld – gleichgültig, ob es sich um ein Feld mit übernommener Größe oder um ein Feld mit expliziter Formangabe handelt – kann mit einem Aktualparameter belegt werden, der eine andere Form hat.

Beispielsweise kann ein Feldelement als Aktualparameter für ein Formalparameter-Feld dienen. Entgegen allen naheliegenden Vermutungen wird der Formalparameter dann jedoch nicht nur mit diesem Skalar belegt, sondern seine Elemente werden der Reihe nach mit den Elementen jenes Feldes belegt, dem der Aktualparameter entnommen ist, und zwar beginnend mit dem als Aktualparameter übergebenen Element.

Beispiel:

```
    CALL uprog (f(2,3), f(1,4))
    ...
    CONTAINS
    ...
    SUBROUTINE uprog (a, b)
        REAL, DIMENSION (5,5,2) :: a
        REAL, DIMENSION (30)    :: b
        REAL, DIMENSION (10,10) :: f
        ...
    END SUBROUTINE
```

Das Feld a wird mit 50 Elementen des Feldes f ab dem Element f(2,3) belegt, b mit 30 Elementen von f ab f(1,4).

Literatur

[1] H.-J. Appelrath, J. Ludewig, *Skriptum Informatik – eine konventionelle Einführung*, Teubner, Stuttgart, 1991.

[2] F.L. Bauer, G. Goos, *Informatik 1: Eine einführende Übersicht* (4. Aufl.), Springer-Verlag, Berlin Heidelberg New York Tokyo, 1991.

[3] H. Engesser (Hrsg.), V. Claus, A. Schwill (Bearbeiter), *Duden „Informatik": Sachlexikon für Studium und Praxis*, Dudenverlag, Mannheim Wien Zürich, 1988.

[4] G.H. Golub, J.M. Ortega, *Scientific Computing and Differential Equations: An Introduction to Numerical Methods*, Academic Press, San Diego, 1992.

[5] G. Hämmerlin, K.-H. Hoffmann, *Numerische Mathematik*, Springer-Verlag, Berlin Heidelberg, 1989.

[6] J.L. Hennessy, D.A. Patterson, *Computer Architecture: A Quantitative Approach*, Morgan Kaufmann Publishers, San Mateo, 1990.

Numerische Daten

[7] D.H. Bailey, H.D. Simon, J.T. Barton, M.J. Fouts, *Floating Point Arithmetic in Future Supercomputers*, Int. J. Supercomput. Appl. 3–3 (1989), pp. 86–90.

[8] W.S. Brown, S.I. Feldman, *Environment Parameters and Basic Functions for Floating-Point Computation*, ACM Trans. Math. Software 6 (1980), pp. 510–523.

[9] D. Goldberg, *What Every Computer Scientist Should Know About Floating-Point Arithmetic*, ACM Comput. Surv. 23 (1991), pp. 5–48.

[10] E.E. Swartzlander (Ed.), *Computer Arithmetic – I, II*, IEEE Computer Society Press, Los Alamitos, 1991.

Algorithmen

[11] D.H. Bailey, *Extra High Speed Matrix Multiplication on the Cray-2*, SIAM J. Sci. Stat. Comput. 9 (1988), pp. 603–607.

[12] J.L. Blue, *A Portable Fortran Program to Find the Euclidean Norm*, ACM Trans. Math. Software 4 (1978), pp 15–23.

[13] W. J. Cody, W. Waite, *Software Manual for the Elementary Functions*, Prentice-Hall, Englewood Cliffs, 1981.

[14] J. J. Dongarra, I. S. Duff, D. C. Sorensen, H. A. van der Vorst, *Solving Linear Systems on Vector and Shared Memory Computers*, SIAM Press, Philadelphia, 1991.

[15] I. D. Faux, M. J. Pratt, *Computational Geometry for Design and Manufacture*, Ellis Horwood, Chichester, 1981.

[16] G. H. Golub, C. F. Van Loan, *Matrix Computations* (2nd edn.), Johns Hopkins University Press, Baltimore London, 1989.

[17] F. Kröger, *Einführung in die Informatik: Algorithmenentwicklung*, Springer-Verlag, Berlin Heidelberg New York Tokyo, 1991.

[18] A. Krommer, C. W. Ueberhuber, *Architecture Adaptive Algorithms*, Technical Report ACPC/TR 92-2, Austrian Center for Parallel Computation, Wien, 1992 (erscheint in Parallel Computing).

[19] J. Laderman, V. Pan, X.-H. Sha, *On Practical Acceleration of Matrix Multiplication*, Linear Algebra Appl. 162–164 (1992), pp. 557–588.

[20] V. Pan, *How Can We Speed Up Matrix Multiplication?*, SIAM Rev. 26 (1984), pp. 393–415.

[21] V. Pan, *Complexity of Computations with Matrices and Polynomials*, SIAM Rev. 34 (1992), pp. 225–262.

[22] V. Strassen, *Gaussian Elimination Is not Optimal*, Numer. Math. 13 (1969), pp. 354–356.

[23] J. F. Traub, H. Wozniakowski, *A General Theory of Optimal Algorithms*, Academic Press, New York, 1980.

Programmiersprachen

[24] J. W. Backus, *The History of Fortran I, II, and III*, in „History of Programming Languages" (R. L. Wexelblat, Ed.), Academic Press, New York, 1981, pp. 25–74

[25] C. Boehm, G. Jacopini, *Flow Diagrams, Turing Machines, and Languages with only two Formation Rules*, Comm. ACM 9 (1966), pp. 366–371.

[26] D. P. Friedman, M. Wand, C. T. Haynes, *Essentials of Programming Languages*, MIT Press, Cambridge, 1992.

[27] R. Hahn, *Höhere Programmiersprachen im Vergleich – Eine Einführung*, Akademische Verlagsgesellschaft, Wiesbaden, 1981.

[28] F. Jobst, *Problemlösen in Assembler* (2. Aufl.), Hanser, München Wien, 1990.

[29] T. Macdonald, *C for Numerical Computing*, J. Supercomput. 5 (1991), pp. 31–48.

[30] B. J. MacLennan, *Principles of Programming Languages – Design, Evaluation and Implementation* (2nd edn.), Holt, Rinehart, and Winston, New York, 1987.

[31] M. Marcotty, H. Ledgard, *The World of Programming Languages*, Springer-Verlag, New York Berlin Heidelberg, 1986.

[32] T. Pratt, *Programming Languages*, Prentice-Hall, Englewood Cliffs, 1984.

[33] J. Reid (Ed.), *The Relationship Between Numerical Computation and Programming Languages*, North-Holland, Amsterdam, 1982.

[34] J. E. Sammet, *Programming Languages: History and Fundamentals*, Prentice-Hall, Englewood Cliffs, 1969.

[35] R. Sethi, *Programming Languages – Concepts and Constructs*, Addison-Wesley, Reading, 1989.

Software

[36] E. Anderson, Z. Bai, C. Bischof, J. Demmel, J. Dongarra, J. Du Croz, A. Greenbaum, S. Hammarling, A. McKenney, S. Ostrouchov, D. Sorensen, LAPACK *User's Guide*, SIAM Press, Philadelphia, 1992.

[37] P. Autognetti, G. Massobrio, *Semiconductor Device Modelling with* SPICE, McGraw-Hill, New York, 1987.

[38] D. Bailey, MPFUN: *A Portable High Performance Multiprecision Package*, NASA Ames Tech. Report RNR-90-022, 1990.

[39] R. F. Boisvert, S. E. Howe, D. K. Kahaner, GAMS: *A Framework for the Management of Scientific Software*, ACM Trans. Math. Software 11 (1985), pp. 313–355.

[40] W. J. Cody, *The* FUNPACK *Package of Special Function Subroutines*, ACM Trans. Math. Software 1 (1975), pp. 13–25.

[41] W. R. Cowell (Ed.), *Sources and Development of Mathematical Software*, Prentice-Hall, Englewood Cliffs, 1984.

[42] J. H. Davenport, Y. Siret, E. Tournier, *Computer Algebra: Systems and Algorithms for Algebraic Computation*, Academic Press, New York, 1988.

[43] J. J. Dongarra, E. Grosse, *Distribution of Mathematical Software via Electronic Mail*, Comm. ACM 30 (1987), pp. 403–407.

[44] J. J. Dongarra, J. DuCroz, S. Hammarling, R. Hanson, *An Extended Set of Fortran Basic Linear Algebra Subprograms*, ACM Trans. Math. Software 14 (1988), pp. 1–17, 18–32.

[45] J. J. Dongarra, J. DuCroz, I. Duff, S. Hammarling, *A Set of Level 3 Basic Linear Algebra Subprograms*, ACM Trans. Math. Software 16 (1990), pp. 1–17.

[46] K. R. Foster, *Prepackaged Math*, IEEE Spectrum 28–11 (1991), pp. 44–50.

[47] D. Hartmann, K. Lehner, *Technische Expertensysteme*, Springer-Verlag, Berlin Heidelberg New York Tokyo, 1990.

[48] E. N. Houstis, J. R. Rice, T. S. Papatheodorou, PARALLEL ELLPACK: *An Expert System for Parallel Processing of Partial Differential Equations*, Purdue University, Report CSD-TR-831, 1988.

[49] C. Lawson, R. Hanson, D. Kincaid, F. Krogh, *Basic Linear Algebra Subprograms for Fortran Usage*, ACM Trans. Math. Software 5 (1979), pp. 308–329.

[50] P. Lucas, L. von der Gaag, *Principles of Expert Systems*, Addison-Wesley, Reading, 1991.

[51] J. C. Mason, M. G. Cox, *Scientific Software Systems*, Chapman and Hall, London New York, 1990.

[52] W. Miller, C. Wrathall, *Software for Roundoff Analysis of Matrix Algorithms*, Academic Press, New York, 1980.

[53] P. Naur, *Machine Dependent Programming in Common Languages*, BIT 7 (1967), pp. 123–131.

[54] G. M. Nielson, B. D. Shriver, *Visualization in Scientific Computing*, IEEE Press, Los Alamitos, 1990.

[55] R. Piessens, E. de Doncker-Kapenga, C. W. Ueberhuber, D. K. Kahaner, QUAD-PACK – *A Subroutine Package for Automatic Integration*, Springer-Verlag, Berlin Heidelberg New York Tokyo, 1983.

[56] W. H. Press, B. P. Flannery, S. A. Teukolsky, W. T. Vetterling, *Numerical Recipes – The Art of Scientific Computing* (Fortran-Version, 2nd edn.), Cambridge University Press, Cambridge, 1992.

[57] J. R. Rice (Ed.), *Mathematical Aspects of Scientific Software*, Springer-Verlag, New York Berlin Heidelberg, 1988.

[58] J. R. Rice, R. F. Boisvert, *Solving Elliptic Problems Using* ELLPACK, Springer-Verlag, New York Berlin Heidelberg, 1985.

[59] S. Wolfram, MATHEMATICA: *A System for Doing Mathematics by Computer* (2nd edn.), Addison-Wesley, Redwood City, 1991.

Software-Entwicklung

[60] K. R. Apt, E.-R. Olderog, *Verification of Sequential and Current Programs*, Springer-Verlag, Berlin Heidelberg New York Tokyo, 1991.

[61] H. Balzert, *Die Entwicklung von Software-Systemen*, B. I.-Wissenschaftsverlag, Mannheim Wien Zürich, 1982.

[62] B. Beizer, *Software Testing Techniques*, Van Nostrand Reinhold, New York, 1983.

[63] T. A. Budd, *Mutation Analysis: Ideas, Examples, Problems and Prospects*, in "Computer Program Testing" (B. Chandrasekaran, S. Radicchi, Eds.), North-Holland, Amsterdam, 1981, pp. 129–148.

[64] L. A. Clarke, D. J. Richardson, *Symbolic Evaluation Methods – Implementations and Applications*, in "Computer Program Testing" (B. Chandrasekaran, S. Radicchi, Eds.), North-Holland, Amsterdam, 1981, pp. 65–102.

[65] L. A. Clarke, J. Hassell, D. J. Richardson, *A Close Look at Domain Testing*, IEEE Trans. Software Eng. 8 (1982), pp. 380–390.

[66] W. R. Cowell (Ed.), *Portability of Mathematical Software*, Lecture Notes in Computer Science, vol. 57, Springer-Verlag, Berlin Heidelberg New York, 1977.

[67] J. J. Dongarra, *The LINPACK Benchmark: An Explanation*, in "Evaluating Supercomputers" (A. J. von der Steen, Ed.), Chapman and Hall, London, 1990.

[68] J. J. Dongarra, S. C. Eisenstat, *Squeezing the Most out of an Algorithm in Cray Fortran*, ACM Trans. Math. Software 10 (1984), pp. 219–230.

[69] K. A. Foster, *Error Sensitive Test Case Analysis*, IEEE Trans. Software Eng. 6 (1980), pp. 258–264.

[70] M. A. Hennell, L. M. Delves (Eds.), *Production and Assessment of Numerical Software*, Academic Press, London, 1980.

[71] W. E. Howden, *Reliability of the Path Analysis Testing Strategy*, IEEE Trans. Software Eng. 2 (1976), pp. 208–215.

[72] W. E. Howden, *Functional Program Testing*, IEEE Trans. Software Eng. 6 (1980), pp. 162–169.

[73] W. E. Howden, *The Theory and Practice of Functional Testing*, IEEE Software 2-5 (1985), pp. 6–17.

[74] J. K. Hughes, J. I. Michtom, *Strukturierte Softwareherstellung* (3. Aufl.), Oldenbourg, München Wien, 1985.

[75] R. Kimm, W. Koch, W. Simonsmeier, F. Tontsch, *Einführung in Software Engineering*, de Gruyter, Berlin New York, 1979.

[76] J. Loeckx, K. Sieber, *The Foundations of Program Verification*, B. G. Teubner, Stuttgart, 1987.

[77] G. J. Myers, *Methodisches Testen von Programmen*, Oldenbourg, München Wien, 1982.

[78] D. L. Parnas, *A Technique for Software Module Specification with Examples*, Comm. ACM 15 (1972), pp. 330–336.

[79] I. A. Perera, L. J. White, *Selecting Test Data for Domain Testing Strategy*, Technical Report TR-85-5, Department of Computing Science, University of Alberta, Edmonton, Alberta, Canada, 1985.

[80] D. J. Richardson, L. A. Clarke, *A Partition Analysis Method to Increase Program Reliability*, in Proceedings of the 5th International Conference on Software Engineering, 1981, pp. 244–253.

[81] D. J. Smith, K. B. Wood, *Engineering Quality Software*, Elsevier, Essex, 1987.

[82] A. Topper, *Automating Software Development*, IEEE Spectrum 28–11 (1991) pp. 56–62.

[83] E. J. Weyuker, *The Applicability of Program Schema Results to Programs*, Int J. Comput. Inf. Sci. 8 (1979), pp. 387–403.

[84] E. J. Weyuker, *The Complexity of Data Flow Criteria for Test Data Selection* Inf. Process. Lett. 19–2 (1984), pp. 103–109.

[85] L. J. White, E. I. Cohen, *A Domain Strategy for Computer Program Testing* IEEE Trans. Software Eng. 6 (1980), pp. 247–257.

[86] S. J. Zeil, *Perturbation Testing for Computational Errors*, in Proceedings of the 7th International Conference on Software Engineering, 1984, pp. 257–265.

Problem Solving Environments

[87] B. Ford, F. Chatelin (Eds.), *Problem Solving Environments for Scientific Com puting*, North-Holland, Amsterdam, 1987.

[88] P. W. Gaffney, J. W. Wooten, K. A. Kessel, W. R. McKinney, NITPACK: *An In teractive Tree Package*, ACM Trans. Math. Software 9 (1983), pp. 395–417.

[89] P. W. Gaffney et al., NEXUS: *Towards a Problem Solving Environment for Scien tific Computing*, ACM SIGNUM Newslett. 21 (1986), pp. 13–24.

[90] K. Schulze, C. W. Cryer, NAXPERT: *A Prototype Expert System for Numerica Software*, SIAM J. Sci. Stat. Comput. 9 (1988), pp. 503–515.

Fortran 77

[91] American National Standards Institute (ANSI), *American Standard Program ming Language Fortran*, ANSI X3.9 – 1977, New York, 1978.

[92] M. Metcalf, *Effective Fortran 77*, Calderon Press, Oxford, 1985.

[93] B. Simon, F. Macsek, C. W. Überhuber, *Fortran 77 – Programmierrichtlinien* Institut für Angewandte und Numerische Mathematik der TU Wien, Bericht Wien, 1986.

[94] J. L. Wagener, *Fortran 77 – Principles of Programming*, Wiley, New York, 1980.

[95] H. Wehnes, *Strukturierte Programmierung mit Fortran 77* (4. Aufl.), Hanser München Wien, 1985.

Fortran 90

[96] J. C. Adams, W. S. Brainerd, J. T. Martin, B. T. Smith, J. L. Wagener, *Fortran 9 Handbook – Complete ANSI/ISO Reference*, McGraw-Hill, New York, 1992.

[97] American National Standards Institute, *Fortran, ANSI X3.198-1992*, New York, 1992.

[98] W. S. Brainerd, C. H. Goldberg, J. C. Adams, *Programmer's Guide to Fortran 90*, McGraw-Hill, New York, 1990.

[99] W. Gehrke, *Fortran 90 Referenz-Handbuch – Der neue Fortran-Standard*, Hanser, München Wien, 1991.

[100] M. Heisterkamp, *Fortran 90 – Eine informelle Einführung*, B.I.-Wissenschaftsverlag, Mannheim Wien Zürich, 1991.

[101] International Standards Organization *ISO/IEC-1539 Information Technology – Programming Languages – Fortran*, Genf, 1991.

[102] M. Metcalf, J. Reid, *Fortran 90 Explained*, Oxford University Press, New York, 1990.

[103] J. Reid, *The Advantages of Fortran 90*, Computing 48 (1992), pp. 219–238.

[104] RRZN (Regionales Rechenzentrum für Niedersachsen / Universität Hannover), *Fortran 90 – Ein Nachschlagewerk*, Hannover, 1992.

[105] J. L. Schonfelder, J. S. Morgan, *An Introduction to Programming in Fortran 90* (2nd edn.), Blackwell Scientific, Oxford, 1993.

[106] D. Schobert, *Programmieren in Fortran 90*, Oldenbourg, München Wien, 1993.

Sachverzeichnis